高职高专工程造价专业规划教材

工程造价技能实训

王建茹　编著
崔国杰　主审

中国建筑工业出版社

图书在版编目（CIP）数据

工程造价技能实训/王建茹编著．—北京：中国建筑工业出版社，2013.2

（高职高专工程造价专业规划教划）

ISBN 978-7-112-15061-8

Ⅰ.①工… Ⅱ.①王… Ⅲ.①建筑造价管理-高等职业教育-教材 Ⅳ.①TU723.3

中国版本图书馆CIP数据核字（2013）第012245号

本教材根据《建设工程工程量清单计价规范》（GB 50500—2013）和高职教育培养学生高技能素质的要求编写而成。全书以科学发展观为指导，以实际工程为实训项目，实现专业技能与职业标准的对接，并以提高学生综合职业能力的发展为目标，构建了本教材的结构体系。

本教材主要包括工程造价基本知识、工程造价职业能力分析、职业能力工作内容、算量、钢筋抽样、计价软件的应用、专业技能实训项目等内容。提供了某学院训练中心工程楼（框架）施工图、别墅工程楼（框架）施工图。涵盖了建筑工程预算编制、装饰装修工程预算编制、安装工程预算编制、建筑工程清单及报价编制、装饰装修工程清单及报价编制、安装工程清单及报价编制、相应的图形算量软件、钢筋抽样软件、工程计价软件的应用和工程结算编制等内容的实训。

本教材可作为高职高专工程造价专业、工程项目管理、建筑工程技术工程监理等相关专业的在校生进行职业能力训练的实训教材，也可作为工程造价从业人员的业务素质和职业技能提升的重要实训资料。

* * *

责任编辑：郦锁林
责任设计：赵明霞
责任校对：张 颖 赵 颖

高职高专工程造价专业规划教材
工程造价技能实训
王建茹 编著
崔国杰 主审
*
中国建筑工业出版社出版、发行（北京西郊百万庄）
各地新华书店、建筑书店经销
北京红光制版公司制版
北京建筑工业印刷厂印刷
*
开本：850×1168毫米 1/16 印张：15 插页：4 字数：380千字
2013年3月第一版 2013年3月第一次印刷
定价：**34.00**元
ISBN 978-7-112-15061-8
（23093）

前　言

为适应我国高等教育改革创新引领职业教育科学发展的思路，系统培养高技能型人才，满足任务驱动、项目导向等学做一体的教学模式，按照《建设工程工程量清单计价规范》（GB 50500—2013），结合工程造价专业职业技能的基本要求和教学特点，编写了本教材。

本课程是工程造价专业在各专业课程学习完后，将各专业课程中的动手技能综合在一起训练的实训课程。

本教材编写的目标是：满足工程造价专业职业能力的培养和强化训练动手能力的要求，使学生在校学习期间，通过模拟工程造价工作岗位的主要实践工作的基本内容，起到上岗前的培训作用。

本教材的特色之一是综合性强、实践内容全面、效果明显的一本的教材，是工程造价专业在各专业课程学习完后，将这些课程中的动手技能综合在一起的结合实际的实训课程。其实训过程是完成整套施工图的建筑工程、装饰装修工程、水电安装工程工程量清单报价和预算书编制的全过程。

本教材的特色之二是结合实际，对接职业标准，实现专业实训课程内容与职业标准紧密对接，提高学生综合职业能力。即在老师的指导下，学生通过完成工程造价技能实训的各项实训任务，使学生在学习方法、动手能力等方面得到锻炼和提高，体现了在校内提供真实的岗位训练，提升了高职院校职业技能训练的教学效果。

本书由辽宁城市建设职业技术学院王建茹（注册造价师）编著。由辽宁省建设工程造价管理总站站长、辽宁省建设工程造价管理协会理事长、教授级高级工程师、注册造价师崔国杰主审，并提出了许多宝贵意见。本书在编著过程中，得到了辽宁省建筑设计研究院、辽宁省建设教育协会等的鼎力相助和支持，谨此一并致谢。

由于本教材是新构建专业课程，还需不断改进和完善，难免会出现一些不足和问题，敬请广大读者批评指正。

目　录

项目一　工程造价基本知识

一、工程造价控制的基本知识

(一) 建设工程造价的构成

工程造价是指建设项目的建设成本，即完成一个建设项目所需费用的总和。

作为一名造价员应熟悉工程造价的构成，其构成如图 1-1 所示。

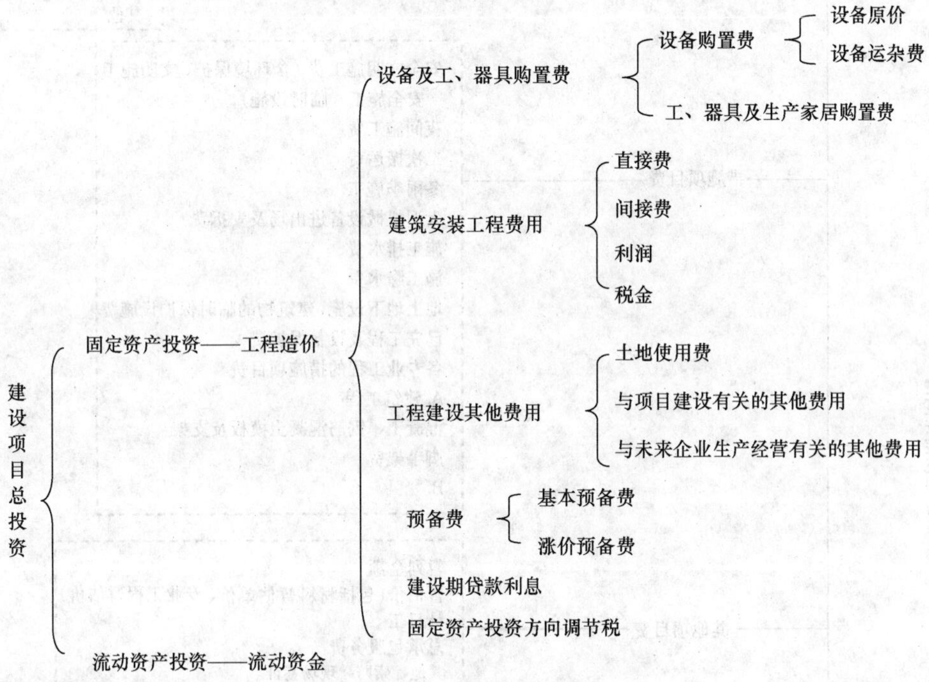

图 1-1　工程造价的构成

1. 采用工程量清单计价下的建筑安装工程造价组成

建设工程施工发承包造价由分部分项工程费、措施项目费、其他项目费、规费和税金五部分组成，如图 1-2 所示。

2. 采用建标【2003】206 号的规定，建筑安装工程造价组成

建标【2003】206 号，即《建筑安装工程费用项目组成》的规定，工程造价（建筑安装工程费）由直接费、间接费、利润、税金组成，如图 1-3 所示。

从图 1-2 和图 1-3 可以看出，二者包含内容并无差异，《建筑安装工程费用项目组成》（建标【2003】206 号）主要表述的是建筑安装工程费用项目的组成；而《建设工程工程量清单计价规范》（GB 50500—2013）的建筑安装工程造价要求的是建筑安装工程在工程交易和工程实施阶段工程造价的组价要求，包括索赔等，内容更全面、更具体。二者在计算建筑安装工程造价的角度上存在差异。因此，在应用时应引起注意。

- 建筑安装工程造价
  - 分部分项工程费
    - 人工费
    - 材料费
    - 施工机械使用费
    - 企业管理费
      - 管理人员工资
      - 办公费
      - 差旅交通费
      - 固定资产使用费
      - 工具用具使用费
      - 劳动保险费
      - 工会经费
      - 职工教育经费
      - 财产保险费
      - 财务费
      - 税金
      - 其他
    - 利润
  - 措施项目费
    - 安全文明施工费（含环境保护、文明施工、安全施工、临时设施）
    - 夜间施工费
    - 二次搬运费
    - 冬雨季施工
    - 大型机械设备进出场及安拆费
    - 施工排水费
    - 施工降水费
    - 地上地下设施、建筑物的临时保护设施费
    - 已完工程及设备保护费
    - 各专业工程的措施项目费
    - A. 建筑工程
    - 混凝土、钢筋混凝土模板及支架
    - 脚手架费
    - B. × × ×
  - 其他项目费
    - 暂列金额
    - 暂估价(包括材料暂估单价、专业工程暂估价)
    - 计日工
    - 总承包服务费
    - 其他、索赔、现场签证
  - 规费
    - 工程排污费
    - 工程定额测定费
    - 社会保障费
      - (1) 养老保险费
      - (2) 失业保险费
      - (3) 医疗保险费
    - 住房公积金
    - 工伤保险
  - 税金
    - 营业税
    - 城市维护建设税
    - 教育费附加

图 1-2 工程量清单计价的建筑安装工程造价组成

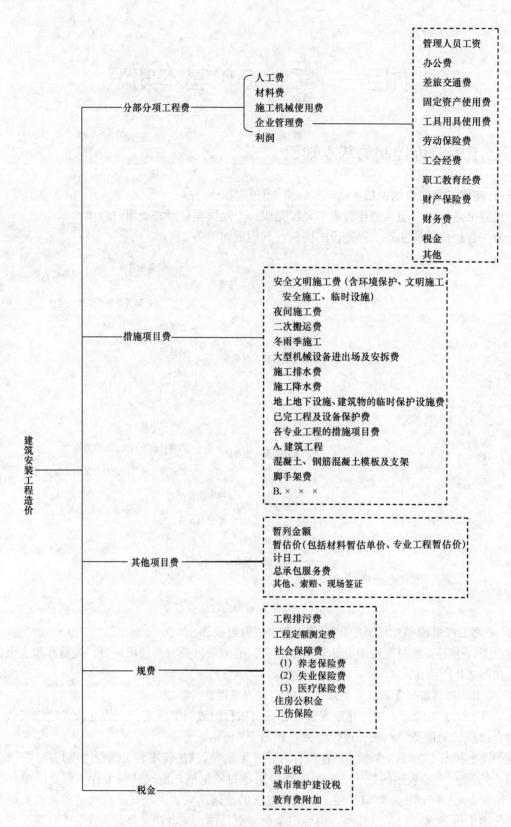

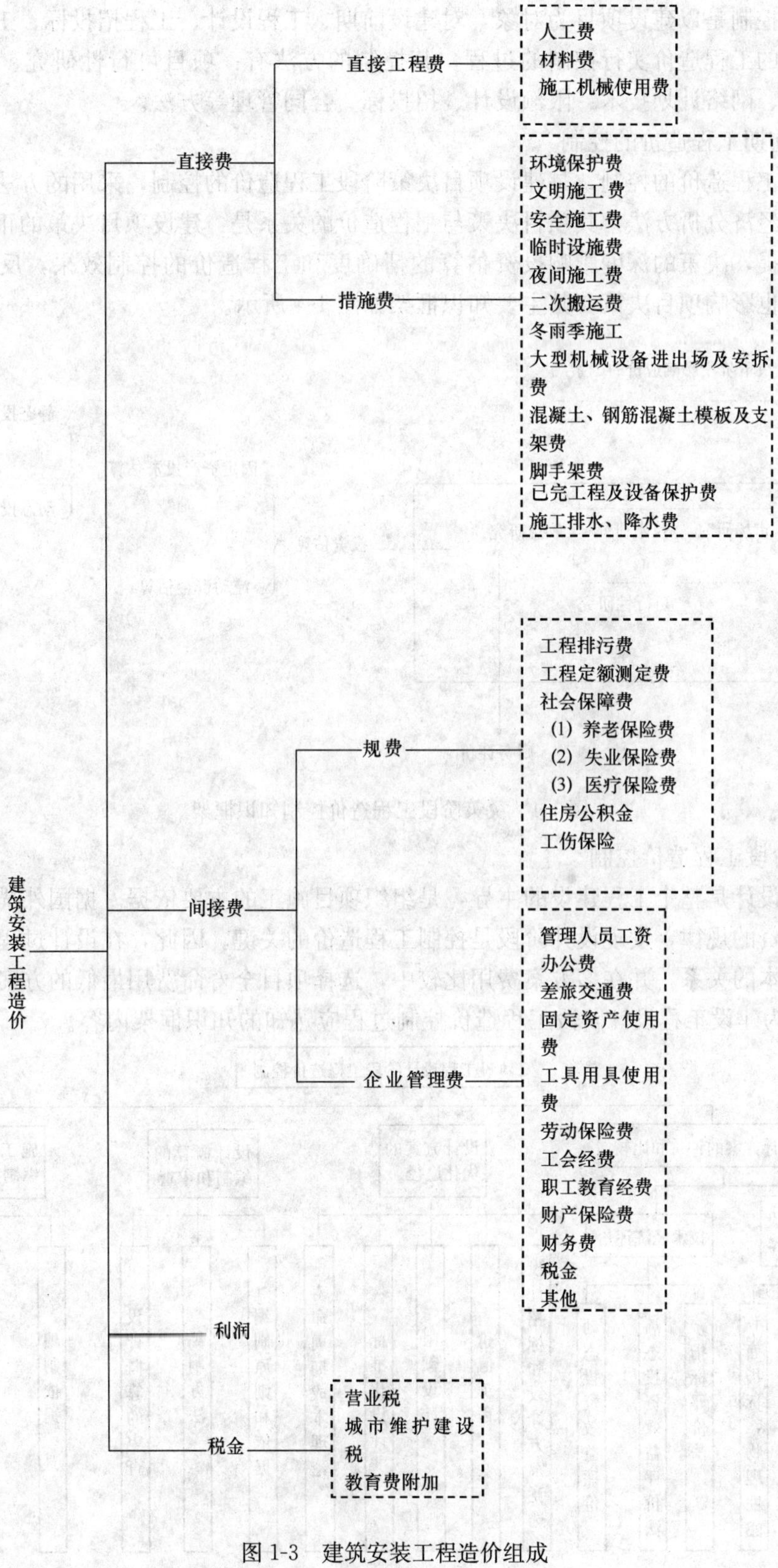

图 1-3　建筑安装工程造价组成

（二）工程造价控制

工程造价控制是以建设项目为对象，对建设前期、工程设计、工程招投标、工程实施、工程竣工各个阶段的工程造价实行控制的过程。其控制的方法有：项目可行性研究、技术与经济分析、价值工程、网络计划技术、限额设计、招投标、合同管理等方法。

1. 建设前期工程造价的控制

建设前期工程造价的控制，是建设项目决策阶段工程造价的控制，采用的方法是项目可行性研究、技术与经济分析方法，其项目决策与工程造价的关系是：建设项目决策的正确性是工程造价合理性的前提，决策的深度影响投资估算的精确度和工程造价的控制效果，反过来，造价高低、投资多少也影响项目决策。其主要知识框架如图 1-4 所示。

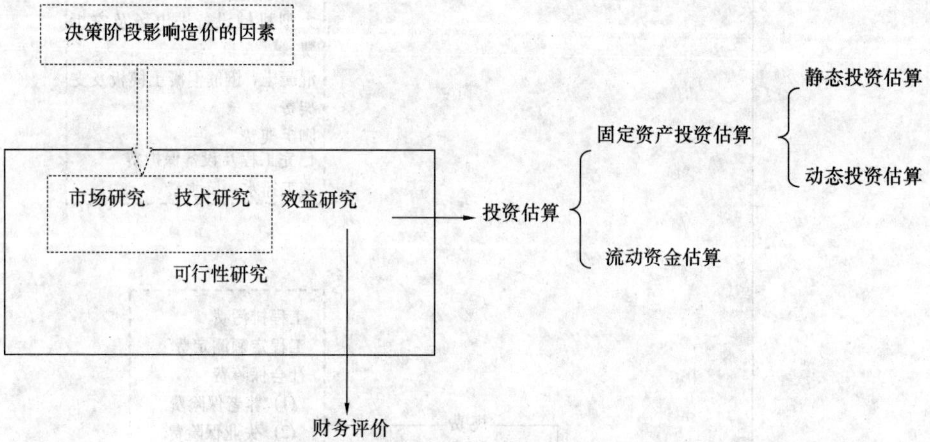

图 1-4　决策阶段工程造价控制知识框架

2. 设计阶段工程造价控制

建设项目设计是整个工程建设的主导，是组织项目施工的主要依据。据国外描述的各阶段影响工程项目投资的规律，发现设计阶段是控制工程造价的关键。因此，在设计过程中应兼顾工程造价和使用成本的关系，并在多方案费用比较中，选择项目全寿命费用最低的方案作为最优设计方案，图 1-5 为建设工程设计阶段工程造价控制过程应熟知的知识框架内容。

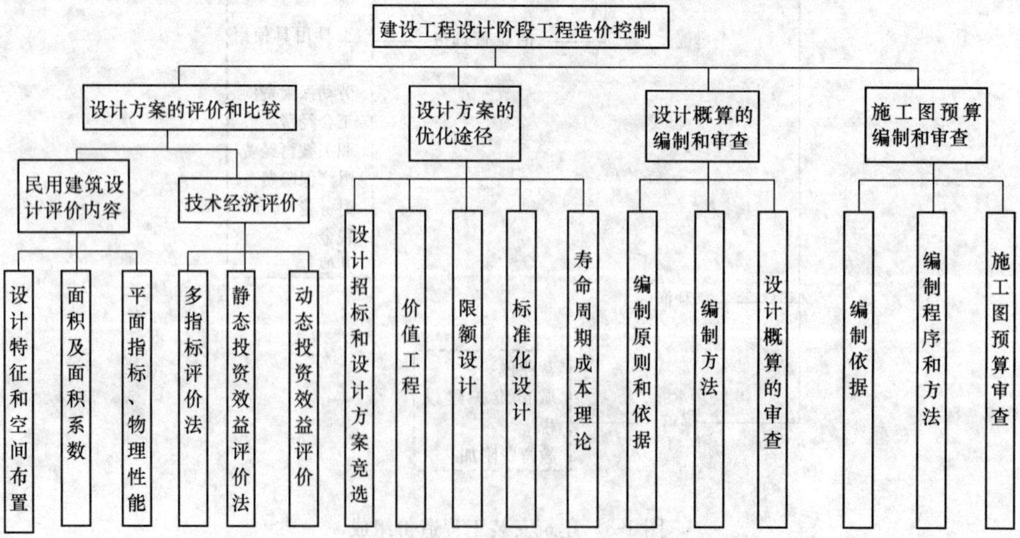

图 1-5　设计阶段工程造价控制过程知识框架

3. 建设项目施工招投标阶段工程造价控制

建设工程招标投标是运用于建设工程交易的一种方式。其特点是由发包方设定包括以项目质量、工期等为主的标的，邀请或公开招标，通过报价竞标，由发包方选择优生者后，与其达成交易协议，签订工程承包合同，然后按照合同实现标的的竞争过程。在此过程中投标方为了提高中标率，将运用价值规律，采用各种报价策略，使报价低而合理达到取胜的目的。图 1-6 为建设工程招投标阶段工程造价控制过程应熟知的知识框架内容。

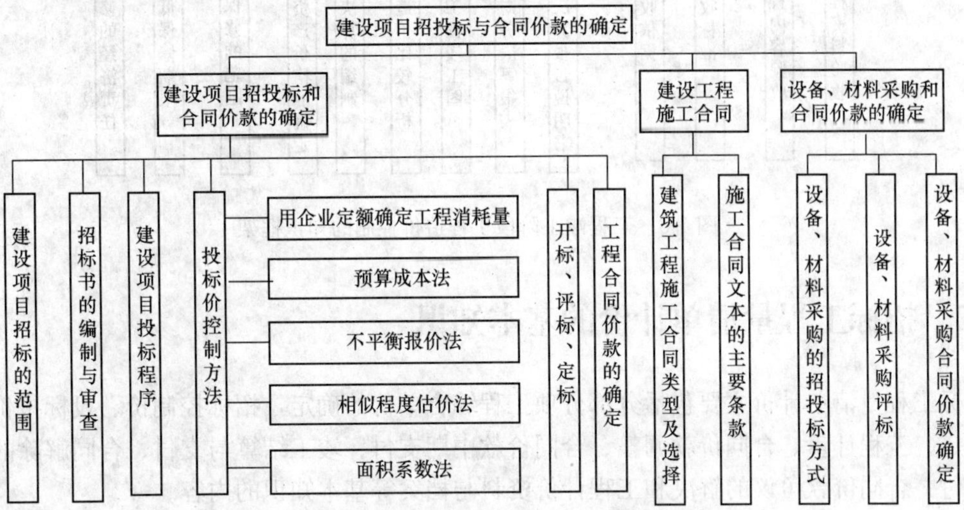

图 1-6 建设工程招投标阶段工程造价控制过程知识框架

4. 工程实施阶段的工程造价控制

工程实施阶段是建设项目施工阶段，其工程造价控制主要是施工索赔、工程变更、投资偏差分析和合同价款结算四部分的控制。图 1-7 为建设项目施工阶段工程造价控制过程应熟知的知识框架内容。

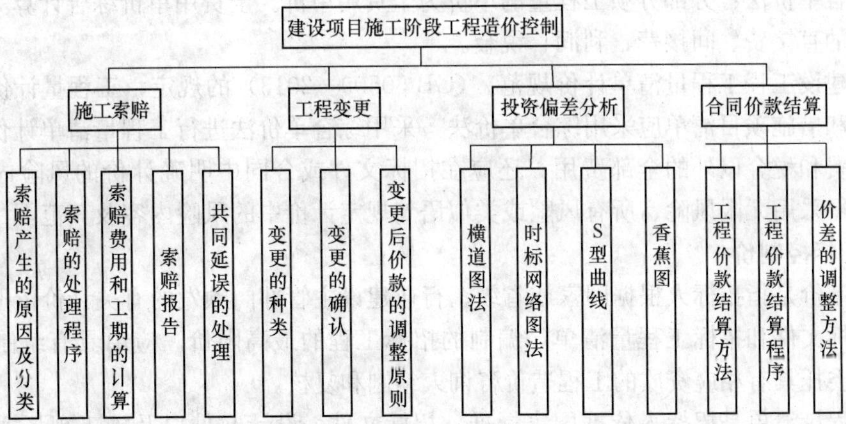

图 1-7 建设工程施工阶段工程造价控制过程知识框架

5. 工程竣工验收阶段工程造价控制

建设项目竣工验收阶段工程造价控制，是指竣工验收交付使用阶段的竣工决算、保修费用的处理，是由建设单位编制的建设项目从筹建到竣工投产或使用全过程的全部实际支出费用的经济文件。其主要的知识框架如图 1-8 所示。

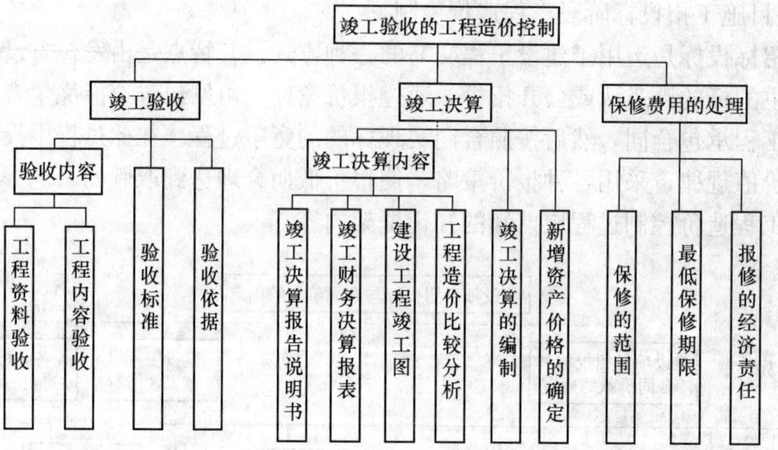

图 1-8 工程竣工阶段工程造价控制的知识框架

二、招标工程量清单计价的基本知识

招标工程量清单计价主要包括分部分项工程综合单价的确定，招标控制价、投标报价、合同价款约定、工程计量、合同价款调整、合同价款中期支付、竣工结算与支付、合同解除的价款结算与支付、合同价款争议的解决和工程计价资料与档案等基本知识的内容。

（一）综合单价的确定

综合单价是指完成一个规定计量单位的分部分项工程和措施清单项目所需的人工费、材料和工程设备费、施工机具使用费和企业管理费、利润以及一定范围内的风险费用。其确定可以采用以下方法：

（1）工料单价法：分部分项工程量的单价为直接费。直接费以人工、材料、机械的消耗量及其相应价格确定。间接费、利润、税金按照有关规定另行计算。

（2）综合单价法：分部分项工程量的单价为全费用单价。全费用单价综合计算完成分部分项工程所发生的直接费、间接费、利润、税金。

根据《建设工程工程量清单计价规范》（GB 50500—2013）的规定，工程量计价方式对于分部分项工程和措施项目清单应采用综合单价法。采用综合单价法进行工程量清单计价时，综合单价包括除规费和税金以外的全部费用，还应在招标文件或合同中明确计价的风险内容及其范围（幅度），不得采用无限风险、所有风险或类似语句规定计价中的风险内容及其范围（幅度）。

（二）招标控制价

招标控制价是指招标人根据国家或省级、行业建设主管部门颁发的有关计价依据和办法，以及拟定的招标文件和招标工程量清单，编制的招标工程的最高限价。应由具有编制能力的招标人，或受其委托具有相应资质的工程造价咨询人编制和复核。

招标工程量清单是招标人依据国家标准、招标文件、设计文件以及施工现场实际情况编制的，随招标文件发布供投标报价的工程量清单。

1. 编制与复核

招标控制价应根据下列依据编制与复核：

（1）《建设工程工程量清单计价规范》（GB 50500—2013）；

（2）国家或省级、行业建设主管部门颁发的计价定额和计价办法；

（3）建设工程设计文件及相关资料；

(4) 拟定的招标文件及招标工程量清单；

(5) 与建设项目相关的标准、规范、技术资料；

(6) 施工现场情况、工程特点及常规施工方案；

(7) 工程造价管理机构发布的工程造价信息，工程造价信息没有发布的参照市场价；

(8) 其他的相关资料。

2. 投诉与处理

投标人经复核认为招标人公布的招标控制价未按照《建设工程工程量清单计价规范》(GB 50500—2013) 的规定进行编制的，应当在招标控制价公布后5天内向招投标监督机构和工程造价管理机构投诉。

(三) 投标价

投标人投标时报出的工程合同价，是由投标人自主确定报价成本，但不得低于工程成本。投标价应由投标人或受其委托具有相应资质的工程造价咨询人按照招标人提供的招标工程量清单填报价格。其填写的项目编码、项目名称、项目特征、计量单位、工程量必须与招标工程量清单的一致；投标人可根据工程实际情况结合施工组织设计，对招标人所列的措施项目进行增补。

投标人投标报价应根据下列依据编制与复核：

(1)《建设工程工程量清单计价规范》(GB 50500—2013)；

(2) 国家或省级、行业建设主管部门颁发的计价办法；

(3) 企业定额，国家或省级、行业建设主管部门颁发的计价定额；

(4) 招标文件、工程量清单及其补充通知、答疑纪要；

(5) 建设工程设计文件及相关资料；

(6) 施工现场情况、工程特点及拟定的投标施工组织设计或施工方案；

(7) 与建设项目相关的标准、规范等技术资料；

(8) 市场价格信息或工程造价管理机构发布的工程造价信息；

(9) 其他的相关资料。

在招投标过程中，分部分项工程费应依据招标文件及其招标工程量清单中分部分项工程量清单项目的特征描述为准，确定投标报价的综合单价，并考虑招标文件中要求投标人承担的风险费用。招标工程量清单中提供了暂估单价的材料和工程设备，按暂估的单价计入综合单价。

(四) 合同价款约定

工程合同价款的约定即为“签约合同价”，签约合同价是发、承包双方在施工合同中约定的，包括了暂列金额、暂估价、计日工的合同总金额，是工程施工合同的主要内容，根据相关法律条款的规定，招标工程合同价款约定应满足以下几方面的要求。

(1) 约定的依据要求：招标人向中标的投标人发出的中标通知书；

(2) 约定的时限要求：自招标人发出中标通知书之日起30天内；

(3) 约定的内容要求：招标文件和中标人的投标文件；

(4) 合同的形式要求：书面合同。

实行招标的工程，合同约定不得违背招、投标文件中关于工期、造价、质量等方面的实质性内容。但有的时候，招标文件与中标人的投标文件会不一致，则以投标文件为准。当合同中没有约定或约定不明的，由双方协商确定；协商不能达成一致的，按《建设工程工程量清单计价规范》(GB 50500—2013) 执行。

(五) 工程计量

工程量应按现行国家计量规范规定的工程量计算规则计算。工程计量可选择按月或按工程形象进度分段计量，具体计量周期在合同中约定；因承包人原因造成的超范围施工或返工的工程量，发包人不予计量。

1. 单价合同的计量

工程计量时，若发现招标工程量清单中出现缺项、工程量偏差，或因工程变更引起工程量的增减，应按承包人在履行合同过程中实际完成的工程量计算。

若发、承包双方对工程计量有异议，按照《建设工程工程量清单计价规范》（GB 50500—2013）相关条目执行。

2. 总价合同的计量

总价合同项目的计量和支付应以总价为基础，发、承包双方应在合同中约定工程计量的形象目标或时间节点。承包人应在合同约定的每个计量周期内，对已完成的工程进行计量。如对其有异议，双方应共同复核。除按照发包人工程变更规定引起的工程量增减外，总价合同各项目的工程量是承包人用于结算的最终工程量。

（六）合同价款调整

以下事项（但不限于）发生，发、承包双方应当按照合同约定调整合同价款；其调整价款的核实、有不同意见或不能达成一致的，按照《建设工程工程量清单计价规范》（GB 50500－2013）和《中华人民共和国合同法》相关条目的规定执行。

1. 法律法规变化

（1）基准日的确定：招标工程以投标截止日前 28 天，非招标工程以合同签订前 28 天为基准日。

（2）价款调整：在基准日后国家的法律、法规、规章和政策发生变化引起工程造价增减变化的，发承包双方应当按照省级或行业建设主管部门或其授权的工程造价管理机构据此发布的规定调整合同价款。

2. 工程变更

工程变更引起已标价工程量清单项目或其工程数量发生变化、施工方案改变、综合单价偏差等，按下列规定调整：

（1）工程变更引起工程数量发生变化的调整：

1）已标价工程量清单中有适用于变更工程项目的，采用该项目的单价；但当工程变更导致该清单项目的工程数量发生变化，且工程量偏差超过 15%，该项目单价的调整原则为：当工程量增加 15%以上时，其增加部分的工程量的综合单价应予调低；当工程量减少 15%以上时，减少后剩余部分的工程量的综合单价应予调高。可按下列公式调整分部分项工程费：

当 $Q_1 > 1.15Q_0$ 时，$S = 1.15\,Q_0 \times P_0 + (\,Q_1 - 1.15Q_0) \times P_1$

当 $Q_1 < 0.85Q_0$ 时，$S = 1.15\,Q_1 \times P_1$

式中　S——调整后的某一分部分项工程费结算价；

Q_1——最终完成的工程量；

Q_0——招标工程量清单中列出的工程量；

P_1——按照最终完成工程量重新调整后的综合单价；

P_0——承包人在工程量清单中填报的综合单价。

2）已标价工程量清单中没有适用、但有类似于变更工程项目的，可在合理范围内参照类似项目的单价。

3）已标价工程量清单中没有适用也没有类似于变更工程项目的，由承包人根据变更工程资料、计量规则和计价办法、工程造价管理机构发布的信息价格和承包人报价浮动率提出变更工程项目的单价，报发包人确认后调整。承包人报价浮动率计算公式如下：

招标工程：承包人报价浮动率 $L=$（1－中标价/招标控制价）×100%；

非招标工程：承包人报价浮动率 $L=$（1－报价值/施工图预算）×100%。

4）已标价工程量清单中没有适用也没有类似于变更工程项目的，且工程造价管理机构发布的信息价格缺价的，由承包人根据变更工程资料、计量规则、计价办法和通过市场调查等取得有合法依据的市场价格提出变更工程项目的单价，报发包人确认后调整。

（2）工程变更引起施工方案改变的调整：

工程变更引起施工方案改变，并使措施项目发生变化的，承包人提出调整措施项目费的，经施工方案确认后，应按照下列规定调整措施项目费：

1）安全文明施工费：按照实际发生变化的措施项目调整；

2）采用综合单价计算的措施项目费，按照实际发生变化的措施项目按引起工程数量发生变化的调整方法确定单价；

3）按总价计算的措施项目费，应考虑承包人报价浮动率因素，按照实际发生的措施项目调整。

（3）工程变更引起综合单价偏差的调整

当工程变更项目出现承包人在工程量清单中填报的综合单价与发包人招标控制价或施工图预算相应清单项目的综合单价偏差超过15%，则工程变更项目的综合单价可由发承包双方按照下列规定调整：

当 $P_0<P_1\times(1-L)\times(1-15\%)$ 时，该类项目的综合单价按照 $P_1\times(1-L)\times(1-15\%)$ 调整。

当 $P_0>P_1\times(1-15\%)$ 时，该类项目的综合单价按照 $P_1\times(1-15\%)$ 调整。

式中 P_0——承包人在工程量清单中填报的综合单价；

P_1——按照最终完成工程量重新调整后的综合单价；

L——承包人报价浮动率。

3. 项目特征描述不符

承包人应按照发包人提供的工程量清单，根据其项目特征描述的内容及有关要求实施合同工程，直到其被改变为止。当出现实际施工设计图纸（含设计变更）与招标工程量清单任一项目的特征描述不符，且该变化引起该项目的工程造价增减变化的，应按实际施工的项目特征重新确定相应工程量清单的综合单价，计算调整的合同价款。

4. 工程量清单缺项

合同履行期间，出现招标工程量清单缺项的，发承包双方应调整合同价款，其调整的方法按照“工程变更”调整的方法确定单价，调整分部分项工程费。

5. 工程量偏差

合同履行期间，出现工程量偏差，发承包双方应调整合同价款，其调整的方法按照“工程变更”中的相应方法调整。如该变化引起相关措施项目相应发生变化，则工程量增加的措施项目费调增，工程量减少的措施项目费适当调减。

6. 物价变化

合同履行期间，出现工程造价管理机构发布的人工、材料、工程设备和施工机械台班单价或价格与合同工程基准日期相应单价或价格比较出现涨落，发承包双方应调整合同价款。

（1）人工单价调整：应按照合同工程发生的人工数量和合同履行期与基准日期人工单价对比的价差的乘积计算或按照人工费调整系数计算调整的人工费。

（2）材料和工程设备：由承包人采购的，应在合同中约定可调材料、工程设备价格变化的范围或幅度。如无约定的，其材料、工程设备单价变化超过5%，施工机械台班单价变化超过10%，则超过部分的价格应予调整。调整的方法应按照价格系数法或价格差额调整法计算调整的材料设备和施工机械费。

7. 暂估价

暂估价是招标人在工程量清单中提供的用于支付必然发生但暂时不能确定价格的材料、工程设备的单价以及专业工程的金额。

当材料、工程设备和专业工程分包依法必须招标的中标价格，或不属于依法必须招标的，经发包人确认的价款，与所列的暂估价的差额以及相应的规费、税金等费用，应列入合同价格。

8. 计日工

计日工是在施工过程中，承包人完成发包人提出的施工图纸以外的零星项目或工作，按合同中约定的综合单价计价的一种方式。发包人通知承包人以计日工方式实施的零星工作，承包人应予执行。

任一计日工项目实施结束后，根据核实的工程数量和已标价工程量清单中的计日工单价计算；没有该类计日工单价的，由发承包双方按照“工程变更”的相关规定商定计日工单价计算，并提出应付价款，列入进度款支付。

9. 现场签证

现场签证是指发包人现场代表与承包人现场代表就施工过程中涉及的责任事件所作的签认证明。

现场签证工作完成后的7天内，承包人应按照现场签证内容计算价款，报送发包人确认后，作为追加合同价款，与工程进度款同期支付。

10. 不可抗力

因不可抗力事件导致的费用，发、承包双应按以下原则分别承担并调整工程价款。

(1) 工程本身的损害、因工程损害导致第三方人员伤亡和财产损失以及运至施工场地用于施工的材料和待安装的设备的损害，由发包人承担；

(2) 发包人、承包人人员伤亡由其所在单位负责，并承担相应费用；

(3) 承包人的施工机械设备损坏及停工损失，由承包人承担；

(4) 停工期间，承包人应发包人要求留在施工场地的必要的管理人员及保卫人员的费用由发包人承担；

(5) 工程所需清理、修复费用，由发包人承担。

11. 提前竣工（赶工补偿）

提前竣工（赶工）费是承包人应发包人的要求，采取加快工程进度的措施，使合同工程工期缩短产生的，应由发包人支付的费用。除合同另有约定外，提前竣工补偿的最高限额为合同价款的5%。此项费用列入竣工结算文件中，与结算款一并支付。

12. 误期赔偿

误期赔偿费是承包人未按照合同工程的计划进度施工，导致实际工期大于合同工期与发包人批准的延长工期之和，承包人应向发包人赔偿损失发生的费用。

发、承包双方应在合同中约定误期赔偿费，明确每日历天应赔偿额度。除合同另有约定外，误期赔偿费的最高限额为合同价款的5%。此项费用列入竣工结算文件中，在结算款中扣除。

13. 施工索赔

建设工程施工中的索赔是发、承包方双方行使正当权利的行为，是合同一方向另一方提出索赔。索赔的三要素是：一是正当的索赔理由；二是有效的索赔证据；三是在合同约定的时间内提出。

对正当索赔理由的说明必须具有证据，对索赔证据的要求必须要有真实性、全面性、关联性、及时性和具有法律证明效力等。

（1）承包人要求赔偿时，可选择以下一项或几项方式获得赔偿：

1）延长工期；

2）要求发包人支付实际发生的额外费用；

3）要求发包人支付合理地预期利润；

4）要求发包人按合同的约定支付违约金。

（2）发包人要求赔偿时，可选择以下一项或几项方式获得赔偿：

1）延长质量缺陷修复期限；

2）要求承包人支付实际发生的额外费用；

3）要求承包人按合同的约定支付违约金。

14. 暂列金额

暂列金额是招标人在工程量清单中暂定并包括在合同价款中的一笔款项。用于施工合同签订时尚未确定或不可预见的所需材料、设备、服务的采购，施工中可能发生的工程变更、合同约定调整因素出现时的工程价款调整以及发生的索赔、现场签证确认等的费用。对已签约合同价中的暂列金额由发包人掌握使用，发包人按照合同价款调整的规定所作支付后，暂列金额如有余额归发包人。

（七）合同价款中期支付

1. 预付款

预付款用于承包人为合同工程施工购置材料、工程设备、购置或租赁施工设备、修建临时设施以及组织施工队伍进场等所需的款项。预付款的支付比例不宜高于合同价款的30%。承包人对预付款必须专用于合同工程。

2. 安全文明施工费

安全文明施工费是承包人按照国家法律、法规等规定，在合同履行中为保证安全施工、文明施工，保护现场内外环境等所采用的措施发生的费用。

发包人应在工程开工后的28天内预付不低于当年的安全文明施工费总额的50%，其余部分与进度款同期支付。值得注意的是：发包人在付款期满后的7天内仍未支付的，若发生安全事故的，发包人应承担连带责任。

3. 总承包服务费

总承包服务费是总承包人为配合协调发包人进行的专业工程分包，发包人自行采购的设备、材料等进行保管以及施工现场管理、竣工资料汇总整理等服务所需的费用。

发包人应在工程开工后的28天内向承包人预付总承包服务费的20%，分包进场后，其余部分与进度款同期支付。若发包人未按合同约定支付，承包人可不履行总包服务义务，由此造成的损失（如有）由发包人承担。

4. 进度款

进度款支付周期，应与合同约定的工程计量周期一致。其支付申请的内容包括：

（1）累计已完成工程的工程价款；

（2）累计已实际支付的工程价款；

（3）本期间完成的工程价款；

（4）本期间已完成的计日工价款；

（5）应支付的调整工程价款；

（6）本期间应扣回的预付款；

（7）本期间应支付的安全文明施工费；

（8）本期间应支付的总承包服务费；

(9) 本期间应扣留的质量保证金；

(10) 本期间应支付的、应扣除的索赔金额；

(11) 本期间应支付或扣留（扣回）的其他款项；

(12) 本期间实际应支付的工程价款。

同时，应详细说明此周期自己认为有权得到的款项，包括分包人已完工程的价款。

（八）竣工结算与支付

竣工结算价是发、承包双方依据国家有关法律、法规和标准规定，按照合同约定确定的，包括在履行合同过程中按合同约定进行的工程变更、索赔和价款调整，是承包人按合同约定完成了全部工作后，发包人应付给承包人的合同总金额。

1. 竣工结算

合同工程完工后，承包人应在提交竣工验收申请前编制完成竣工结算文件，并在提交竣工验收申请的同时向发包人提交竣工结算文件。承包人未在规定的时间内提交竣工结算文件，经发包人督促后 14 天仍未提交或没有明确答复，发包人有权根据已有资料编制竣工结算文件，作为办理竣工结算和支付结算款的依据，承包人应予以认可。

发包人应在收到承包人提交的竣工结算文件后的 28 天内审核完毕。若发、承包双方对复核结果无异议的，应在 7 天内在竣工结算文件上签字确认，竣工结算办理完毕；若有异议部分由发承包双方协商解决，协商不成的，按照合同约定的争议方式处理。

竣工结算办理完毕，发包人应将竣工结算书报送工程所在地（或有该工程管辖权的行业主管部门）工程造价管理机构备案，竣工结算书作为工程竣工验收备案、交付使用的必备文件。

2. 结算款支付

承包人应根据办理的竣工结算文件，向发包人提交竣工结算款支付申请。该申请应包括下列内容：

(1) 竣工结算总额；

(2) 已支付的合同价款；

(3) 应扣留的质量保证金；

(4) 应支付的竣工付款金额。

发包人应在收到承包人提交竣工结算款支付申请后 7 天内予以核实，向承包人签发竣工结算支付证书，在其 14 天内，按照竣工结算支付证书列明的金额向承包人支付结算款。

3. 质量保证金

承包人未按照法律法规有关规定和合同约定履行质量保修义务的，发包人有权从质量保证金中扣留用于质量保修的各项支出；发包人应按照合同约定的质量保修金比例从每支付期支付给承包人的进度款或结算款中扣留，直到扣留的金额达到质量保证金的金额为止。在保修责任期终止后的 14 天内，发包人应将剩余的质量保证金返还给承包人，值得注意的是：剩余质量保证金的返还，并不能免除承包人按照合同约定应承担的质量保修责任和应履行的质量保修义务。

4. 最终结清

发、承包双方应在合同中约定最终结清款的支付时限。在支付时限内，双方无异议，发包人应在签发最终结清支付证书后的 14 天内，按照最终结清支付证书列明的金额向承包人支付最终结清款。

承包人对发包人支付的最终结清款有异议的，按照合同约定的争议解决方式处理。

（九）合同解除的价款结算与支付

合同解除的价款结算与支付有以下四种情况：

(1) 发、承包双方协商一致解除合同的，按照达成的协议办理结算和支付工程款；

(2) 由于不可抗力解除合同的，发包人应向承包人支付合同解除之日前已完成工程但尚未支付的工程款，并退回质量保证金。此外，发包人还应支付下列款项：

1) 已实施或部分实施的措施项目应付款项；

2) 承包人为合同工程合理订购且已交付的材料和工程设备货款；

3) 承包人为完成合同工程预期开支的任何合理款项，且该项款项未包括在本款其他各项支付之内；

4) 由于不可抗力规定的任何工作应支付的款项；

5) 承包人撤离现场所需的合理款项，包括雇员遣送费和临时工程拆除、施工设备运离县城的款项。

(3) 因承包人违约解除合同的，发包人应暂停向承包人支付任何款项；

(4) 因发包人违约解除合同的，发包人除规定支付各项款项外，还应支付给承包人由于解除合同而引起的损失或损害的款项。

(十) 合同价款争议的解决

合同价款争议的解决根据内容和范围的不同，应通过下列办法解决：

1. 监理或造价工程师暂定

若发包人、承包人之间就工程质量、进度、价款支付与扣除、工程延误、索赔、价款调整等发生在法律上、经济上或技术上的争议，首先提交合同约定职责范围内的总监理工程师或造价工程师解决。若双方对解决的暂定结果认可的，应以书面形式予以确认，暂定结果成为最终决定；若对暂定结果有争议，在暂定结果不实质影响发、承包双方当事人履约的前提下，发、承包双方应实施该结果，直到其改变为止。

2. 管理机构的解释或认定

计价争议发生后，发承包双方可就下列事项以书面形式提请下列机构对争议作出解释或认定：

(1) 有关工程安全标准等方面的争议应提请建设工程安全监督机构作出；

(2) 有关工程质量标准等方面的争议应提请建设工程质量监督机构作出；

(3) 有关工程计价依据等方面的争议应提请建设工程造价管理机构作出。

上述机构应对上述事项就发承包双方书面提请的争议问题作出书面解释或认定。

3. 友好协商

协商一致的，双方应签订书面协议；协商不能达成一致的，双方可按合同约定的其他方式解决争议。

4. 调解

发承包双方应在合同约定争议调解人，负责双方在合同履行过程中发生争议的调解。

5. 仲裁、诉讼

按合同约定向仲裁机构申请仲裁或向人民法院起诉。

6. 造价鉴定

在合同纠纷案件处理中，需作工程造价鉴定的，应委托具有相应资质的工程造价咨询人进行。

(十一) 工程计价资料与档案

1. 计价资料

发承包双方现场管理人员在职责范围内的签字确认的书面文件，是工程计价的有效凭证，双方无论在何种场合对于工程计价有关的事项所给予的批准、证明、同意、指令、商定、确定、确认、通知和请求，或表示同意、否定、提出要求和意见等，均应采用书面形式，口头指令不得作为计价凭证。

2. 计价档案

（1）发、承包双方和工程造价咨询人对具有保存价值的各种载体的计价文件，均应收集齐全，整理立卷归档；

（2）发、承包双方和工程造价咨询人应建立完善的工程计价档案管理制度，并符合国家和有关部门发布的档案管理相关规定；

（3）工程造价咨询人归档的计价文件，保存不宜少于5年；

（4）归档的工程计价成果文件应包括纸质原件和电子文件。其他归档文件及依据可为纸质原件、复印件或电子文件；

（5）档案文件必须经过分类整理，并应组成符合要求的案卷；

（6）档案可以分阶段进行，也可以在项目结算完成后进行；

（7）向接受单位移交档案时，应编制移交清单，双方签字、盖章后方可交接。

项目二　工程造价职业能力分析

能力一　具有正确识读施工图的能力

识图能力包括：识读建筑施工图、结构施工图、安装工程施工图等。

一、建筑施工图的识读

识读施工图要先大方面看，再依次识读细小部位，由粗到细，互相对照。通过识读建筑平面图，了解建筑物物的平面形状、墙厚、各房间的功能及总长、总宽，熟悉台阶、阳台、散水、雨篷的位置及细部尺寸等。

（1）通过识读立面图，掌握建筑物层高、总高和外装修的效果和装修的构造做法。

（2）通过识读剖面图，掌握建筑物内部的结构，即各层的梁、板、柱及墙体的连接关系，掌握各层构造形式，即各层楼地面、内墙面、屋顶、顶棚、吊顶、散水、台阶、女儿墙等的构造做法和各部位的高度。

（3）通过识读屋顶平面图，掌握屋顶形状和尺寸，挑檐或女儿墙位置和墙厚，突出屋面的楼梯间、水箱间、烟囱、通风道、检查孔、屋顶变形缝等具体位置，掌握屋面排水分区、排水方向和下水口位置等。

（4）通过识读详图，熟悉外墙详图、楼梯详图和其他部位节点详图所表示的具体的构造做法和详细尺寸。

（5）通过识读基础平面图和详图，掌握基础的构造、尺寸、混凝土强度等级及配筋构造。

（6）通过识读结构平面图，掌握剪力墙、柱、梁、板等构件的构造尺寸、相互关系、混凝土强度等级、钢筋配置并结合 11G101 图集熟悉各构件的配筋构造等。

二、识读装饰装修工程施工图

通过识读装饰工程施工图，掌握地面、楼面装饰、内外墙面装饰、天棚装饰或吊顶、门窗及其他部位装饰装修使用的材料和计算尺寸。

三、识读安装工程施工图

（1）通过识读电照平面施工图，掌握灯具、开关、插座等安装的位置和数量，了解明敷或暗敷方式及管线型号和规格。

（2）通过识读电照系统图，掌握配电箱安装位置和进户线及配线线路的接线方式。

（3）通过识读给排水平面施工图，掌握洗脸盆、浴盆、淋浴器、大便器、地漏等设备的安装位置和数量。

（4）通过识读给排水系统图，掌握给排水管道的材质、管径、连接方式和安装位置。

能力二　具有熟悉施工工艺的能力

熟悉施工工艺的能力体现为：能根据建筑结构特征、建筑工程施工工艺与施工规范，建筑材料的性质，结合施工图纸与施工方案，完成工程量清单项目列项与项目特征的描述，区分项目特征和工程（工作）内容的范畴。其主要的分部分项工程施工工艺如下：

一、土方施工工艺

土方开挖施工方法：人工开挖和机械开挖两种形式。

1. 人工土方施工工艺

人工土方工程主要用锹、镐、撬棍及手动、电动工具进行挖掘。

施工工艺流程：确定开挖顺序→根据土类和挖土深度决定是否放坡→进行灰线放样→沿直线切出槽边轮廓线→自上而下分层开挖→修整槽边→清理槽底。

2. 机械土方施工工艺

机械土方工程指采用机械进行土方开挖，常用机械一般有挖掘机、推土机、铲运机、压路机、自卸汽车等。其中挖掘机有正铲、反铲之分，正铲挖掘机一般用于开挖停机面以上的土方，只适宜在土质较好、无地下水的地区工作；而反铲机可用于开挖停机面以下的土方，也可开挖停机面以上的土方，其适用于开挖小型基坑、基槽和管沟以及地下水位较高的土壤。

施工工艺流程：准备工作→放线→开挖→修边（坡）→分段、分层开挖→修整槽边→清理基底。

3. 排水方法

当地下水位标高高于基底时，施工时需采用适当排水方法降低地下水位，排水一般有抽水机排水、井点抽水、井点降水和真空深井降水等方法。

(1) 抽水机排水：是在基坑开挖过程中，在坑底设置集水坑，并沿坑底周围或中间开挖排水沟，使水流入集水坑，然后用水泵抽走。此方法由于设备简单和排水方便，因而被广泛采用，适用于粗料土层或渗水量小的黏土层。

(2) 井点抽水：是沿基坑四周以一定间距埋入直径较细的井点管至地下蓄水层内，井点管的上端通过弯联管与总管相连接，利用抽水设备将水从井点管内不断抽出，使原有地下水位下降到基坑底以下。一般井点降水适用于降水深度3～6m。

井点降水的施工工艺流程：准备工作→放线定位→冲孔→安装井点管→回填→安装弯联管和总管→安装抽水设备→抽水→观测水位变化→基础工程施工完毕并回填完成→拆除井点系统。

(3) 井点降水：采用喷射降水，是由喷射井管、高压水泵和管路系统组成，安装施工时将内外管和滤管组装在一起后沉没至孔内。喷射井点一般适用降水深度超过8m的工程。

(4) 真空深井：对于渗透系数大、涌水量大、降水较深的砂类土及其他井点降水不易解决的深层降水，可采用深井井点降水。它是在深基坑的周围埋置深于基坑的井管，使地下水通过设置在井管内的潜水电泵将地下水抽出，降低水位。一般采用此法降水深度超过15m的工程。

4. 回填土施工

回填土分室内回填土和基础回填土。

施工工艺流程：槽坑底验收→选用回填土→运土→分层回填并压实→清理。

二、桩基础施工工艺

1. 钢筋混凝土预制桩

预制桩施工工艺：桩制作、起吊、运输、堆放→平整场地→定位放线→桩机就位→定锤吊桩→打桩→接桩→再打桩→送桩→测量和记录→桩及桩头处理。

2. 振动沉管灌注桩

振动沉管灌注桩施工工艺：测量定位→桩机就位→振动冲击锤沉管→检查成孔质量→浇灌混凝土→一面振动、一面拔管→插入钢筋骨架→成桩。

3. 钻孔灌注桩

（1）潜水钻成孔灌注桩施工工艺：测量定位→桩机就位→制备泥浆护壁→埋设护筒、固定桩位→钻进成孔→排渣→清孔→下钢筋笼→灌注混凝土→边拔边灌→成桩→回填桩孔。

（2）螺旋钻机成孔灌注桩的施工工艺：测量定位→桩机就位→钻孔、清土→空转清孔→吊放钢筋笼→灌注混凝土→振捣、养护→成桩→回填桩孔。

4. 人工挖孔灌注桩

人工挖孔灌注桩施工工艺：按设计图纸放线、定桩位→开挖桩孔土方→支设护壁模板→放置操作平台→浇筑护壁混凝土→拆除模板继续下段施工→挖到设计要求的深度，排出孔底积水，浇筑桩身混凝土→当混凝土浇筑至钢筋笼的底面设计标高时，吊入钢筋笼就位，继续浇筑桩身混凝土→成桩。

三、砌筑工程施工工艺

1. 砖基础施工工艺

施工准备工作（砌筑砂浆、砌筑用砖）→地基清理→定轴线一立基础皮数杆（标明皮数及竖向构造的变化位置）→摆砖、盘角→挂线→砌筑→清理验收→基础回填。

2. 砖墙砌筑施工工艺

施工准备工作（砌筑砂浆、砌筑用砖）→定轴线和墙线位置→立皮数杆→摆砖、盘角→挂线→铺灰、砌筑→勾缝→清扫墙面等工序。

3. 砌块砌筑施工工艺

砌块施工的主要工序是：施工准备→弹线→排砖撂底→铺灰→砌筑砌块→勾缝清理→清扫墙面。

四、钢筋、混凝土、模板工程施工工艺

1. 钢筋工程

（1）钢筋的分类：

按生产工艺划分：钢筋按生产工艺可分为热轧钢筋和冷加工钢筋两类。

热轧钢筋主要由热轧光圆钢筋、热轧带肋钢筋、热轧余热处理钢筋；冷加工钢筋主要有冷拉钢筋、冷轧钢筋、冷扭钢筋、冷拔钢筋等。通常直径在6mm以上的称为钢筋，直径在6mm以内的称为钢丝。

按性能划分：热轧钢筋按照强度等性能主要分为HPB300、HRB335、HRB400、HRB500四类。

按在结构中的作用划分可分为下列几种：

1）纵向受力筋：承受拉、压应力的钢筋，如梁和柱的纵筋、板的受力筋；

2）箍筋：承受一部分斜拉应力，并固定受力筋的位置，常用于梁和柱内；

3）架立筋：用于固定梁内箍筋的位置，构成梁内的钢筋骨架；

4）分布筋：用于屋面板、楼板内，与板的受力筋垂直布置，将承受的重量均匀地传给受力筋，并固定受力筋的位置，以及抵抗热胀冷缩所引起的温度变形；

5）其他：因构件构造要求或施工安装需要而配置的构造筋，如腰筋、预埋锚固筋等。

（2）钢筋工程施工工艺：图样审核→钢筋翻样→编制料单→钢筋进场→调直、除锈→下料→接长→弯曲成形→绑扎（或焊接）。

2. 混凝土工程

（1）混凝土的分类

按施工工艺划分：现浇混凝土、预制混凝土、泵送混凝土、喷射混凝土、复合脱水混凝土、水下浇混凝土等。

按性能特点不同划分：防水混凝土、抗渗混凝土、耐酸混凝土、耐热混凝土、高强混凝土、高性能混凝土等。

（2）混凝土工程施工工艺：准备工作→搅拌→运输→浇捣→抹面→养护。

3. 模板工程

模板根据材料划分：有定型组合模板、木胶合板、大钢模板、台模、砖胎模、永久性模板、滑模等。

模板工程施工工艺：施工准备→模板翻样→模板配置→抄平放线→钉柱、墙定位框→搭设支模架→支模、校正定位→支撑加固→扎筋→混凝土浇筑→模板拆除。

4. 现浇混凝土构件

（1）现浇混凝土基础

现浇混凝土基础是将上部结构所承受的各种作用和自重传递到地基上的混凝土部件。基础按照构造可分为独立基础、条形基础、筏形基础、桩基础。

（2）现浇混凝土柱

柱是受压构件，断面形状有矩形、圆形、异形等。现浇柱按功能主要分为框架柱和构造柱两大类。

柱施工工艺：测量放线→钢筋连接→钢筋骨架绑扎→安装保护层装置→支设柱子模板→校正固定→柱子混凝土浇筑→混凝土振捣→养护→拆模。

（3）现浇混凝土梁

梁是受弯构件，断面形状有矩形、T形、工字形等。现浇梁按功能主要分为框架梁、非框架梁、基础梁、圈梁、过梁等。

梁施工工艺：测量放线→支设梁底支承→安装梁底模→安装梁侧模→校正固定→安装钢筋→安装保护层装置→浇筑混凝土。

框架梁：与框架柱相连接的梁就是框架梁。

非框架梁：搁置在框架梁上的梁就是非框架梁。

基础梁：在基础部位设置的梁称为基础梁。

圈梁：砌体结构中在房屋檐口、窗顶、楼层、吊车梁标高或基础顶面处，沿砌体墙水平方向设置封闭状的按构造配筋的梁式构件，因为是连续围合的梁所以称为圈梁。设置在基础位置的圈梁也称为地圈梁。

过梁：墙体中设置在门窗等洞口顶部，传递洞口上部荷载的梁式构件称为过梁。

（4）现浇混凝土板

板是受弯构件，现浇板按照传力方式主要分为板式楼板、肋形楼板、井字楼板、密肋楼板、无梁楼板。

板施工工艺：测量放线→支设板底支承→安装板底模→校正固定→安装楼板钢筋→安装保护层装置→安装电气管线和留设给排水管道→浇筑混凝土。

（5）混凝土后浇带

为防止现浇钢筋混凝土结构由于温度收缩不均、沉降差等原因产生的裂缝，按照规范要求，在基础底板、墙、梁相应位置留设临时施工缝，将结构暂时划分为若干部分，在若干时间后再浇捣该施工缝混凝土，将结构连成整体。由于缝很宽，故称为后浇带。

后浇带的混凝土强度等级和外加剂一般有特殊要求。另外，在有防水要求的部位设置后浇带，通常会设置止水钢板等止水构造。

（6）常见预制混凝土构件分类

根据图纸设计要求在预制厂或工地现场进行预先下料、加工，然后现场拼接安装的各种混凝土构件称为预制混凝土构件。预制混凝土构件施工主要工艺内容分为构件制作、构件运输、构件安装三部分。按照部位分类，常见的预制混凝土构件有桩、柱、梁、板、屋架、天窗等。

五、屋面工程的施工工艺

屋面工程一般由找平层、保温层、防水层、保护层组成。

1. 屋面防水工程

屋面的防水层，根据所用防水材料的不同，可以分为：刚性防水（以细石混凝土、防水砂浆等刚性材料作为屋面防水层），柔性防水（以沥青、油毡等柔性材料铺设和粘结或将高分子合成材料为主体的材料涂抹于屋面形成的防水层）。

（1）卷材防水施工

卷材防水施工工艺：屋面基层施工→隔汽层施工→保温层施工→找平层施工→刷冷底子油→铺贴卷材附加层→铺贴卷材防水层→保护层施工。

（2）涂膜防水施工

涂膜防水施工施工工艺：施工准备工作→板缝处理及基层施工→基层检查及处理→涂刷基层处理剂→节点和特殊部位附加增强处理→涂布防水涂料、铺贴胎体增强材料→防水层清理与检查整修→保护层施工。

2. 屋面保温、隔热工程

常用的保温隔热材料有：石灰炉渣、水泥珍珠岩板、沥青珍珠岩、加气混凝土和微孔硅酸钙、聚苯保温板、泡沫玻璃、挤塑保温板、聚氨酯硬泡等。

聚苯板屋面保温施工工艺：材料、工具准备→基层清理及找平处理→弹线找坡→管根固定→隔汽层施工→保温层铺设→特殊部位处理→抹找平层→竣工验收。

六、楼地面工程的施工工艺

楼地面是地面和楼面的总称，一般由基层、垫层、填充层、找平层、面层等组成。

楼地面按施工工艺划分，可分为整体式楼地面和块料式楼地面等，按材料的不同可分为木地板、水泥砂浆、混凝土、橡塑楼地面等。

1. 整体面层施工工艺

整体式楼地面主要包括水泥砂浆楼地面、细石混凝土楼地面、水磨石楼地面等。

施工工艺：基层处理→找标高→弹水平线→铺抹找平层砂浆→养护→弹分格线→镶分格条→铺水磨石拌合料→滚压抹平→养护→试磨→粗磨→细磨磨光→草酸清洗→打蜡上光。

2. 块料面层施工工艺

块料楼地面是指以陶瓷类地砖、天然石材（如大理石、花岗石）、水泥混凝土类（如水磨石块、广场砖）等铺贴的楼地面。

块料面层施工工艺：

（1）陶瓷地砖楼地面施工工艺：基层处理→弹线、定位→制作标准灰饼、做冲筋→铺结合层砂浆→刷素水泥浆、抹找平层→弹线→铺贴地砖→拨缝、调整→勾缝→养护。

（2）石材楼地面施工工艺：基层处理→弹中心线→试拼、试铺→板块浸水→刮素水泥浆→铺砂浆结合层→铺放标准板块→铺设板材→灌浆、擦缝→养护、打蜡。

七、墙柱面工程的施工工艺

墙柱面装修可分为抹灰类、贴面类、涂料类、裱糊类和镶钉类。

1. 一般抹灰类施工工艺

（1）内墙抹灰：基层处理→墙面浇水→吊垂直、套方、找规矩、做灰饼→做标筋→抹门窗护角→抹底、中层灰→面层抹灰。

（2）顶棚抹灰：找规矩→基层处理→底、中层抹灰→面层抹灰。

（3）外墙抹灰：基层处理→挂线、做灰饼、标筋→弹线粘结分格条→抹灰（包括底层、面层）。

2. 贴面类施工工艺

（1）湿法安装工艺

小规格块材（粘贴）施工工艺：基层处理→吊垂直、套方、找规矩、贴灰饼→抹底层砂浆→弹线、挂线分格→浸砖与润湿墙面→排块材→镶贴块材→表面勾缝及擦缝。

普通型大规格块材（挂贴）施工工艺：施工准备（钻孔、剔槽）→穿铜丝或镀锌铅丝与块材固定→绑扎→固定钢丝网→吊垂直、找规矩、弹线→石材刷防护剂→安装石材→分层灌浆→擦缝。

（2）干法（干挂）安装

干法安装也称为直接挂板法，是用不锈钢角钢将板块支托固定在墙上。不锈钢角钢用不锈钢膨胀螺栓固定在墙上，上下两层角钢的间距等于板块的高度。用不锈钢销插入板块上下边打好的孔内并用螺栓安装固定在角钢上，板材与墙面间形成 80～90mm 宽的空气层，最后进行勾缝处理。

3. 裱糊类施工工艺

基层处理→批刮腻子→刷底涂料→弹线试贴→裁剪湿润→刷涂胶粘剂→裱糊壁纸→清理修整。

八、顶棚工程的施工工艺

顶棚，是楼板层的最下面部分。常见顶棚的分类有：

1. 直接式顶棚

直接式顶棚主要有：直接抹灰顶棚和直接格栅顶棚。

顶棚抹灰施工工艺：施工准备→基层处理→找规矩→分层抹灰→罩面装饰抹灰。

2. 悬吊式顶棚

悬吊式顶棚又称“吊顶”，是通过悬挂物与主体结构连接在一起，由吊筋、龙骨和面板三大部分组成。

顶棚吊顶施工工艺：安装吊点紧固件→沿吊顶标高线固定墙边龙骨→刷防火漆→拼接龙骨→分片吊装与吊点固定→分片间的连接→预留孔洞→整体调整→安装饰面板。

九、安装工程的施工工艺

（1）电气、照明安装工艺：预留预埋→导管敷设、桥架安装→配电箱、柜安装→室内配电、电缆敷设→绝缘电阻测试→器具安装、设备接线→通电试验→系统调试→竣工验收。

（2）弱电安装工艺：预留预埋→导管敷设、桥架安装→箱、柜安装→室内穿线、电缆敷设→绝缘电阻测试→设备、器具安装→系统调试→竣工验收。

（3）管道安装工艺：给水系统：预留预埋→给水管道安装→设备安装→水压试验→器具安装→系统冲洗消毒→调试设备→竣工验收。

（4）排水系统：预留预埋→排水管安装→闭水试验→通水、通球试验→调试设备→竣工验收。

能力三　具有编制招标工程量清单的能力

编制招标工程量清单的能力包括：能熟练根据施工图纸和施工方案正确确定分部分项工程量清单项目、项目名称，能准确计算清单工程量，正确进行项目编码、项目特征描述。能够熟练使用图形算量软件、钢筋算量软件及计价软件。

一、能正确确定招标工程量清单项目

确定招标工程量清单项目的能力具体体现在：

(1) 明确工程量清单的内容：工程量清单的内容由分部分项工程量清单、措施项目清单、其他项目清单、规费项目清单、税金项目清单所组成。

(2) 明确确定招标工程量清单项目的依据：

1)《建设工程工程量清单计价规范》(GB 50500—2013)；

2) 国家或省级、行业建设主管部门颁发的建设工程计价依据和办法；

3) 建设工程设计文件、设计施工图纸；

4) 与建设工程项目有关的标准、规范、标准图集、技术资料；

5) 招标文件及其补充通知、答疑纪要、施工合同；

6) 施工现场情况、施工方案、施工组织设计等；

7) 其他相关资料。

(3) 确定招标工程量清单项目的能力：

1) 能根据施工图设计的具体内容和施工方案，从《建设工程工程量清单计价规范》的附录中找到对应的分部分项工程项目。

2) 能根据施工图设计的具体内容和《建设工程工程量清单计价规范》附录中工程内容的说明，确定该分部分项工程项目所包含的全部内容。

3) 能根据施工图设计的具体内容和《建设工程工程量清单计价规范》附录中工程项目特征的要求，准确和完整地描述工程项目特征。

4) 能根据招标文件要求列出全部措施项目、其他项目、规费、税金等的清单项目。

二、能准确计算清单项目的工程量

能准确计算清单工程量的能力表现在：

(1) 识读施工图的能力；

(2) 具有正确列出清单项目编码、描述项目特征的能力：根据施工图和建设工程工程量清单计价规范、当地主管部门颁发的建设工程计价依据和办法，正确列出清单工程量的项目编码，正确描述清单项目特征；

(3) 正确计算清单工程量的能力；

(4) 正确理解《建设工程工程量清单计价规范》中的计算规则，正确运用工程量计算规则计算清单工程量。

能力四　具有编制招标工程量清单报价的能力

编制招标工程量清单报价的能力包括：能准确编制综合单价、能计算分部分项工程量项目清单费、能计算措施项目清单费、能计算其他项目清单费、能计算规费项目清单费、能计算税金项目清单费、能汇总和计算单位工程工程量清单报价。

一、能准确编制综合单价

准确编制综合单价的能力表现在：

(1) 能根据清单工程量、建设工程工程量清单计价规范、施工图、选用的建设工程消耗量定额、建设工程计价定额计算定额工程量；

(2) 能根据劳务市场行情、人工费指数、施工企业生产力水平确定人工单价；

(3) 能根据建筑材料市场行情、材料价格信息和建筑工程造价指数确定材料单价；

(4) 能根据建筑机械租赁市场价格行情确定机械台班单价；

（5）能根据本企业管理水平和投标策略确定管理费率；

（6）能根据本企业管理水平和投标策略确定利润率；

（7）能根据清单工程量和项目特征的描述套用清单计价定额或消耗量定额；

（8）能计算分部分项清单工程量的人工费、材料费、机械费、管理费、利润；

（9）能分析分部分项清单工程量的材料消耗量；

（10）能根据招标人发布的工程量清单的“材料暂估价”，计算综合单价；

（11）能根据以上数据资料准确计算出综合单价。

二、能计算分部分项工程量清单项目费

能计算分部分项工程量清单项目费的能力表现在：

（1）会填写“分部分项工程量清单与计价表”上的全部内容；

（2）能根据清单工程量和综合单价计算分部分项工程量清单项目费。

三、能计算措施项目清单费

能计算措施项目清单费的能力表现在：

（1）能根据有关文件规定确定“安全文明施工费”的计算基础和费率；

（2）能根据有关文件规定计算“夜间施工费”、“二次搬运费”、“冬雨期施工费”施项目清单费；

（3）能根据“现浇构件模板及支架”、“脚手架”等措施项目清单和建设工程计价定额或消耗量定额确定综合单价；

（4）能计算“措施项目清单与计价表”的全部内容。

四、能计算其他项目清单费

能计算其他项目清单费的能力表现在：

（1）能根据招标人发布的工程量清单的“暂列金额”数额，计入“投标总价”的“暂列金额明细表”和“其他项目清单与计价汇总表”内；

（2）能根据招标人发布的工程量清单的“专业工程暂估价”，计入“投标总价”的“其他项目清单与计价汇总表”内；

（3）能根据招标人发布的工程量清单中额外的“暂定工程量”，结合市场行情确定计日工单价；

（4）能根据“暂定工程量”和确定的计日工单价填写“计日工表”；

（5）能根据招标文件、工程分包情况和收取总承包服务费的要求填写“总承包服务费计价表”；

（6）能根据上述内容汇总和计算“其他项目清单与计价汇总表”。

五、能计算规费项目和税金项目清单费

能计算规费项目和税金项目清单费的能力表现在：

（1）能根据行业建设主管部门颁发的文件确定“工程排污费”、“社会保障费”、“住房公积金”等规费的计算基础和费率；

（2）能根据确定的规费计算基数和费率计算各项规费；

（3）能根据税法、行业建设主管部门颁发的文件确定“营业税”、“城市建设维护税”、“教育费附加”的计算基数和税率；

（4）能根据确定的“营业税”、“城市建设维护税”、“教育费附加”的计算基数和税率计算各项税金；

（5）能根据上述内容汇总和计算“规费、税金项目清单与计价表”。

能力五　具有编制施工图预算的能力

编制施工图预算的能力包括：确定分部分项工程项目、计算定额工程量、计算直接工程费、计算单位工程预算造价。

一、确定分部分项工程项目

分部分项工程项目的确定能力表现在：

（1）能根据施工图的设计内容，从预算定额中找到相对应的分部分项工程项目；

（2）能根据施工图的设计内容和预算定额中工程内容的说明，明确该分部分项工程项目所包含的施工内容；

（3）能根据预算定额中材料栏中的材料消耗量，确定该分部分项工程项目所包含的材料明细。

二、计算定额工程量

计算定额工程量的能力表现在：

（1）具有正确识读施工图的能力；

（2）具有使用建设工程计价定额的能力，了解计价定额项目的划分，能正确套用分部分项工程项目相对应的定额；

（3）具有熟悉理解工程量计算规则的能力，能正确理解运用工程量计算规则计算定额项目工程量。

（4）具有熟练掌握常用分部分项工程项目的计算规则和计算方法。

三、计算直接工程费

计算直接工程费的能力表现在：

（1）了解定额的构成和应用方法，会应用计价定额基价和材料用量的能力：能正确应用分项工程项目的计价定额基价、定额人工费、定额机械费和定额材料用量。

（2）工、料、机分析与汇总的能力：能正确计算分部分项工程项目的工、料、机耗用量，并能按调整材料价差和现场材料供应管理的要求汇总单位工程材料用量。

（3）调整材料价差的能力：能根据有关调整材料价差的文件和规定，依据汇总的材料用量和定额材料费，分别进行单项材料价差的调整和综合材料价差的调整计算。

（4）直接工程费汇总能力：将分项工程的定额直接工程费、人工费、机械费，汇总为分部工程的定额直接工程费、人工费、机械费，再汇总为单位工程的定额直接工程费、人工费、机械费，根据单位工程定额直接工程费、人工费、机械费，计算单位工程定额材料费。

四、计算单位工程预算造价

计算单位工程预算造价的能力表现在：

（1）确定单位工程预算造价费用项目的能力：能根据费用定额和施工合同，确定应计算的单位工程预算造价费用项目。

（2）确定单位工程预算造价费用计算的取费基础和费率的能力：能根据费用定额和施工条件，确定应计算的费用项目的取费基础和费率标准。

（3）计算单位工程预算造价的能力：能根据费用定额的计算程序和确定的费用项目的取费基础和费率标准，计算单位工程预算造价。

能力六　具有编制工程结算的能力

编制工程结算的能力包括：会收集整理工程结算资料、根据不同的计价方式调整编制工程结算。

一、会收集整理工程结算资料

会收集整理工程结算资料的能力表现在：

（1）能根据工程设计变更确认单等资料分类整理出设计变更、分部分项工程量变更等数据资料；

（2）能根据现场签证资料整理出人工、材料、机械台班价格变更等数据资料；

（3）能根据施工合同、补充合同、工程备忘录整理出改变施工措施后调整费用等的数据资料；

（4）能根据设计变更、现场签证补充预算，变更相关的综合单价；

二、以标价工程量清单为基础编制工程结算

（1）清楚国务院建设行政主管部门以及各省、自治区、直辖市和有关部门发布的工程造价计价标准、计价办法、有关规定及相关解释；

（2）清楚工程量清单报价书和施工发承包合同、专业分包合同及补充合同，有关材料、设备采购合同；

（3）能根据施工合同、工程量清单报价书和确认的工料机单价，调价规定，调整综合单价，并计算出新的综合单价；

（4）能根据施工合同、设计变更确认单、现场签证和确认的工程量变更数据资料调整工程量，并计算出新的分部分项工程项目合价；

（5）能根据施工合同、现场签证和确认增加的施工措施项目重新计算措施项目费；

（6）能根据施工合同和行业建设主管部门颁发的有关文件，计算单位工程结算造价；

（7）依据施工合同、设计变更确认单、现场签证、会议纪要等资料及有关规定进行工程结算的谈判；

（8）能根据已完成工程结算的资料，整理积累工程造价指标数据资料。

三、以施工图预算为基础编制工程结算

（1）能根据施工合同、设计变更确认单、工程签证资料调整分部分项工程量；

（2）能根据施工合同、设计变更确认单、工程签证资料和有关文件规定调整人工、材料、机械台班单价，并重新计算直接工程费；

（3）能根据新增加的已完工分项工程项目编制施工图预算，经甲乙双方认可后，成为工程结算的组成部分；

（4）能根据施工合同、结算工程签证资料、预算定额和行业建设主管部门颁发的文件进行谈判；

（5）能根据谈判结果，全面准确地调整工程结算总价；

（6）能根据已完成的工程结算资料，整理积累工程造价指标数据资料。

能力七　具有熟悉市场价格的能力

熟悉市场价格是完成工程造价、招投标、工程结算不可缺少的一部分，是工程造价工作作业流程上的必要阶段，其能力包括：调研能力，询价能力。

一、调研能力

（1）具备尊重客观、遵循科学、坚持正确的态度；

（2）能随着社会的发展和市场的变化，对经济、市场、行业等随时掌握动向；

（3）具有一定的调研分析方法和调研信息的搜集能力，尤其多关注同行业同品牌；

(4) 具有一定的洞察力和观察市场动态变化的能力。

二、询价能力

(1) 具有查询、参照当地省市的造价信息获取价格的能力；

(2) 具有收集供应商产品查询价格的能力；

(3) 具有到当地的建材市场询价和收集相关资料的能力；

(4) 具有收集近期已结算工程中施工方的认价单并整理作为参考价格的能力。

项目三　职业能力工作内容

工作内容一　工程造价文件编制程序

一、招标工程量清单报价编制程序

招标工程量清单报价编制程序，如图 3-1 所示。

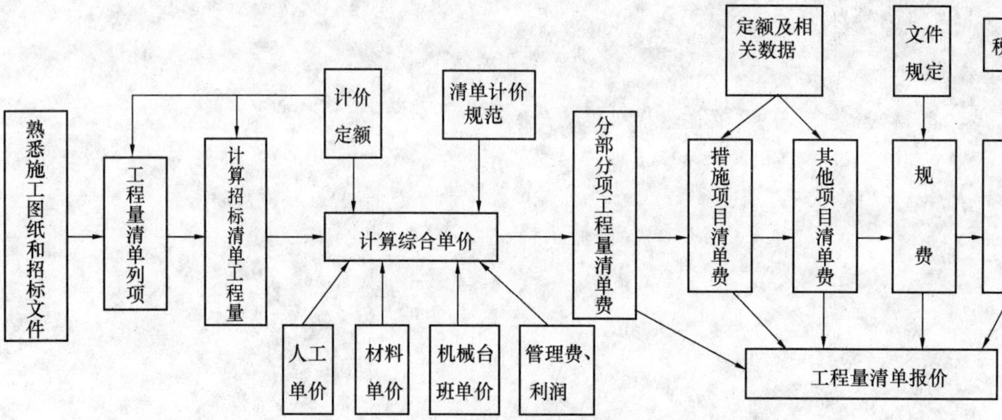

图 3-1　招标工程量清单报价编制程序示意图

二、工程施工图预算编制程序

工程施工图预算编制程序，如图 3-2 所示。

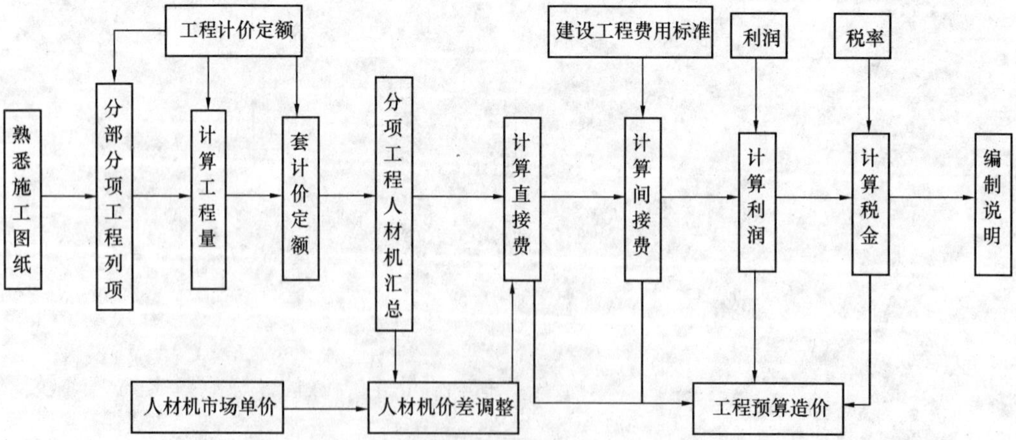

图 3-2　工程施工图预算编制程序示意图

三、单位工程结算编制程序

单位工程结算编制程序，如图 3-3 所示。

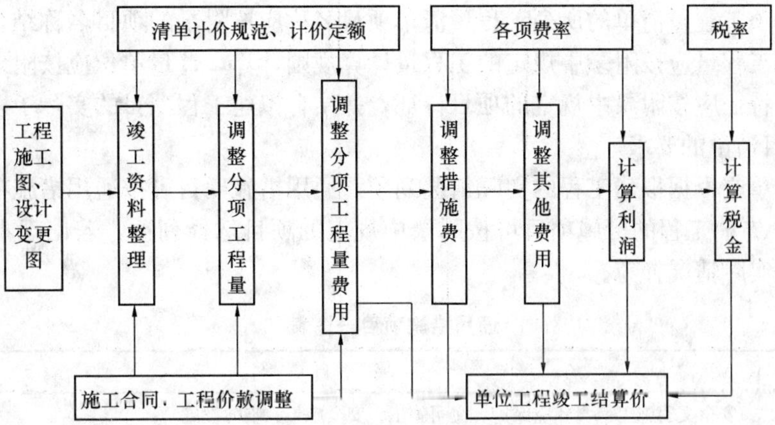

图 3-3　单位工程结算编制程序示意图

工作内容二　前期准备工作内容

一、建筑工程施工图识图

识图的基本要求是：精通图纸的表示方法，熟读施工图纸，熟悉图纸中采用的标准构造详图，全面了解工程做法，是保证算量全面、准确、不漏项、不多算、不重复计算的前提和依据。

建筑工程施工图按其内容和作用不同，通常包括建筑施工图、结构施工图、设备施工图（包含给排水施工图、暖通施工图和电气施工图等）。一般的编排顺序是：图纸目录、设计总说明、建筑总平面图、建筑施工图、结构施工图、给排水施工图、暖通施工图和电气施工图等。

其识图的能力和方法见“项目二”的简介以及《建筑构造与识图》和《结构构造基础与识图》等相关专业课程的内容。

二、熟悉《建设工程工程量清单计价规范》

1. 规范的主要内容

《建设工程工程量清单计价规范》（GB 50500－2013）主要包括了招标工程量清单、招标控制价、投标报价、合同价款约定、工程计量、合同价款调整、合同价款中期支付、竣工结算与支付等以及工程量清单计价表格组成的工程造价文件和分部分项工程清单项目、计算规则。

工程量清单是工程量清单计价的基础，应作为编制招标控制价、投标报价、计算工程量、支付工程款、调整合同价款、办理竣工结算以及工程索赔等的依据之一。

工程量清单及工程量清单报价应由分部分项工程量清单及报价、措施项目清单及报价、其他项目清单及报价、规费项目清单及报价、税金项目清单及报价组成。

2. 分部分项工程量清单编制的要求

（1）分部分项工程量清单应包括项目编码、项目名称、项目特征、计量单位和工程量，应根据附录规定的项目编码、项目名称、项目特征、计量单位和工程量计算规则进行编制。

（2）分部分项工程量清单的项目编码，应采用12位阿拉伯数字表示。1～9位应按附录的规定设置，10～12位应根据拟建工程的工程量清单项目名称设置，同一招标工程的项目编码不得有重码。编制工程量清单出现附录中未包括的项目，编制人应作补充，并报省级或行业工程造价管理机构备案，省级或行业工程造价管理机构应汇总报住房和城乡建设部标准定额研究所。补充项目的编码由附录的顺序码与B和三位阿拉伯数字组成，并应从×B001起顺序编制，同一招标工程的项目不得重码。工程量清单中需附有补充项目的名称、项目特征、计量单位、工程量计算规则、工程内容。

（3）分部分项工程量清单的所列工程量清单项目名称应按附录的项目名称结合拟建工程的实际确定，其所列工程量应按附录中规定的工程量计算规则计算，计量单位应按附录中规定的计量单位确定，项目特征应按附录中规定的项目特征，并结合拟建工程项目的实际予以描述。

3. 措施项目清单的要求

措施项目清单应根据拟建工程的实际情况列项。通用措施项目可按通用措施项目一览表（表3-1）选择列项，专业工程的措施项目可按附录中规定的项目选择列项，若出现本规范未列的项目，可根据工程实际情况补充。

通用措施项目一览表 **表3-1**

序　号	项　目　名　称
1	安全文明施工（含环境保护、文明施工、安全施工、临时设施）
2	夜间施工
3	二次搬运
4	冬雨季施工
5	大型机械设备进出场及安拆
6	施工排水
7	施工降水
8	地上、地下设施，建筑物的临时保护设施
9	已完工程及设备保护

以上措施项目中可以计算工程量的项目清单宜采用分部分项工程量清单的方式编制，列出项目编码、项目名称、项目特征、计量单位和工程量计算规则；不能计算工程量的项目清单，以“项”为计量单位。

4. 其他项目清单的要求

其他项目清单宜按照下列内容列项：

（1）暂列金额；

（2）暂估价：包括材料暂估单价、工程设备暂估单价、专业工程暂估价；

（3）计日工；

（4）总承包服务费。

5. 规费项目清单的要求

规费项目清单应按照下列内容列项：

（1）工程排污费；

（2）社会保障费：包括养老保险费、失业保险费、医疗保险费；

（3）住房公积金；

（4）工伤保险。

6. 税金项目清单的要求

（1）营业税；

（2）城市维护建设税；

（3）教育费附加。

三、熟悉相关的计价定额和应用方法

以辽宁省建设工程计价依据的规定：《辽宁省建筑工程计价定额》是按照国家标准《建设工程工程量清单计价规范》的原则并结合辽宁省实际，对项目设置、计量单位、计算规则进行了适当的补充和完善，一个定额子目就是一个清单项目。因此。熟悉计价定额、正确套用计价定额是正确编制工程量清单综合单价的前提，其定额的应用主要包括计价定额的套用、换算和定额的补充。

1. 计价定额的套用

当工程项目的设计要求、材料种类、施工方法、技术特征和与计价定额项目的工作内容及规定一致时，可以直接套用计价定额；即直接使用定额项目中的基价、人工费、机械费、材料费，各种材料用量及各种机械台班使用量；在编制建筑工程预算的过程中，大多数分项工程项目可以直接套用定额。

套用计价定额时，应注意以下几点：

(1) 根据设计施工图、设计说明、标准图作法说明，选择计价定额项目；

(2) 应从工程项目工作内容、技术特征和施工方法上仔细核对，才能较准确地确定与施工图相对应的计价定额项目；

(3) 根据施工图所列出的分项工程名称、内容和计量单位要与计价定额项目相一致。

2. 计价定额的换算

当施工图中的分项工程项目不能直接套用计价定额时，就需要进行计价定额换算。为了保持原定额水平不变，计价定额的说明中，规定了有关换算原则，一般包括：

(1) 砂浆、混凝土换算：计价定额中的砂浆、混凝土强度等级（包括骨料粒径）与设计规定不同时，可以换算。即按《砌筑砂浆配合比设计规程》(JGJ/T 98—2010)、《普通混凝土配合比设计规程》(JGJ 55—2011) 中的砂浆、混凝土配合比表的用量进行换算，但配合比表中规定的各种材料用量不得调整。

(2) 抹灰厚度换算：计价定额中的抹灰砂浆厚度，如设计与计价定额不同时，按实际调整。项目已考虑了常规厚度，各层砂浆的厚度，一般不作调整，如果设计有特殊要求时，定额中的各种消耗量可按比例调整。是否需要换算，怎样换算，必须按预算定额的规定执行。

(3) 系数换算：在计价定额总说明、分部说明中规定的按计价定额表中的工料或人工用量乘以系数的分项工程，都属于系数换算的项目。要区分系数是乘定额基价还是乘人工费、材料费或机械费。

3. 计价定额的补充

当设计要求与计价定额条件完全不符时，或者由于设计采用新材料、新工艺、新技术等，属于定额缺项的，可编制补充计价定额，并报主管部门审核，备案。

四、熟悉施工方案和分部分项工程施工工艺

施工方案或施工组织设计，直接决定具体实施过程中具体方法，熟悉施工环境、场地情况、施工措施、施工做法、材料机械使用等是明确计算范围和合理列项的关键。其相关的分部分项施工工艺见“项目二”的介绍和《建筑工程施工技术》、《建筑构造与识图》、等课程的介绍。

工作内容三　实施过程工作内容

一、划分分项工程项目（列项目）

划分分项工程项目，也称列项目。分项工程项目是构成单位工程清单和工程预算的最小单位。一份完整的建筑工程，应该有完整的分项工程项目。

首先，列项目是编制工程量清单和施工图预算的入手点，是根据工程施工图纸、定额、施工工艺等列出分项工程项目的名称，确定分项工程工程量计算范围，并在此基础上进行一系列的工程量清单和预算书的编制工作。一般情况下，我们说编制的清单工程量和预算书出现了漏项或重复项目，就是指漏掉了分项工程项目或有些项目重复计算了。

列项目属于经验和熟练方面的工作，对图纸、定额和施工工艺越熟悉，列出的项目就越准确、越完整。建筑工程列项目的方法是指按什么样的顺序把分项工程项目完整的列出来，一般常用以下几种方法：

1. 按定额顺序列项目

对于初学者或经验不足者而言，此方法是比较好的方法。由于定额中包含了工业与民用建筑的基本项目，所以，我们可以按照定额的分部分项项目的顺序翻看定额项目内容进行列项，既从定额的第一部分第一项开始，对照施工图纸，凡遇定额所列项目，在施工图纸中有，就列出这个项目，并按该项目的计算规则计算工程量，没有的就翻过去，这种方法比较适用于主体工程和措施项目中能计算的项目。通过此方法的应用，也能增加初学者对施工工艺的进一步的了解，有效地防止漏算重算现象。

2. 分层分块法

将建筑物按层数进行分层，每一层按照建筑物的围护结构、顶部结构、室内结构、室外结构、室内装修、室外装修等分块；再按照建筑物的组合原理将每块拆解成多个构件，最后，对完成某个构件的施工做法对照施工图纸和定额，划分计算项目进行列项计算。

3. 按施工顺序

按施工顺序列项比较适用于分部工程划分为分项工程的项目，例如基础工程、屋面工程等。比如：框架结构的建筑，独立基础施工顺序依次为：平整场地—独立基础土方开挖—浇筑基础垫层—独立基础混凝土（含模板工程量）—地梁（含模板工程量）—基础回填夯实等，不可随意改变施工顺序，必须依次进行，因此，基础工程项目按施工顺序列项，可避免漏项或重项，保证分部工程——基础工程项目的完整性。

4. 按图纸顺序

按图纸拟定一个有规律的顺序依次计算

（1）按顺时针方向计算

从平面图左上角开始，按顺时针方向依次计算。此方法适用于计算外墙、地面、天棚、外墙基础等工程量。

（2）按先横后竖、先上后下，先左后右的顺序计算

此方法适用于内墙挖地槽、内墙基础、内墙砌筑和内墙装饰等工程量的计算。

（3）按图纸上的构配件编号顺序计算

在图纸上注明记号，按照各类不同的构配件，如柱、梁、板等编号，顺序地按柱 Z_1、Z_2、Z_3……；梁 L_1、L_2、L_3……；板 B_1、B_2、B_3……等构件编号依次计算。

（4）根据平面图上的定位轴线编号顺序计算

对于复杂工程，计算墙体和内外粉刷时，仅按上述顺序计算还可能发生重复或遗漏，这时，可按图纸上的轴线顺序进行计算，并将其部位以轴线号表示出来。一般用于较复杂工程。

5. 按自己习惯的方式列项

可以按上面说的一种方法或几种方法结合在一起使用，还可以按自己的习惯方式列项。

总之，列项的方法没有严格的界定，无论采用什么方式、方法列项，只要满足所列项目能全面反映设计内容，符合预算定额的有关规定，做到所列项目不重不漏等的基本要求即可。

二、工程量的计算

工程量计算是编制工程量清单和施工图预算的重要环节，一份单位工程工程量清单和施工图

预算是否正确，主要取决于两个因素，一是工程量，二是分部分项工程单价，对于清单工程量对应的是综合单价，对于施工图预算对应的是定额基价。

工程量计算应严格执行工程量计算规则，认真学习和理解计算规则，在理解计算规则的基础上，列出计算式，计算出结果。同时，熟悉和掌握常用项目的计算规则，有利于提高计算速度和计算的准确性。

（一）统筹法计算工程量

不论是清单工程量计算，还是施工图预算工程量计算，其计算方法均可以借鉴统筹法原理计算工程量。运用统筹法计算工程量，分析工程量计算中各分部分项工程之间的固有规律和相互之间的依赖关系，并合理安排分部分项工程量的计算程序，以达到节约时间、简化计算、提高工效，及时准确地编制工程量清单和施工图预算项目的目的。

1. 基数计算

基数是指在分部分项工程量计算过程中，反复、多次用到的一些基本数据。利用基数可以连续计算，并且一次算出，多次使用。常用的基数有外墙中心线周长、外墙外边线周长、内墙净长、建筑底层面积，即“三线一面”。

(1) 外墙中线长

外墙中线长用 $L_中$ 表示，是指建筑物外墙中心线长度之和。利用 $L_中$ 可以计算的工程量如表 3-2 所示。

利用 $L_中$ 可计算的工程量　　　　表 3-2

基数名称	项目名称	计 算 方 法
$L_中$	外墙基槽	$V=L_中$×基槽断面积
	外墙基础垫层	$V=L_中$×垫层断面积
	外墙基础	$V=L_中$×基础断面积
	外墙体积	$V=$（$L_中$×外墙高－外墙门窗面积）×墙厚
	外墙基防潮层	$V=L_中$×墙厚

计算公式：$L_中=L_轴+8\times$（轴线距外墙中心线之距）

式中　$L_轴$——外墙轴线长度之和（周长）。

(2) 内墙净长

内墙净长用 $L_内$ 表示，是指建筑物内墙净长度之和。利用 $L_内$ 可以计算的工程量如表 3-3 所示。

利用 $L_内$ 可计算的工程量　　　　表 3-3

基数名称	项目名称	计 算 方 法
$L_内$	内墙基槽	$V=$（$L_内$－调整值）×基槽断面积
	内墙基础垫层	$V=$（$L_内$　调整值）×垫层断面积
	内墙基础	$V=L_内$×基础断面积
	内墙体积	$V=$（$L_内$×墙高－门窗面积）×墙厚
	内墙圈梁	$V=L_内$×圈梁断面积
	内墙基防潮层	$S=L_内$×墙厚

(3) 外墙外边线

外墙外边长用 $L_外$ 表示，是指建筑物外墙外侧边的长度之和。利用 $L_外$ 可以计算的工程量如表 3-4 所示。

利用 $L_{外}$ 可计算的工程量 表 3-4

基数名称	项目名称	计算方法
$L_{外}$	人工平整场地	$S= S_{底}+ L_{外}×2 + 16$
	散水	$S= L_{外}$×散水宽+ 4×散水宽^2
	明沟	$L= L_{外}$+ 8×散水宽 + 4×明沟宽
	挑檐	$V=$（$L_{外}$+ 4×挑檐宽）× 挑檐断面积
	女儿墙	$V=$（$L_{外}$− 4×女儿墙厚）×女儿墙高×女儿墙厚
	外墙脚手架	$S= L_{外}$×墙高

注：$S_{底}$为建筑底层面积。

（4）建筑底层面积

建筑底层面积用 $S_{底}$ 表示。利用 $S_{底}$ 可以计算的工程量如表 3-5 所示。

利用 $S_{底}$ 可计算的工程量 表 3-5

基数名称	项目名称	计算方法
$S_{底}$	人工平整场地	$S= S_{底}+ L_{外}×2 + 16$
	室内回填土	$V=$（$S_{底}$− 墙结构面积）×厚度
	地面垫层	$V=$（$S_{底}$− 墙结构面积）×厚度
	地面面层	$S= S_{底}$− 墙结构面积
	顶棚抹灰	$S= S_{底}$− 墙结构面积
	屋面防水卷材	$S= S_{底}$− 女儿墙结构面积 + 四周卷起面积

2. 门窗明细表的统计

（1）填写、计算门窗明细表的目的

一是可在此表中完成门窗工程量的计算，所计算出来的门窗面积可直接用于定额直接工程费的计算；二是便于在计算墙体工程量和墙面抹灰、装饰工程量时，按定额规定扣除所在墙体部位上应扣除的门窗面积。

（2）填写、计算门窗明细表的方法

可参照表 3-6 所示填写。

门窗明细统计表 表 3-6

序号	门窗名称	代号	洞口尺寸(mm)		樘数	面积(m^2)		所在部位				合计
			宽(mm)	高(mm)		每樘	小计	$L_{外1}$/m	$L_{内1}$/m	$L_{外2}$/m	$L_{内2}$/m	

3. 钢筋混凝土圈梁、过梁、挑梁明细表的填写、计算

填写、计算的方法同门窗明细表，按表格内容要求填写、计算。

（二）建筑工程量计算

1. 土、石方工程工程量计算

土方工程量计算主要包括平整场地、挖土、回填土和运土四部分内容。

工程量计算时应考虑的以下个问题：

（1）区别什么是挖土方、挖沟槽、挖基坑。

（2）土方开挖是否放坡，如需放坡，确定放坡系数，并视土类类别确定放坡起点深度。如支挡土板，单面增加宽度 100mm，双面增加宽度 200mm。

（3）基础开挖是否需要加宽工作面，其工作面大小，视基础材料而定，可查表或依据施工方案而定。

（4）挖土深度按基础底标高和室外设计标高确定。

（5）注意定额中的说明哪些项目需要系数换算。

2. 桩与地基基础工程

桩基工程量计算主要包括钢筋混凝土预制桩，混凝土灌注桩，砂石桩灌注，灰土挤密桩等内容。工程量计算时应注意的问题：

（1）注意各种桩按照施工工艺的内容计算，如：钢筋混凝土预制桩应分别计算打桩、接桩、送桩等三个项目的工程量。

（2）注意定额中的系数换算的项目和规定要求。

3. 砌筑工程

砌筑工程主要包括基础、墙、柱、零星砌砖、构筑物等项目内容。

工程量计算时应注意的以下几个问题：

（1）墙体计算时，长、宽、高的是如何确定，定额是如何规定的。

（2）基础与墙、柱的划分界限，是以什么标高界定的，以上为墙、柱，以下为基础。

（3）注意零星砌砖项目的适用范围。

（4）注意定额中什么情况需要换算及换算的方法。

4. 混凝土、钢筋工程

混凝土及钢筋混凝土工程一般包括混凝土、钢筋等主要工作内容。

工程量计算时应注意的问题：

（1）混凝土工程量的计算，除另有规定外，均按图示尺寸以立方米计算，应注意预制构件的混凝土制作工程量计算应增加构件施工损耗。如外购预制构件工程量计算应增加运输、安装损耗率。

（2）小型混凝土构件的界定：系指每件体积在 0.1m^3 以内的未列出相应项目的构件。

（3）钢筋工程量的计算，按理论重量以吨计算，重点解决不同形状下的钢筋长度的计算，注意钢筋接头数量和接头方式的规定，应明确有关混凝土保护层厚度、弯钩长、弯起钢筋增加长、箍筋长度的计算等规定（在钢筋计算表中完成，按表格要求填写计算）。

（4）注意预应力钢筋长度计算是与锚具类型有关。

（5）注意定额中需要换算的内容及换算的方法。

5. 门窗及木结构工程

门窗及木结构工程工程量计算，主要包括各类木门、全钢板门、特种门制作和安装，木屋架、屋面木基层、木楼梯等制作和安装内容。

工程量计算时应注意：

（1）各种材质、类型的门制作、安装，均以门洞口面积计算。

（2）当采用三、四类木种时，木门制作、安装项目的人工和机械乘以相应的系数。

（3）定额中所注明的木材断面或厚度均以毛料为准，设计不同时注意换算。

（4）木屋架按设计断面竣工木料以立方米计算。

（5）屋面木基层，按屋面的斜面积计算。

（6）木楼梯按水平投影面积计算。

6. 金属结构工程

金属结构工程量计算，主要包括钢屋架、钢柱、钢梁、压型钢板和其他钢构件等，其工程量计算时注意以下内容：

(1) 金属结构制作、运输及安装工程量，均按设计图示钢材尺寸以质量计算，不扣除孔眼、切边的重量；

(2) 在计算不规则或多边形钢板时，以其几何图形的外接矩形面积乘以厚度以质量计算；

(3) 金属构件运输时，注意区别金属构件类别的划分。

(4) 钢材单位重量计算方法：

钢筋每 1m 重量 $=0.006165d^2$（d 为直径）；

钢板每 $1m^2$ 重量 $=7.85d$（d 为厚度）；

角钢每 1m 重量 $=0.00795d(a+b-d)$（a 为长边宽、b 为短边宽、d 为厚度）；

钢管每 1m 重量 $=0.006165(D^2-d^2)$（D 为外径、d 为内径）。

（注：上式中 a、b、c、D 均以毫米为单位）

7. 屋面及防水工程

屋面及防水工程工程量计算主要包括：瓦屋面、卷材屋面、涂膜屋面、屋面排水、卷材防水、涂膜防水、变形缝和墙面、楼地面防水、防潮等项目内容。工程量计算时应注意的几个问题：

(1) 瓦屋面应按图示尺寸的水平投影面积乘以屋面坡度系数，以斜面积计算；

(2) 瓦屋面斜脊系数是根据屋面坡度系数计算出来的；

(3) 应注意屋面防水在女儿墙、伸缩缝、天窗等处的弯起部分的计算高度。

8. 防腐、保温、隔热工程

防腐、保温、隔热工程工程量计算主要包括：屋面、墙面、楼地面的防腐面层和保温、隔热等内容。工程量计算时应注意的几个问题：

(1) 防腐面层、隔离层适用于平面、立面的防腐耐酸工程，工程量计算时应区分不同防腐材料种类及厚度，按设计图示尺寸以面积计算；

(2) 保温、隔热工程应区别材料、部位，按设计图示尺寸以体（面）积计算。

9. 楼地面工程

楼地面工程主要包括垫层、找平层、整体面层等内容。工程量计算时应注意的问题：

(1) 面积计算是按室内主墙间净面积确定的，注意净面积中应扣除的面积和不扣除的面积；

(2) 尽量利用基数完成相关项目工程量的计算，以达到简化计算式的目的；

(3) 楼梯面层计算所包括的内容和楼梯踢脚线长度的计算。

10. 建筑物超高人工、机械降效及水泵加压台班

该内容项目包括建筑物超过增加人工、机械降效及加压水泵台班。工程量计算时应注意的问题：

(1) 适用于建筑物檐高 20m 以上的工程；

(2) 同一建筑物檐高不同时，按不同檐高的高度，垂直分割计算；

(3) 弄清各降效系数中所包括的内容。

11. 措施项目

措施项目包括混凝土及钢筋混凝土模板及支架、垂直运输、特大型机械安装、拆卸及场外运输费用、桩架 90°调面及移动、施工排水、降水和其他项目等。工程量计算时应注意的问题：

(1) 措施项目应根据施工组织设计确定计算的内容；

(2) 现浇混凝土模板按不同构件，分别以组合钢模板、钢支撑、木支撑、复合木模板、钢支撑、木支撑、木模板、木支撑配置的；

(3) 综合脚手架适用条件是：建筑工程总承包的建筑物工程所搭设的脚手架，应按综合脚手架计算，其计算的方法是按建筑面积计算；

(4) 单项脚手架适用范围：适用于不能计算建筑面积而必须搭设脚手架或专业分包工程所搭设的脚手架。

(三) 装饰、装修工程量计算

装饰、装修工程主要包括楼地面整体面层、块料面层、栏杆、扶手装饰等，墙、柱面装饰抹灰，镶贴块料面层，顶棚吊顶，门窗工程，木材面油漆，金属面油漆，抹灰面油漆，涂料、裱糊等内容。工程量计算时应注意的问题：

1. 内外墙面装饰抹灰应扣除墙裙、门窗洞口和空圈所占面积，但不扣除踢脚线和 $0.3m^2$ 以内孔洞所占的面积，门窗洞口侧壁、顶面亦不增加面积，附墙柱、梁、垛烟囱等侧壁并入墙面抹灰面积内；墙面贴块料面层时，则以实际镶贴表面积计算，注意二者之间的联系和区别。

2. 顶棚抹灰按设计图示尺寸以水平投影面积计算，梁的侧面抹灰并入顶棚抹灰面积，不扣除间壁墙、垛、检查口等所占面积；梯底面抹灰按斜面积计算。

3. 各种材质面的油漆，在制定定额时，一般只编制少数几个基本定额项目，其他有关项目用乘系数改变工程量的方法来换算套用定额。

4. 成品保护以实际保护面积计算。

(四) 电气设备安装工程量计算

电气主要计算：配电箱（柜）、电气管线、接地防雷、灯具、插座、开关、调试系统、电缆沟的挖填及电缆的敷设等。工程量计算时应注意的问题：

1. 根据动力配电系统、照明系统、应急照明系统、避雷与接地系统、弱电系统等建立分部；

2. 计量单位除管、线按不同规格、敷设方式，以长度“m”为计量单位外，设备装置多以自然单位“个、套、组、台”计量。只有少数的项目涉及其他物理量单位。如一般铁钩件制作安装按重量“kg”计量等；

3. 盘、箱、柜的外部进出线预留长度按表 3-7 计算；其工程量应计入导线敷设的工程量内；

盘、箱、柜的外部进出线预留长度（m/根）　　表 3-7

序号	项　目	预留长度	说　明
1	各种箱、柜、盘、板、盒	高+宽	盘面尺寸
2	单独安装的铁壳开关、自动开关、刀开关、启动器、箱式电阻器、变阻器	0.5	从安装对象中心算起
3	继电器、控制开关、信号灯、按钮、熔断器等小电器	0.3	从安装对象中心算起
4	分支接头	0.2	分支线预留

4. 配线进入开关箱、柜、板的预留线，按表 3-8 规定的长度，分别计入相应的工程量；

配线进入箱、柜、板的预留长度（每一根线）　　表 3-8

序号	项　目	预留长度（m）	说　明
1	各种开关、柜、板	高+宽	盘面尺寸
2	单独安装（无箱、盘）的铁壳开关、闸刀开关、启动器、线槽进出线盒等	0.3	从安装对象中心算起
3	由地面管子出口引至动力接线箱	1.0	从管口计算
4	电源与管内导线连接（管内穿线与软、硬母线接点）	1.5	从管口计算
5	出户线	1.5	从管口计算

5. 要注意穿过建筑物伸缩缝、沉降缝的管线的做法（在伸缩缝、沉降缝的两侧都有接线盒）；

6. 在计算工程量时，管路较长或弯路较多的管要考虑增加中间接线盒（箱）；

7. 桥架穿楼板、穿墙孔洞的防火封堵容易遗漏；预留套管容易遗漏。

（五）管道安装工程量计算

管道安装工程主要包括：给排水、采暖等内容，其工程量计算时应注意的问题：

1. 给排水、采暖等管道在工程量计算过程中，应区分室内管道、室外管道、市政管道，其管道界线划分如下：

(1) 给水管道：室内外界线划分以建筑物外墙皮 1.5m 为界，入口处设阀门者以阀门为界；与市政管道界线划分是以水表井为界，无水表井者，以与市政给水管道碰头点为界。

(2) 排水管道：室内外界线划分以出户第一个排水检查井为界；与市政排水管道界线划分是以室外管道与市政管道碰头井为界。

(3) 采暖热源管道：室内外界线划分以建筑物外墙皮 1.5m 或以入口阀门为界；设在高层建筑内的加压泵间管道以泵间外墙皮为界。

2. 各种管道，均以施工图所示中心线长度以“m”为计量单位，不扣除阀门、管件所占的长度；其他设备装置多以自然单位“个、片、套、组、台”计量。

3. 计算方法：管道的工程量为水平长度和垂直长度之和；水平长度可利用平面图上的尺寸进行推算，也可用比例尺直接量取；垂直长度一般采用图上标高的高差求得。各种设备、装置等的安装，其工程量为在施工图上按相同规格、安装方式直接点数累计相加即可。

4. 高层建筑增加费计算的基数包括 6 层或 20m 以下的全部人工费。在高层建筑同时又符合超高施工条件时，高层建筑增加费和超高增加费是叠加计算的。

三、综合单价的编制

综合单价是指完成一个规定计量单位的分部分项工程量清单项目或措施清单项目所需的人工费、材料费、施工机械使用费和企业管理费与利润，以及一定范围内的风险费用。

综合单价的内容组成如下：

（一）人工单价的编制

1. 人工单价的概念

人工单价是指工人按现行的全国统一劳动定额为基础按八小时工作制计算的，一个工作日应得到的劳动报酬。其人工等级分为普通工（简称普工）和技术工（简称技工）。

2. 人工单价的内容

人工单价一般包括基本工资、工资性津贴。

(1) 基本工资：是指发放给生产工人的基本工资。

(2) 工资性津贴：是指按规定标准发放的物价补贴，煤、燃气补贴，交通补贴，住房补贴，流动施工津贴等。

(3) 生产工人辅助工资：是指生产工人年有效施工天数以外非作业天数的工资，包括职工学习、培训期间的工资，休假期间的工资，因气候影响的停工工资，病假在六个月以内的工资及产、婚、丧假期的工资。

(4) 职工福利费：是指按规定标准计提的职工福利费。

(5) 生产工人劳动保护费：是指按规定标准发放的劳动保护用品的购置费及修理费，徒工服装补贴，防暑降温费，在有碍身体健康环境中施工的保健费等。

3. 人工单价的编制方法

人工单价的编制方法一般有三种。

(1) 根据“人工费指数”确定人工单价

“人工费指数”是各地区工程造价管理部门定期的按照劳务市场行情测定的指数，是目前确定人工单价的主流。招标工程的投标人在投标报价时或非招标工程在签订施工合同时，应按基准日发布的人工费指数调整人工费进行报价并考虑风险因素。

（2）根据劳务市场行情确定人工单价

采用这种方法确定人工单价应注意以下几个方面的问题：

一是要尽可能掌握劳动力市场价格中长期历史资料；

二是在确定人工单价时要考虑用工的季节性变化，当大量聘用农民工时，要考虑农忙季节时人工单价的变化；

三是在确定人工单价时要采用加权平均的方法综合各劳务市场或各劳务队伍的劳动力单价；

四是要分析拟建工程的工期对人工单价的影响，如果工期紧，那么人工单价按正常情况确定后要乘以大于1的系数，如果工期有拖长的可能，那么也要考虑工期延长带来的风险。

（3）根据计价定额规定的工日单价确定

凡是分部分项工程项目含有基价的定额，都明确规定了人工单价，可以此为依据确定拟投标工程的人工单价。

（二）材料单价的编制

1. 材料单价的概念

材料单价是指材料从采购起运到工地仓库或堆放场地后的出库价格。计价定额中的材料费是指施工过程中耗费的构成工程实体的原材料、辅助材料、构配件、零件、半成品的费用。

2. 材料单价的费用构成

（1）材料原价（或供应价格）

材料原价是指材料的出厂价、市场价、零售价以及进口材料的调拨价等。若同一种材料购买地及单价不同时，应根据不同的数量及单价，采用加权平均的办法确定其材料的原价。

$$\text{加权平均原价}=\frac{\sum（\text{各来源地数量}\times\text{相应单价}）}{\sum\text{各来源地数量}}$$

（2）材料运杂费

材料运杂费是指材料自来源地运至工地仓库或指定堆放地点所发生的全部费用，包括运输费和装卸费等。若同一种材料有若干个来源地，其运杂费可根据每个来源地的运输里程、运输方法和运价标准，采用加权平均的办法计算。

$$\text{加权平均运杂费}=\frac{\sum（\text{各来源地运杂费}\times\text{各来源材料数量}）}{\sum\text{各来源地材料数量}}$$

（3）运输损耗费

指材料在运输装卸过程中不可避免的损耗。

$$\text{运输损耗费}=（\text{材料原价}+\text{材料运杂费}）\times\text{运输损耗率}$$

（4）采购及保管费

指为组织采购、供应和保管材料过程中所需要的各项费用。包括：采购费、仓储费、工地保管费、仓储损耗。

$$\text{材料采购保管费}=（\text{原价}+\text{运杂费}+\text{运输损耗费}）\times\text{采购保管费率}$$

（5）检验试验费

指对原材料、辅助材料、构配件、零件、半成品进行鉴定、检查所发生的费用。

$$\text{检验试验费}=\text{材料原价}\times\text{检验试验费率}$$

3. 材料单价的确定

$$\text{材料单价}=\frac{\text{加权平均}}{\text{材料原价}}+\frac{\text{加权平均}}{\text{材料运杂费}}+\frac{\text{运输}}{\text{损耗费}}+\frac{\text{采购及}}{\text{保管费}}+\frac{\text{检验}}{\text{试验费}}$$

4. 材料价差的调整

材料价差是指由于材料价格具有地区性和时间性，在计价定额中的某种材料预算单价与工程项目所在地的现行材料单价或以实际发生材料单价之间的差别。因此在编制投标报价时，应对计价定额中取定的材料价格进行调整。一般为两种调整方式，一种方式为按基准日发布的材料价格信息调整（即报告期价格），另一种为按材料价格综合指数调整。

方法一：按材料价格信息计算材料费：

计算公式为：材料费＝∑材料的实际用量×报告期价格

方法二：按价格指数计算材料费：

计算公式为：

材料费＝按计价定额计算出的材料费×（1＋投标报价时期的材料价格指数）

以上两种方法计算出的材料费大体一致，但不一定完全相同。

（三）施工机械台班单价的编制

1. 施工机械台班单价的概念

施工机械台班单价是指一台施工机械在正常运转条件下一个工作班（按 8h 工作制计算）中所发生的全部费用。

2. 施工机械台班单价的费用组成

（1）折旧费：指施工机械在规定的使用期限内，陆续收回原值及购置资金的时间价值。

（2）大修理费：指施工机械按规定的大修理间隔台班进行必要的大修理，以恢复其正常功能所需的费用。

（3）经常修理费：指施工机械除大修理以外的各级保养和临时故障排除所需的费用。包括为保障机械正常运转所需替换设备与随机配备工具的摊销和维护费用，机械运转及日常保养所需润滑与擦拭的材料费用及机械停滞期间的维护和保养费用等。

（4）安拆费及场外运费：安拆费指施工机械在现场进行安装与拆卸需要的人工、材料、机械和试运转费用以及机械辅助设施的折旧、搭设、拆除等费用；场外运费指施工机械整体或分体自停放地点运至施工现场或由一施工地点运至另一施工地点的运输、装卸、辅助材料及架线等费用。

（5）人工费：指机上司机（司炉）和其他操作人员的工作日人工费及上述人员在施工机械规定的年工作台班以外的人工费。

（6）燃料动力费：指施工机械在运转作业中所耗用的固体燃料（煤、木材）、液体燃料（汽油、柴油）及水、电等费用。

（7）其他费用：指施工机械按照国家和有关部门规定应交纳的养路费、车船使用税、保险费及年检费用等。

3. 施工机械台班单价的费用计算

（1）折旧费

1）台班折旧费应按下列公式计算

$$台班折旧费=\frac{机械预算价格\times（1+残值率）\times时间价值系数}{耐用总台班}$$

2）国产机械的预算价格应按下列公式计算：

预算价格＝机械原价＋供销部门手续费和一次运杂费＋车辆购置税

3）进口机械的预算价格应按下列公式计算：

预算价格＝到岸价格＋关税＋增值税＋消费税＋外贸部门手续费和国内一次运杂费＋财务费＋车辆购置税

① 关税、增值税、消费税及财务费应执行编制期国家有关规定，并参照实际发生的费用

计算；

② 外贸部门手续费和国内一次运杂费应按到岸价格的6.5%计算；

③ 车辆购置税应按下列公式计算：

车辆购置税＝计税价格×车辆购置税率；

① 计税价格＝到岸价格＋关税＋消费税；

② 车辆购置税率应执行编制期国家有关规定。

4）残值率指施工机械报废时其回收残余价值占原值的百分比。根据机械不同类型计算：

① 运输机械：2%；

② 掘进机械：5%；

③ 其他机械：中、小型机械4%，特、大型机械3%。

5）时间价值系数是考虑购置机械设备的资金在施工生产过程中，随着时间的推移而产生的增值。

时间系数应按以下公式计算：

$$时间价值系数=1+1/2\times年折现率\times（折旧年限+1）$$

①年折现率应按编制期银行年贷款利率确定；

②折旧年限指施工机械逐年计提固定资产折旧的期限，折旧年限应在财政部规定的折旧年限范围内确定。

6）耐用总台班指机械设备从开始投入使用至报废前所使用的总台班数。

耐用总台班应按施工机械的技术指标及寿命期等相关参数确定。

7）确定折旧年限和耐用台班时应综合考虑下列关系：

$$折旧年限=耐用总台班/年工作台班$$

其数值计算后应符合国家规定的固定资产计提的法定年限。

其中，年工作台班指施工机械在年度内使用的台班数量。年工作台班应在编制期制度工作日基础上扣除规定的修理、保养及机械利用率等因素确定。

（2）大修理费

1）台班大修理费应按以下公式计算：

$$台班大修理费=一次大修理费\times寿命期大修理次数/耐用总台班$$

2）一次大修理费指施工机械一次大修理发生的工时费、配件费、辅料费、油燃料费及送修运杂费。

3）寿命期大修理次数是机械设备在其寿命期（耐用总台班）内按规定的大修次数。

（3）经常修理费

台班经常修理费应按下列公式计算：

$$台班经修费=\frac{\sum（各级保养一次费用\times寿命期各级保养次数）+临时故障排除费}{耐用总台班}$$
$$+替换设备台班摊销费+工具附具台班摊销费+例保辅料费$$

当台班经常修理费计算公式中各项数值难以确定时，台班经常修理费也可按下列公式计算：

$$台班经常修理费=台班大修费\times K$$

其中K为台班经常修理费系数，它等于台班经常维修费与台班修理费的比值。如载重汽车K值6t以内为5.61，6t以上为3.93；自卸汽车K值6t以内为4.44，6t以上为3.34；塔式起重机K值为3.94等。

（4）安拆费及场外运费

1）安拆费及场外运费根据机械类型不同可分为计入台班单价、单独计算和不计算三种类型。

2）工地间移动较为频繁的小型机械及部分中型机械，其安拆费和场外运费计入台班单价。

台班安拆费及场外运费按下列公式计算：

台班安拆费及场外运费＝一次安拆费及场外运费×年平均安拆次数/年工作台班

① 一次安拆费包括施工现场机械安装和拆卸一次所需的人工费、材料费、机械费及试运转费；

② 一次场外运费包括运输、装卸、辅助材料和架线等费用；

③ 年平均安拆次数应由各地区（部门）结合具体情况确定；

④ 运输距离应按 25km 计算。

3）移动有一定难度的特、大型（包括少数中型）机械，其安拆费及场外运费应单独计算。

单独计算的安拆费及场外运费除应计算安拆费、场外运费外，还应计算辅助设施（基础、底座、固定锚桩、行走轨道枕木等）的折旧费及其搭设、拆除费用。

4）不需安装拆卸且自身又能开行的机械和固定在车间无需安拆运输的机械，其安拆费及场外运费不计算。

5）自升式塔式起重机安装、拆卸费用的超高起点及其增加费，各地区（部门）可根据具体情况确定。

（5）人工费

1）人工费应按下列公式计算：

$$台班人工费=人工消耗量\times\left(1+\frac{年制度工作日-年工作台班}{年工作台班}\right)\times人工单价$$

2）人工消耗量指机上司机（司炉）和其他操作人员的工日消耗量。

3）年制度工作日应执行编制期国家有关规定。

4）人工单价应执行编制期工程造价管理部门的有关规定。

（6）燃料动力费

1）燃料动力费应按下列公式计算：台班动力费＝∑（燃料动力消耗量×单价）；

2）燃料动力消耗量应根据施工机械技术指标及实测资料综合确定；

3）燃料动力单价应执行编制期工程造价管理部门的有关规定。

（7）其他费用

1）其他费用应按下列公式计算：

台班其他费用＝（年养路费＋年车船使用税＋年保险费＋年检费用）/年工作台班；

2）养路费、年车船使用税、年检费用应执行编制期有关部门的规定；

3）保险费应执行编制期有关部门强制性保险的规定，非强制性保险不应计算在内。

（8）施工机械台班单价的计算

台班单价＝台班折旧费＋台班大修理费＋台班经常修理费＋台班安拆费及场外运费
＋台班人工费＋台班燃料动力费＋台班其他费用。

（四）企业管理费

1. 企业管理费的概念

企业管理费是指建筑安装企业组织施工生产和经营管理所需费用。

2. 企业管理费的内容：

（1）管理人员工资：是指管理人员的基本工资、工资性津贴、职工福利费、劳动保护费等。

（2）办公费：是指企业管理办公用的文具、纸张、账表、印刷、邮电、书报、会议、水电、烧水和集体取暖（包括现场临时宿舍取暖）用煤等费用。

（3）差旅交通费：是指职工因公出差、调动工作的差旅费、住勤补助费，市内交通费和误餐补助费，职工探亲路费，劳动力招募费，职工离退休、退职一次性路费，工伤人员就医路费，工地转移费以及管理部门使用的交通工具的油料、燃料、养路费及牌照费。

（4）固定资产使用费：是指管理和试验部门及附属生产单位使用的属于固定资产的房屋、设备、仪器等的折旧、大修、维修或租赁等费用。

（5）生产工具用具使用费：是指施工机械原值在2000元以下、使用年限在2年以内的不构成固定资产的低值易耗机械，生产工具及检验用具等的购置、摊销和维修费；以及支付给工人自备工具补贴费。

（6）工具用具使用费：是指管理使用的不属于固定资产的工具、器具、家具、交通工具和检验、试验、测绘、消防用具等的购置、维修和摊销费。

（7）劳动保险费：是指由企业支付离退休职工的易地安家补助费、职工退职金、六个月以上的病假人员工资、职工死亡丧葬补助费、抚恤费、按规定支付给离休干部的各项费用。

（8）工会经费：是指企业按职工工资总额计提的工会经费。

（9）职工教育经费：是指企业为职工学习先进技术和提高文化水平，按职工工资总额计提的费用。

（10）财产保险费：是指施工管理用财产、车辆保险费用。

（11）财务费：是指企业为筹集资金而发生的各项费用。

（12）税金：是指企业按规定缴纳的房产税、车船使用税、印花税等。

（13）其他：包括技术转让费、技术开发费，业务招待费、绿化费、广告费、公证费、法律顾问费、审计费、咨询费、定位复测费等。

3. 企业管理费的计算

企业管理费的确定与所承包工程项目的类别、承包的方式有关，以辽宁省为例，工程类别的划分见表3-9所示

工程类别划分标准 表3-9

工程类别	划分标准	说明
一	1. 单层厂房15000m² 以上； 2. 多层厂房20000 m² 以上； 3. 单体民用建筑25000m² 以上； 4. 机电设备安装工程、建筑工程类、装饰装修工程、房屋修缮工程等不能按建筑面积确定工程类别的工程，工程费（不含设备）在1500万元以上； 5. 市政公用工程工程费（不含设备）3000万元以上	单层厂房跨度超过30m或高度超过18m、多层厂房跨度超过24m民用建筑擔高超过100m机电设备安装单体设备重量超过80t、市政工程的隧道及长度超过80m的桥梁工程，可按二类工程费率
二	1. 单层厂房10000m² 以上，15000m² 以下； 2. 多层厂房15000m² 以上，20000m² 以下； 3. 单体民用建筑18000 m² 以上，25000m² 以下； 4. 机电设备安装工程、建筑工程类、装饰装修工程、房屋修缮工程等不能按建筑面积确定工程类别的工程，工程费（不含设备）1000万元以上，1500万元以下； 5. 市政公用工程工程费（不含设备）2000万元以上，3000万元以下； 6. 园林绿化工程工程费500万元以上	单层厂房跨度超过24m或高度超过15m、多层厂房跨度超过18m、民用建筑擔高超过80m、机电设备安装单体设备重量超过50t、市政工程的隧道及长度超过50m的桥梁工程，可按三类工程费率

续表

工程类别	划分标准	说明
三	1. 单层厂房 5000m² 以上，10000m² 以下； 2. 多层厂房 8000m² 以上，15000m² 以下； 3. 单体民用建筑 10000m² 以上，18000m² 以下； 4. 机电设备安装工程、建筑工程类、装饰装修工程、房屋修缮工程等不能按建筑面积确定工程类别的工程，工程费（不含设备）在 500 万元以上、1000 万元以下； 5. 市政公用工程工程费（不含设备）1000 万元以上，2000 万元以下； 6. 园林绿化工程工程费 200 万元以上，500 万元以下	单层厂房跨度超过 18m 或高度超过 10m、多层厂房跨度超过 15m 民用建筑工程檐高超过 50m、机电设备安装单体设备重量超过 30t、市政工程的隧道及长度超过 30m 的桥梁工程，可按四类工程费率
四	1. 单层厂房 5000m² 以下； 2. 多层厂房 8000m² 以下； 3. 单体民用建筑 10000m² 以下； 4. 机电设备安装工程、建筑工程类、装饰装修工程、房屋修缮工程等不能按建筑面积确定工程类别的工程，工程费（不含设备）在 500 万元以下； 5. 市政公用工程工程费（不含设备）1000 万元以下； 6. 园林绿化工程工程费 200 万元以下	

企业管理费的取费基数为“人工费＋机械费”，其费率如表 3-10 所示。

企业管理费（%） **表 3-10**

工程项目 / 工程类别	总承包工程		专业承包工程	
	建筑工程、市政工程	机电设备安装工程	建筑工程类、市政园林工程	装饰装修工程、机电设备安装工程
一	12.25	11.20	8.75	7.70
二	14.00	12.95	10.50	9.10
三	16.10	15.05	12.25	11.20
四	18.20	16.80	13.65	12.25

（五）利润的计算

1. 利润的概念

利润是指施工企业完成所承包工程获得的盈利。

2. 利润的计算

企业承包工程获利的大小，与所承包工程项目的类别（如表 3-9 所示）、承包的方式有关，以辽宁省为例，利润的取费基数为“人工费＋机械费”，其利润的费率如表 3-11 所示。

利润（%） **表 3-11**

工程项目 / 工程类别	总承包工程		专业承包工程	
	建筑工程、市政工程	机电设备安装工程	建筑工程类、市政园林工程	装饰装修工程、机电设备安装工程
一	15.75	14.40	11.25	9.90
二	18.00	16.65	13.50	11.70
三	20.70	19.35	16.75	14.40
四	23.40	21.60	17.55	15.75

（六）综合单价的计算

综合单价的计算公式为：

$$综合单价=\frac{分部分项工程}{清单项目人工费}+\frac{分部分项工程}{清单项目材料费}+\frac{分部分项工程}{清单项目机械费}+\frac{企业}{管理费}+利润$$

四、措施项目清单费的编制

（一）技术措施费

技术措施费：是指计价定额中规定的，在施工过程中耗费的非工程实体的措施项目及可以计量的补充措施项目的费用。内容包括：

（1）大型机械设备进出场及安拆费：是指计价定额中列项的大型机械设备进出场及安拆费；

（2）混凝土、钢筋混凝土模板及支架费：是指混凝土施工过程中需要的各种钢模板、木模板、支架等安、拆、运输费用及模板、支架的费用；

（3）脚手架费：是指施工需要的各种脚手架搭、拆、运输费用；

（4）垂直运输费；

（5）施工排水及井点降水；

（6）桩架 90°调面及移动；

（7）其他项目。

（二）措施项目费

指计价定额中规定的措施项目中不包括的且不可计量的，为完成工程项目施工，发生于该工程施工前和施工过程中非工程实体项目的费用。内容包括：

1. 安全文明施工措施费

（1）文明施工与环境保护费：是指施工现场设立的安全警示标志、现场围挡、五板一图、企业标志、场容场貌、材料堆放、现场防火等所需要的各项费用。

（2）安全施工费：是指施工现场通道防护、预留洞口防护、电梯井口防护；楼梯边防护等安全施工所需要的各项费用。

（3）临时设施费：是指施工企业为进行建筑工程施工所必须搭设的生活和生产用的临时建筑物、构筑物和其他临时设施费用等。

内容包括：临时宿舍，文化福利及公用事业房屋与构筑物；仓库、办公室、加工厂以及规定范围内道路、水、电、管线等临时设施和小型临时设施的搭设、维修、拆除费或摊销费。

2. 其他措施项目费

（1）夜间施工增加费：是指因夜间施工所发生的夜班补助费、夜间施工降效、夜间施工照明设备摊销及照明用电费用。

（2）二次搬运费：是指因施工场地狭小等特殊情况而发生的二次搬运费用。

（3）已完工程及设备保护费：是指竣工验收前，对已完工程及设备进行保护所需费用。

（4）市政工程施工干扰费：市政工程施工中发生的边施工边维护交通及车辆、行人干扰等所发生的防护和保护措施费。

（5）冬雨季施工费：

1）冬季施工费：是指连续三天气温在 5℃以下环境中施工所发生的费用，包括人工机械降效、除雪、水砂石加热、混凝土保温覆盖发生的费用。

2）雨季施工费：是指雨季施工的人工机械降效、防汛措施、工作面排雨水。

（三）编制方法

1. 定额分析法

定额分析法是指凡是可以套用计价定额的项目，通过先计算工程量，然后再套用计价定额分析出工料机消耗量，最后根据各项单价和费率计算出措施项目费的方法。技术措施费等可以根据施工图或施工方案算出的工程量，然后套用定额，确定综合单价和费率，计算出除规费和税金之外的全部费用。

2. 费率计算法

费率计算法是采用与措施项目有直接关系的分部分项清单项目费为计算基础，乘以措施项目费费率，求得措施项目费。例如，安全文明施工措施费、冬雨季施工费、市政工程干扰费等，可以按分部分项清单项目费乘以选定的系数（或百分率）计算出该项费用。

3. 签证计算法

夜间施工增加费、二次搬运费、已完工程及设备保护费可以按批准的施工组织设计或签证计算费用。

五、其他项目清单费的编制

（一）其他项目清单费的概念

其他项目清单费是指暂列金额、材料暂估价、总承包服务费、计日工项目费等估算金额的总和。包括：人工费、材料费、机械台班费、管理费、利润和风险费。

（二）其他项目清单费的确定

1. 暂列金额

暂列金额主要指考虑施工合同签订时尚未确定或不可预见的发生的费用和工程建设过程中可能发生的工程变更、合同约定调整因素出现时的工程价款调整以及发生的索赔、现场签证确认而预留的一笔款项。引起工程量变化和费用增加的原因很多，一般主要有以下几个方面：

(1) 设计随工程进展不断地进行优化和调整引起的工程量变化和费用的变化；

(2) 在施工过程中应业主要求，经设计或监理工程师同意的工程变更增加的工程量；

(3) 其他原因引起应由业主承担的增加费用，如风险费用和索赔费用。

暂列金额由招标人根据工程特点，按有关计价规定进行估算确定，一般可以按分部分项工程量清单费的 10%～15%作为参考。

暂列金额作为工程造价的组成部分计入工程造价。暂列金额按照合同约定程序实际发生后，通过监理工程师批准方能纳入合同结算价款中。未使用部分归业主所有。

2. 暂估价

(1) 材料、工程设备暂估价应按招标工程量清单中列出的单价计入综合单价；

(2) 专业工程暂估价应按招标工程量清单中列出的金额填写。

3. 计日工

计日工是为了解决现场发生的零星工作的设计而设立的，应按招标工程量清单中列出的项目和数量，自主确定综合单价并计算计日工总额。

4. 总承包服务费

总包服务费应该根据招标工程量清单中列出的内容和提出的要求，依据招标人在招标文件列出的分包专业工程内容和供应材料、设备情况，按照招标人提出协调、配合与服务要求、施工现场管理和竣工资料的统一汇总整理等所需的费用，需要自主确定。

六、规费、税金的计算

（一）规费

1. 规费的概念：是指政府和有关权力部门规定必须缴纳的费用。

2. 规费的内容：

(1) 工程排污费：是指施工现场按规定缴纳工程排污费。

(2) 工程定额测定费：是指按规定支付工程造价（定额）管理部门的定额测定费。

(3) 社会保障费

1）养老保险费：是指企业按规定标准为职工缴纳的基本养老保险费。

2）失业保险费：是指企业按照规定标准为职工缴纳的失业保险费。

3）医疗保险费：是指企业按照规定标准为职工缴纳的基本医疗保险费。

4）生育保险费：是指企业按照规定标准为职工缴纳的女职工生育保险费。

5）工伤保险费：是指按照《辽宁省工伤保险实施办法》（辽宁省人民政府令第 187 号）的规定：为保障因工作遭受事故伤害或者患职业病的职工获得医疗救治和经济补偿，促进工伤预防和职业康复，维护职工的合法权益，分散用人单位的工伤风险的保险费。

(4) 住房公积金：是指企业按规定标准为职工缴纳的住房公积金。

(5) 危险作业意外伤害保险：是指按照《中华人民共和国建筑法》规定，企业为从事危险作业的建筑安装施工人员支付的意外伤害保险费。

3. 规费的计算

应该根据国家、省级政府和行业建设主管部门规定的项目、计算方法、计算基数、费率进行计算。不作为竞争性费用。

规费的计算公式：规费＝计算基数×对应的费率

（二）税金

税金是按照国家税法或地方政府及税务部门依据职权对税种进行调整规定的项目、计算方法、计算基数、税率进行计算。

税金计算公式：

$$税金=\left[\begin{matrix}分部分项\\清单项目费\end{matrix}+\begin{matrix}措施\\项目费\end{matrix}+\begin{matrix}其他\\项目费\end{matrix}+\begin{matrix}规费\\项目费\end{matrix}+\begin{matrix}税金\\项目费\end{matrix}\right]\times税率$$

上述公式变换后为：

$$税金=\left[\begin{matrix}分部分项\\清单项目费\end{matrix}+\begin{matrix}措施\\项目费\end{matrix}+\begin{matrix}其他\\项目费\end{matrix}+\begin{matrix}规费\\项目费\end{matrix}\right]\times\frac{税金}{1-税率}$$

或：税金＝（税费前工程造价合计＋规费）$\times\frac{税率}{1-税率}$

不得作为竞争性费用。

例如，营业税税金计算公式为：

$$税金=\left[\begin{matrix}分部分项\\清单项目费\end{matrix}+\begin{matrix}措施\\项目费\end{matrix}+\begin{matrix}其他\\项目费\end{matrix}+\begin{matrix}规费\\项目费\end{matrix}\right]\times\frac{3\%}{1-3\%}$$

七、工程结算和工程决算的编制

（一）工程结算与工程决算的概念

1. 工程结算的概念：

工程结算是施工单位（承包方），依据承包合同中关于付款条件的规定和已完工程量，按照规定的程序向发包方收取工程价款的一项经济活动。一般以单位工程为对象，反映了单位工程竣工后的工程造价。

2. 工程决算的概念：

工程决算是指在工程竣工验收交付使用阶段，由建设单位（发包方）编制的建设项目从筹建到竣工投产或使用全过程实际造价的总结性经济文件。一般以一个建设项目或单项工程为对象，综合反映了竣工项目的建设成果和财务情况。

（二）工程结算与工程决算的内容

1. 工程结算的内容

(1) 封面

内容包括：工程名称、建设单位、建筑面积、结构类型、结算造价、编制日期等，并设有施工单位、审查单位以及编制人、复核人、审核人的签字盖章的位置。

（2）编制说明

内容包括：编制依据、结算范围、变更内容、双方协商处理的事项及其他必须说明的问题。

（3）工程结算直接费计算表

定额编号、分项工程名称、单位、工程量、定额基价、合价、人工费、机械费等。

（4）工程结算费用计算表

内容包括：费用名称、费用计算基础、费率、计算式、费用金额等。

（5）附表

内容包括：工程量增减计算表、材料价差计算表、补充基价分析表等。

2. 工程决算的内容

（1）竣工结算报告说明书。

（2）建设项目竣工财务决算审批表。

（3）项目概况表。

（4）项目竣工财务决算表。

（5）项目交付使用财产总表。

（6）项目交付使用资产明细表。

（7）工程竣工图。

（8）工程造价对比分析。

（三）编制的依据

1. 工程结算编制的依据：

（1）双方签订的工程施工合同。

（2）施工组织设计文件。

（3）施工图预算文件。

（4）会议纪要、设计变更通知单、现场工程变更签证。

（5）施工技术核定单、隐蔽工程验收单等。

（6）分包工程结算书。

（7）国家和当地建设主管部门有关政策规定。

2. 工程决算编制的依据：

工程竣工结算是编制工程竣工决算的基础资料。

（四）工程结算的编制方法：

单位工程竣工结算的编制，是在施工图预算或招投标合同书为基础，将所有原始资料中有关的设计变更资料、修改后的竣工图、有关工程索赔资料等项目，先进行直接费的增减调整计算，再按取费标准计算各项费用，最后汇总为工程结算造价。其编制方法为：

1. 收集、整理、熟悉有关原始资料。

2. 深入施工现场，对照观察竣工工程，认真复核原始资料。

3. 计算调整工程量。

4. 套定额基价，计算调整直接费。

5. 计算调整费用。

6. 计算其他费用。

7. 计算工程结算造价。

项目四　算量、钢筋抽样、计价软件的应用

任务一　图形算量GCL2008操作流程

用软件计算工程量有三种模式可以选择。

一是定额模式：这种模式主要沿用传统的算量方式，采用的计算规则也是某地区的定额计算规则。

二是清单模式：甲方算量一般采用清单模式，采用的规则也是清单规则，然后乙方依据甲方提供的清单量进行报价。

三是清单定额模式：这是前两种方式的结合，既要根据清单规则算出清单的工程量，又要根据定额规则算出定额工程量，一般乙方会采用这种算量模式。如果甲方要做出标的，也会采用这种模式。

第一步：点击“图形算量软件”，启动GCL2008。

第二步：新建工程

(1) 单击【新建向导】按钮，弹出新建工程向导窗口；

(2) 输入工程名称，选择算量模式、计算规则、清单库和定额库，点击【下一步】按钮；

(3) 连续点击【下一步】按钮，分别输入工程信息、编制信息及辅助信息；

(4) 点击【完成】按钮便可完成工程的建立。

第三步：楼层管理

(1) 在左侧模块导航栏中选择“工程设置”下的“楼层信息”页签；

(2) 单击【插入楼层】按钮，进行楼层的添加；

(3) 输入楼层的层高，单位为m。

(4) 在“强度等设置”栏中，根据图纸设置混凝土强度等级。

第四步：建立轴网

(1) 在左侧模块导航栏中选择“绘图输入”页签，然后单击构件工具条中的【轴线】按钮；

(2) 在弹出的构件列表窗口中单击【新建】按钮；

(3) 在弹出的界面的常用值的列表中选择“3300”作为轴网的轴距，并单击【添加】按钮，在左侧的列表中会显示您所添加的轴距；

(4) 在类型选择中选择“左进深”，在常用值的列表中选择“2700”，并单击【添加】按钮，在左侧的列表中会显示您所添加的进深轴距；

(5) 单击【自动生成轴号】按钮后，您可以看到刚才所建立的“轴网1”已经出现在绘图区域；

(6) 单击【绘图】按钮，弹出“请输入角度”的界面，输入角度；

(7) 单击【确认】按钮；在绘图区域内会显示您刚才所建立的轴网。

(8) 根据实际需要，可对轴网进行进一步的修改。

第五步：建立构件

(1) 单击【视图】按钮的下拉菜单，单击“构件列表”、“属性编辑框”；

(2) 单击柱前面的“+”号使其展开，单击下一级的“柱”，依次单击“定义”、“新建”、“新建矩形柱”；

(3) 在“属性编辑框”内，您可以根据具体情况填写柱子属性值并修改模板类型等；

(4) 双击构件名称下建立好的“KZ1”进入做法编辑框，单击“添加清单”、“添加定额”进行“KZ1”的做法编辑；

(5) 项目特征的描述：单击“项目特征”，根据具体情况对“KZ1”的特征进行描述。

(6) 您可以用同样的方法，再建立梁、板、墙等其他构件。

第六步：绘制构件

(1) 单击【绘图】按钮，进入绘图界面，进行绘制；

(2) 选择需要绘制的构件“KZ1”，并确定所绘制的层数；

(3) 在轴网中单击1轴和A轴的交点，则在屏幕的绘图区域内会出现所绘制的“KZ1”。

第七步：汇总计算

(1) 单击菜单栏的【汇总计算】按钮，屏幕弹出“确定执行计算汇总”界面，选择需要计算的内容，单击【确定】按钮；

(2) 屏幕弹出“计算汇总成功”的界面，单击【确定】按钮。

第八步：报表打印

(1) 在左侧导航栏中选择“报表预览”；

(2) 在左侧导航栏中选择相应的报表，在右侧就会出现报表预览界面；

(3) 单击【打印】按钮则可打印该张报表。

第九步：保存工程

(1) 单击菜单栏的【保存】按钮；

(2) 弹出“工程另存为”的界面，文件名称默认为您在新建工程时所输入的工程名称，点击“保存”按钮即可保存工程。

任务二　钢筋抽样GGJ2009操作流程

第一步：单击“钢筋抽样软件”，启动GGJ2009；

第二步：新建工程

(1) 单击“新建向导”按钮；

(2) 输入工程名称，选择损耗模板、报表类别、计算规则、汇总方式后，点击“下一步”按钮；如果您选择了“自动生成默认构件”，那么软件会在每层对每种类型的构件自动建立一个默认的构件，方便绘制工程；

(3) 连续点击“下一步”按钮，直到出现“完成”窗口，点击“完成”即完成工程新建。

第三步：楼层管理（同图形算量GCL2008第三步）

第四步：建立轴网（同图形算量GCL2008第四步）

第五步：建立构件

以“KL1”为例，其操作流程为：模型建立→定义→绘制→原位标注→完善→汇总计算→查看。

(1) 在“构件列表”中，选择梁，单击【定义】按钮，单击“新建”→“新建矩形梁”——“KL1”

(2) 在“属性编辑框”中，输入梁平法标注中的集中标注的相关信息；

(3) 单击【绘图】进入绘图界面，根据图纸，采用直线绘制KL；

（4）绘制完 KL 后，单击【原位标注】按钮，选择“原位标注”，输入梁平法标注中的原位标注的相关信息；如图 4-1 所示。

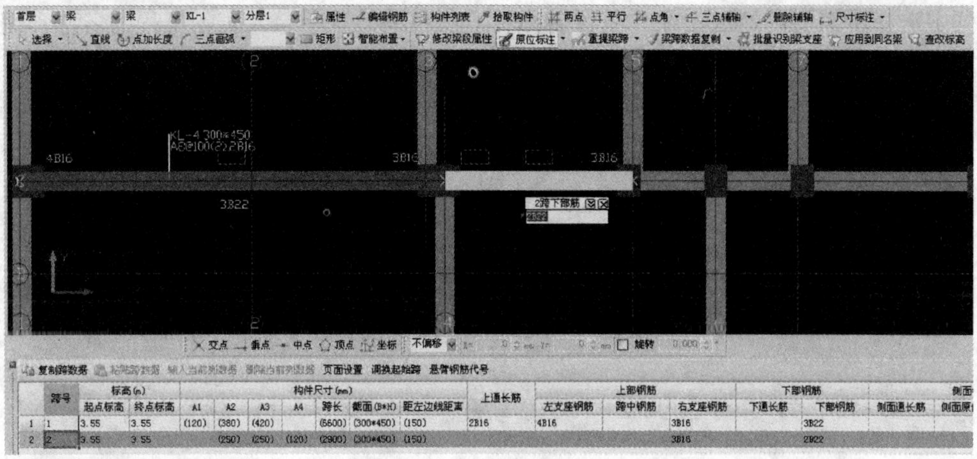

图 4-1　原位标注示意图

（5）用同样的方法，可以建立其他构件，如柱、剪力墙、板等其他构件；

第六步：汇总计算

（1）点击菜单栏的“汇总计算”；

（2）屏幕弹出“汇总计算”界面，点击“计算”按钮；

（3）屏幕弹出“钢筋计算完毕”的界面；点击“确定”按钮。

第七步：报表打印

（1）在左侧导航栏中选择“报表预览”；

在左侧导航栏中选择相应的报表，在右侧就会出现报表预览界面，如图 4-2 所示。

钢筋明细表

工程名称：工程1　　　　编制日期：2012-09-28

楼层名称：首层（绘图输入）									钢筋总重：5806.769Kg
筋号	级别	直径	钢筋图形	计算公式	根数	总根数	单长m	总长m	总重kg
构件名称：KZ-1[16]				构件数量：6	本构件钢筋重：250.429Kg				
构件位置：<1+130, D-130>; <8, A+130>; <3+130, D-130>; <9-130, D-130>; <9-130, E-130>; <3+130, E-130>									
B边纵筋.1	Φ	25	4100	3600+max(3000/6, 500, 500)	4	24	4.1	98.4	379.172
H边纵筋.1	Φ	25	4100	3600+max(3000/6, 500, 500)	4	24	4.1	98.4	379.172
角筋.1	Φ	25	4100	3600+max(3000/6, 500, 500)	4	24	4.1	98.4	379.172
箍筋.1	φ	8	460 460	2*((500-2*20)+(500-2*20))+2*(11.9*d)	31	186	2.03	377.58	148.988
箍筋.2	φ	8	460 181	2*(((500-2*20-2*d-25)/3*1+25+2*d)+(500-2*20))+2*(11.9*d)	62	372	1.472	547.584	216.069

图 4-2　报表打印

点击“打印”按钮则可打印该张报表。

第八步：保存工程

（1）单击菜单栏的【保存】按钮；

（2）弹出“工程另存为”的界面，文件名称默认为您在新建工程时所输入的工程名称，单击“保存”按钮即可保存工程。

任务三　计价软件 GBQ4.0 操作流程

第一步：单击“工程量清单计价软件”，启动 GBQ4.0。

第二步：新建项目

（1）进入“新建界面”→单击“新建项目”，选择“清单计价”的“投标”模式，在“地区标准”框中选择所需要的地区；在“项目名称”、“项目编号”中录入实际工程的名称和编号，点击【确定】按钮；

（2）进入项目界面，点击“新建”→“新建单项工程”→录入单项工程的名称，再在点击“单项工程”→新建，在“清单库”和“设置专业”选择相应的清单和专业；

（3）模板→录入“单位工程名称”，在“工程类别”和点击【确定】按钮；则新工程文件就建立完毕，如图 4-3 所示。

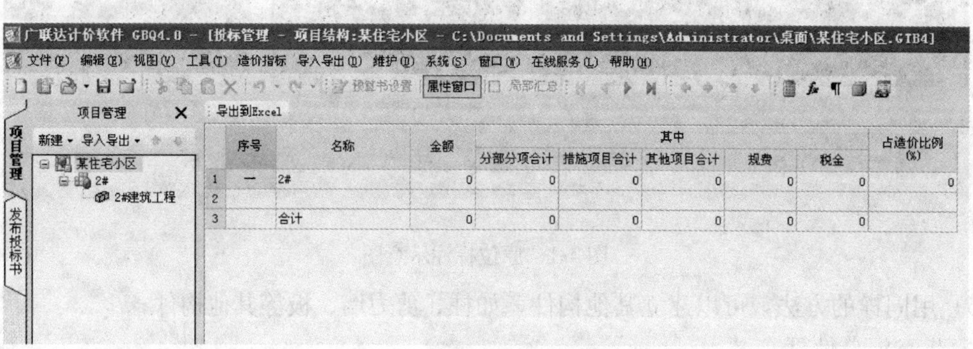

图 4-3　新建单位工程

第三步：录入清单项

新建工程完成后，双击单位工程名称——进入到软件的“分项工程”界面。

工程量清单的录入可以采用两种方式：直接输入和查询输入。

1. 直接输入

可以直接在软件中编号列直接输入项目编号即可录入清单项目。

软件还提供一种快速输入方式，直接根据章节清单编号直接输入。如：

010101001，可以直接输入 1-1，即可输入“场地平整”清单项。

2. 查询输入

可以使用【查询】按钮，快速定位章节，来找到自己需要的清单项。

3. 工程量输入

选中清单项，在【工程量】栏中输入相应的工程量。

4. 项目特征描述

点击【特征及内容】按钮，按工程实际选择相应的特征值，再在右侧选择“应用规则到所选清单项”或“应用规则到全部清单项”，如图 4-4 所示。

第四步：清单项计价

1. 套用定额子目

使用消耗量定额对工程量清单进行组价有几种方式：

（1）根据项目特征内容直接输入

适用于清单项目特征描述较少，而又清楚定额子目的情况。

选择要组价的清单项，点击鼠标右键，选择插入子项，输入定额子目，给定子目工程量即可。

（2）根据工程内容选择子目

规范中每一条清单项都对应有不同的工程内容，软件中根据不同的工程内容对应了不同的子目。

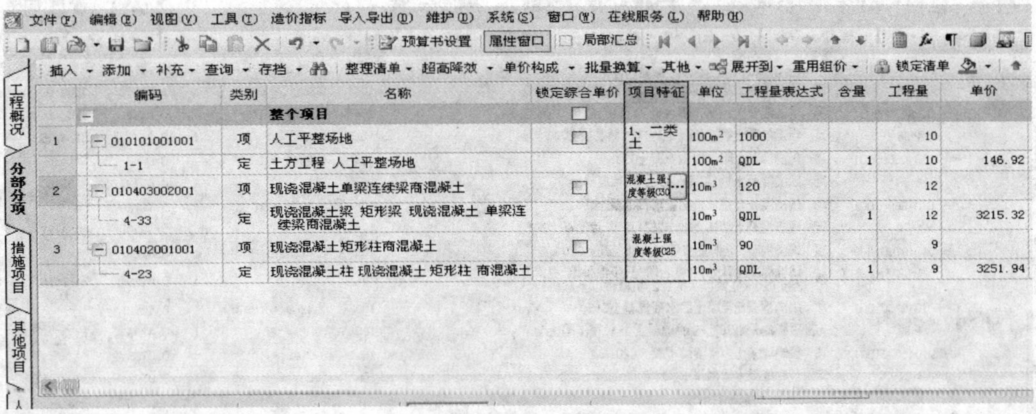

图 4-4 项目特征描述

（3）根据指引项目输入子目

有些地区定额或造价管理部门，根据规范中每一条清单项的工程内容，给出了一些参考消耗量定额子目，我们可以利用软件提供的指引项目查询得到，子目选择上后，输入工程量，即完成这条清单项的组价。

2. 子目换算

输入子目进行计价时，我们往往还要对子目进行多种换算。常用换算类型为标准换算、人材机乘以系数换算、直接换算。

（1）标准换算

标准换算中通常包括混凝土强度等级换算、砌筑砂浆强度等级，抹灰砂浆强度等级换算。选中需换算的定额号，在其下方点击【标准换算】按钮，点击所对应换算的单元框的按钮，进行选择换算。

（2）人材机乘以系数换算

人材机乘以系数换算比较简单，在输入定额子目编号时，后面直接跟着输入换算信息即可。

人工用 R 表示，材料用 C 表示，机械用 J 表示。

格式：定额号 R＊系数，定额号 C＊系数，定额号 J＊系数；如果人工材料机械同时换算两种，输入格式为：定额号 R＊系数，C＊系数，J＊系数，如图 4-5 所示。

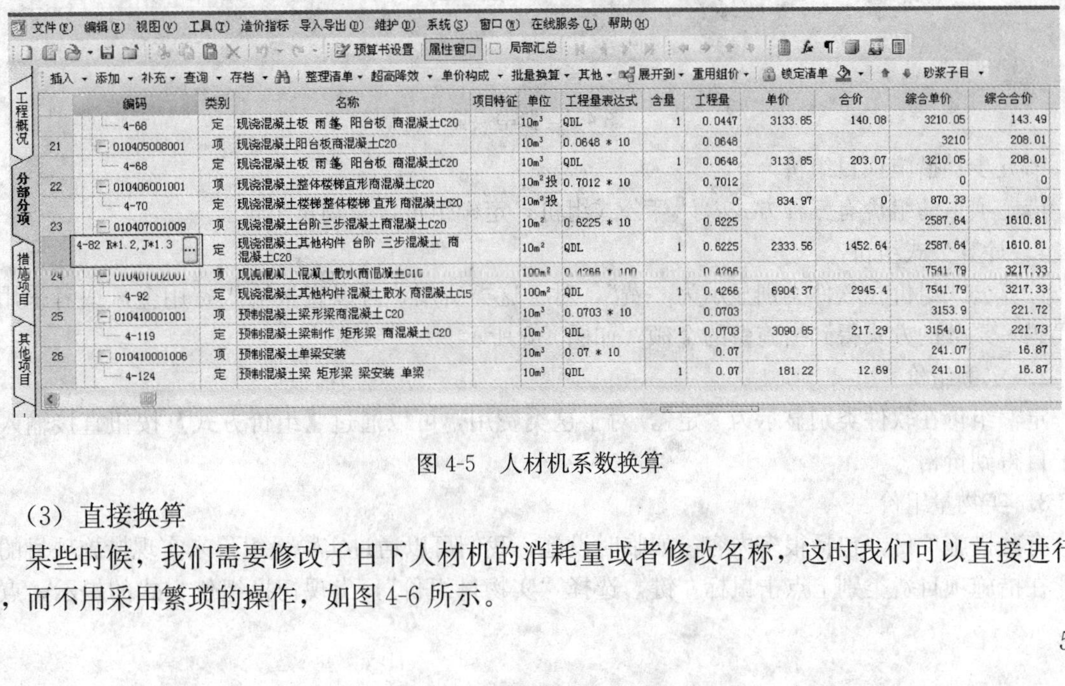

图 4-5 人材机系数换算

（3）直接换算

某些时候，我们需要修改子目下人材机的消耗量或者修改名称，这时我们可以直接进行修改，而不用采用繁琐的操作，如图 4-6 所示。

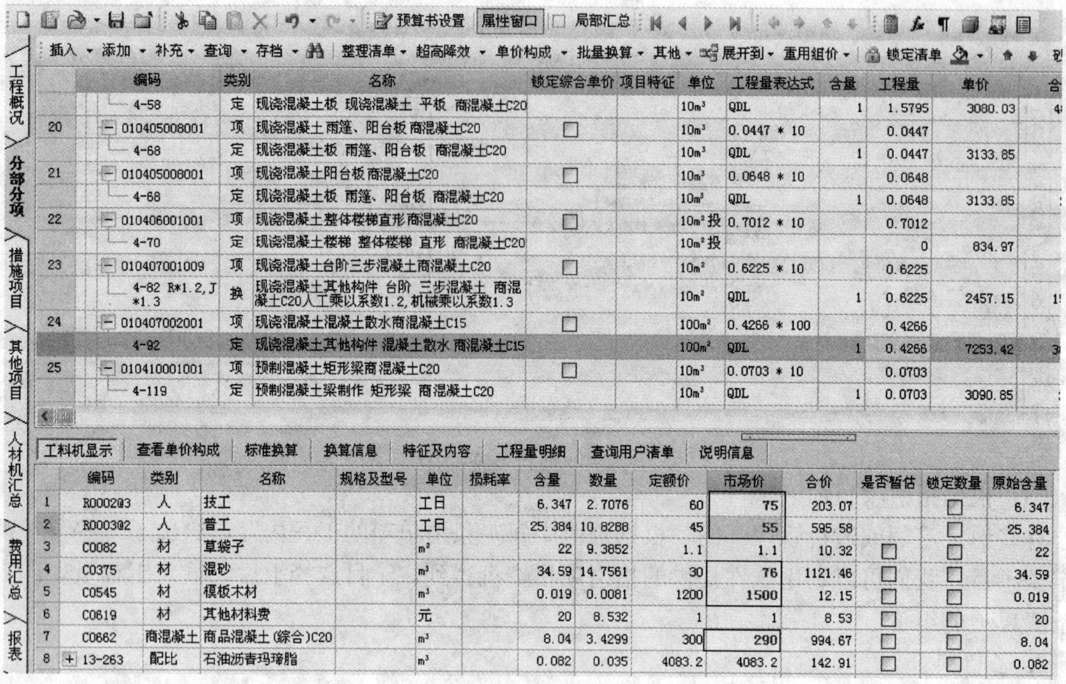

图 4-6　直接换算

3. 子目取费

清单计价输入完子目后，清单项的综合单价和综合合价就计算出来，我们报出的综合单价中包括管理费和利润，如果我们要修改管理费和利润的费率，点击工具栏的【单价构成】按钮单价构成，如图 4-7 所示，在此可以修改费率。

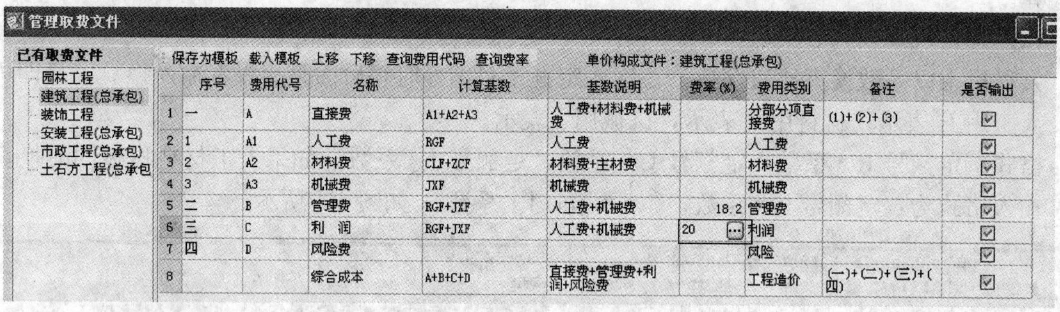

图 4-7　费率换算

第五步：措施项目组价

措施项目的组价有三种方式：计算公式组价，定额组价，实物量组价。

1. 计算公式组价

计算公式组价在软件类别显示为“费”，对于这类费用，可以直接输入费用金额或者采用费用代码 * 系数的方式得到措施费的金额，如图 4-8 所示。

2. 定额组价

定额组价在软件类别显示为“定”，对于这类费用，可以通过【组价方式】按钮直接输入定额子目得到价格。

3. 实物量组价

有些措施项目，包括很多内容，如临时设施，我们可以通过实物量组价来实现措施项目的报价。在措施项目费类别上点击鼠标左键，选择“实物量组价”，出现切换组价方式的提示，点击

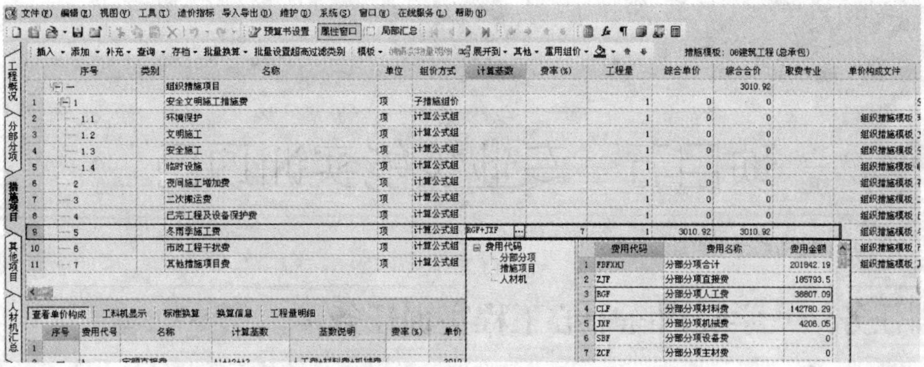

图 4-8　计算公式组价

“是”，然后点击“组价方式”，在“编辑实物量明细”里设置各项费用。

第六步：其他项目组价

其他项目清单包括招标方和投标方两部分内容，投标方在投标报价时，对于招标方内容，根据招标方提供的资料如实填报，如图 4-9 所示。

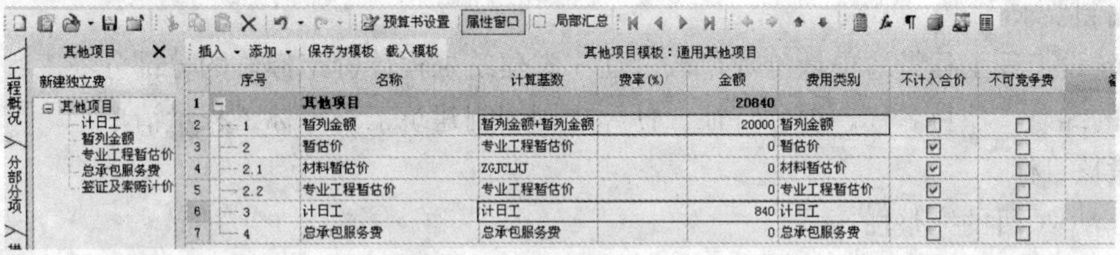

图 4-9　其他项目组价

第七步：人材机市场价的处理

采用工程量清单计价的工程，一般都是采用市场价组价，因此确定人材机的合理价格，就是我们在进行人材机处理时的重点。人材机市场价输入比较简单，我们可以通过直接载人广联达提供人材机市场价信息得到，或者通过直接修改人材机的市场价两种方式实现。

载入人材机的市场价格信息，可以点击载【入市场价】按钮，在弹出的窗口中选择您需要的市场价信息文件，确定就可以把文件中的材料价格载入到当前工程中。

第八步：计价程序处理

计价程序处理主要是添加或删除费用项目、费率设置等。添加费用项目时，在要添加费用项目的地方点击鼠标右键，选择插入行，在费用名称输入插入的费用名称，选择合适的费用代码，费率处输入费率。

第九步：报表输出

点击导航栏的【报表】页签，就切换到报表页面。

在报表页面我们主要预览报表，如果没有问题就可以直接打印。

项目五　专业技能实训项目

实训任务一　学院训练中心工程实训任务

根据学院训练中心工程施工图（见附录一、附录三、附录四）、清单计价规范、计价定额、各种表格和相关依据按下列要求完成其实训任务。

工作目标一：建筑工程招标工程量清单编制

1. 工作内容

根据给定的施工图（见附录一）、编制招标文件建筑工程招标工程量清单。

2. 编制要求

按《建设工程工程量清单计价规范》、《辽宁省建筑工程计价定额》的分部分项工程量和措施项目清单的编码、项目名称、项目特征、计算规则编制建筑工程招标工程量清单。

3. 考核目标

(1) 清单项目的完整性；

(2) 清单项目计算式的准确性；

(3) 清单书装订的完整、规范性。

工作目标二：装饰装修工程招标工程量清单编制

1. 工作内容

根据给定的施工图（见附录一）、编制招标文件装饰装修工程招标工程量清单。

2. 编制要求

按《建设工程工程量清单计价规范》、《辽宁省装饰装修工程计价定额》的分部分项工程量和措施项目清单的编码、项目名称、项目特征、计算规则编制装饰装修工程招标工程量清单。

3. 考核目标

(1) 清单项目的完整性；

(2) 清单项目计算式的准确性；

(3) 清单书装订的完整、规范性。

工作目标三：安装工程招标工程量清单编制

1. 工作内容

根据给定的施工图（见附录一）、编制招标文件安装工程招标工程量清单。

2. 编制要求

按《建设工程工程量清单计价规范》、《辽宁省安装工程计价定额》的分部分项工程量和措施项目清单的编码、项目名称、项目特征、计算规则编制安装工程招标工程量清单。

3. 考核目标

(1) 清单项目的完整性；

(2) 清单项目计算式的准确性；

(3) 清单书装订的完整、规范性。

工作目标四：建筑工程招标工程量清单投标价编制

1. 工作内容

根据给定的施工图（见附录一）、招标文件工程量清单，编制投标文件建筑工程招标工程量清单报价。

2. 编制要求

按《建设工程工程量清单计价规范》、《辽宁省建筑工程计价定额》、《建设工程费用标准》、工料机市场指导价、工程量清单报价计算程序，编制建筑工程招标工程量清单报价。

3. 考核目标

(1) 计价定额工程量项目计算的完整性；

(2) 综合单价分析的准确性；

(3) 分部分项工程量清单计价计算的规范性；

(4) 措施项目清单计价计算的合理性；

(5) 规费、税金项目清单计价计算的正确性；

(6) 投标报价计算的准确性；

(7) 工程量清单报价书装订的完整性、规范性。

工作目标五：装饰装修工程招标工程量清单投标价编制

1. 工作内容

根据给定的施工图（见附录一）、招标文件工程量清单，编制投标文件装饰装修工程招标工程量清单报价。

2. 编制要求

按《建设工程工程量清单计价规范》、《辽宁省装饰装修工程计价定额》、《建设工程费用标准》、工料机市场指导价、工程量清单报价计算程序，编制装饰装修工程招标工程量清单报价。

3. 考核目标

(1) 计价定额工程量项目计算的完整性；

(2) 综合单价分析的准确性；

(3) 分部分项工程量清单计价计算的规范性；

(4) 措施项目清单计价计算的合理性；

(5) 规费、税金项目清单计价计算的正确性；

(6) 投标报价计算的准确性；

(7) 工程量清单报价书装订的完整性、规范性。

作目标六：安装工程招标工程量清单投标价编制

1. 工作内容

根据给定的施工图（见附录一）、招标文件招标工程量清单，编制投标文件安装工程招标工程量清单报价。

2. 编制要求

按《建设工程工程量清单计价规范》、《辽宁省建筑工程计价定额》、《建设工程费用标准》、工料机市场指导价、工程量清单报价计算程序，编制安装工程招标工程量清单报价。

3. 考核目标

(1) 计价定额工程量项目计算的完整性；

(2) 综合单价分析的准确性；

(3) 分部分项工程量清单计价计算的规范性；

(4) 措施项目清单计价计算的合理性；

(5) 规费、税金项目清单计价计算的正确性；

(6) 投标报价计算的准确性；

(7) 工程量清单报价书装订的完整性、规范性。

工作目标七：应用广联达软件编制该工程招标工程量清单及投标价

1. 工作内容

根据给定的施工图（附录一），应用广联达图形算量、钢筋算量和计价软件，编制工程招标工程量清单及投标报价。

2. 软件应用要求

在掌握软件应用的基本流程、软件算量的基本原理、软件的基本操作方法的基础上，按给定的施工图，上机操作，计算招标工程量清单和计价。

3. 考核目标

(1) 钢筋抽样算量

1) 楼层设置的准确性；

2) 锚固设置的正确性；

3) 计算设置的正确性；

4) 搭接设置的正确性；

5) 构件配筋属性定义的正确性。

(2) 图形算量

1) 各类构件的建模方式的准确性；

2) 外部清单应用的正确性；

3) 工程量代码灵活应用的准确性。

4) 按要求输出工程量清单报表的完整性。

(3) 计价软件

1) 工程量清单、定额输入方法的正确性；

2) 补充工程量清单的完整和准确性；

3) 人材机换算的准确性；

4) 按要求调整管理费和利润的合理性；

5) 处理措施项目清单的正确性；

6) 调整材料价格的正确性；

7) 调整税率的合理性；

8) 按要求输出投标文件的完整性。

实训任务二　某别墅 14# 楼工程实训任务

根据某别墅 14# 楼工程施工图（见附录二、附录三、附录四）、清单计价规范、计价定额、各种表格和相关依据按下列要求完成其实训任务。

工作目标一：建筑工程招标工程量清单编制

1. 工作内容

根据给定的施工图（见附录二）、编制招标文件建筑工程招标工程量清单。

2. 编制要求

按《建设工程工程量清单计价规范》、《辽宁省建筑工程计价定额》的分部分项工程量和措施项目清单的编码、项目名称、项目特征、计算规则编制建筑工程招标工程量清单。

3. 考核目标

(1) 清单项目的完整性；

(2) 清单项目计算式的准确性；

(3) 清单书装订的完整、规范性。

工作目标二：装饰装修工程招标工程量清单编制

1. 工作内容

根据给定的施工图（见附录二）、编制招标文件装饰装修工程招标工程量清单。

2. 编制要求

按《建设工程工程量清单计价规范》、《辽宁省装饰装修工程计价定额》的分部分项工程量和措施项目清单的编码、项目名称、项日特征、计算规则编制装饰装修工程招标丅程量清单。

3. 考核目标

(1) 清单项目的完整性；

(2) 清单项目计算式的准确性；

(3) 清单书装订的完整、规范性。

工作目标三：安装工程招标工程量清单编制

1. 工作内容

根据给定的施工图（见附录二）、编制招标文件安装工程招标工程量清单。

2. 编制要求

按《建设工程工程量清单计价规范》、《辽宁省安装工程计价定额》的分部分项工程量和措施项目清单的编码、项目名称、项目特征、计算规则编制安装工程招标工程量清单。

3. 考核目标

(1) 清单项目的完整性；

(2) 清单项目计算式的准确性；

(3) 清单书装订的完整、规范性。

工作目标四：建筑工程招标工程量清单投标价编制

1. 工作内容

根据给定的施工图（见附录二）、招标文件工程量清单，编制投标文件建筑工程招标工程量清单报价。

2. 编制要求

按《建设工程工程量清单计价规范》、《辽宁省建筑工程计价定额》、《建设工程费用标准》、工料机市场指导价、工程量清单报价计算程序，编制建筑工程招标工程量清单报价。

3. 考核目标

(1) 计价定额工程量项目计算的完整性；

(2) 综合单价分析的准确性；

(3) 分部分项工程量清单计价计算的规范性；

(4) 措施项目清单计价计算的合理性；

(5) 规费、税金项目清单计价计算的正确性；

(6) 投标报价计算的准确性；

(7) 工程量清单报价书装订的完整性、规范性。

工作目标五：装饰装修工程招标工程量清单投标价编制

1. 工作内容

根据给定的施工图（见附录二）、招标文件工程量清单，编制投标文件装饰装修工程招标工程量清单报价。

2. 编制要求

按《建设工程工程量清单计价规范》、《辽宁省装饰装修工程计价定额》、《建设工程费用标准》、工料机市场指导价、工程量清单报价计算程序，编制装饰装修工程招标工程量清单报价。

3. 考核目标

(1) 计价定额工程量项目计算的完整性；

(2) 综合单价分析的准确性；

(3) 分部分项工程量清单计价计算的规范性；

(4) 措施项目清单计价计算的合理性；

(5) 规费、税金项目清单计价计算的正确性；

(6) 投标报价计算的准确性；

(7) 工程量清单报价书装订的完整性、规范性。

工作目标六：安装工程招标工程量清单投标价编制

1. 工作内容

根据给定的施工图（见附录二）、招标文件招标工程量清单，编制投标文件安装工程招标工程量清单报价。

2. 编制要求

按《建设工程工程量清单计价规范》、《辽宁省建筑工程计价定额》、《建设工程费用标准》、工料机市场指导价、工程量清单报价计算程序，编制安装工程招标工程量清单报价。

3. 考核目标

(1) 计价定额工程量项目计算的完整性；

(2) 综合单价分析的准确性；

(3) 分部分项工程量清单计价计算的规范性；

(4) 措施项目清单计价计算的合理性；

(5) 规费、税金项目清单计价计算的正确性；

(6) 投标报价计算的准确性；

(7) 工程量清单报价书装订的完整性、规范性。

工作目标七：应用广联达软件编制该工程招标工程量清单及投标价

1. 工作内容

根据给定的施工图（附录二），应用广联达图形算量、钢筋算量和计价软件，编制工程招标工程量清单及投标报价。

2. 软件应用要求

在掌握软件应用的基本流程、软件算量的基本原理、软件的基本操作方法的基础上，按给定的施工图，上机操作，计算招标工程量清单和计价。

3. 考核目标

(1) 钢筋抽样算量：

1) 楼层设置的准确性；

2) 锚固设置的正确性；

3) 计算设置的正确性；

4) 搭接设置的正确性；

5) 构件配筋属性定义的正确性。

(2) 图形算量：

1）各类构件的建模方式的准确性；
2）外部清单应用的正确性；
3）工程量代码灵活应用的准确性。
4）按要求输出工程量清单报表的完整性。
（3）计价软件：
1）工程量清单、定额输入方法的正确性；
2）补充工程量清单的完整和准确性；
3）人材机换算的准确性；
4）按要求调整管理费和利润的合理性；
5）处理措施项目清单的止确性；
6）调整材料价格的正确性；
7）调整税率的合理性；
8）按要求输出投标文件的完整性。

附录一

学院训练中心工程建筑、结构、给排水、电照施工图

设计说明（一）

一、设计依据

1. 建设单位任务书；
2. 中华人民共和国建筑工程质量管理条例；
3. 中华人民共和国建筑法；
4. 规划部门提供的红线图；
5. 现行国家及省市有关设计规范及规定：

(1)《民用建筑设计通则》JGJ—37—87；

(2)《建筑设计防火规范》GB 50016—2006。

二、建筑概况

1. 建设规模及工程性质

本工程为学院训练中心工程，总建筑面积 3221.58m²，建筑高度 8.1m，结构形式为钢筋混凝土框架结构，基础为独立基础，抗震烈度为 7 度，生产火灾危险性分类为丁类，耐火等级为二级，建筑设计使用年限为 50 年。

2. 设计范围及分工

(1) 建筑用地红线范围内的建筑工程设计；

(2) 本院完成建筑方案设计、初步设计及建筑、结构、水暖、电气施工图设计。

3. 功能分区

本工程分为两部分：一部分为主体学生实习车间共一层；另一部分为热处理车间、库房及两个大教室共两层。

4. 技术经济总指标

总占地面积：2719.35m²；总建筑高度：8.1m；

总建筑面积：3221.58m²；建筑层数：2 层。

5. 设计标高

(1) 建筑室内外高差为 0.3m，建筑±0.000 相当于绝对标高 17.60m；

(2) 各层标注标高为建筑完成面标高，部分特殊标注为结构面标高；

(3) 本工程标高以 m 为单位，总平面尺寸以 m 为单位，其他尺寸以 mm 为单位；

(4) 结构标高相对于建筑标高卫生间降 50mm，具体见结构图。

6. 剖面设计

本建筑主体为一层，层高 7m，层部二层：层高为 3.5m

三、墙体工程

1. 墙体为框架结构填充墙，采用 300 厚混凝土小型空心砌块，外贴 60 厚阻燃型挤塑聚苯乙烯板<表观密度不应小于 32kg/m，导热系数不应大于 0.030W/m·K，氧指数不应小于 30%，内墙为 100，200 厚混凝土小型空心砌块；防潮层以下采用混凝土小型空心砌块，孔洞采用强度等级不低于 cb20 的细石混凝土灌实，卫生间墙体根部故 200 高 C15 现浇混凝土带，防潮层设在−0.060 处，采用 1∶2 水泥砂浆 20 厚（内掺 5%水泥防水剂）。

2. 本工程±0.000 以下混凝土空心砌块强度为 MU10，用 Mb5 专用砂浆砌筑，隔墙及±0.000 以上墙体用砌块强度为 MU7.5，用 Mb5 专用砂浆砌筑，其技术要求及标准见 SYJG2004—1《混凝土小型空心砌块填充墙技术规定》GB 6566—2001《建筑材料放射性核素限量》，砌筑用专用砂浆为微膨胀砂砂，CSA 膨胀剂掺量 10kg/m³ 未灰用砂浆为聚丙烯纤维砂浆，纤维掺量为 1kg/m，不同材质的墙面采用耐碱破纤网格布加强，每侧搭接 10cm。200 厚的墙体（双面抹灰）空气声计权隔声量须大于 50dB。耐火极限大于 3h，100 厚的墙体（双面抹灰）空气声计权隔声量须大于 45dB 阻燃挤塑聚苯乙烯板其材料的导热系数要求不得大于 0.03W/m·K，氧指数大于 30，密度不小于 25kg/m³。

注：楼梯间及冷桥部分保温做法采用 ZL 胶粉聚苯颗粒粘结保温。

3. 墙体预留洞封堵

砌筑墙体留洞分别见结施和建施图纸，砌筑墙留洞待管道设备安装完毕后，用 C20 细石混凝土填实，管线穿过防水层部位，管根用建筑密封膏填实，管根周围 300 范围内增刷聚氨防涂膜一道，防火墙上留洞的封堵材料应满足防火墙的耐火极限 3h 的要求。

四、屋面工程

1. 本工程的屋面防水执行《屋面工程技术规范》GB 50345—2004，防水等级为二级，防水层合理使用年限为 15 年。

图 名		设计说明（一）	
图别	建施	图号	1

设计说明(二)

2. 本工程的屋面保温层为100厚彩钢板夹聚氨，其导热系数不得大于0.033W/m·K。女儿墙防水层采用SBS高聚物改性沥青防水卷材（厚度为3mm）双道防水，其卷材、胶粘剂、涂料、胎体、密封材料均应符合该产品现行的国家标准外还必须符合《屋面工程技术规范》GB 50345—2004。

3. 屋面做法见工程做法表，屋面节点见建施详图，屋面排水见建施屋面排水示意图。

4. 所有混凝土构件内预埋雨水口及排水管的标高及位置务必找准，在施工中严禁杂物进入。

五、门窗工程

1. 本工程建筑外窗抗风压性能按照《建筑外窗抗风压性能分级及检测方法》GB/T 7106—2002规定不低于3级；

外窗气密性能按照《建筑外窗气密性能分级及检测方法》GB/T 7107—2002规定不低于4级；

外窗水密性能按照《建筑外窗水密性能分级及检测方法》GB/T 7108—2002规定不低于3级；

外窗保温性能按照《建筑外窗保温性能分级及检测方法》GB/T 8484—2002规定不低于7级；

外窗空气声隔声性能按照《建筑外窗空气声隔声性能分级及检测方法》GB/T 8485—2002规定不低于3级。

2. 本工程外窗根据建设单位意见采用白色塑钢平开窗，门窗玻璃的选用应遵照《建筑玻璃应用技术规程》和《建筑安全玻璃管理规定》发改运行[2003] 2116号的有关规定。

3. 本工程门窗立框：外门窗立框见窗精洞口节点详图，内门窗立框除图中另有注明者外，立框位置均为墙中。

4. 防火墙和公共走廊上疏散用的平开防火门应设闭门器，双扇开开防火门应设闭门器和顺序器。

5. 门、窗总尺寸均为洞口尺寸，窗扇尺寸及所留灰口尺寸仅供参考，制作前须现场实测并核对数量，须由具有相应资质的生产厂家根据门窗立面进行二次设计，并应满足行业标准。

六、外装修工程

1. 所有外墙饰面材料的材质，颜色与贴法参见建筑立面图及立面效果图，并以建设单位与建筑师最终确定色标为准，施工前须在现场做局部样板，经建设单位与建筑师共同确认后方可施工。

2. 外装修选用的各项材料其材质，规格，颜色等，均由施工单位提供样板，经建设和设计单位确认后进行封样，并据此验收。

七、内装修工程

1. 内装修工程执行《建筑内部装修设计防火规范》，楼地面部分执行《建筑地面设计规范》；

2. 楼地面构造交接处和地坪高度变化处，除图中另有注明者外均位于齐平门扇开启面处；

3. 凡设有地漏的房间就应做防水层，图中未注明整个房间做坡度者，均在地漏周围1m范围内做0.5%坡度坡向地漏，有水房间和卫生间的楼地面应低于相邻房间至少20mm或做挡水门槛；

4. 内墙阳角均做200宽，2000高1∶2水泥砂浆抱角；

5. 卫生间只预留洗池，卫生洁具位置，其他设施（橱柜，台板）由精装修确定。

八、建筑设备，设施工程

1. 本工程选用两部13.5m跨A3级、5t起重机。

2. 卫生洁具等成品需由建设单位与建筑师商定，并应与施工配合。

3. 灯具，送回风口等影响美观的器具须经建设单位确认样品后，方可批量加工、安装。

九、消防设计工程

1. 本工程根据消防需要，建筑三面均设有消防通道，并有较宽敞的空地供消防作业，满足消防要求。

2. 建筑物耐火等级为二级，生产火灾危险性分类为丁类。

3. 安全出口及疏散；主体实习车间部分共设有三个主出口和一个次出口，热处理车间及库房部分设有两个主出口（其二层部分

图名		设计说明（二）	
图别	建施	图号	2

设计说明（三）

单独设有出口直接通往室外），满足《建筑设计防火规范》GB 50016—2006规定。

4. 防火分区设置：本建筑共分为两个防火区，总建筑高度为8.1m，主体实习车间为一个防火分区，建筑面积为2753.05m^2，热处理车间部分为一个防火分区，建筑面积为519.26m^2，满足规范要求。

5. 建筑构造、防火门的类型、形式：配电室用门为甲级防火门。

十、施工注意事项

1. 施工中各专业应密切配合，保证预留洞口，予埋管线的准确，避免遗漏。

2. 凡预埋木件处均须作防腐处理，木件接触墙体处刷防腐油二道；凡预埋铁件处均须作防锈处理，铁件刷樟丹防锈漆二道。

3. 凡穿墙、楼板的管道孔洞，施工完毕后，应用C20混凝土堵严填平，再饰以相应饰面。管道穿过有防水层的楼板时，应采用防水大管，管道井待安装完工后，每层均浇筑与楼板防火等级相同的混凝土。

4. 建筑配件的固定与管线的敷设：

（1）对于洞口，沟槽和预埋件等应在墙体砌筑中预留或预埋，严禁在砌好墙体上剔凿或用冲击钻钻孔；

（2）电气管线可采用在砌块竖向芯孔敷设，按规定的位置设芯柱块作为安装电气接线盒用，电气导线的水平敷设可走楼板；

（3）需要后期设置的埋件，如靠墙管线或轻型设备的固定可在砌体灰缝内预留埋件或钻孔；

（4）室内木门框安装，钢门窗隔断安装，电气管线安装，墙上设备固定与管道敷设节点处理按有关要求施工，楼内配电箱与消火栓具体尺寸详见设施与电施相关图纸。

5. 本工程门窗须牢固与墙、梁、柱相连接，凡应设埋件而未设者，应用射钉枪或膨胀螺栓补设。

6. 施工中发现缺、漏、碰等问题请及时与设计人员联系解决。

7. 室内楼梯栏杆、护栏及平台栏杆选用铁艺术扶手栏杆，由厂家设计制作，各部栏杆净高及垂直杆件净空要求均需按《住宅设计规范》GB 50096—1999第4.2.1及第4.1.3条执行，本图纸仅留预埋件。

8. 其他未尽事宜按现行有关技术、施工及验收规范执行。

9. 本设计需审图后方可施工。

备注：待建设单位将施工图设计所需的各主管部门审批文件交与设计人后，经过设计人与审批文件核对无误后，建设单位方可按图施工。

图　名		设计说明（三）	
图别	建施	图号	3

		构造做法	用于部位
外墙	墙A	1. 300厚外墙墙体； 2. 1∶3水泥砂浆找平层20厚； 3. 专用聚合物砂浆粘结，粘结面积不小于聚苯板面积的60%； 4. 60厚阻燃型挤塑聚苯乙烯板（板内外喷砂浆界面剂）； 5. 抹5～6厚聚合物抗裂砂浆（内压一层高强耐碱玻纤网格布），用专用ϕ6尼龙胀管螺丝（入墙50）及尼龙垫圈固定； 6. 外墙涂料	
外墙	注：挤塑聚苯保温板导热系数不大于0.030W/（m·K），聚苯密度不小于32kg/m³，抗压强度200kPa，氧指数大于等于30%		
屋面	屋面A	轻钢彩板保温屋面：详见厂家设计； 彩钢屋面板及相关钢构件喷涂防火涂料，涂料耐火极限在1h以上	彩钢屋面
屋面	注：挤塑聚苯保温板导热系数不大于0.030W/（m·K），聚苯密度不小于32kg/m³，抗压强度200kPa，氧指数大于等于30%		
地面	地面A	1. 面层用户自理； 2. 1∶3水泥砂浆保护层20厚； 3. 刷聚氨酯防水涂料两遍1.5厚，墙四周卷起1000高； 4. 1∶3水泥砂浆找坡i=0.5%坡向地漏，最薄处20厚； 5. C10混凝土100厚； 6. 素土夯实	一层卫生间
地面	地面B	1. 1∶2.5水泥砂浆20厚； 2. 水泥浆一道（内掺建筑胶）； 3. C10混凝土100厚； 4. 素土夯实	其他部位地面

		构造做法	用于部位
地面	注：一层外墙内侧地面C15混凝土垫层下1m范围，加铺100厚挤塑聚苯板，1～2m范围加铺50厚挤塑聚苯板，聚苯导热系数不大于0.030W/（m·K），抗压强度150kPa，氧指数大于等于30%，密度不小于30kg/m³		
楼面	楼面A	1. 面层用户自理； 2. 1∶3水泥砂浆保护层20厚； 3. 刷聚氨酯防水涂料两遍1.5厚，墙四周卷起1000高； 4. 1∶3水泥砂浆找平层，i=0.5%坡向地漏，最薄处20厚； 5. 1∶3水泥砂浆找平层20厚； 6. 现浇钢筋混凝土楼板	二层卫生间
楼面	楼面B	1. 10厚地面砖干水泥擦缝； 2. 1∶3水泥砂浆保护层20厚； 3. 1∶3水泥砂浆找平层20厚； 4. 现浇钢筋混凝土楼板	楼梯间
楼面	楼面C	1. 10厚地面砖干水泥擦缝； 2. 1∶3水泥砂浆保护层20厚； 3. 素水泥浆一道； 4. 现浇钢筋混凝土楼板	走廊

图名		构造做法一	
图别	建施	图号	4

		构造做法	用于部位
楼面	楼面D	1. 面层用户自理； 2. 1∶3水泥砂浆保护层20厚； 3. 1∶3水泥砂浆找平层20厚； 4. 现浇钢筋混凝土楼板	二层及夹层其他房间
散水	散水	1. C20细石混凝土50厚（每6m设伸缩缝一道，缝宽20，填沥青胶泥）； 2. 填粗砂300厚； 3. 素土夯实	
坡道	坡道	1. 20厚1∶2水泥砂浆面层，抹60宽6深锯齿形； 2. 素水泥浆一道（内掺建筑胶）； 3. C15细石混凝土随打压光100厚，坡度 $i=1/10$ 4. 碎石灌M2.5混合砂浆150厚； 5. 填粗砂300厚； 6. 素土夯实	
台阶	台阶	1. 20厚花岗石板铺面，正面及四周边满涂防污剂，拼缝灌稀水泥浆擦缝； 2. 撒素水泥面（洒适量清水）； 3. 1∶3干硬性水泥砂浆粘结层30厚； 4. 素水泥浆一道（内掺建筑胶）； 5. C15混凝土60厚，台阶面向外坡1%内配 ϕ6@300钢筋网； 6. 5～32卵石灌M2.5混合砂浆105厚，分两步振捣密实； 7. 填粗砂300厚； 8. 素土夯实	
	内墙面A	1. 墙基层； 2. 抹混合砂浆20厚； 3. 刮腻子找平，刮大白三遍	

		构造做法	用于部位
内墙面	内墙面B	1. 墙基层； 2. 抹混合砂浆20厚； 3. 刮腻子找平； 4. 刷乳胶漆饰面	楼梯间
	内墙面C	1. 墙基层； 2. 素水泥浆一道；甩毛（掺建筑胶）； 3. 9厚1∶3水泥砂浆打底压实抹平； 4. 1.5聚合物水泥基复合防水涂料防水层； 5. 4厚强力胶粉泥粘结层，揉挤压实； 6. 釉面砖，白水泥擦缝	卫生间
顶棚	顶棚A	1. 现浇钢筋混凝土楼板（要求表面平整）； 2. 素水泥浆一道；刮腻子找平； 3. 刮大白三遍	
	顶棚B	1. PVC吊顶做法详见03J930-1第89页17	卫生间
踢脚	踢脚A	1. 墙基层； 2. 1∶3水泥砂浆抹面12厚； 3. 1∶2.5水泥砂浆抹面8厚	
	踢脚B	1. 墙基层； 2. 15厚1∶2水泥砂浆粘贴； 3. 大理石踢脚板20厚，稀水泥擦缝	楼梯间
		注：踢脚A为150高暗踢脚； 踢脚B为150高明踢脚	

图名		构造做法二	
图别	建施	图号	5

门 窗 表

类别	设计编号	洞口尺寸（mm）		数 量			采用的标准图集及编号		备 注
		宽度	高度	总数	一层	二层	图集代号	编号	
外门	M-1	1500	2400	2	2				成品木门
	JLM-1	3600	4000	4	4				甲方自选
	JLM-2	3000	2400	2	2				甲方自选
内门	M-2	1500	2200	5	1	4			成品木门
	M-3	1800	2200	1	1				成品木门
	M-4	900	2100	9	2	7			成品木门
	M-5	800	2100	5	3	2			成品木门
	M-6	1500	2200	1	1				成品木门
	M-7	600	1650	14	8	6			成品木门
防火门	FM-1	1500	2200	1	1				甲级防火门（购成品）
窗	C-1	3600	1900	5	5				单框双玻塑钢窗
	C-1′	3600	1700	6		6			单框双玻塑钢窗
	C-1″	3600	900	4		4			单框双玻塑钢窗
	C-2	3000	1900	17	17				单框双玻塑钢窗
	C-2′	3000	1700	18		18			单框双玻塑钢窗
	C-3	1800	1900	2	2				单框双玻塑钢窗
	C-3′	1800	1700	2		2			单框双玻塑钢窗
	C-4	1500	1900	6	6				单框双玻塑钢窗
	C-4′	1500	1700	6		6			单框双玻塑钢窗
	C-5	900	1900	4	4				单框双玻塑钢窗
	C-5′	900	1700	4		4			单框双玻塑钢窗
	C-6	900	5200	2	2				单框双玻塑钢窗
	C-7	1200	1900	2	2				单框双玻塑钢窗
	C-7′	1200	1700	2		2			单框双玻塑钢窗
	C-8	100	1700	1	1				单框双玻塑钢窗

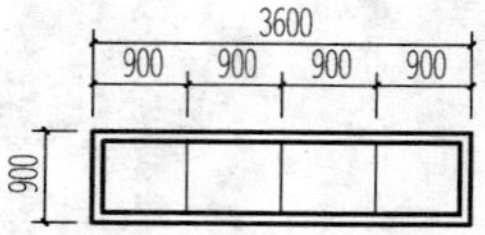

C-1″立面分隔示意图

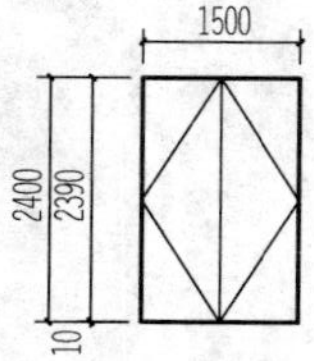

M-1立面分隔示意图

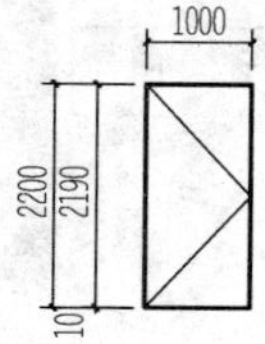

M-2立面分隔示意图

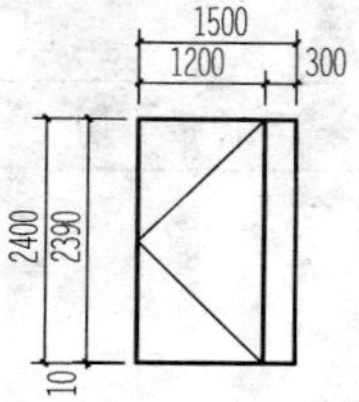

M-7立面分隔示意图

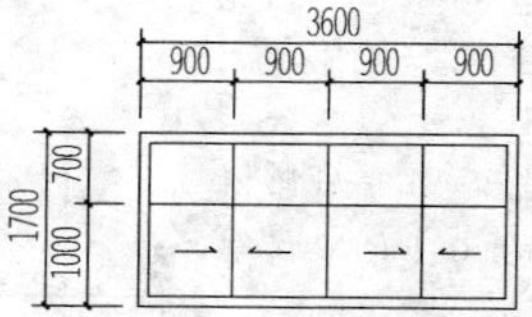

C-1′立面分隔示意图

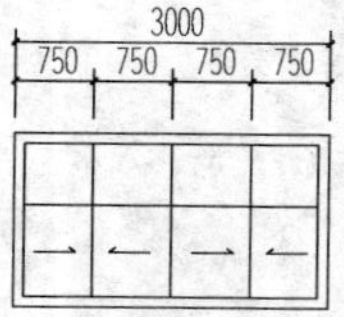

C-2 C-2′立面分隔示意图

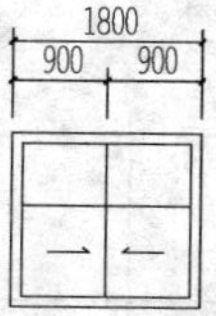

C-3′立面分隔示意图

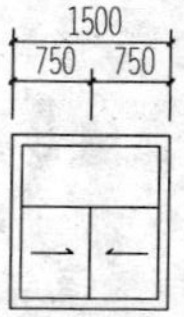

C-4′立面分隔示意图

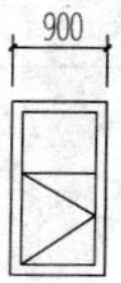

C-5′立面分隔示意图

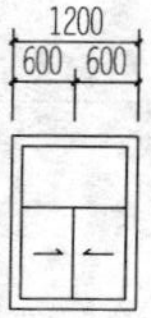

C-7′立面分隔示意图

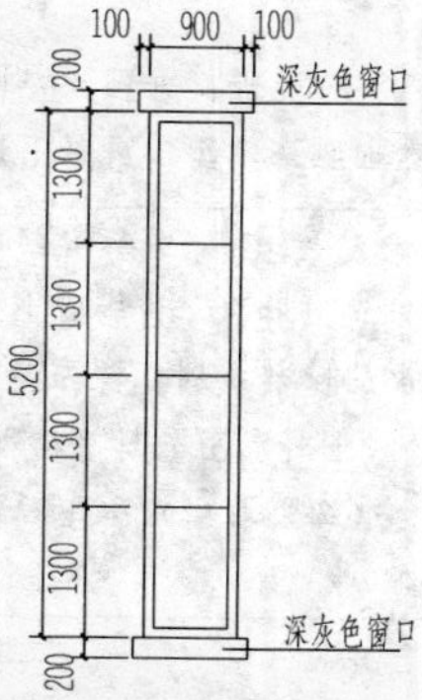

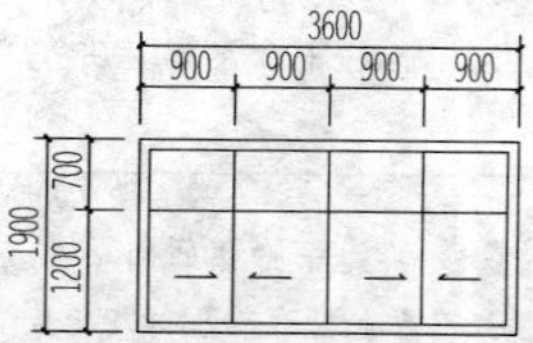

C-1立面分隔示意图

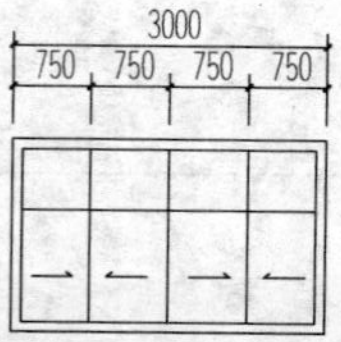

C-2立面分隔示意图

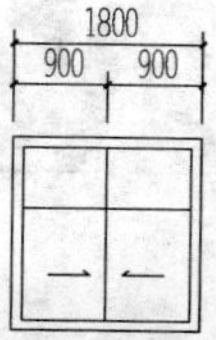

C-3立面分隔示意图

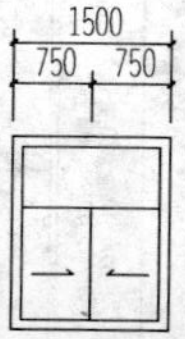

C-4立面分隔示意图

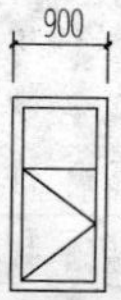

C-5立面分隔示意图

C-6立面分隔示意图

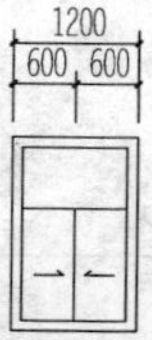

C-7立面分隔示意图

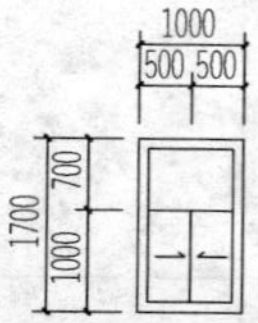

C-8立面分隔示意图

图 名		门窗表	
图别	建施	图号	6

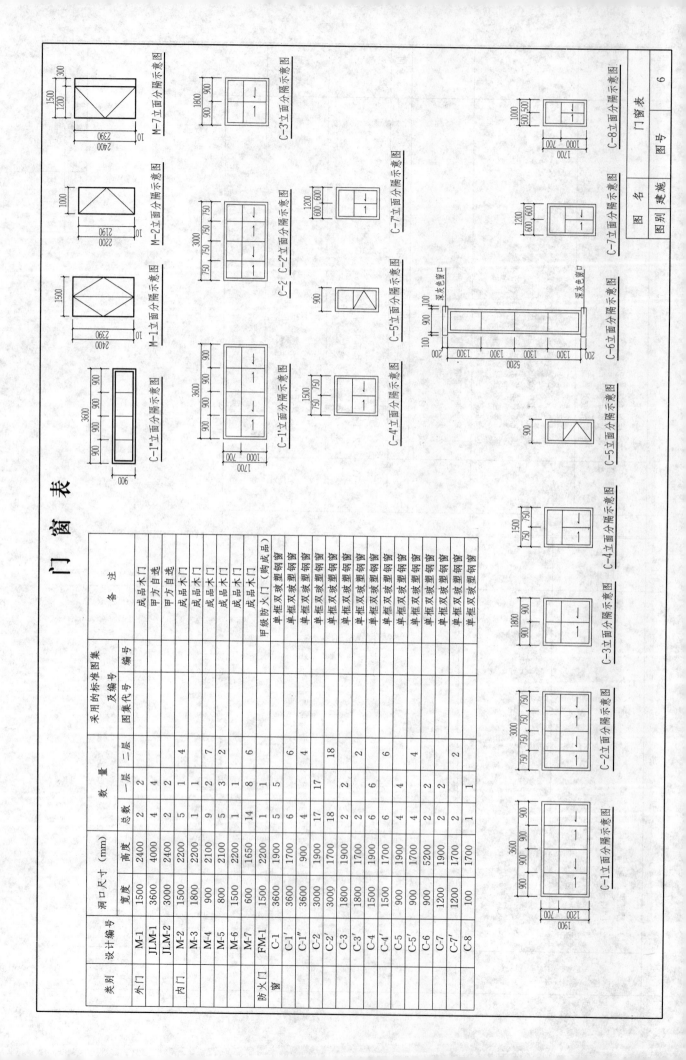

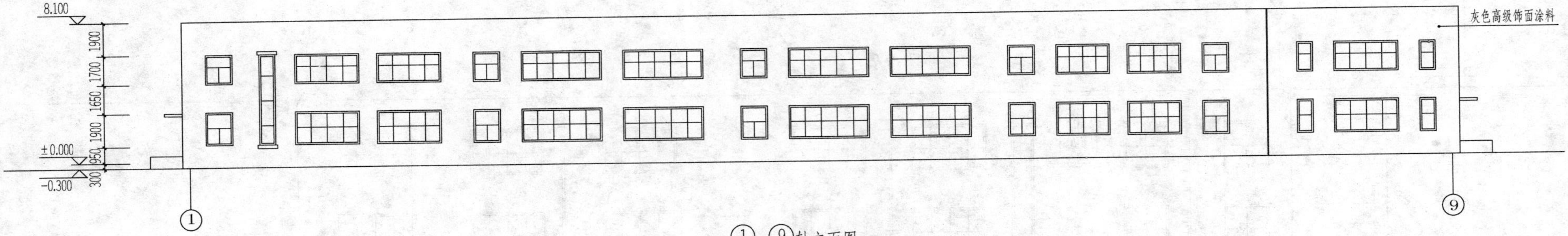

①-⑨轴立面图

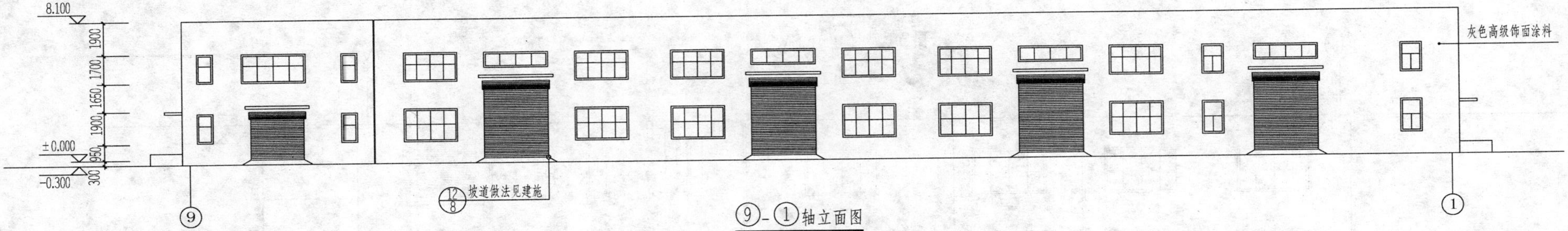

⑨-①轴立面图

图　名		立面图一	
图别	建施	图号	10

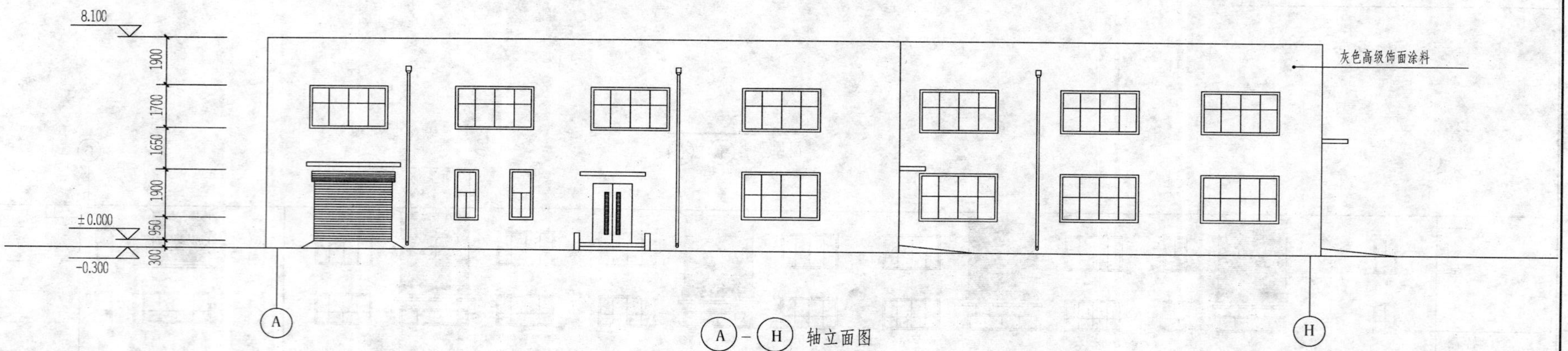

Ⓐ–Ⓗ 轴立面图

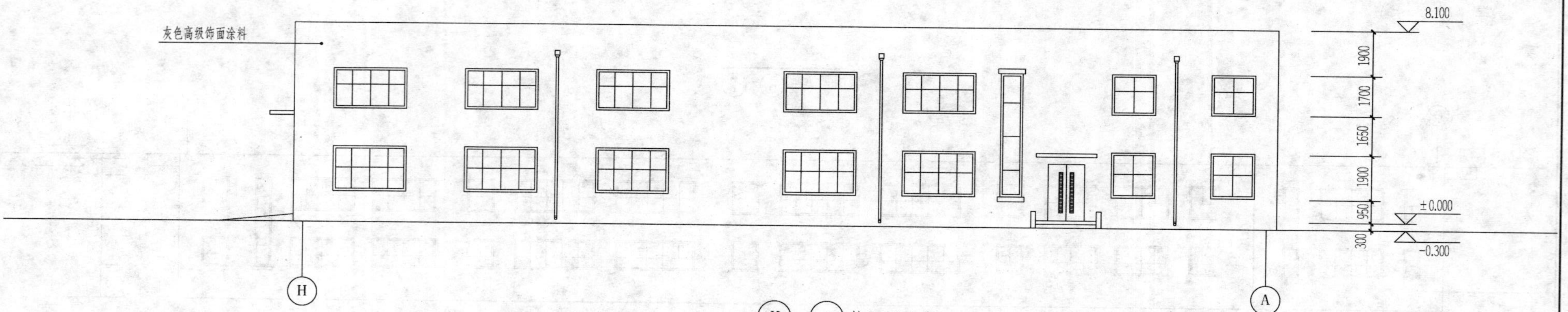

Ⓗ–Ⓐ 轴立面图

图　名		立面图二	
图别	建施	图号	11

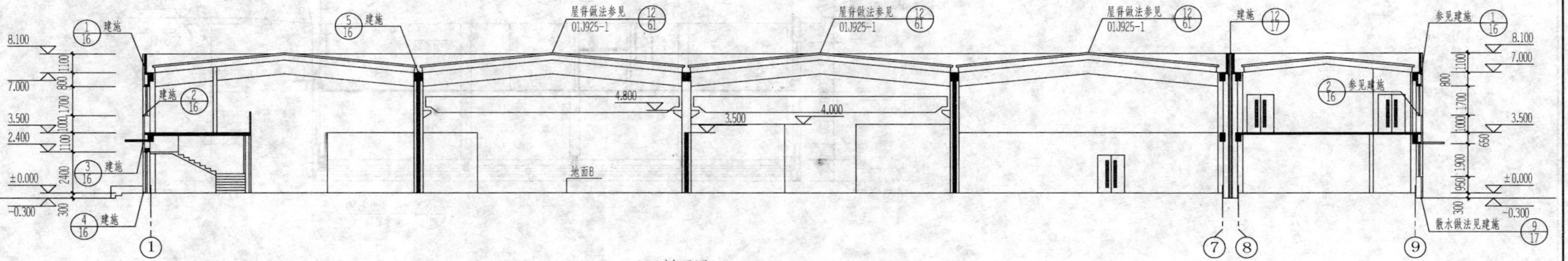

1-1剖面图

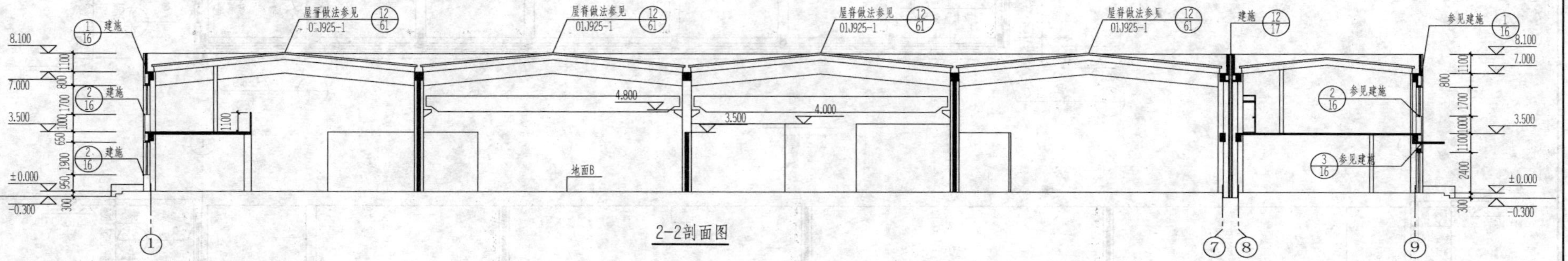

2-2剖面图

图　名	剖面图一		
图别	建施	图号	12

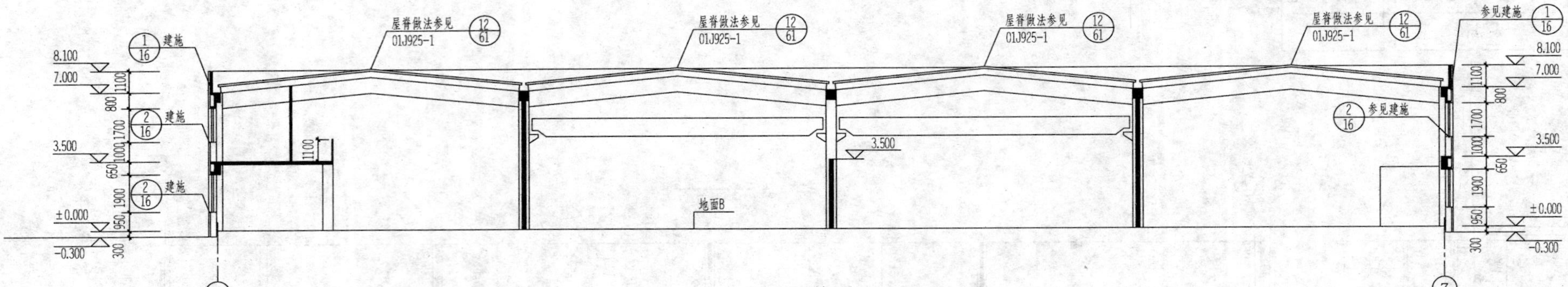

3-3剖面图

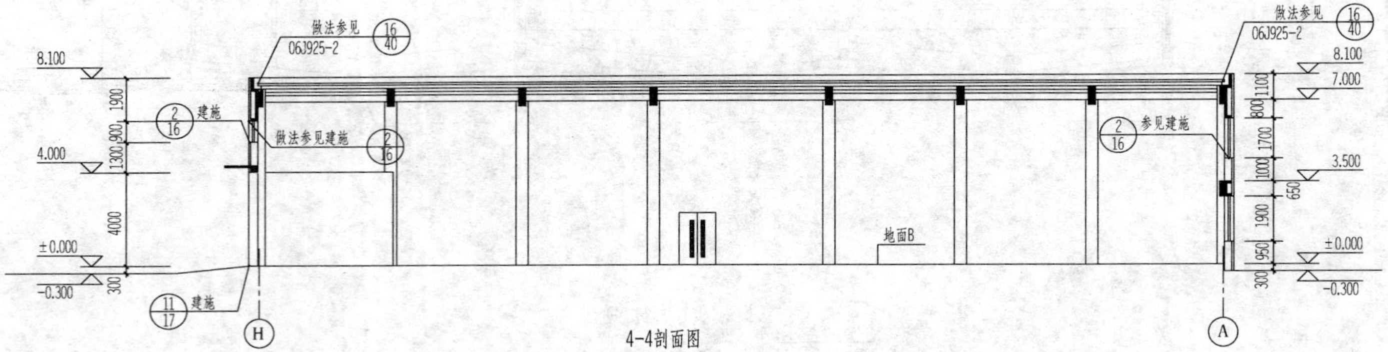

4-4剖面图

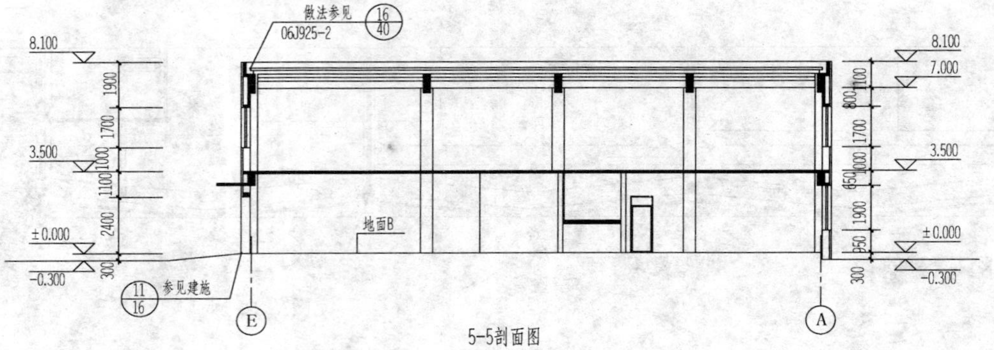

5-5剖面图

图　名		剖面图二	
图别	建施	图号	13

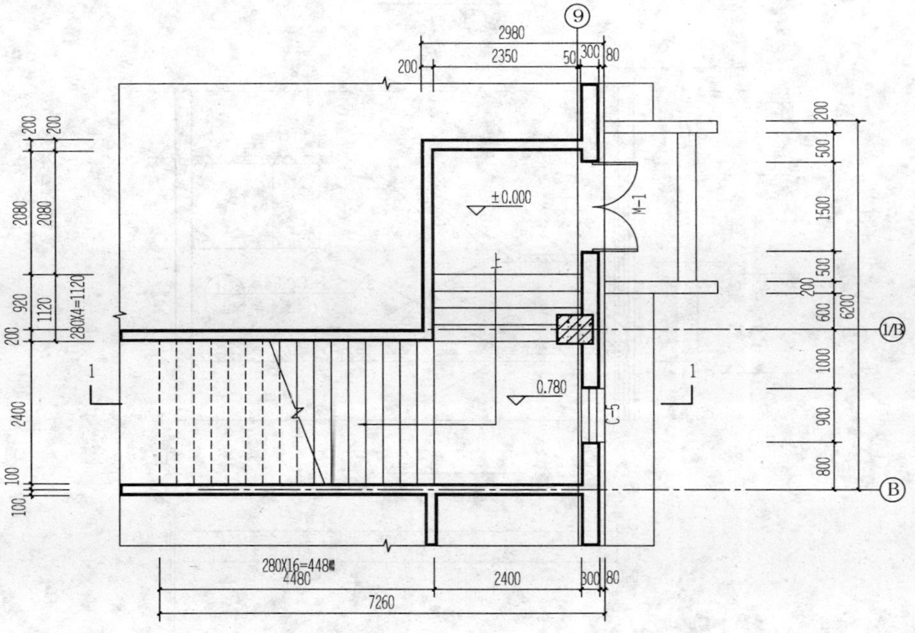

1#楼梯一层平面图

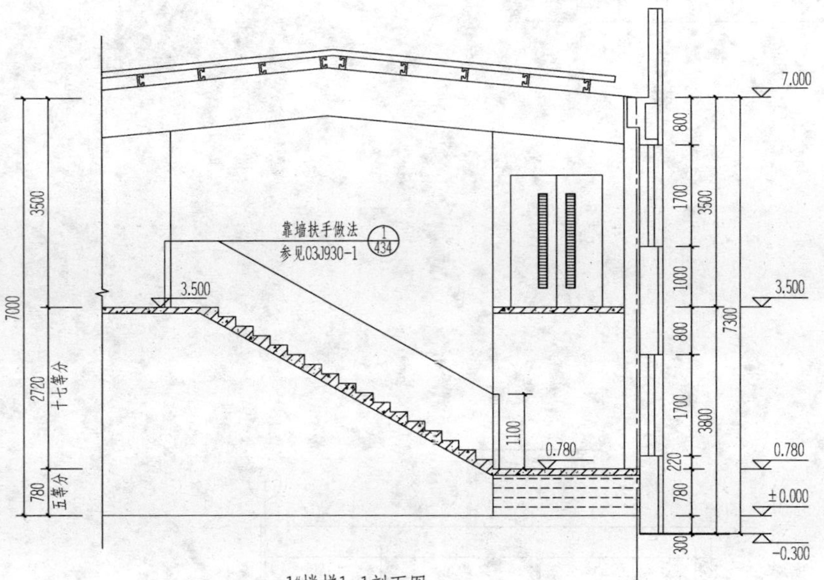

1#楼梯1-1剖面图

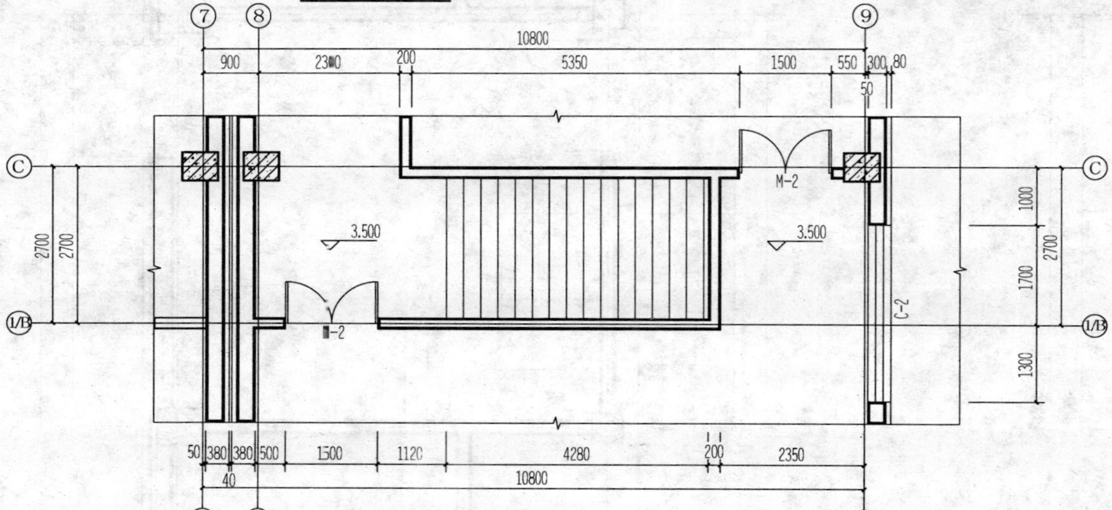

1#楼梯二层平面图

图　名		1#楼梯	
图别	建施	图号	14

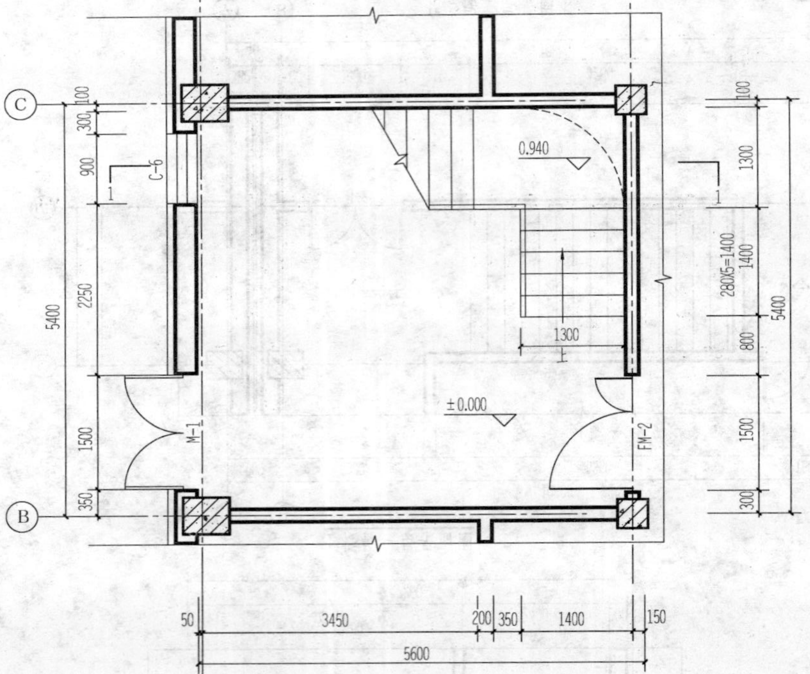

2#楼梯一层平面图

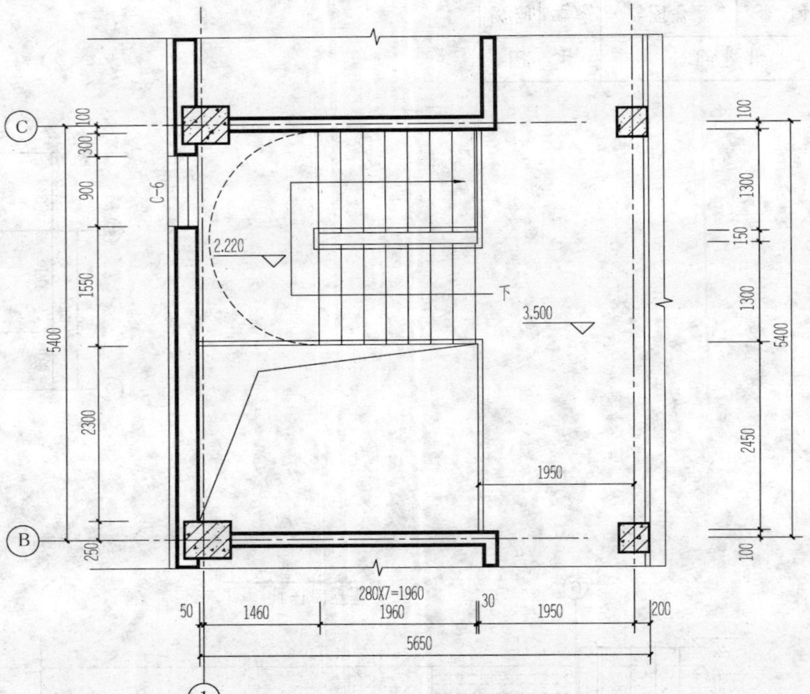

2#楼梯二层平面图

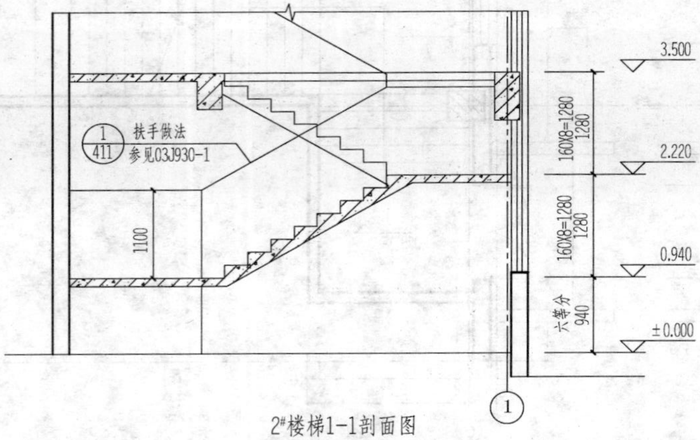

2#楼梯1-1剖面图

图　名		2# 楼梯	
图别	建施	图号	15

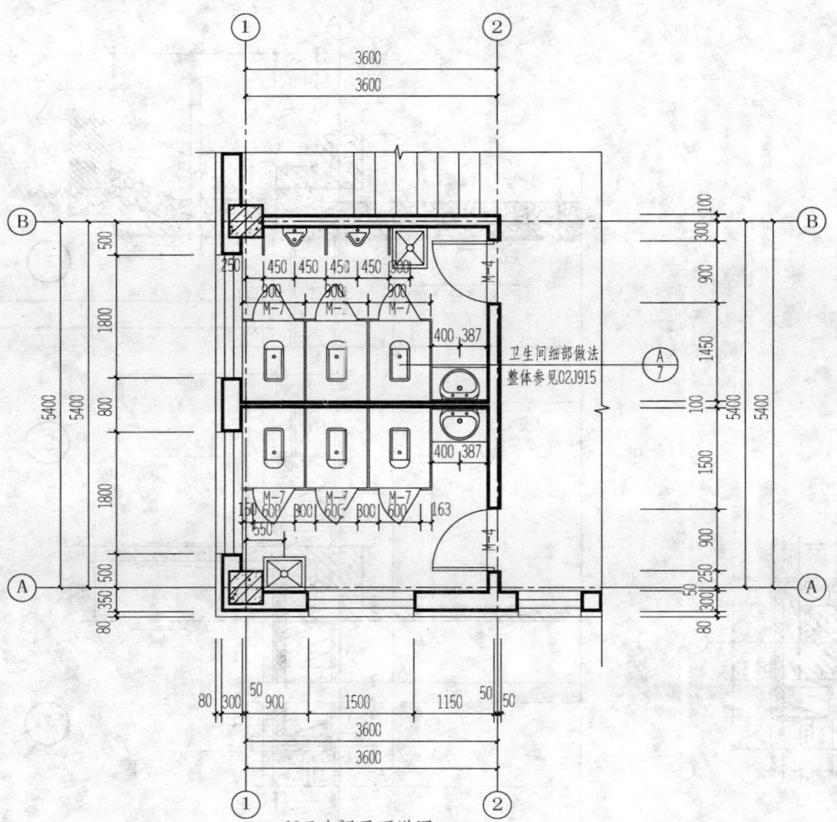

1#卫生间平面详图

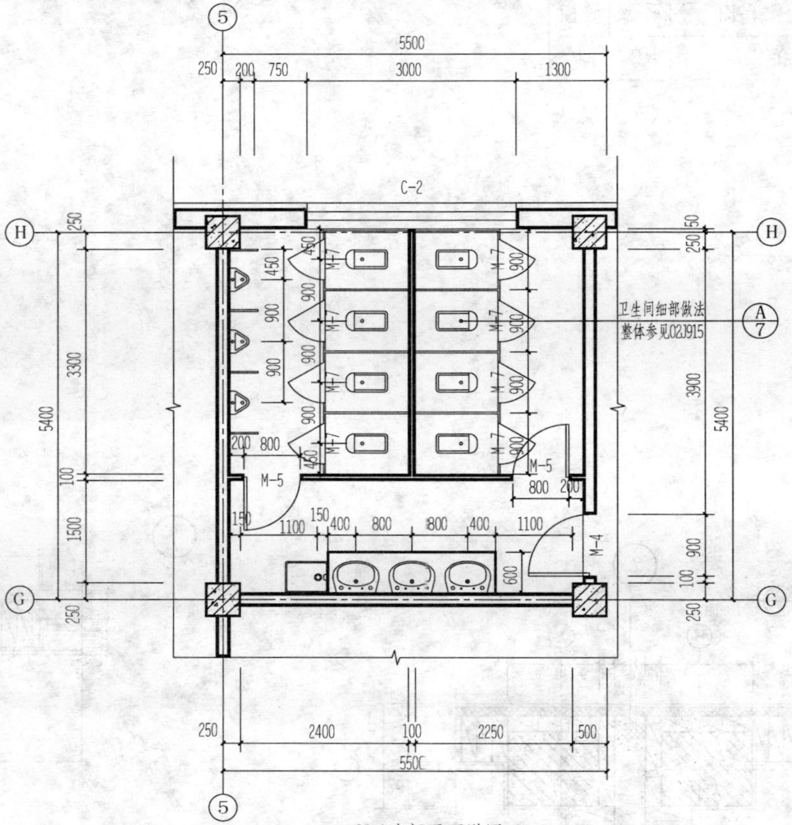

2#卫生间平面详图

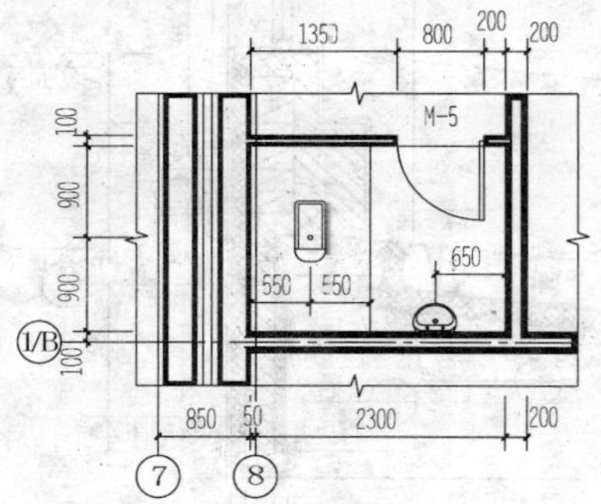

3#卫生间平面详图

图 名		卫生间详图	
图别	建施	图号	16

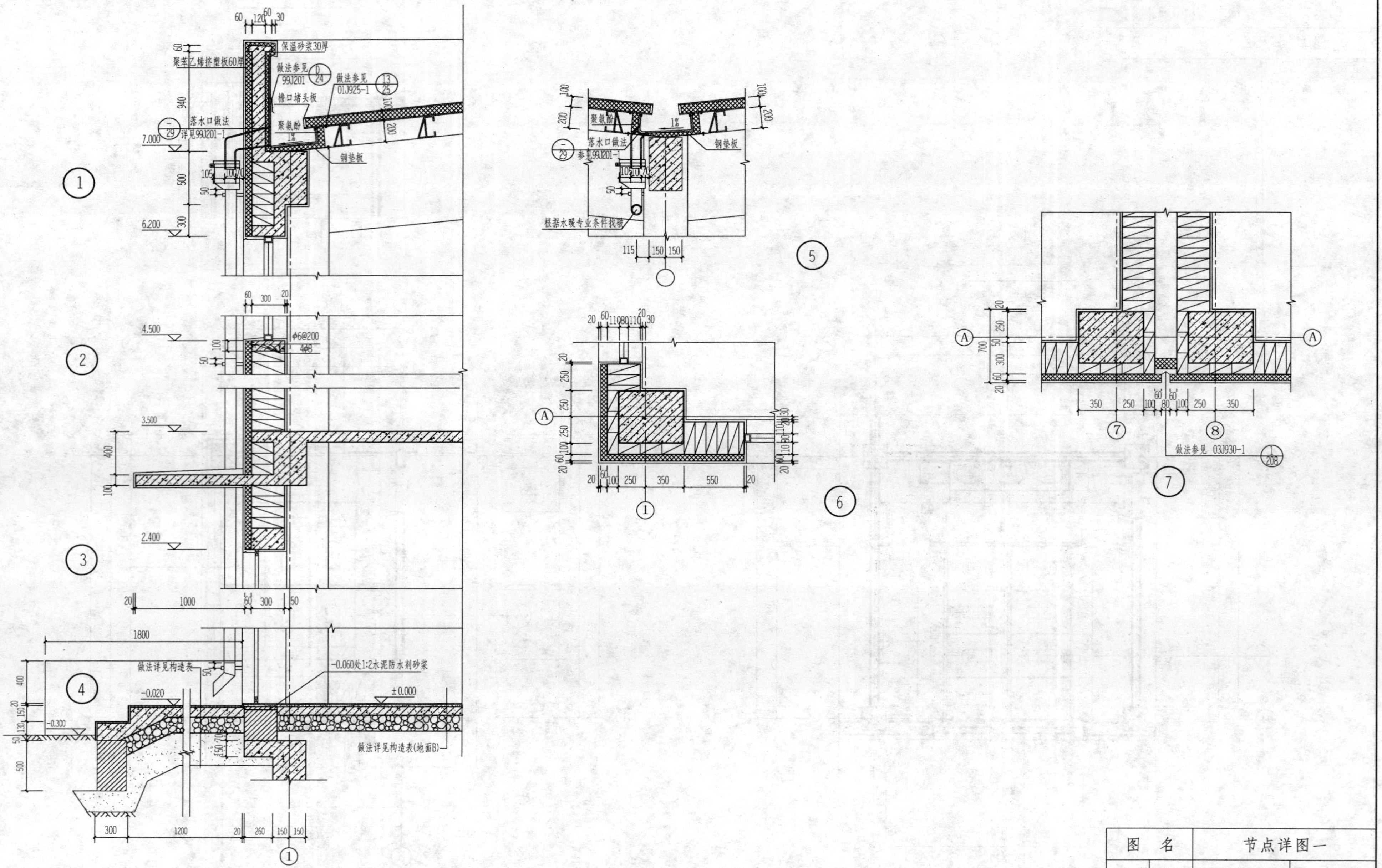

图　名	节点详图一		
图别　建施		图号	17

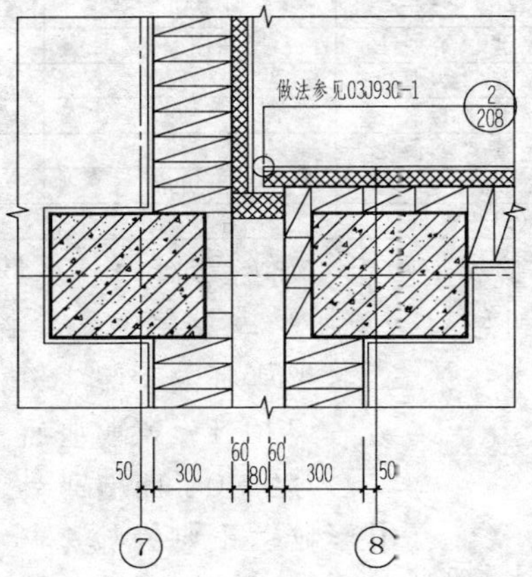

8

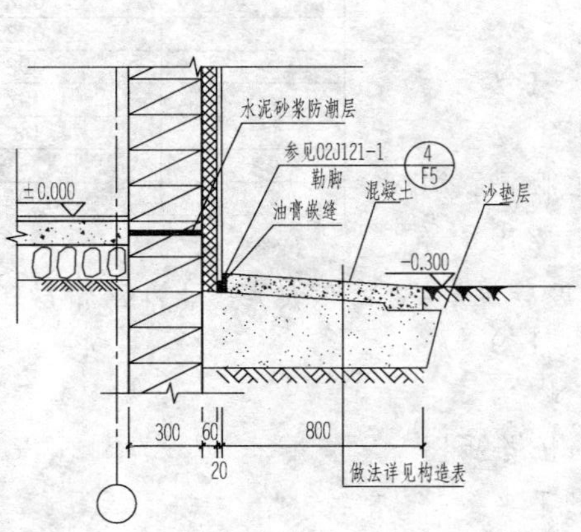

9

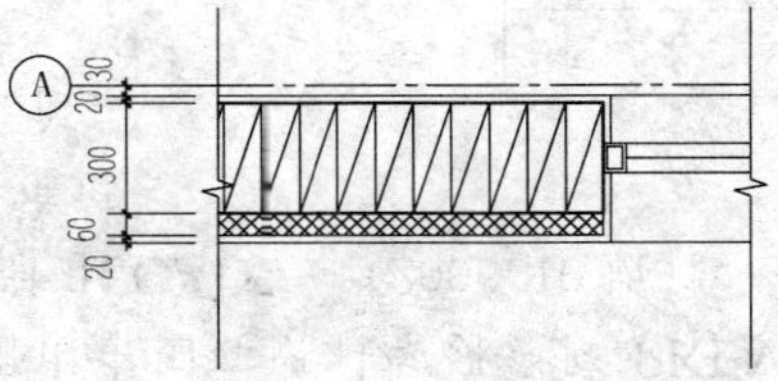

10

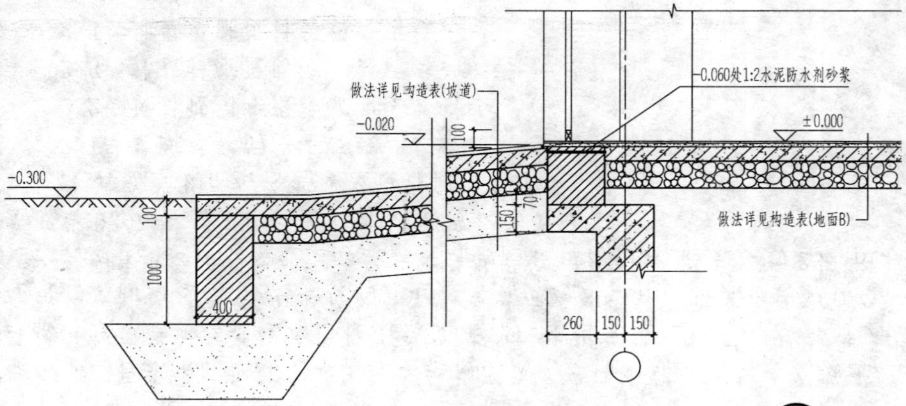

11

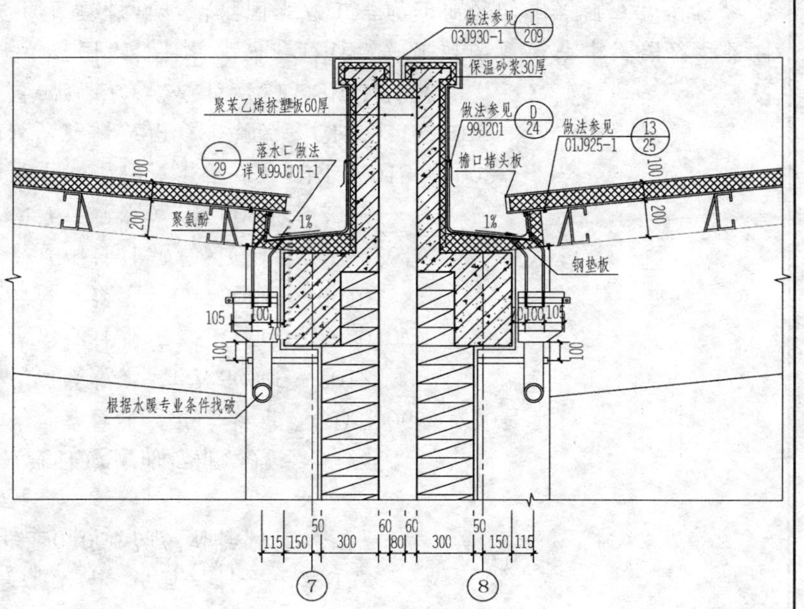

12

图　名		节点详图二	
图别	建施	图号	18

结构设计总说明一

1. 工程概况

本工程系学院训练中心工程，结构形式：分两个部分，均为混凝土框架结构，轻型屋面，基础采用柱下独立基础，主框架地上一层，局部带夹层；建筑物总高约 8.0m，总长度约 60m，总宽度约 39.6m，高宽比约为 0.2，长宽比约为 1.5。辅框架地上二层，建筑物总高约 8.0m，总长度约 23.4m，总宽度约 9.9m，高宽比约为 0.81，长宽比约为 2.4。

2. 建筑结构的安全等级及设计使用年限

2.1 建筑结构的安全等级：二级；

2.2 设计使用年限：50 年；

2.3 建筑抗震设防分类：丙类；

2.4 地基基础设计等级：丙级；

2.5 抗震等级：三级；

2.6 耐火等级：二级。

3. 自然条件

3.1 基本风压：w_0=0.55kN/m²

地面粗糙度类别：B 类

3.2 基本雪压：0.40kN/m²

3.3 场地地震基本烈度：7 度

抗震设防烈度：7 度（0.15g）设计地震分组第一组

建筑物场地土类别：Ⅱ类

特征周期：0.35s

3.4 场地冻深：1.0m

3.5 场地的工程地质条件：

(1) 本工程参考辽宁省地质矿产局提供的《岩土工程勘察报告》（详细勘察）进行设计，拟建场地工程地质特征如下：

层号	岩 性	厚（m）	f_{ak}（kPa）	
1	杂填土	2.1～3.3		
2	粉土	不连续，最大 0.8	80	
3	砾砂	不连续，最大 1.0	250	
4	圆砾	不连续，最大 3.5	300	
5	残积土	不连续，最大 1.8	220	
6	全风化花岗岩	连续，最大 6.7	220	

(2) 地下水：稳定水位 1.1～2.3m，对混凝土及钢筋无腐蚀性，对钢结构有弱腐蚀性。

(3) 基础方案及结论：本工程采用柱下独立基础，由于土质不均匀，持力层可能是砾砂层、圆砾层、残积土，因此确定 f_{ak}=220kPa。

(4) 本工程的《岩土工程勘察报告》（详细勘察）完成后，应将报告提供给设计人员确认后，方可进行基础施工。

4. 本工程±0.000 的绝对标高

现场确定。

5. 本工程设计遵循的标准、规范、规程

《建筑结构可靠度设计统一标准》GB 50068—2001

《建筑结构荷载规范》GB 50009—2012

《混凝土结构设计规范》GB 50010—2010

《建筑抗震设计规范》GB 50011—2010

《建筑地基基础设计规范》GB 50007—2010

《砌体结构设计规范》GB 50003—2010

《冷弯薄壁型钢结构技术规范》GBJ 50018—2002

《钢结构防火涂料应用技术规范》CECS24：90

《轻型房屋钢结构技术规程》CECS102：2002

本工程按现行国家设计标准进行设计，施工时除应遵守本说明及各设计图纸说明外，尚应严格执行现行国家及工程所在地区的相关规范和规程。

6. 本工程设计计算所采用的计算程序

6.1 结构整体分析：中国建筑科学研究院 PKPM CAD 工程部编制的“多层建筑结构空间有限元分析与设计软件-SAT8”（2006.10 版）。

6.2 基础计算：采用由中国建筑科学研究院 PKPM CAD 工程部编制的“基础工程计算辅助设计-JCCAD”．（2006.10 版）。

7. 设计采用的荷载标准值

7.1 均布活荷载标准值：

图 名		结构设计总说明一	
图别	结施	图号	1

结构设计总说明二

部　位	活荷载（kN/m^2）	组合值系数	频遇值系数	准永久值系数
公共卫生间	8.0	0.7	0.5	0.4
消防楼梯	3.5	0.7	0.5	0.3
不上人屋面	0.5	0.7	0.5	0
未注明的楼面	2.0	0.7	0.5	0.4

注：大型设备按实际情况考虑，栏杆顶部的水平荷载为 0.5kN/m.
其他房间或荷载标准值均不得大于各设计图纸中的设计要求。

7.2　材料计算密度：

混凝土：$26kN/m^3$；混凝土空心砌块：$14kN/m^3$；其他均以实际密度为准。

7.3　电动单梁起重机荷载一览表：

起重重量（t）	吊车跨度（m）	轮距（m）	起重机总重（t）	最大轮压（t）	工作级别
5	13.5	2.5	3.67	3.87	A3

注：每跨仅一台吊车，当采用吊车与本设计不一致时，应与设计人员沟通。

8. 地基基础

8.1　开挖基槽时，不应扰动土的原状结构，如经扰动，应挖除扰动部分，根据土的压缩性选用级配砂石（或灰土，素混凝土等）进行回填处理。用级配砂石或灰土时，压实系数不应小于 0.94。

8.2　施工时应人工降水降低地下水位至施工面以下 500mm，开挖基坑时应注意边坡稳定，定期观测其对周围道路市政设施和建筑物有无不利影响，非自然放坡开挖时，基坑护壁应做专门设计。

8.3　基础施工前应进行钎探、验槽，如发现土质与地质报告不符合时，须会同勘察、施工、设计、建设监理单位共同协商研究处理。

8.4　机械挖土时应按有关规范要求进行，坑底应保留 200mm 厚的土层用人工开挖。

8.5　基坑应在基础完成后及时回填，回填土及位于设备基础、地面、散水、踏步等基础下的回填土，必须分层夯实，每层厚度不大于 250mm，压实系数＞0.94。

8.6　底层内隔墙，非承重墙可直接砌置在混凝土地面上，如图一所示。

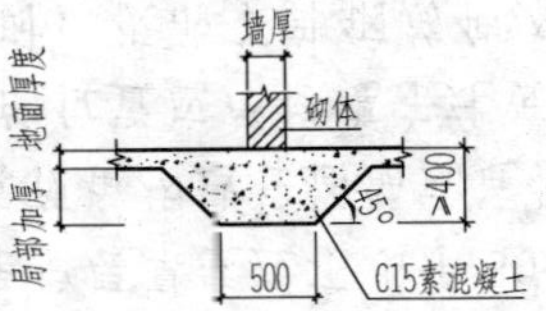

图一

9. 主要结构材料（详图中注明者除外）

9.1　混凝土强度等级除特殊注明外均按下列采用：

（1）基础下设 100 厚素混凝土垫层：C10；

（2）构造柱及圈梁：C20；

（3）其他：C30。

9.2　钢筋：钢筋采用 HPB235 级（Φ）；HRB335 级（Φ）；HRB400 级（Φ）；HRB335 和 HRB400 钢筋的外观标记不明显，应严格管理以防混用。

9.3　钢材：本工程钢材均采用 Q235B. Z。屋面钢板应满足承载力及使用要求，选定型号后应经设计人确认。对屋面钢构件应进行防腐和防火处理，耐火极限为 1h。

9.4　焊条及焊缝：HPB235 钢筋、Q235B 钢材采用 E43XX，HRB335、HRB400 钢筋采用 E50XX 型。对接焊缝质量等级不低于二级，角焊缝外观质量等级不低于三级。

9.5　油漆：凡外露钢铁构件必须在除锈后涂防腐漆，面漆两道，并经常注意维护。

9.6　墙体：填充墙：±0.00 以上采用 MU7.5 混凝土空心砌块，M5 混合砂浆砌筑；±0.00 以下采用 MU7.5 混凝土空心砌块，M7.5 水泥砂浆砌筑，孔洞 Cb20 混凝土灌实。

10. 钢筋混凝土结构构造

本工程采用国家标准图《混凝土结构施工图平面整体表示方法制图规则和构造详图 03G101-1》的表示方法，施工图中未注明的构造要求应按照标准图的有关要求执行。

图　名		结构设计总说明二	
图别	结施	图号	2

结构设计总说明三

10.1　主筋的混凝土保护层厚度

混凝土结构的环境分类

环境类别	条　　件
一	室内正常环境
二 a	卫生间等室内潮湿环境
二 b	无保温的女儿墙等露天构件，与土壤直接接触的地面以下的构件

（1）基础下部纵筋保护层厚度为 40mm，上部纵筋保护层厚度为 70mm；

（2）其他构件混凝土保护层厚度根据上表列出的环境类别遵照《03G101-1》选用。

10.2　结构混凝土耐久性的基本要求：

结构混凝土耐久性的基本要求

环境类别	最大水灰比	最小水泥用量（kg/m^3）	最大氯离子含量（%）	最大碱含量（kg/m^3）
一	0.65	225	1.0	不限制
二 a	0.60	250	0.3	3.0
二 b	0.55	275	0.2	3.0

10.3　纵向受拉钢筋的最小锚固及搭接长度：详见《03G101-1》的 33～34 页。

10.4　钢筋接头形式及要求：钢筋的接头应满足现行《混凝土结构工程施工质量验收规范》GB 50204 的 5.4 节和《03G101-1》的要求；框架梁、框架柱主筋采用直螺纹机械连接，绑扎连接，焊接，其余构件当受力钢筋直径≥22 时，应采用直螺纹机械连接接头，当受力钢筋直径＜22 时，可采用绑扎连接接头。构件中的纵向受压钢筋，当采用搭接连接时，其受压搭接长度不应小于纵向受拉钢筋搭接长度的 0.7 倍，且在任何情况下不应小于 200mm。

10.5　楼板、屋面板的构造要求：

（1）双向板（或异形板）的钢筋放置，短向钢筋置于下层，长向在上，现浇板施工时，应采取措施保证钢筋位置。跨度大于 3.60m 的板施工时应按规范要求起拱；

（2）当钢筋长度不够时，楼板、屋面板上部钢筋应在跨中搭接，下部钢筋应在支座处搭接；

（3）各板角负筋，纵横两向必须重叠设置成网格状；

（4）全部单向板，双向板的分布钢筋详见相应图纸的说明；

（5）凡在板上砌隔墙时，应在墙下板内底部增设加强筋（图纸中另有要求者除外），当板跨 $L\leqslant1500$mm 时：2Φ14，当板跨 1500mm＜L＜2500mm 时：3Φ14，当板跨 $L\geqslant2500$mm 时：3Φ16 并锚固于两端支座为；

（6）板上孔洞应预留，一般结构平面图中只表示出洞口尺寸≥300mm 的孔洞，施工时各工种必须根据各专业图纸配合土建预留全部孔洞，不得后凿。当孔洞尺寸≤300mm 时，洞边不再另加钢筋，板内外钢筋由洞边绕过，不得截断见图二。当洞口尺＞300mm 时，应设洞边加筋，当平面图未交代时，一般按图三要求施工。加筋的长度为单向板受力方向或双向板的两个方向沿跨度通长，并锚入支座≥$5d$，且应伸入到支座中心线。单向板非受力方向的洞口加筋长度为洞口宽加两侧各 $40d$ 且应放置在受力钢筋之上；

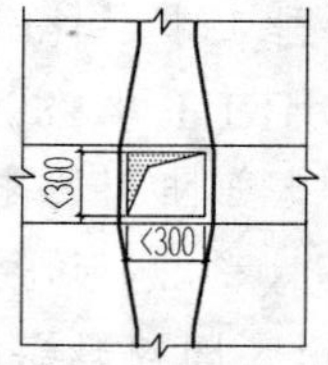

图二

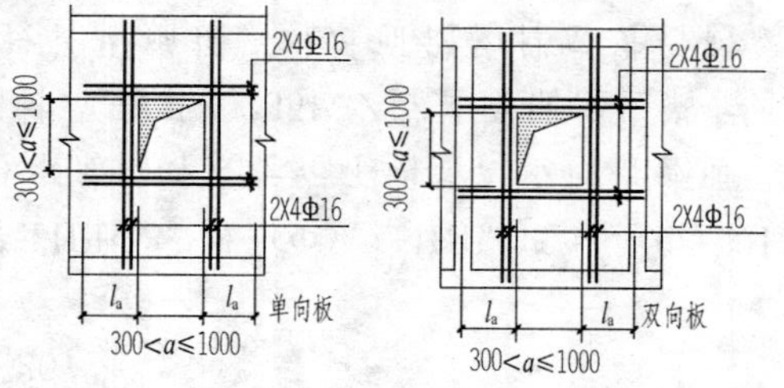

图三

（7）混凝土逐层封堵，板内负筋锚入梁内长度不少于 l_a，板的底部钢筋伸入支座长度应≥$5d$，且应伸入到支座中心线；

（8）板内埋设管线时，所铺设管线应设置在板底钢筋之上，板上部钢筋之下，且管线的混凝土。保护层厚度应不小于 30mm；

（9）板、梁上下应注意预留构造柱插筋或连接用的埋件；

（10）楼板上后砌隔墙的位置应严格遵守建筑施工图，不可随意砌筑；

（11）当板底与梁底平时，板的下部钢筋伸入梁内须弯折后置于梁的下部纵向钢筋之上；

（12）未经设计人员许可，不得随意打洞、剔凿。

图　名		结构设计总说明三	
图别	结施	图号	3

结构设计总说明四

10.6 钢筋混凝土梁：

（1）主次梁高度相同时，次梁的下部纵向钢筋应置于主梁下部纵向钢筋之上；

同等级梁相交时，较短跨梁的下部钢筋位于较长跨梁下部钢筋之下；

（2）梁跨度大于或等于 4m 时，模板按跨度的 0.2%起拱；悬臂梁按悬臂长度的 0.4%起拱。起拱高度不小于 20mm；

（3）次梁高度大于主梁时的做法见《钢筋混凝土建筑抗震构造》（辽 2002G802）的 17 页；

（4）次梁与主梁相交处，主梁设有附加箍筋，二级次梁与一级次梁交汇处，一级次梁上设有附加箍筋，同等级次梁相交处，两次梁均设有附加箍筋。附加箍筋直径同该梁箍筋，梁两侧各 3 根，间距为 50mm（设有附加吊筋的梁除外）；

（5）钢筋多排时，除特殊注明外，上部钢筋大直径钢筋位于上排，下部钢筋大直径钢筋位于下排。

10.7 钢筋混凝土柱

（1）柱应按建筑施工图中填充墙的位置预留拉结筋；

（2）柱与现浇过梁、圈梁连接处，在柱内应预留插铁，插铁伸出柱外皮长度为 $1.2l_a$（l_{aE}），锚入柱内长度为 l_a（l_{aE}）。

10.8 砌体结构构造：

（1）填充墙的构造应满足《砌体填充墙结构构造》（06SG614-1）的要求；

（2）与后砌隔墙连接的钢筋混凝土柱，应配合建筑图在墙体位置，按墙的构造要求预留窗台板、过梁、圈梁的拉结筋；

（3）填充墙的材料、平面位置见建筑图，不得随意更改；

（4）所有填充墙，当墙高大于 4.0m 时，应于门窗顶或墙高中部设圈梁一道，在墙洞顶处的圈梁截面及配筋不小于与洞口相应的过梁、圈梁的宽度同墙厚，圈梁高度为 120mm，配筋 4Φ10，Φ6@200，除设置圈梁外，隔墙砌筑尚应满足相应标准图集的要求；

（5）本工程填充墙（有夹层处除外），门窗宽度≥3m 时，应于门窗两侧设置钢筋混凝土构造柱，构造柱边长同墙厚，配筋 4Φ12，Φ6@100/200；

（6）过梁：过梁可根据建施图纸的洞口尺寸及墙厚按《钢筋混凝土过梁》（03G322-3）选用，荷载按一级取用。当洞口紧贴柱或钢筋混凝土墙时，过梁改为现浇。施工主体结构时，应按相应的梁配筋，在柱（墙）内预留插筋；

（7）当填充墙上端无混凝土屋面或混凝土梁时，在墙顶设置压顶圈梁，圈梁做法同（4）；

（8）构造柱及圈梁的做法参见《多层砖房钢筋混凝土构造柱抗震节点详图（03G363）》；

（9）当圈梁为门洞切断时，应在洞顶设置一道不小于被切断的圈梁截面和配筋的钢筋混凝土附加圈梁，其配筋尚应满足过梁要求，其搭接长度应不小于 1000mm，如图四所示：

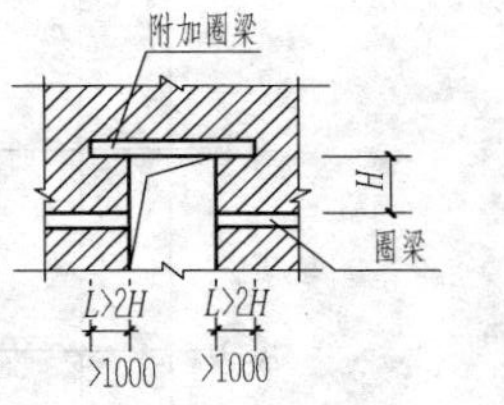

图四

11. 预埋件

11.1 所有的预埋件及预留孔洞应按各专业的图纸预埋、预留，不得遗漏。

11.2 预埋件及预留孔洞表示方法见建筑结构制图标准。

12. 其他

12.1 本工程图示尺寸以毫米（mm）为单位，标高以米（m）为单位。

12.2 本设计系按正常条件下施工考虑，当在冻季或雨季施工时应采取可靠的技术措施。

12.3 防雷接地做法详见电施图。

12.4 本套结构施工图纸中标高均为米（m）；尺寸为毫米（mm）。

12.5 未经结构工程师允许不得改变使用环境及原设计的使用功能。

12.6 本设计经施工图审查单位审查合格并出具证明后方可施工。

图　名		结构设计总说明四	
图别	结施	图号	4

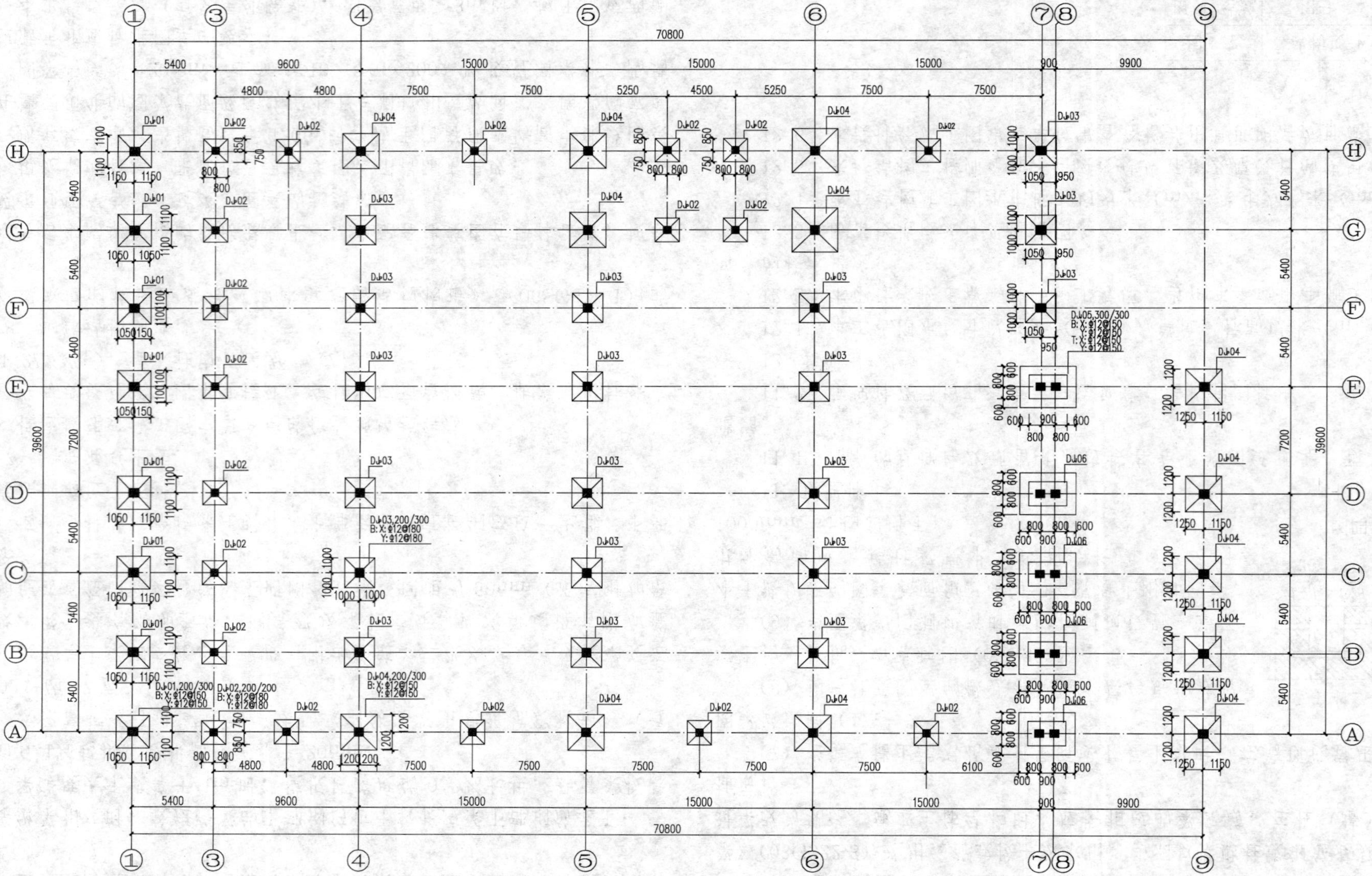

基础平面布置图

说明:

1. 未尽事宜详见结构设计总说明;
2. 本图画法采用《混凝土结构施工图平面整体表示方法制图规则和构造详图(独立基础、条形基础、桩基承台)》06G101-6，施工除满足图纸要求外，尚应满足该图集构造要求;
3. 未注明基础均相对轴线居中布置;
4. 未注明基础底标高均为-3.000，当设计标高未到持力层时应继续深挖，挖至基础持力层

图　名		基础平面布置图	
图别	结施	图号	5

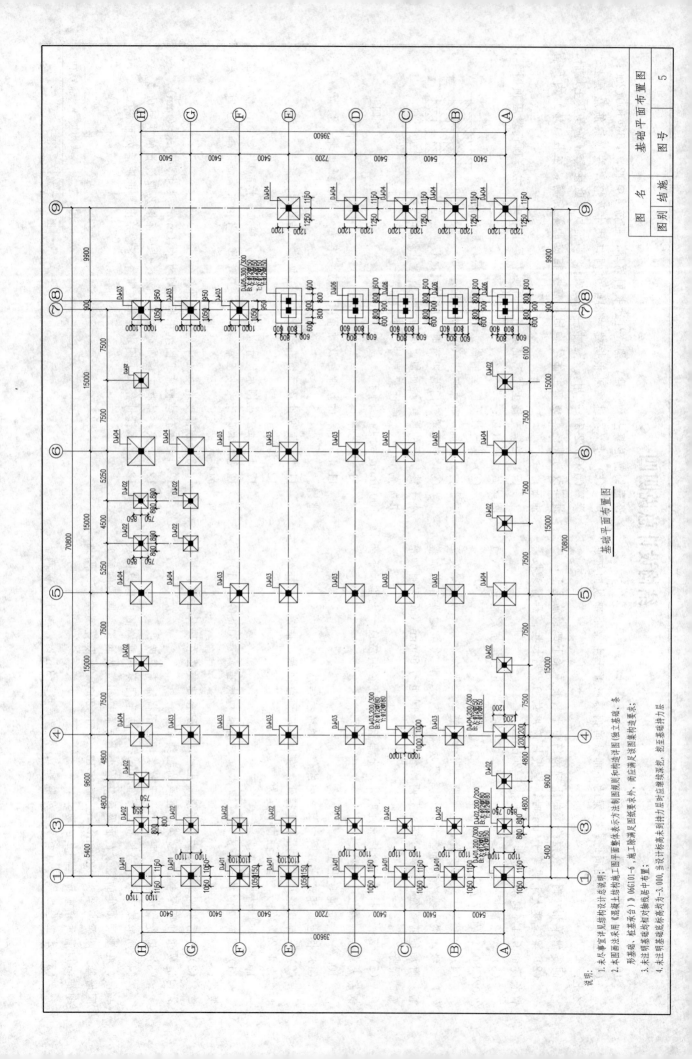

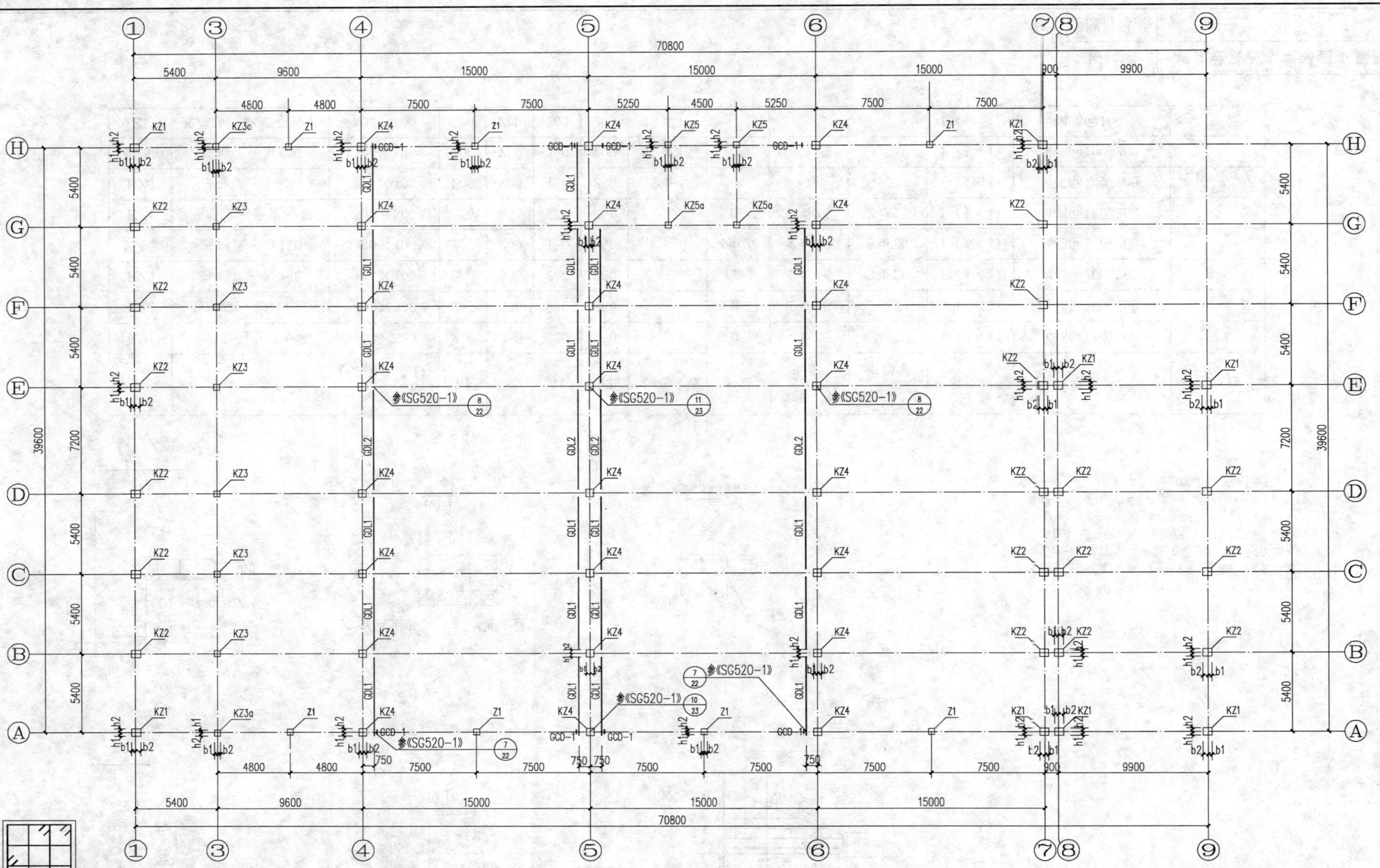

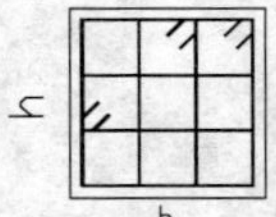

箍筋类型1.(mxn)

框架柱及吊车梁平面布置图

图　名		框架柱及吊车梁平面布置图	
图别	结施	图号	6

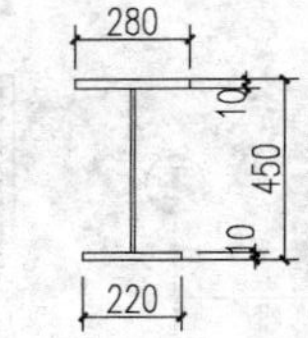

GDL1

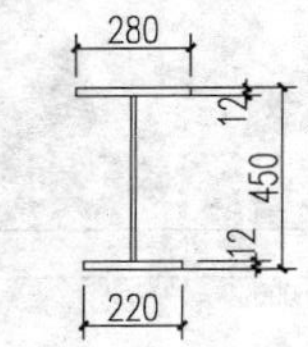

GDL2

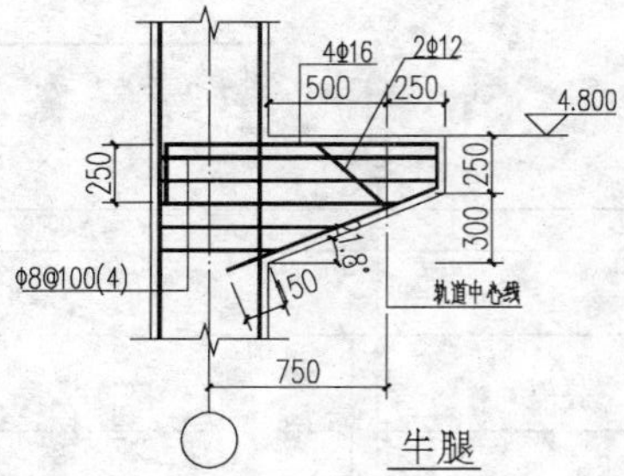

牛腿

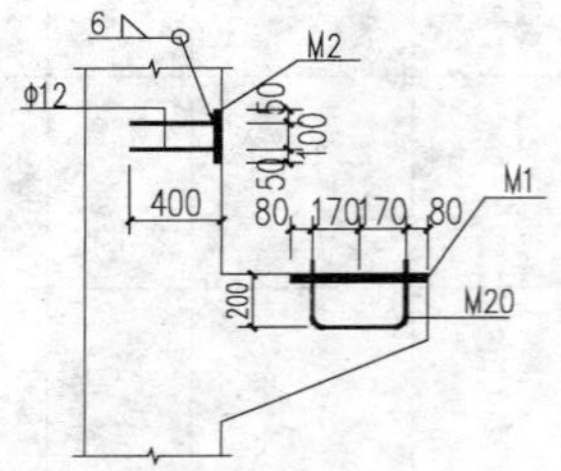

牛腿预埋件

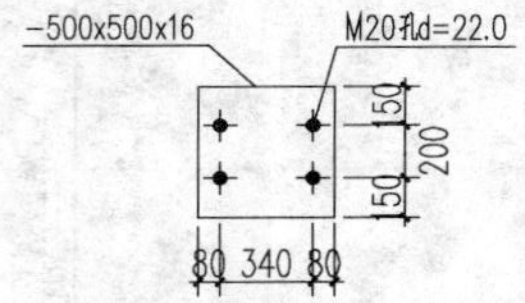

M1

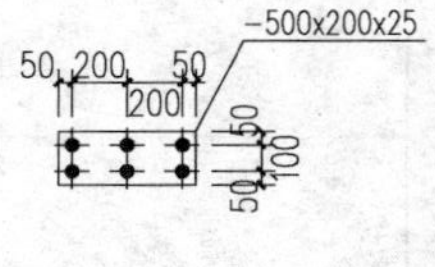

M2

注：位置根据吊车梁确定

说明：

1. 未尽事宜详见结构设计总说明；
2. 图中GDL1和GDL2的节点及做法参见《钢吊车梁图集（SG520-1)》中GDL6-2,施工图中未注明的构造要求均按照标准图的有关要求执行；
3. 钢轨选用GDGL-1。钢轨及车挡均选自《05G525》，施工图中未注明的构造要求应按照标准图的有关要求执行；
4. 设置吊车梁的框架柱均在设计标高按详图设置牛腿并预留埋件；
5. 一层层高从±0.000算起，±0.000以下柱子全长加密

柱号	标　高	$b\times h$（圆柱直径 D）	$b1$	$b2$	$h1$	$h2$	全部纵筋	角筋	b 边一侧中部筋	h 边一侧中部筋	箍筋类型号	箍　筋	备　注
KZ1	基础顶～屋面标高	600×500	250	350	250	250		4Φ25	4Φ25	2Φ25	1（6×4）	Φ8@100/200	
KZ2	基础顶～层面标高	600×500	250	350	250	250		4Φ25	2Φ20	2Φ20	1（4×4）	Φ8@100/200	
KZ3	基础顶～3.450	400×400	200	200	200	200		4Φ2	2Φ16	3Φ20	1（4×4）	Φ8@100/200	
KZ3a	基础顶～3.450	400×400	200	200	150	250		4Φ20	2Φ16	3Φ20	1（4×4）	Φ8@100/200	
KZ4	基础顶～屋面标高	500×500	250	250	250	250		4Φ25	2Φ25	2Φ25	1（4×4）	Φ8@100/200	
KZ5	基础顶～3.450	400×400	200	200	150	250	12Φ16				1（4×4）	Φ8@100/200	
KZ5a	基础顶～3.450	400×400	200	200	200	200	12Φ16				1（4×4）	Φ8@100/200	
Z1	基础顶～地梁顶标高	400×400	200	200	200	200	12Φ16				1（4×4）	Φ8@100	

图　名		框架柱及吊车梁平面布置图	
图别	结施	图号	7

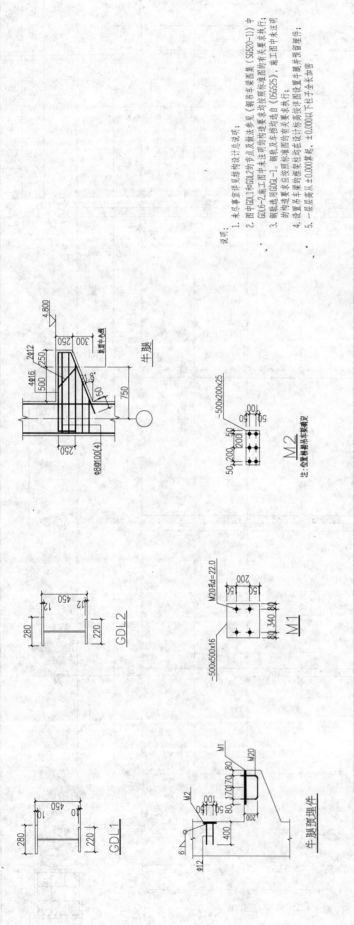

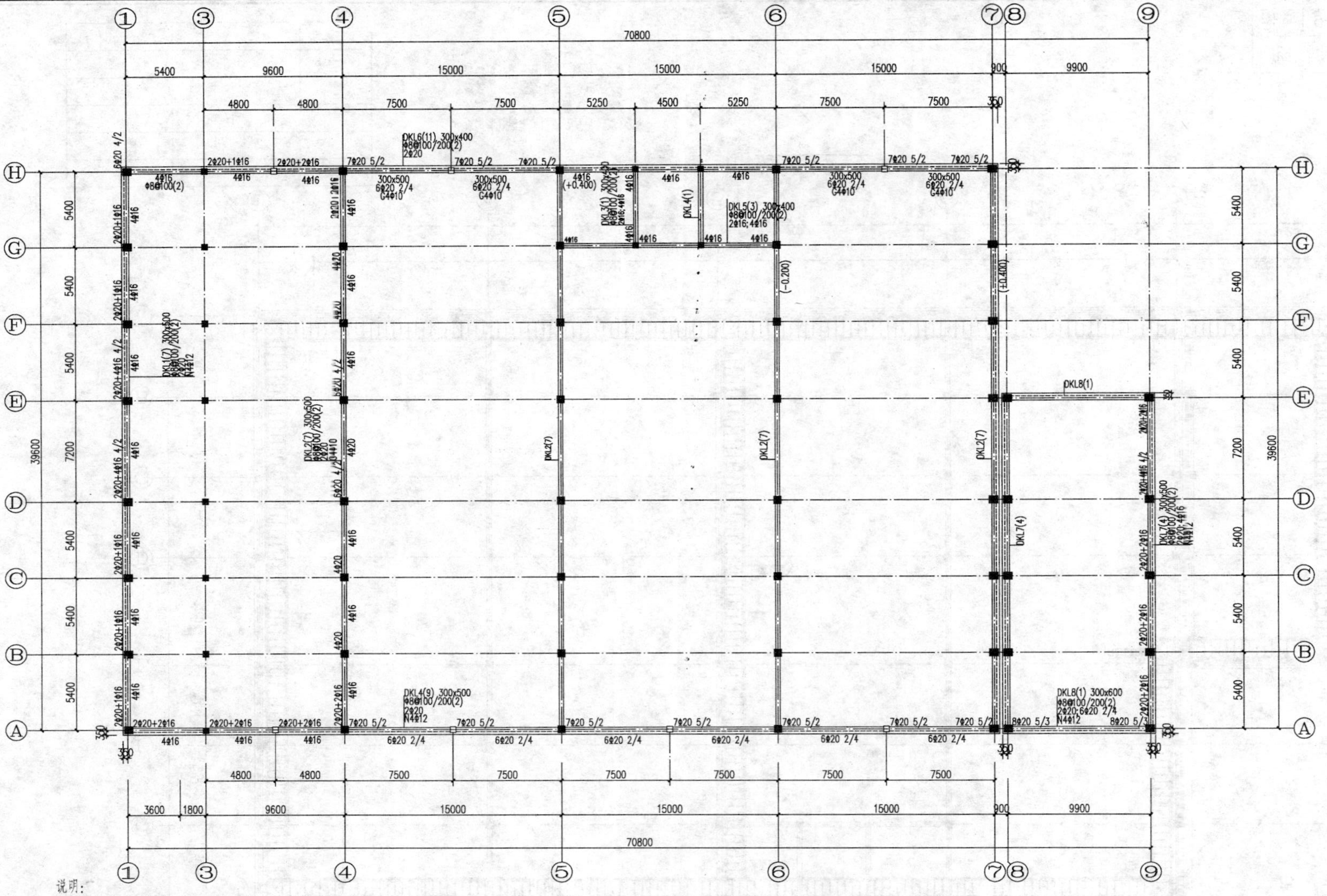

地梁平面布置及配筋图

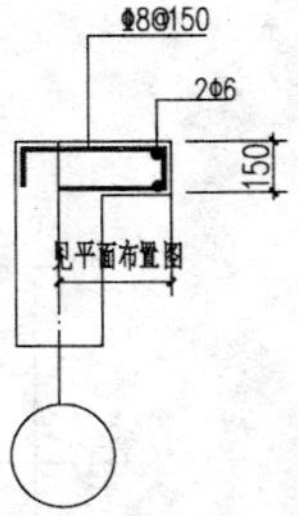

地梁挑耳示意图

说明：

1. 未注明地梁顶标高均为-0.800；
2. 外圈地梁、梁挑耳下及梁两侧设300厚炉渣垫层；
3. 本图画法采用图集《混凝土结构施工图平面整体表示方法制图规则和构造详图(独立基础、条形基础、桩基承台)》06G101-6，梁的相关构造应符合该图集要求；
4. 未尽事宜详见结构设计总说明；
5. 图中梁的原位标注标高为相对-0.800的相对标高

图　名	地梁平面布置及配筋图		
图别	结施	图号	8

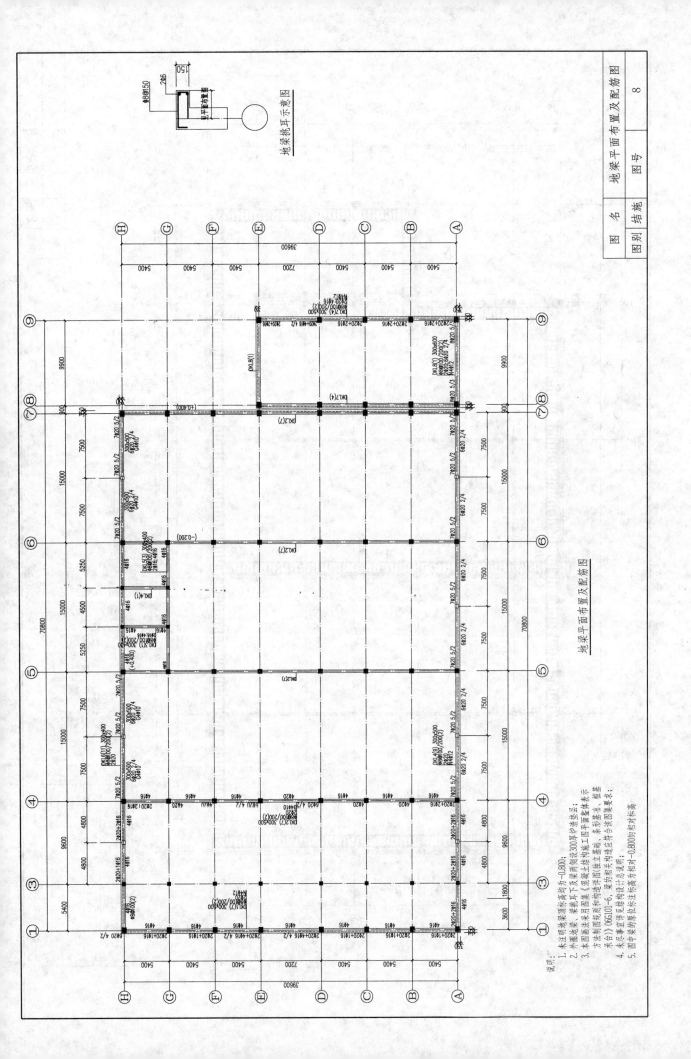

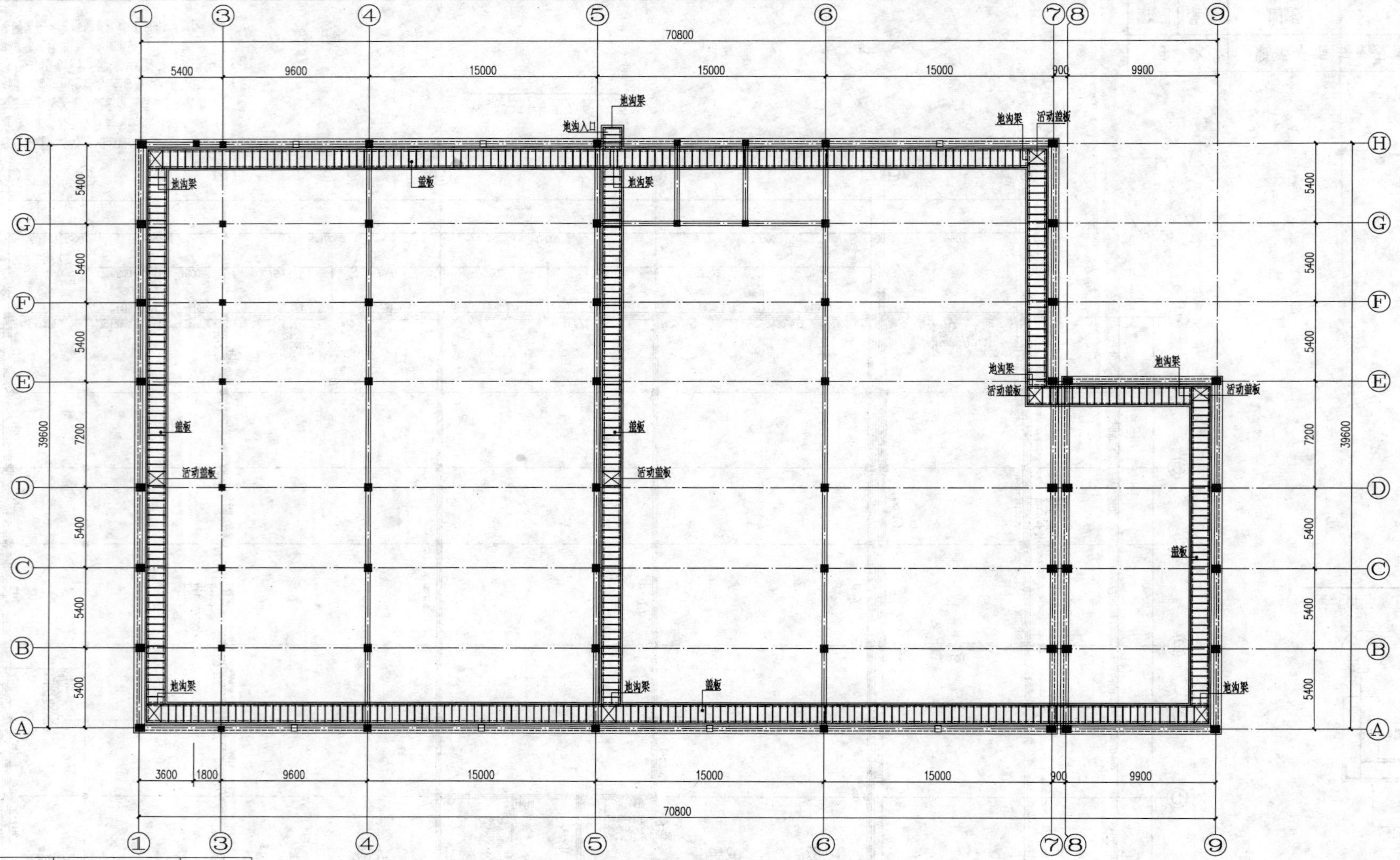

地沟平面布置图

名 称	代 号	备注
地沟	C1010-1	
盖板	B10-1	
地沟梁	L10-1	
活动盖板	2B10-1	详见46页
地沟入口		详见75页

说明：

1. 地沟选自图集《地沟及盖板》02J331；
2. 当地沟盖板不满足图集尺寸要求时，盖板采用现浇，混凝土强度及配筋参图集；
3. 地沟顶标高为-0.050，地沟入口底标高为-1.300；
4. 未尽事宜详见结构设计总说明

图 名		地沟平面布置图	
图别	结施	图号	9

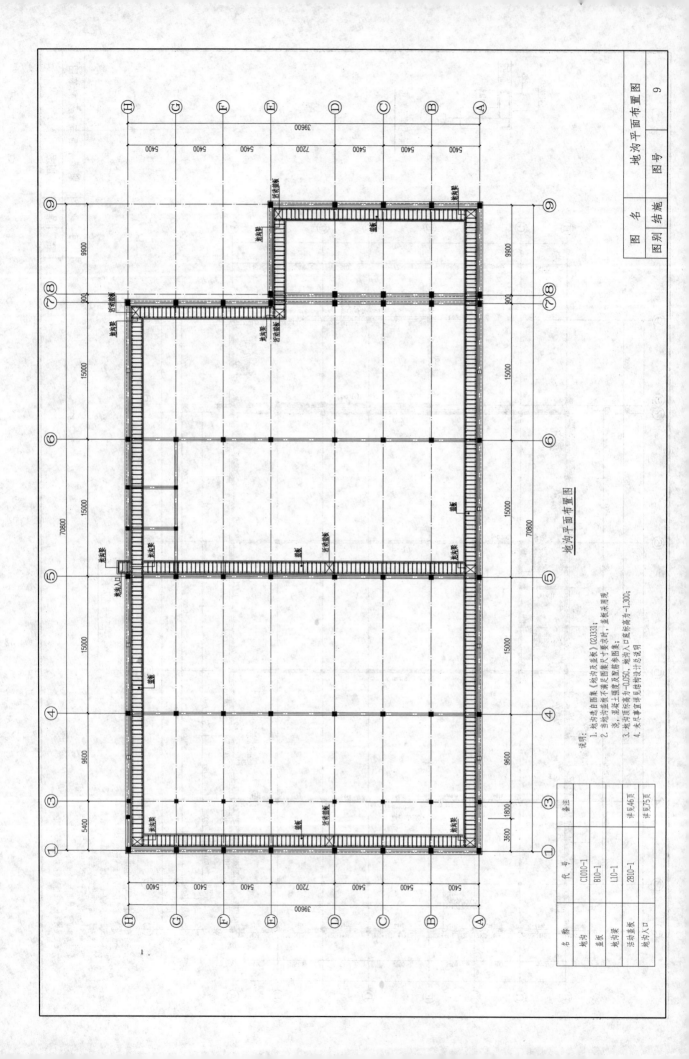

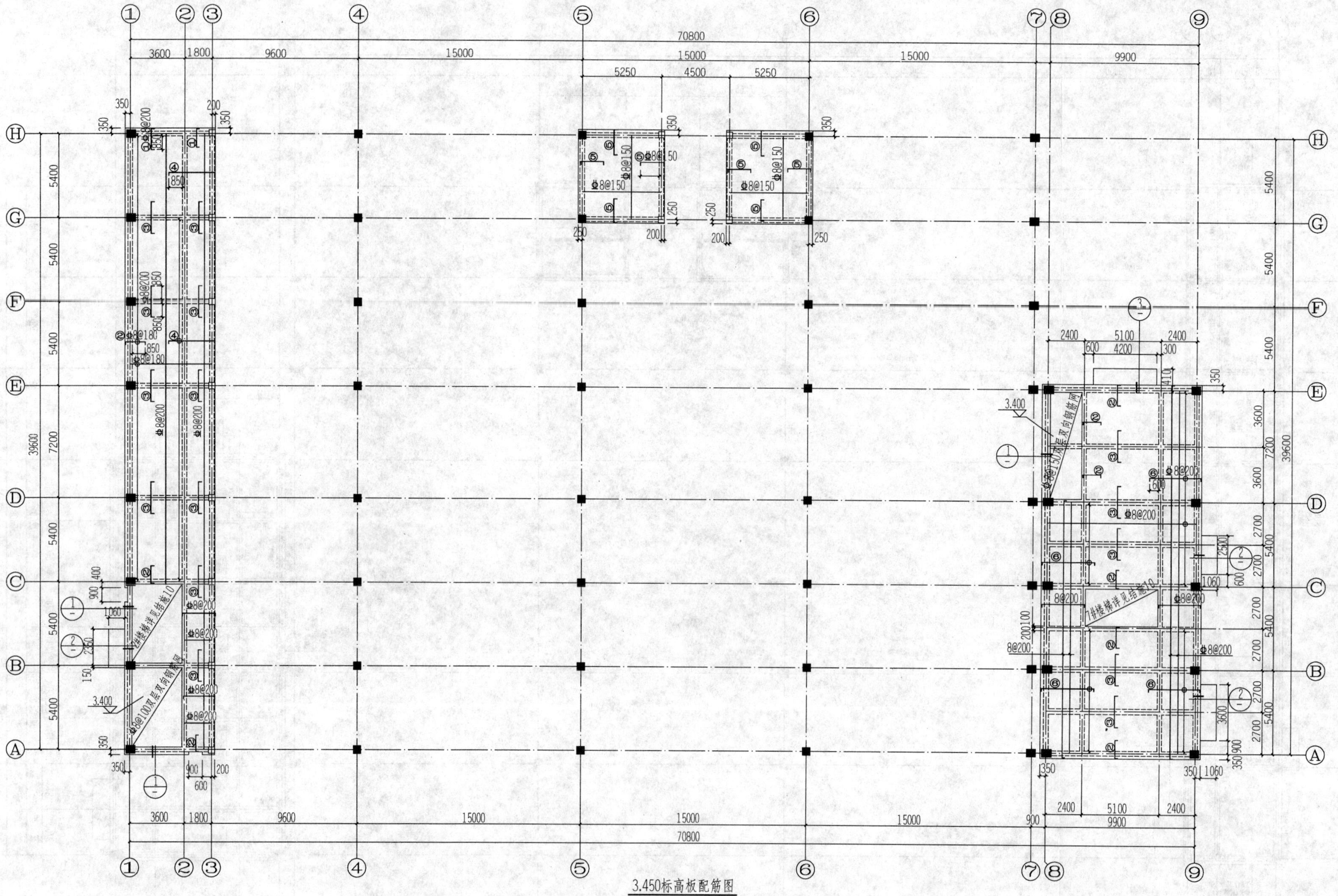

3.450标高板配筋图

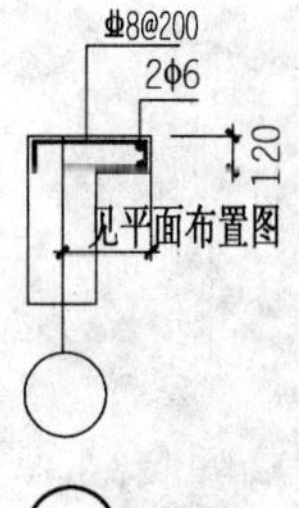

1

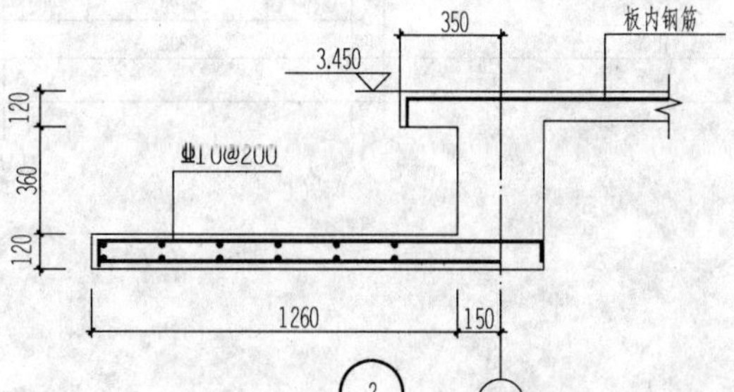

2

注:未注明分布钢筋为φ8@250

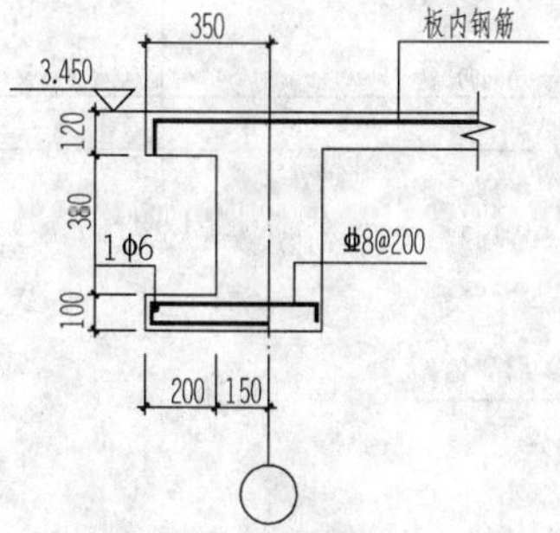

有窗处梁挑耳

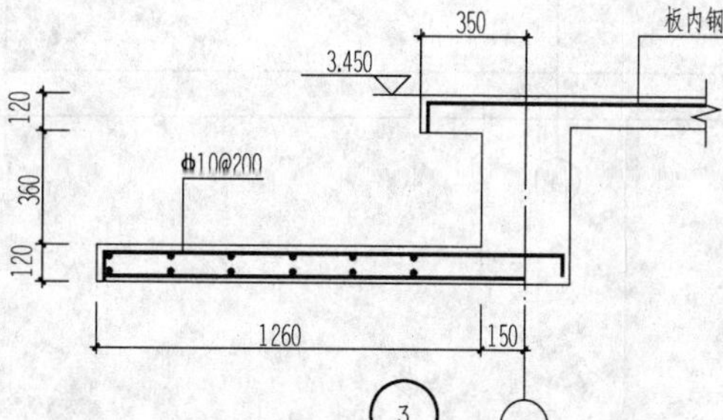

3

注:未注明分布钢筋为φ8@250

说明：

1.未尽事宜详见结构设计总说明；

2.图中未注明板厚为120mm,未注明板顶标高均为3.450m

图 名		3.450标高板配筋图	
图别	结施	图号	10

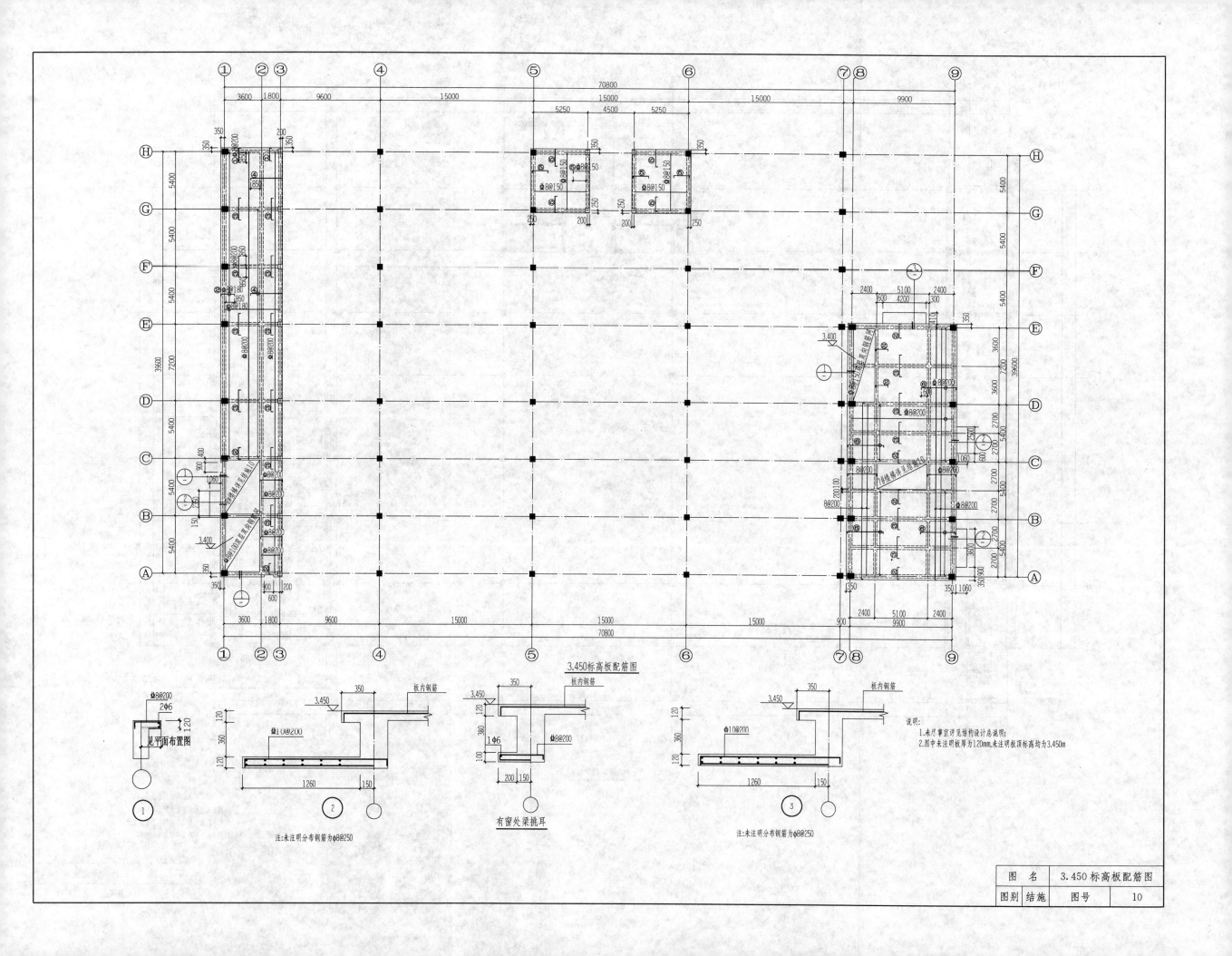

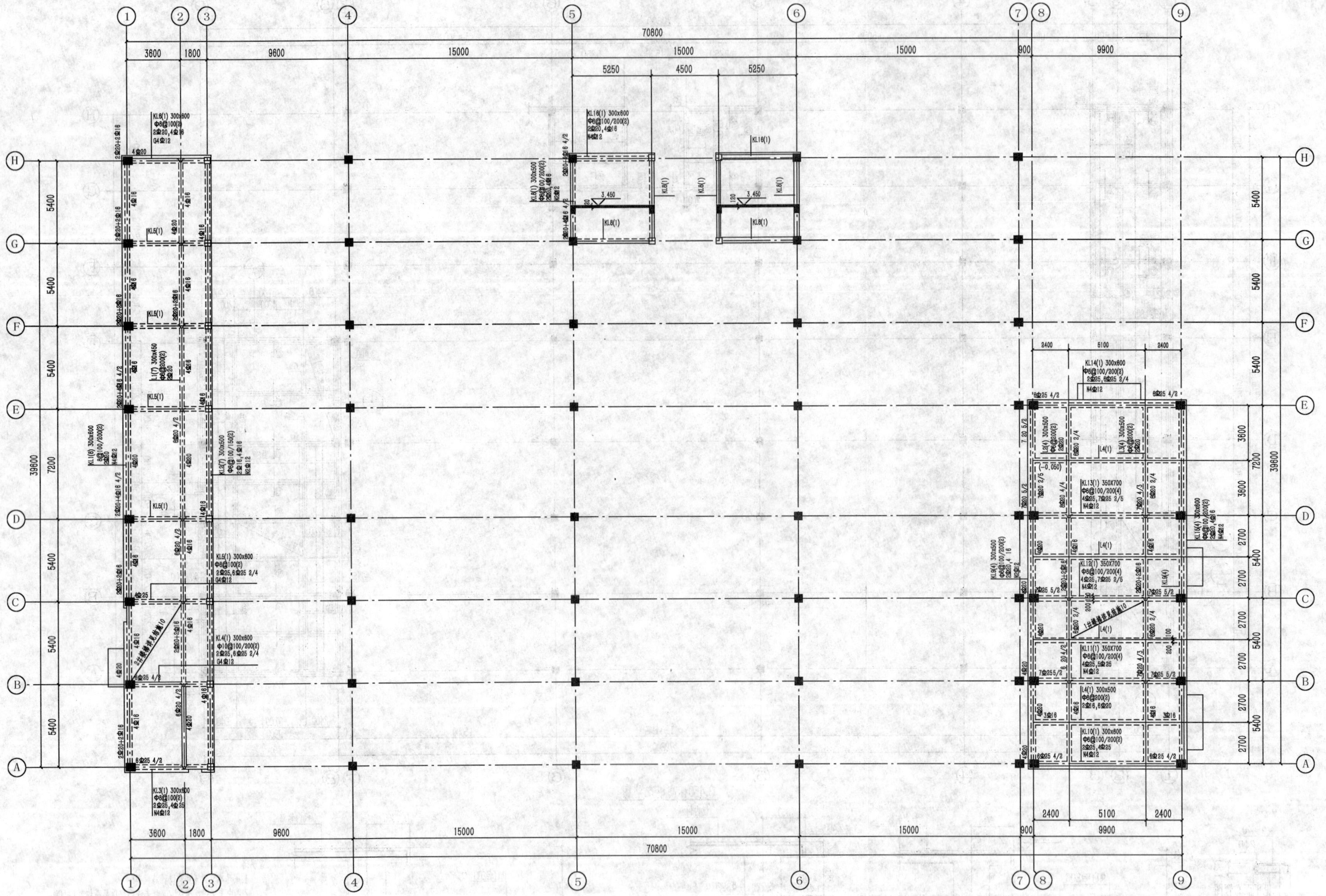

3.450标高梁配筋图

说明：

1.未尽事宜详见结构设计总说明；

2.图中未注明梁顶标高均为3.450m；

3.图中未注明梁均相对轴线居中布置；

4.图中未注明附加吊筋均为2⌀20

图　名		3.450标梁配筋图	
图别	结施	图号	11

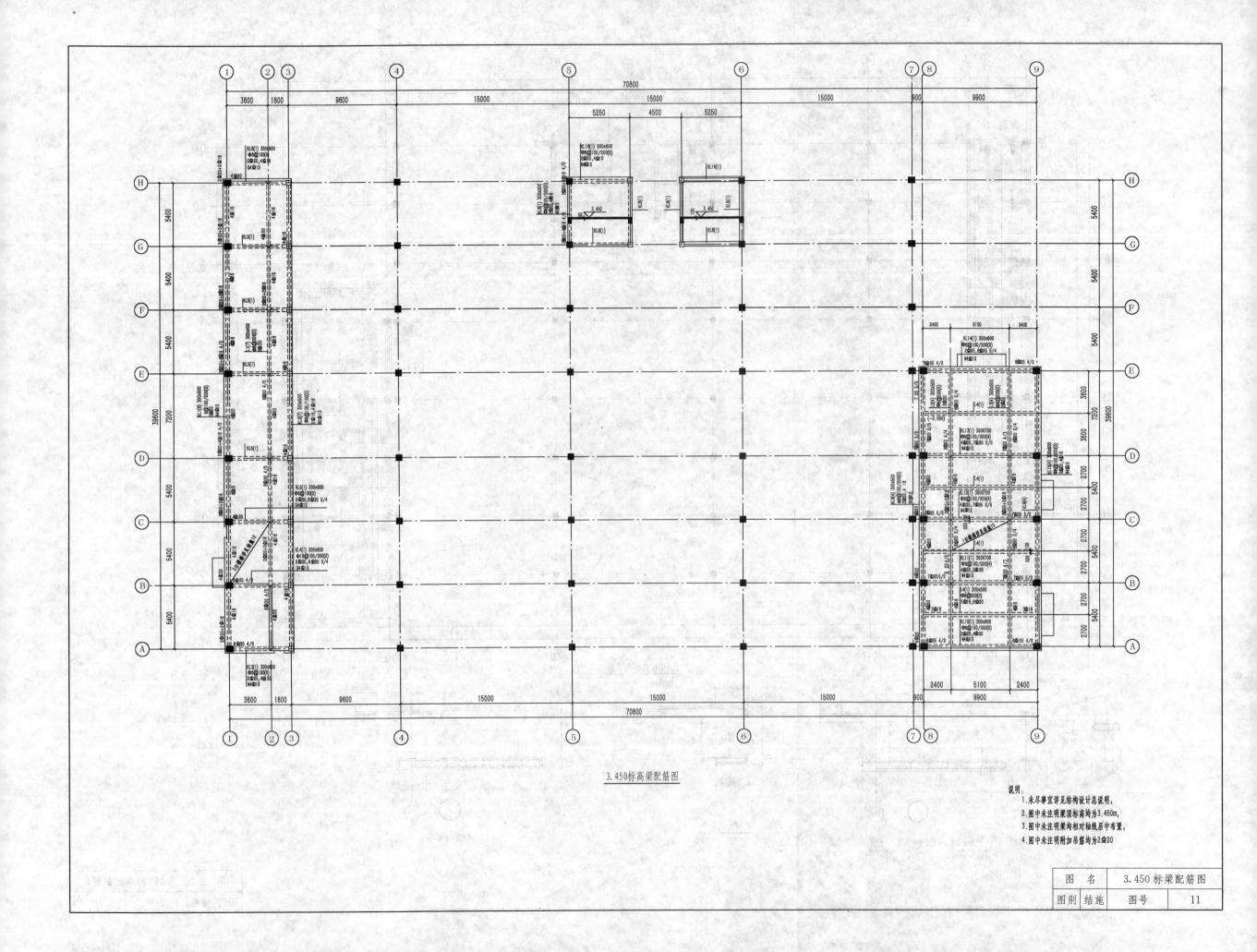

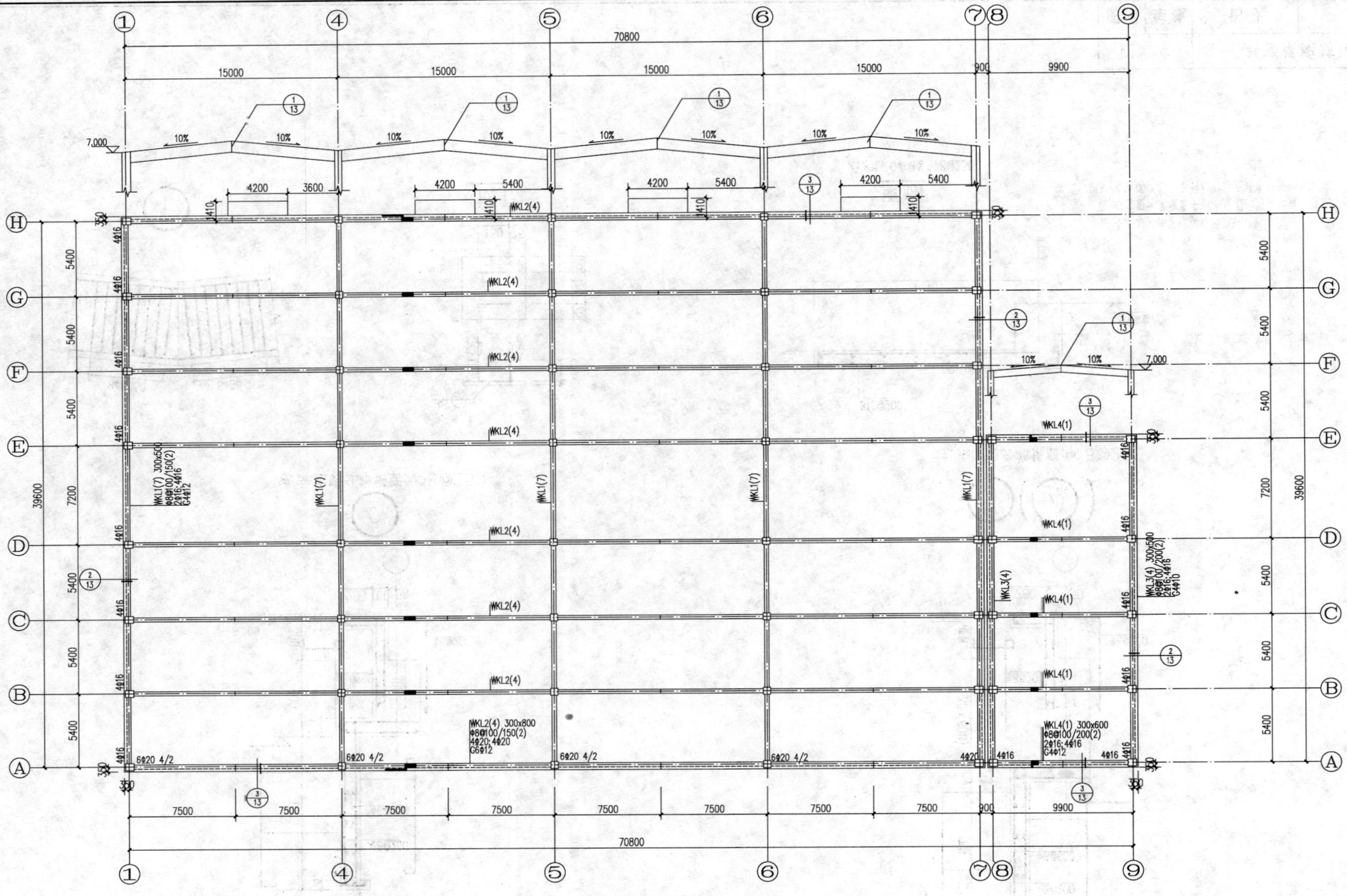

屋面梁配筋图

图　名		屋面梁配筋图	
图别	结施	图号	12

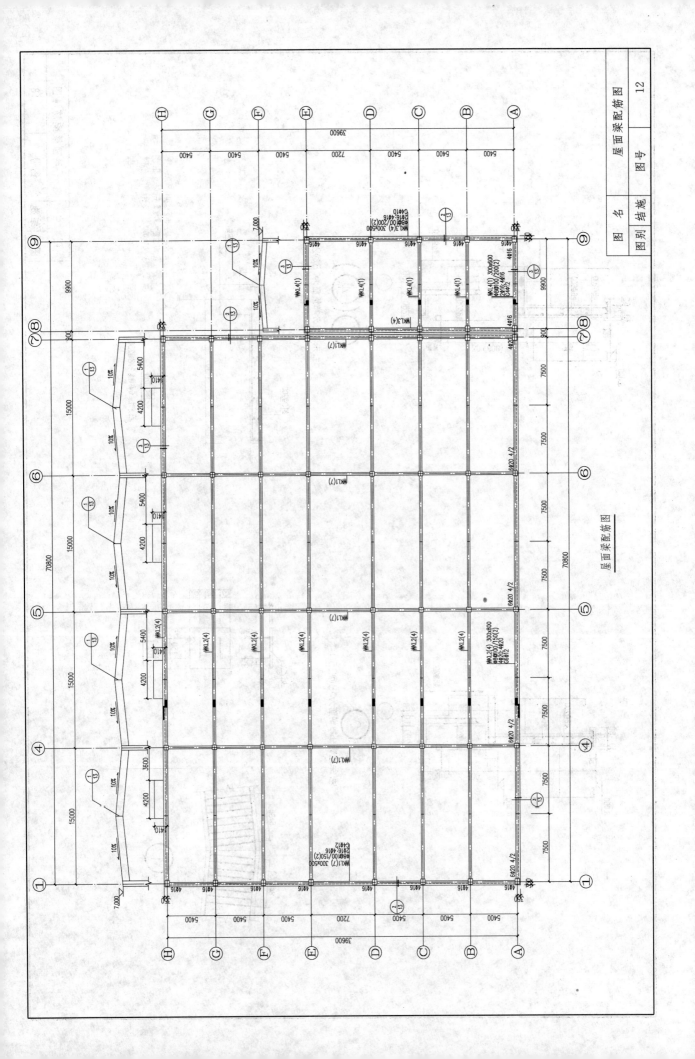

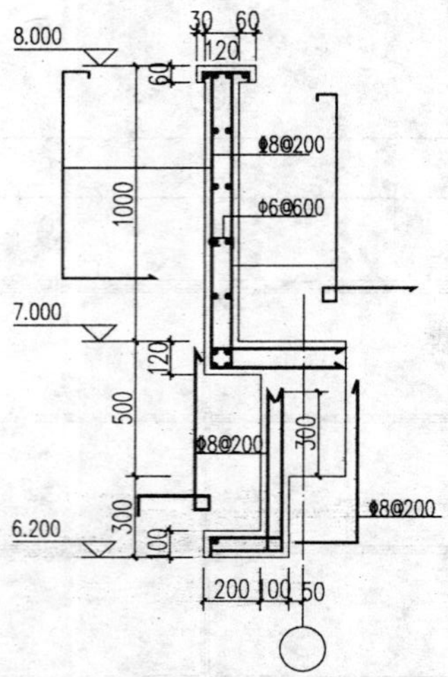

②

注: 未注明分布钢筋为Φ8@250

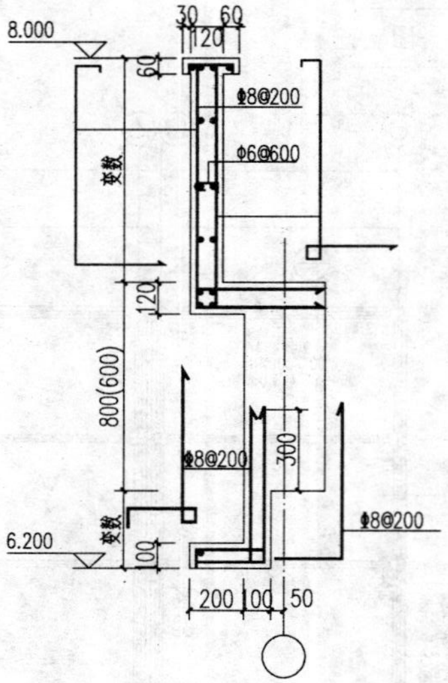

③(④)

注: 未注明分布钢筋为Φ8@250

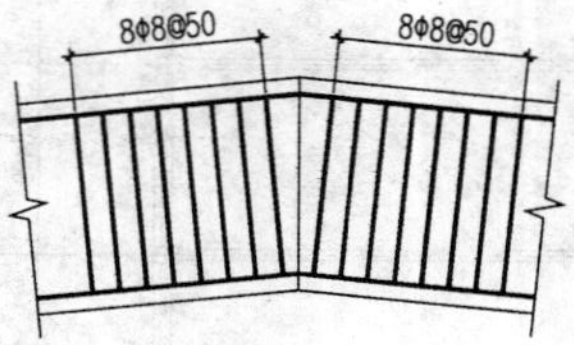

①

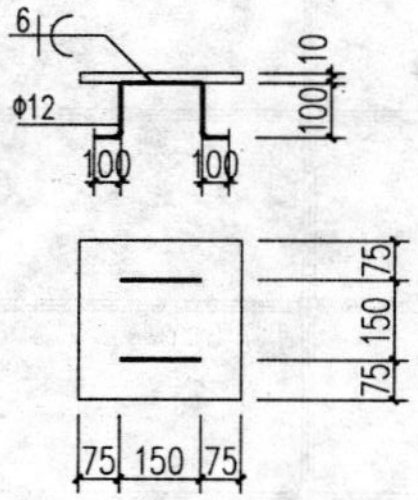

M1

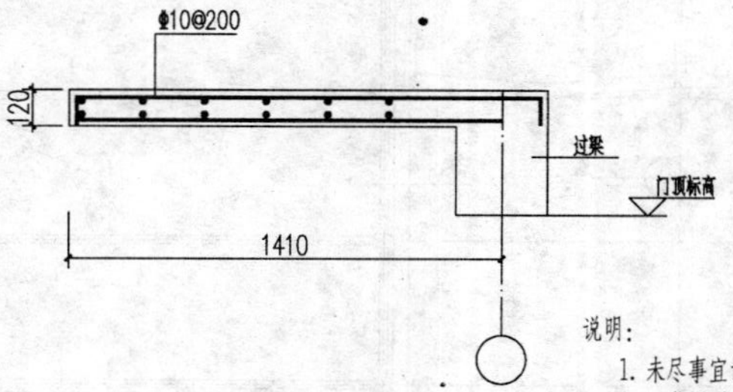

雨棚

注: 未注明分布钢筋为Φ8@250

说明:

1. 未尽事宜详见结构设计总说明;
2. M1位置详见檩条平面布置图, 对应于每个檩托处;
3. 未注明混凝土梁均相对轴线居中布置

图 名		屋面梁配筋详图	
图别	结施	图号	13

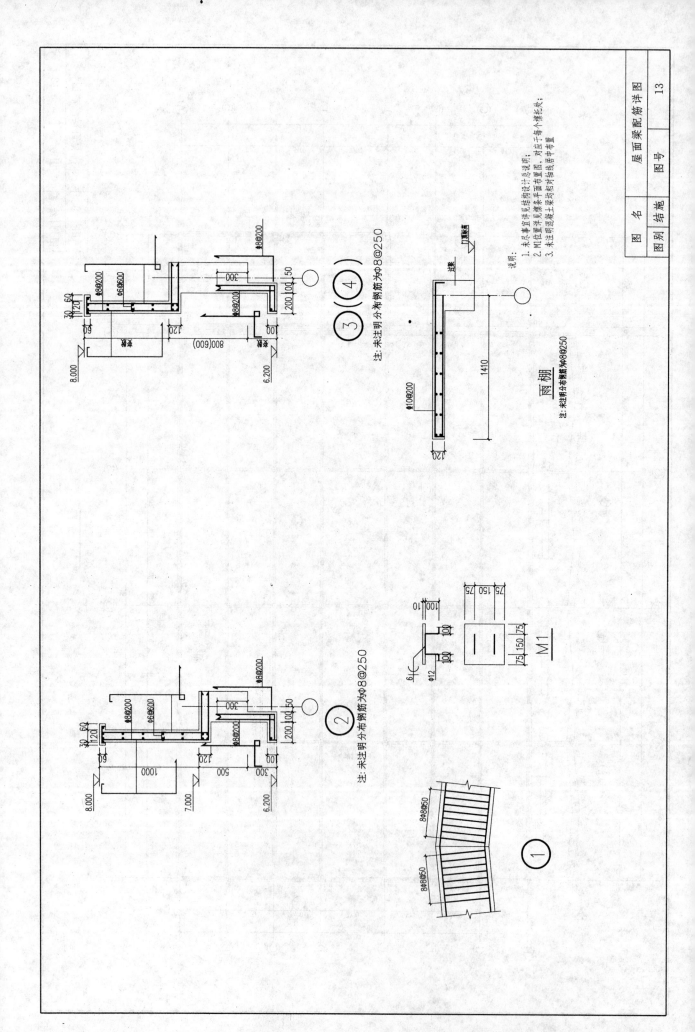

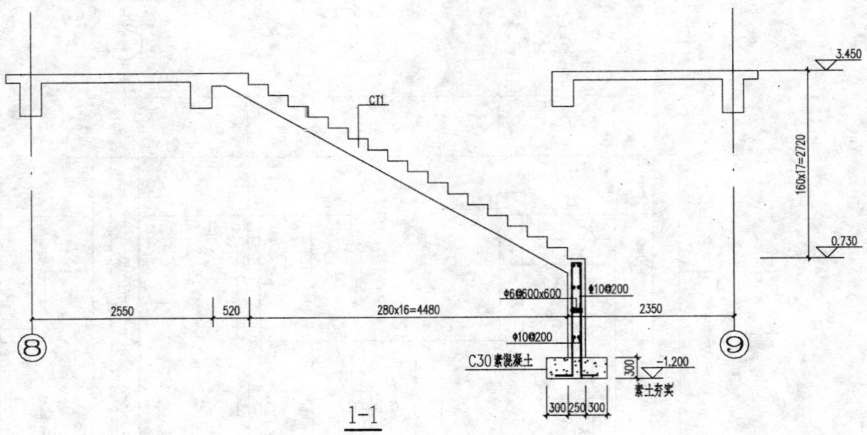

1-1

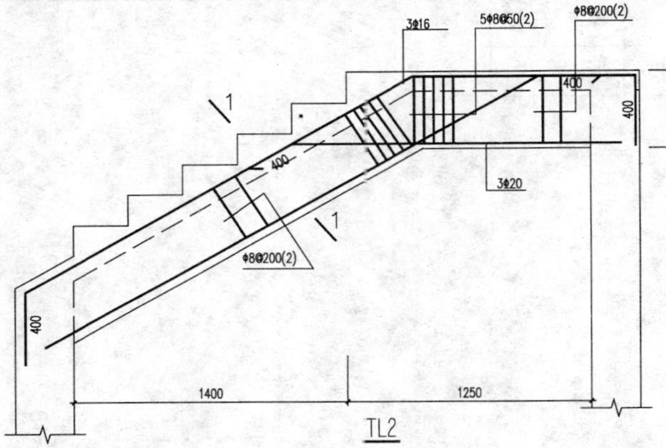

TL2

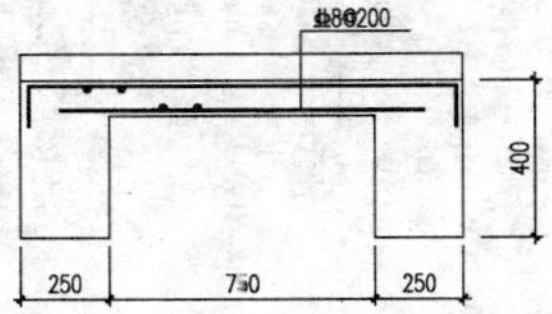

1—1

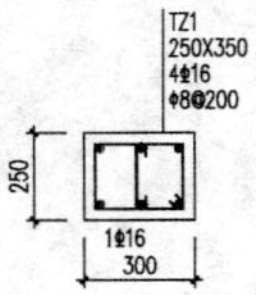

TZ1

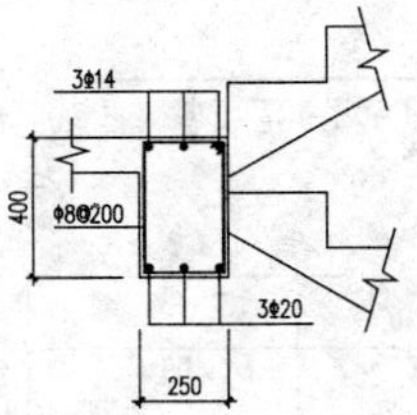

TL1

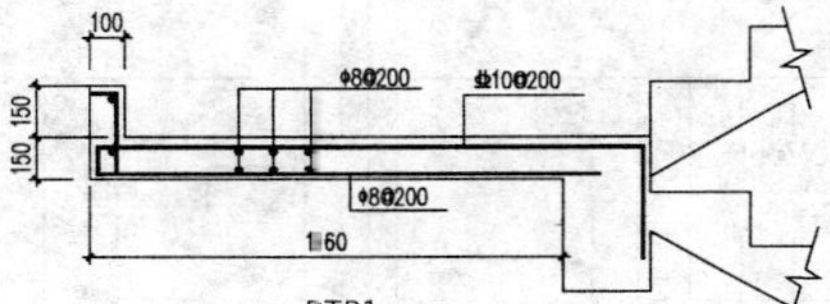

PTB1

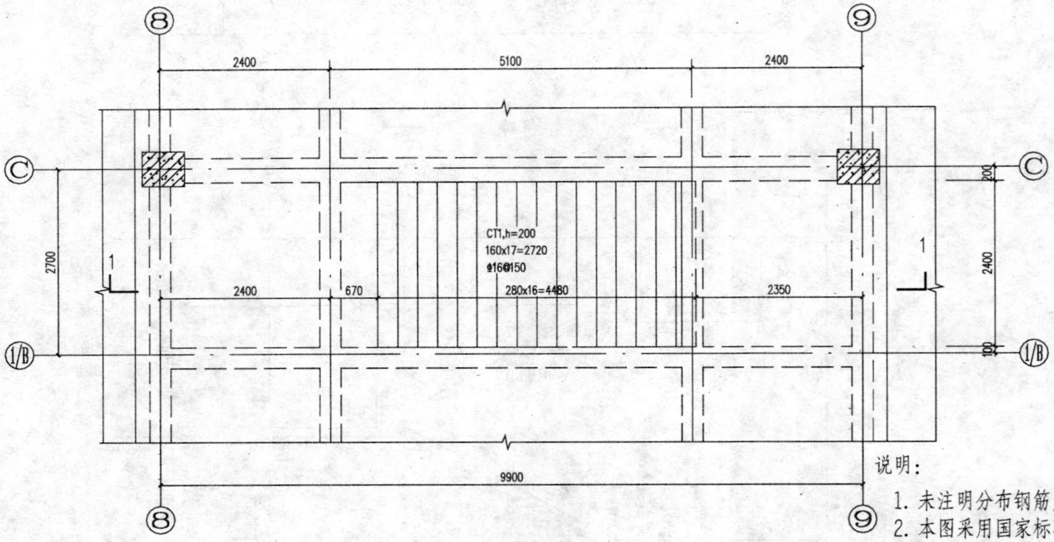

1#楼梯-0.350~3.450标高平面布置图

说明：

1. 未注明分布钢筋为 Φ8@250;
2. 本图采用国家标准图《混凝土结构施工图平面整体表示方法制图规则和构造详图 （03G101-2）》的表示方法。施工图中未注明的构造要求应按照标准图的有关要求执行;
3. TZ1下设1000x1000厚度为400的C30素混凝土基础，基础底标高为-1.200，基础下素土夯实

图　名	1#楼梯		
图别	结施	图号	15

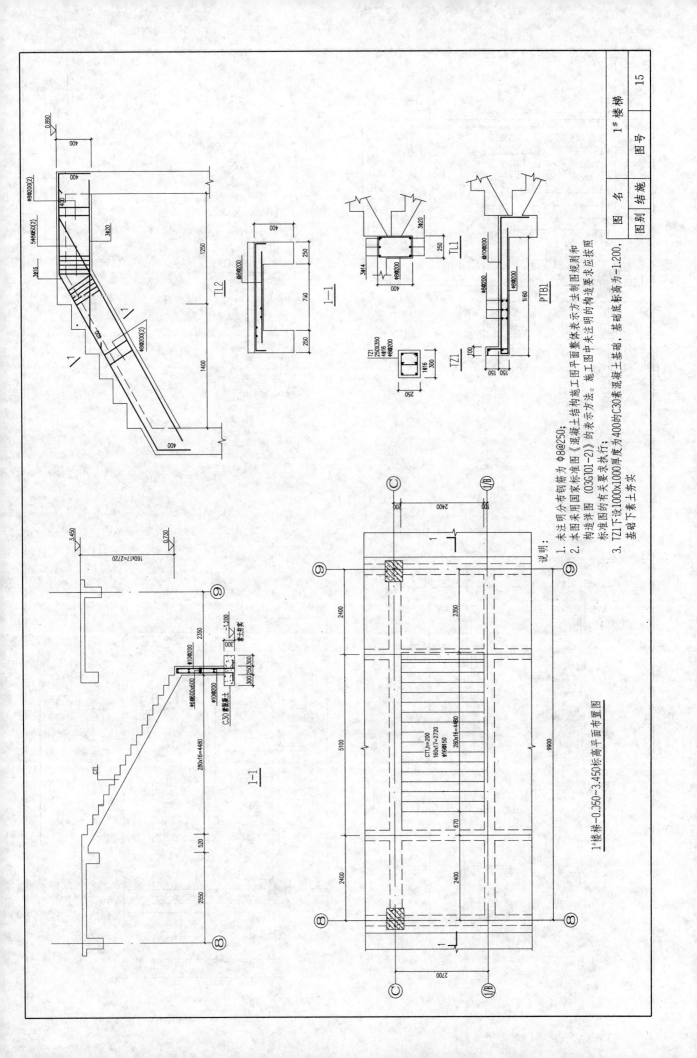

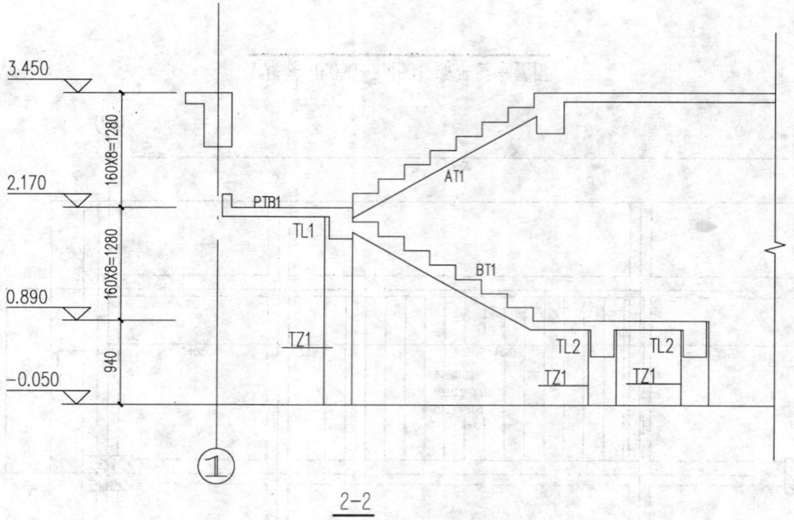

2-2

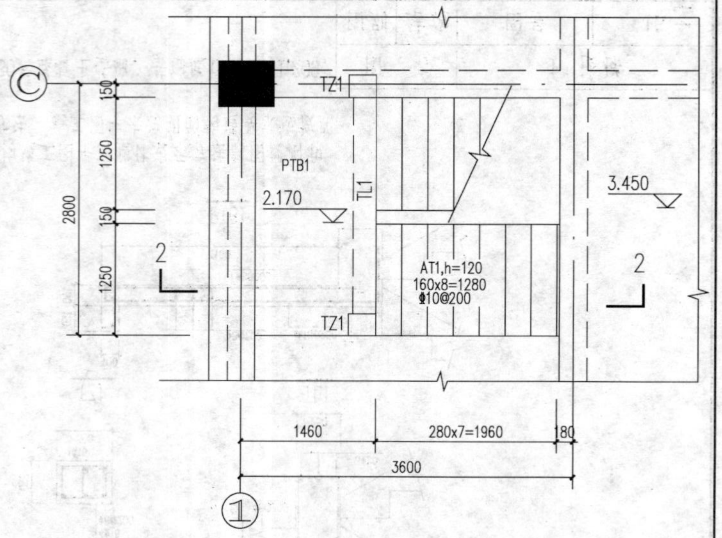

2#楼梯2.170~3.450标高平面布置图

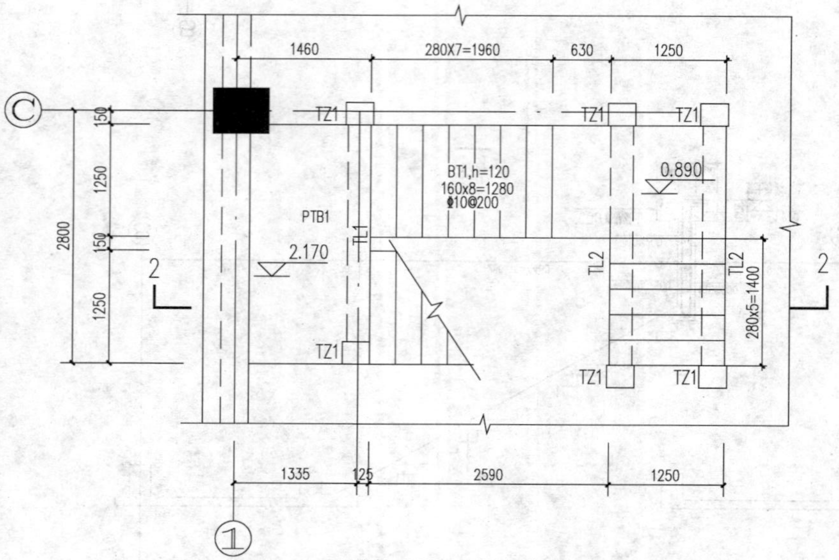

2#楼梯-0.050~2.170标高平面布置图

说明：

1. 未注明分布钢筋为Φ8@250
2. 本图采用国家标准图《混凝土结构施工图平面整体表示方法制图规则和构造详图(03G101-2)》的表示方法。施工图中未注明的构造要求应按照标准图的有关要求执行；
3. TZ1下设1000x1000厚度为400的C30素混凝土基础，基础底标高为-1.200，基础下素土夯实

图　名	2#楼梯		
图别	结施	图号	16

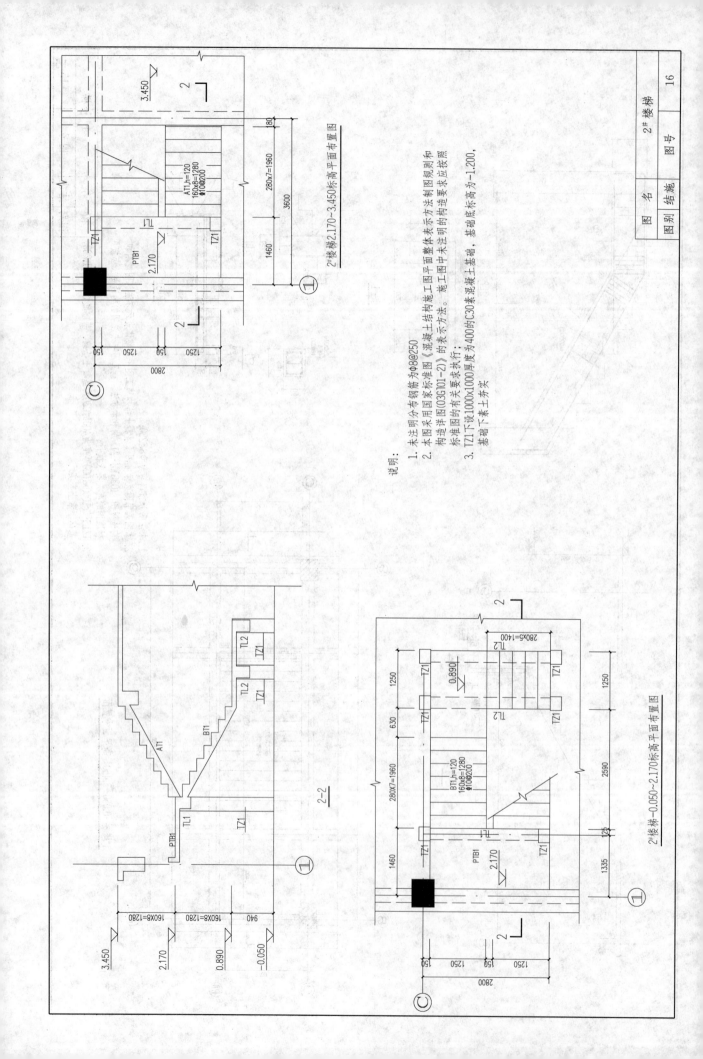

设计说明一

一、工程概况

1. 建设规模及工程项目性质：本工程为学院学生实习基地，本建筑为厂房类工业建筑，建筑面积 3221.58m^2，建筑高度为 8.500m；

2. 本设计包括本楼内的给排水、消防、采暖设计。

二、设计依据

1.《建筑给水排水设计规范》GB 50015—2003；

2.《建筑给水排水及采暖工程施工质量验收规范》GB 50242—2002；

3.《建筑排水硬聚氯乙烯管道工程技术规程》CJJ/T 29—98；

4.《建筑灭火器配置设计规范》GB 50140—2005；

5.《建筑设计防火规范》GB 50016—2006；

6.《采暖通风与空气调节设计规范》GB 50019—2003；

7.《建筑给水聚丙烯管道工程技术规范》GB/T 50349—2005；

8.《通风与空调工程施工质量及验收规范》GB 50243—2002；

9. 建设单位提供的设计要求及设计任务书，土建电气专业提供的设计图纸及要求。

给排水工程

一、给水工程

1. 生活给水管道均采用 PPR 塑料管，热熔连接，PP-R 管压力等级为 S5，给水阀门采用铜质球阀，给水阀门 $DN\geqslant 50$ 采用铜质蝶阀；

2. 给水管道安装后，应做水压试验，试验压力为 0.90MPa，工作压力为 0.40MPa；

3. 试压按《建筑给水聚丙烯管道工程技术规范》GB/T 50349—2005 执行；

4. 给水管道交付使用前必须冲洗和消毒，检验合格后方可使用；

5. 图中给水管标高指管中心，标高单位为米(m)，尺寸单位为毫米(mm)。

二、排水工程

1. 排水管（生活污水管，雨水管）室内采用 UPVC 塑料管，粘接，排水立管每层设置伸缩节；

2. 排水立管与排出管的连接，应采用两个 45°弯头或弯曲半径不小于 4 倍管径的 90°弯头；

3. 排水立管底部连接弯头下部回填土应夯实，用 C15 混凝土做 300×300×200 管墩，管道与管墩间用砂浆稳好；

4. 埋地的排水管道在隐蔽前必须做灌水试验，其灌水高度应不低于底层地面高度，满水 15min 后再灌满观察 5min，液面不下降为合格，管道安装完毕后作通球通水试验；

5. 本工程所有给排水器件及附件均采用有产品合格证的节水型卫生器具及配件，其材质和技术要求均应符合现行的有关产品标准中规定的材质和技术要求，安装高度按有关规范规定执行；

6. 设计选用地漏为高水封地漏，水封高度应≥50mm；

7. 图中排水管标高指管底，标高单位为米(m)，尺寸单位为毫米(mm)；

8. 图中其他未尽事宜按有关规范规定执行。

消防工程

1. 本工程按生产的火灾危险性类别定为丁类厂房，耐火等级为二级。消防水量室内 10L/s，室外消防水量 15L/s，利用原 500m^3 水池；消防 10min 高位消防水 12m^3 利用院区原高位水箱；

2. 消火栓与厂区原消防系统为一系统，消火栓采用 DN65 型，内配 SN65 消火栓，QZ19 水枪，ϕ65 衬胶水带长 25m 一套，（消火栓箱内带消防按钮）消火栓安装高度为栓口距地 1.10m；

3. 消火栓给水管道采用焊接钢管，（流体输送管，壁厚 4mm）明装管道，管件除锈后刷樟丹一遍，银粉两遍；埋设时做两布（玻璃丝布）三油（沥青漆）防腐处理；

4. 消防管道的试压为 0.60MPa，工作压力 0.35MPa，消防管道的冲洗试压按《建筑给水排水及采暖施工质量及验收规范》GB 50242—2002；

5. 根据规范规定，配置手提磷酸按盐干粉灭火器，厂房为轻危险级，为 A 类 MF/ABC2，具体数量位置见图，设置方法请按《建筑灭火器配置设计规范》GB 50140—2005 中 5.1.3 条执行。

图名		设计说明一	
图别	设施	图号	1

设计说明二

采暖通风工程

1. 室外设计参数

冬季	平均风速（m/s）	大气压力（hPa）	采暖计算（干球）温度（℃）	最大冻土深度（cm）
	3.8N	10105	−14	88

外墙维护结构传热系数（$W/m^2 \cdot ℃$）	窗体传热系数（$W/m^2 \cdot ℃$）	屋面传热系数（$W/m^2 \cdot ℃$）
0.45	2.7	0.45

2. 室内设计温度及主要设计指标：

房间名称	室内温度（℃）	房间名称	室内温度（℃）
车间	12	办公室	18
教室	18	卫生间	16
库房	14		

3. 采暖热源由院区锅炉房供给，采暖热媒为低温水，水温 95～70℃采暖系统采用水平串联及水平跨越式：

4. 采暖供暖负荷 157kW；

5. 采暖采用 680 高内腔无砂散热器，柱翼 SC（WS）TZY2，散热面积 0.28m^2/片，传热系数 $K=7.9532W/m^2℃$每片 140W，公称压力 0.6MPa，散热器、散热器除锈后，表面刷非金属涂料两遍，标准工况下为 140W/片；

6. 采暖管材采暖采用焊接钢管，采用焊接；

7. 管道防腐除锈后刷樟丹一遍，银粉两遍；地沟内的管道（焊接钢管）刷樟丹两遍，凡通过地沟内的采暖管道采用（40mm 厚）带铝箔保护层的离心超细玻璃棉管壳保温；

8. 散热器安装前作水压试验，试验压力为 0.60MPa，试压方法按《建筑给水排水及采暖施工质量及验收规范》GB 50242—2002 有关规定执行；

9. 采暖系统安装完毕，管道保温之前应作水压试验；试验压力为 0.45MPa，工作压力为 0.35MPa，试压方法按《通风与空调工程施工质量及验收规范》GB 50243—2002，有关规定执行；

10. 凡未加说明者应遵守《建筑给水排水及采暖工程施工质量验收规范》GB 50242—2002 的规定；

11. 所有卫生间均预留安装排气扇的孔洞，其换气次数为 3 次/h，通过卫生间的排气道排至室外。风管选用 $\delta=0.5mm$ 镀锌钢板。通风器与风管安装于吊顶内，排气扇应带止回阀。

其他

1. 各类产品必须为符合国家制造标准并有合格证的产品；

2. 本图尺寸标高以米（m）计，其他均以毫米（mm）计；

3. 给水管道标高为管中心标高，排水管道标高为管内底标高；

4. 土建施工中，请有经验的施工人员跟班施工，做好楼板、墙、梁、柱上的预留孔洞，预埋铁件和预留水管的支、吊、托架工作，并与土建施工密切配合；

5. 凡说明未尽事项请按有关规范规定执行。

采暖标准目录

序号	标准图名称	图号	备注	序号	标准图名称	图号	备注
1	采暖入口带平衡阀装置	辽 2002T901	第 16 页	5	单管固定支架安装图	辽 2002T901	
2	干管变径详图	辽 2002T901		6	管卡、支架及吊架详图	辽 2002T901	
3	采暖设备安装图	辽 2004T902		7	单立管管卡安装图	辽 2002T901	
4	单管吊架安装图	辽 2002T901					

给水管公称直径对照表

序号	公称直径	外径×壁厚	序号	公称直径	外径×壁厚
1	DN80	89×4	5	DN32	42.25×3.25
2	DN70	75.5×3.75	6	DN25	32.5×3.25
3	DN50	60×3.5	7	DN20	26.75×2.75
4	DN40	48×3.5			

图例	名称
—— J ——	生活给水管
—— X ——	消火栓给水管
—— 污 ——	排水管
————	采暖送水管
— — —	采暖回水管
▬ ◑	单阀单开门消火栓
△ MF/ABC2	磷酸Ⅲ盐干粉手提式灭火器

图名		设计说明二	
图别	设施	图号	2

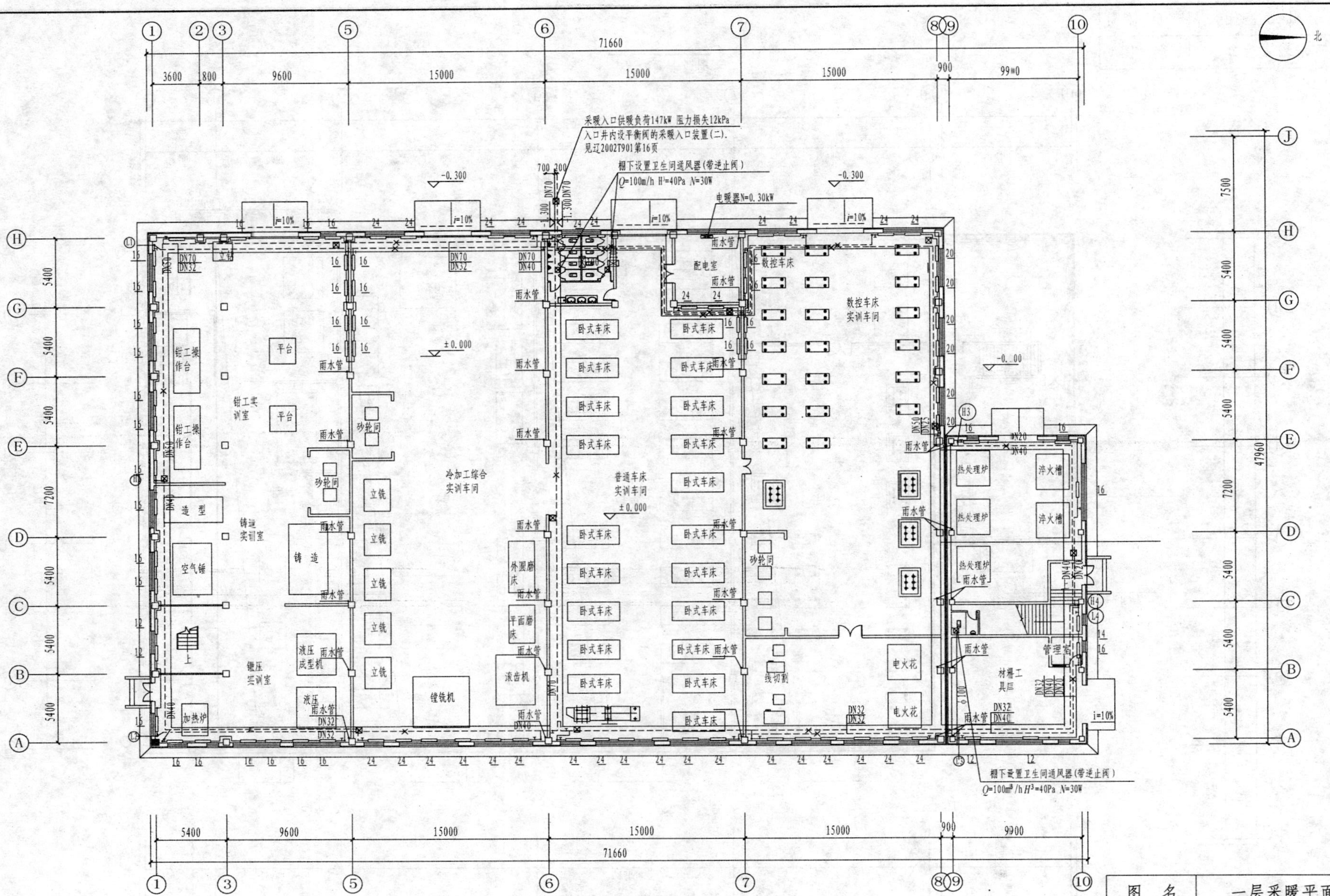

一层采暖平面图

图　名	一层采暖平面图		
图别	设施	图号	3

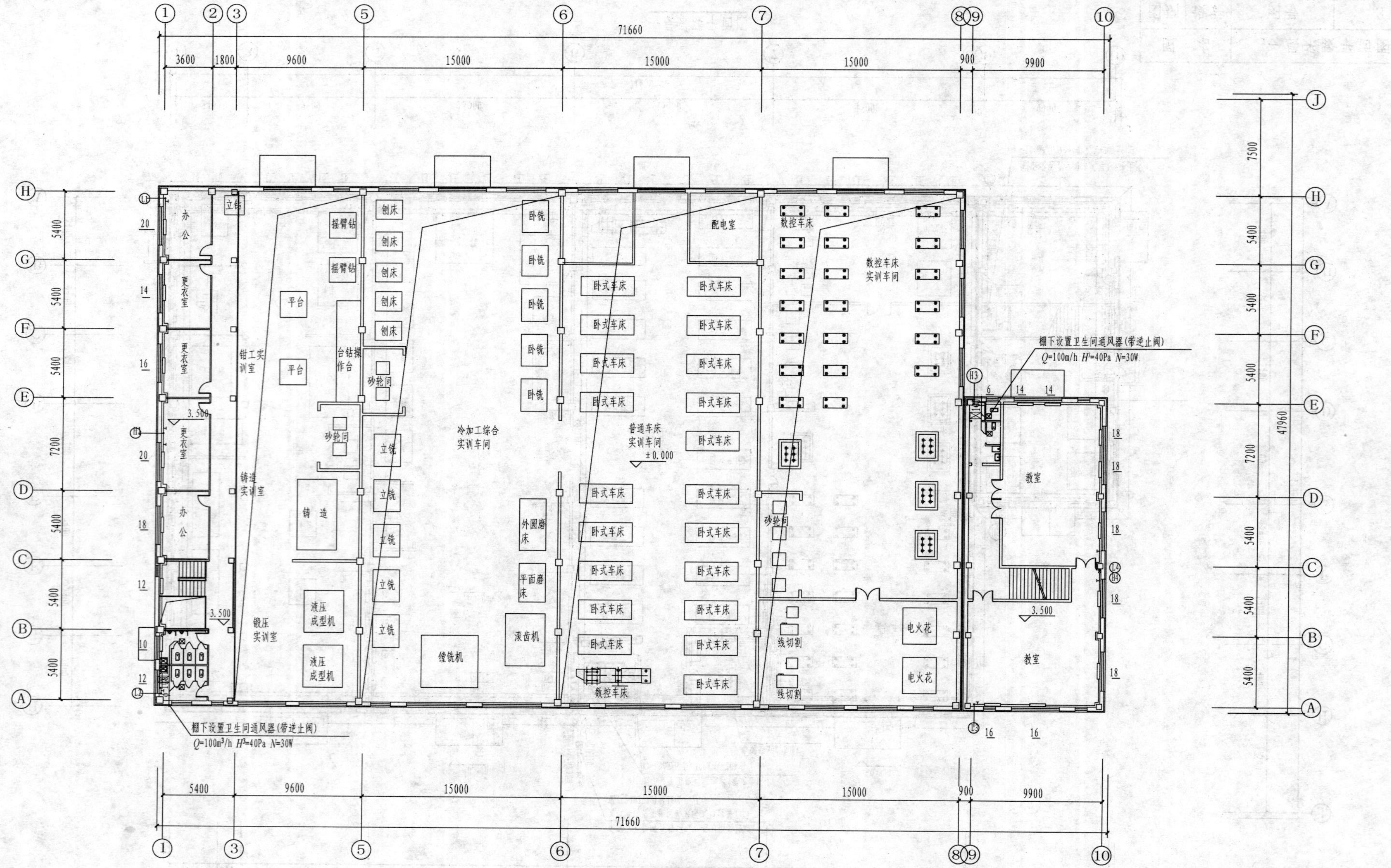

二层采暖平面图

图　名		二层采暖平面图	
图别	设施	图号	4

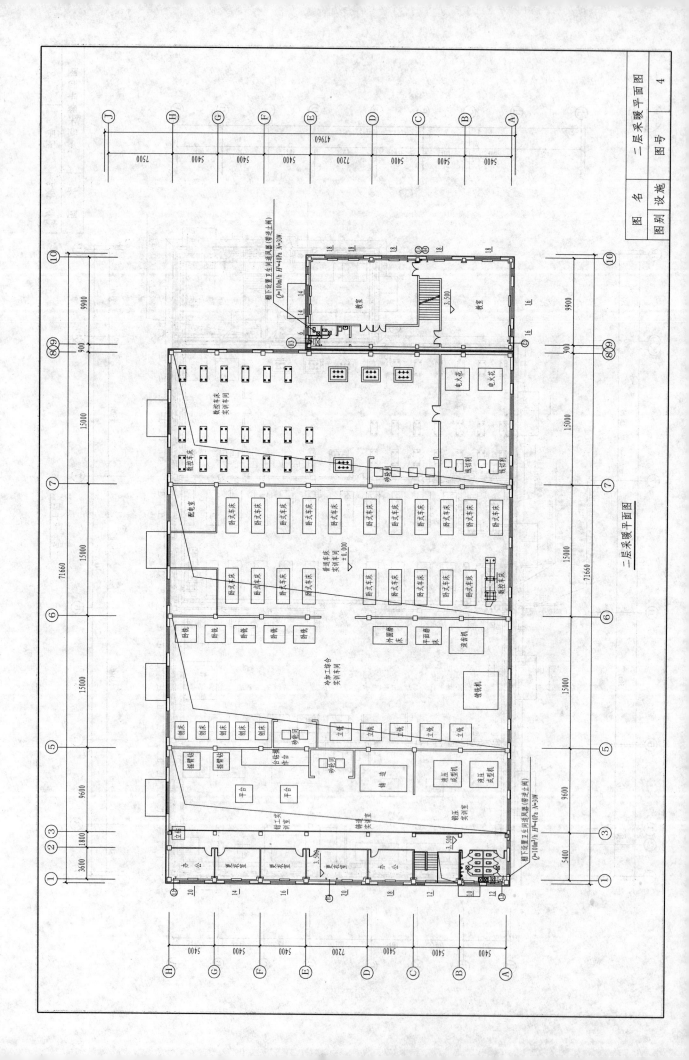

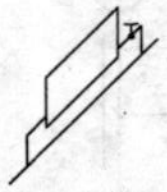

散热器支管大样

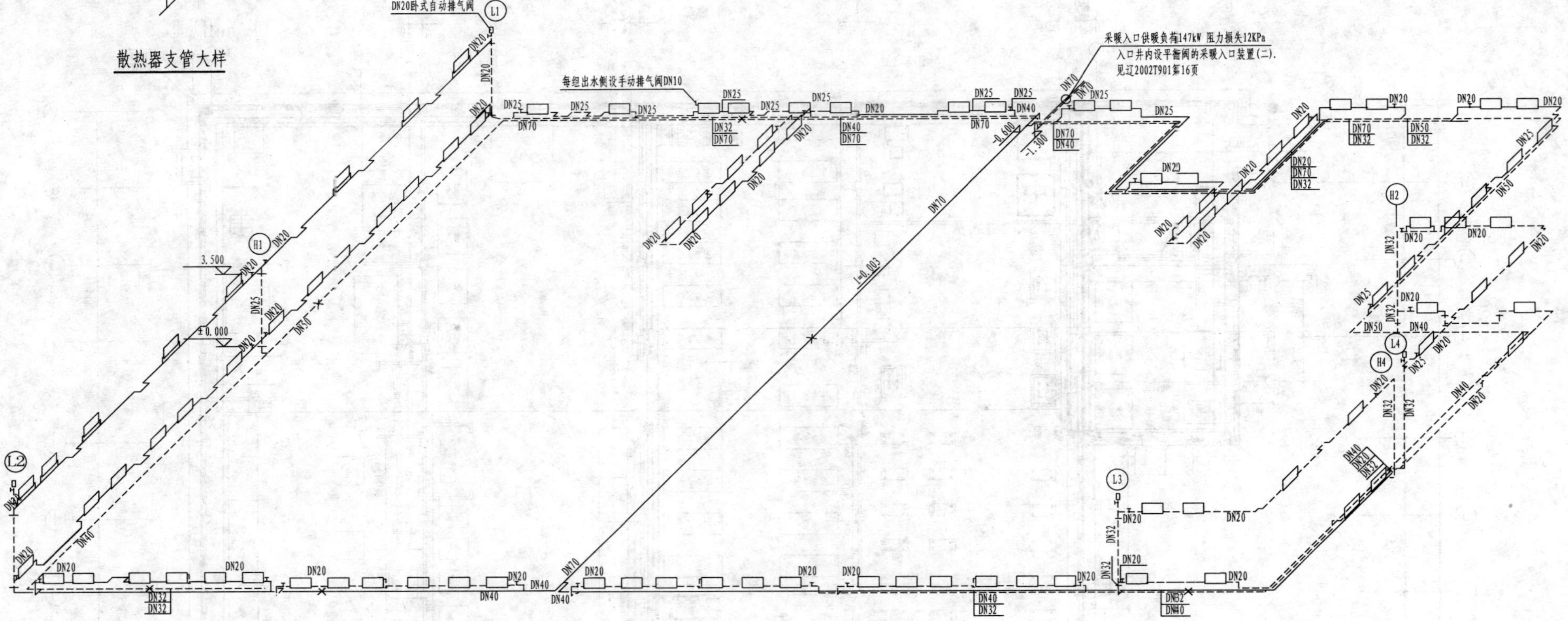

采暖系统图

图 名		系统系统图	
图别	设施	图号	5

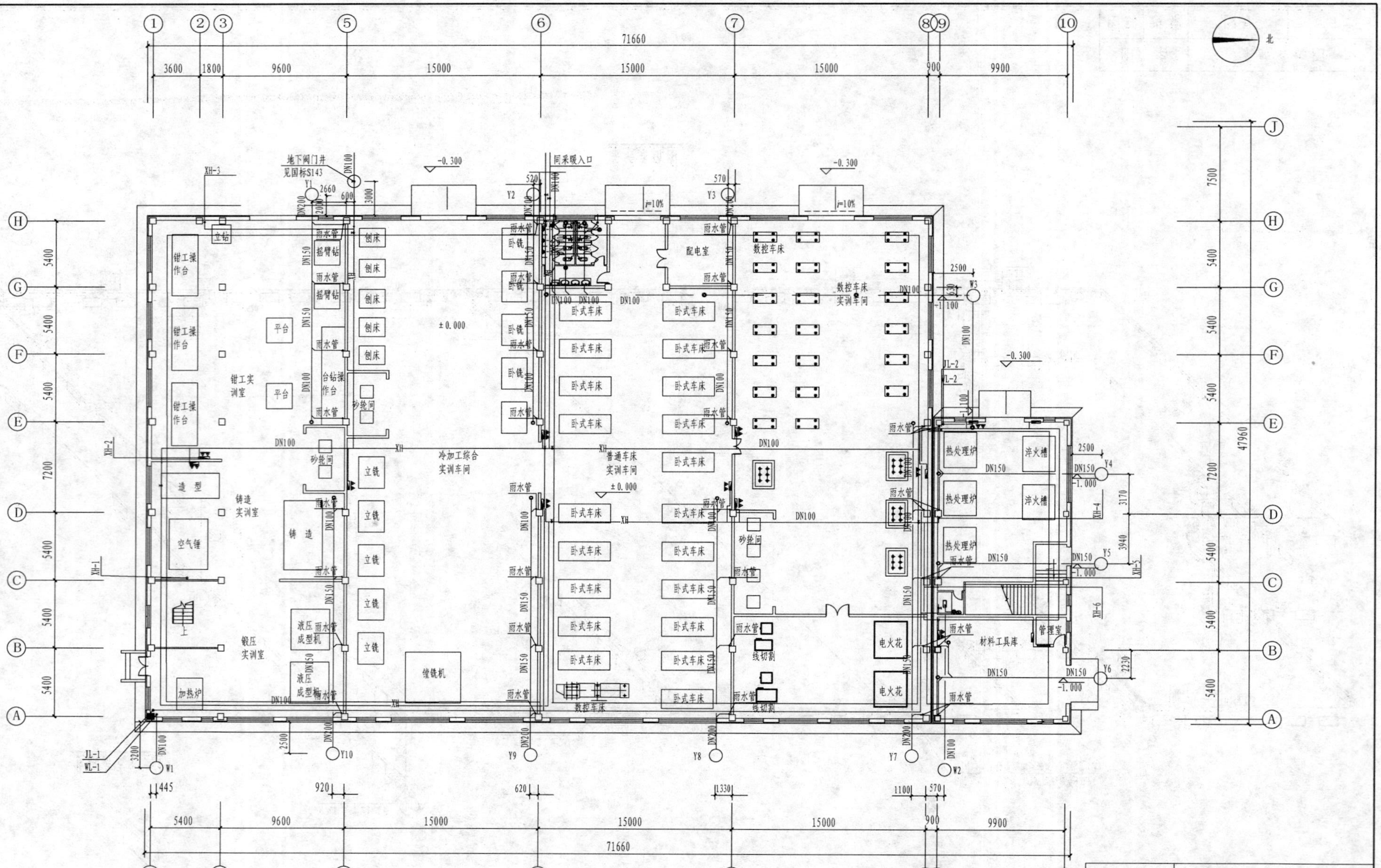

一层给排水、消防平面图

图名	一层给排水、消防平面图		
图别	设施	图号	6

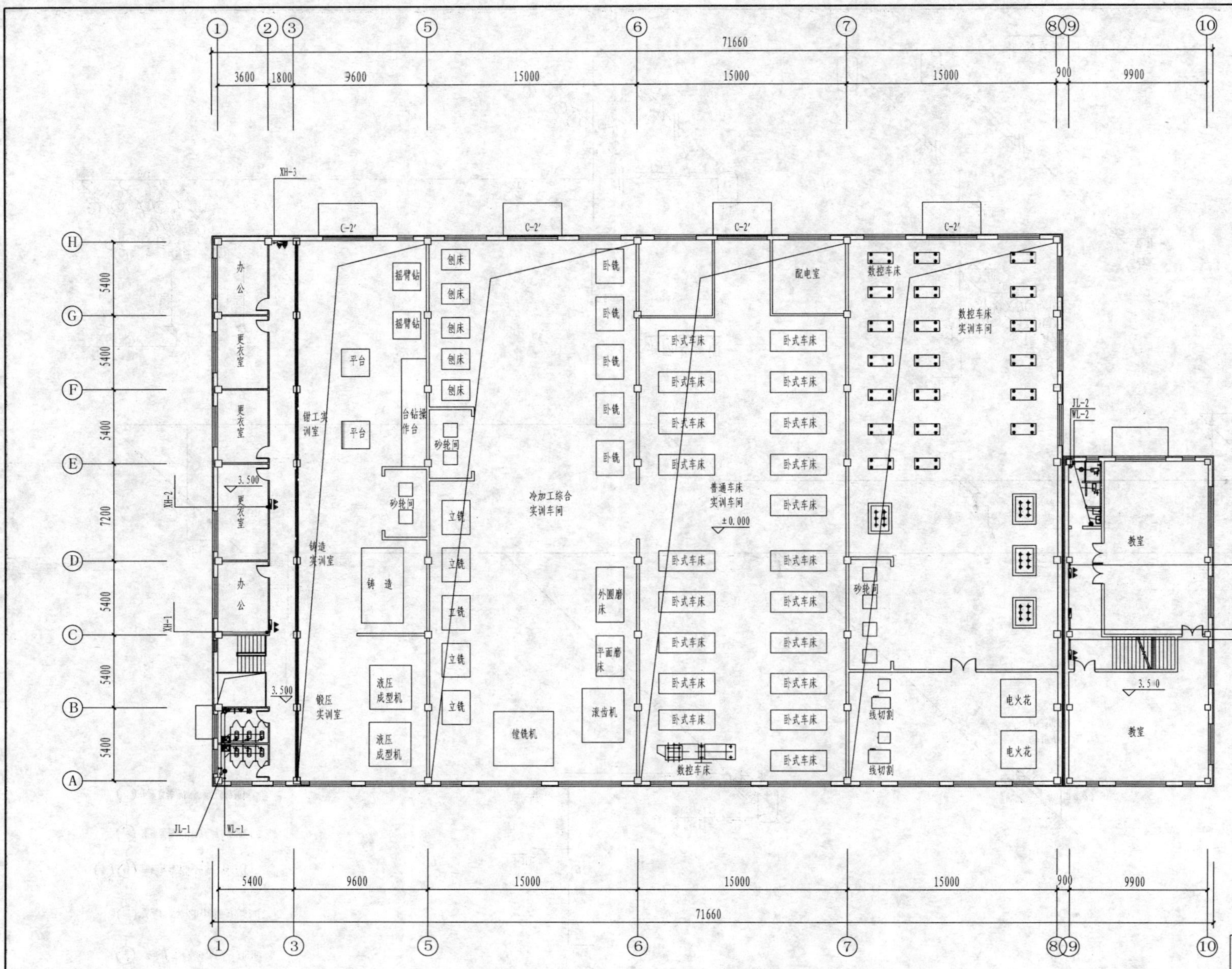

二层给排水、消防平面图

图 名		二层给排水、消防平面图	
图别	设施	图号	7

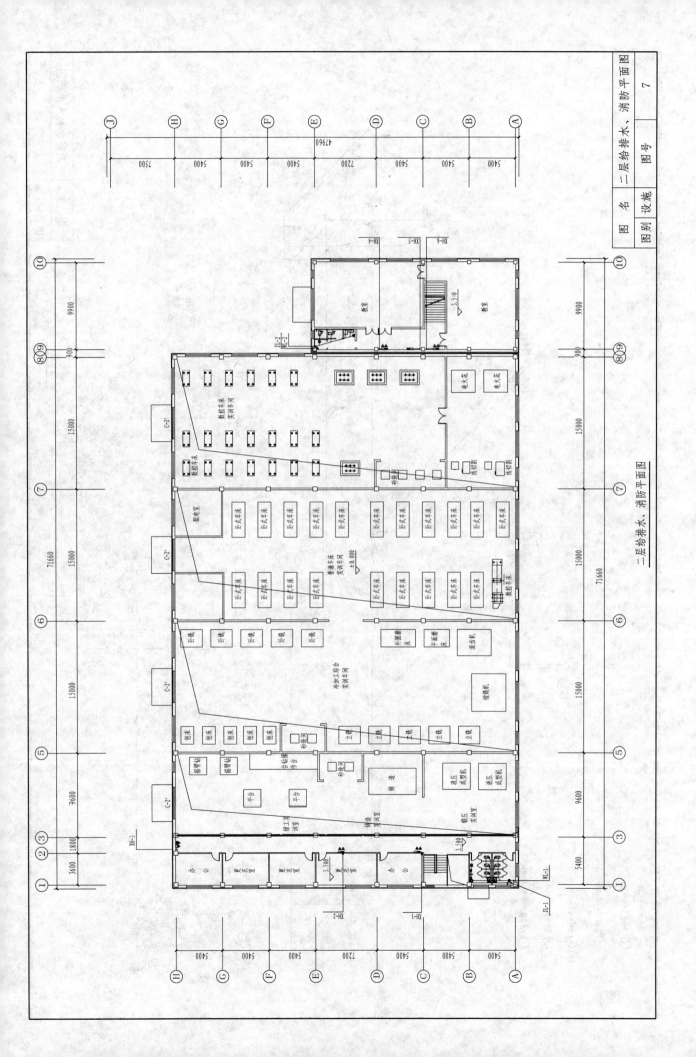

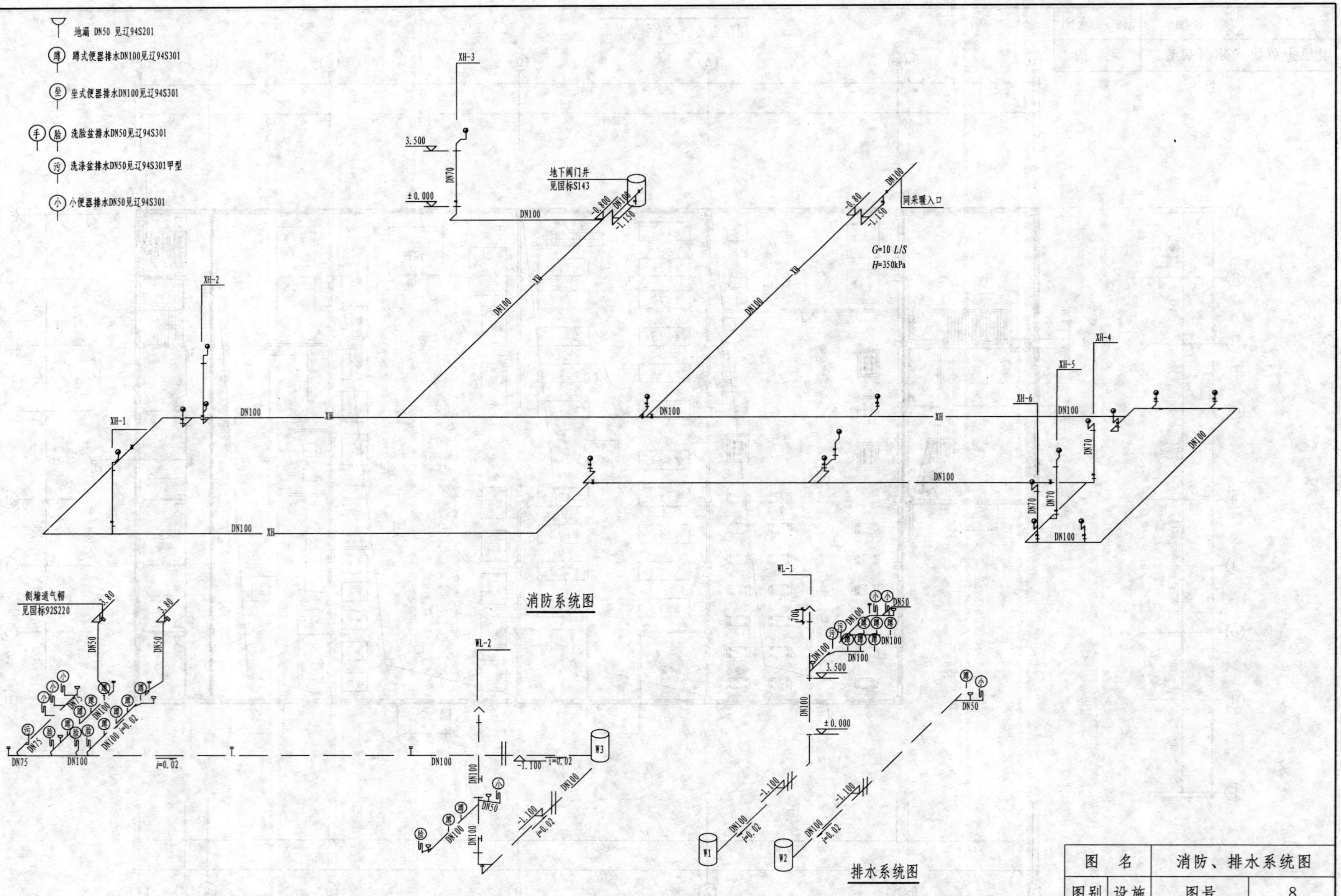

消防系统图

排水系统图

图　名		消防、排水系统图	
图别	设施	图号	8

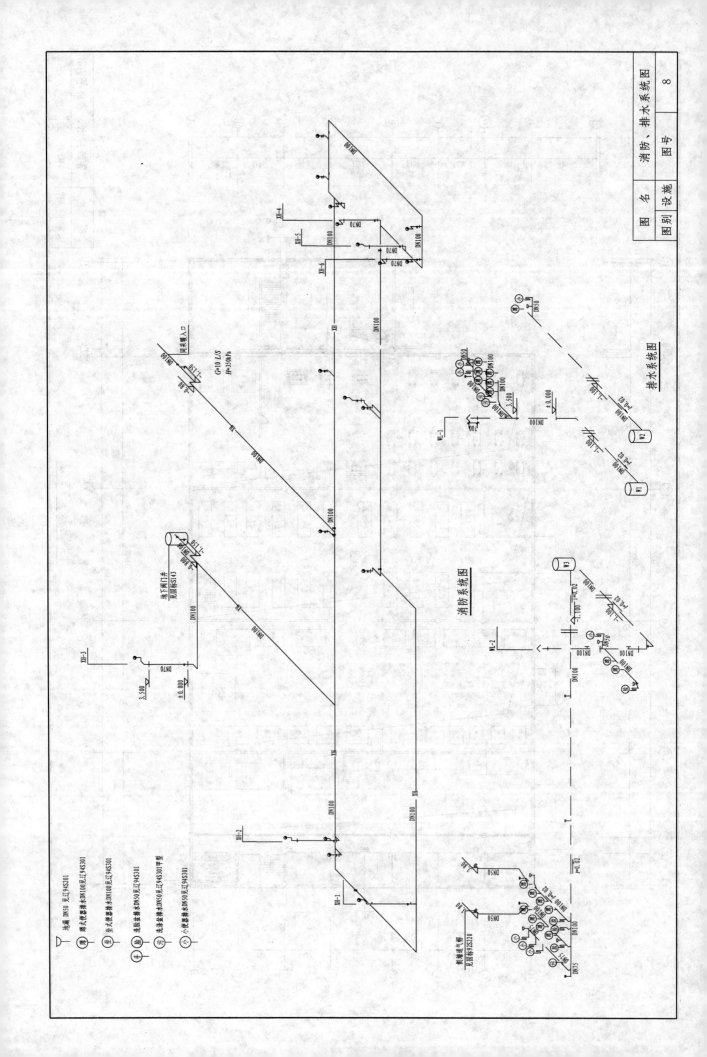

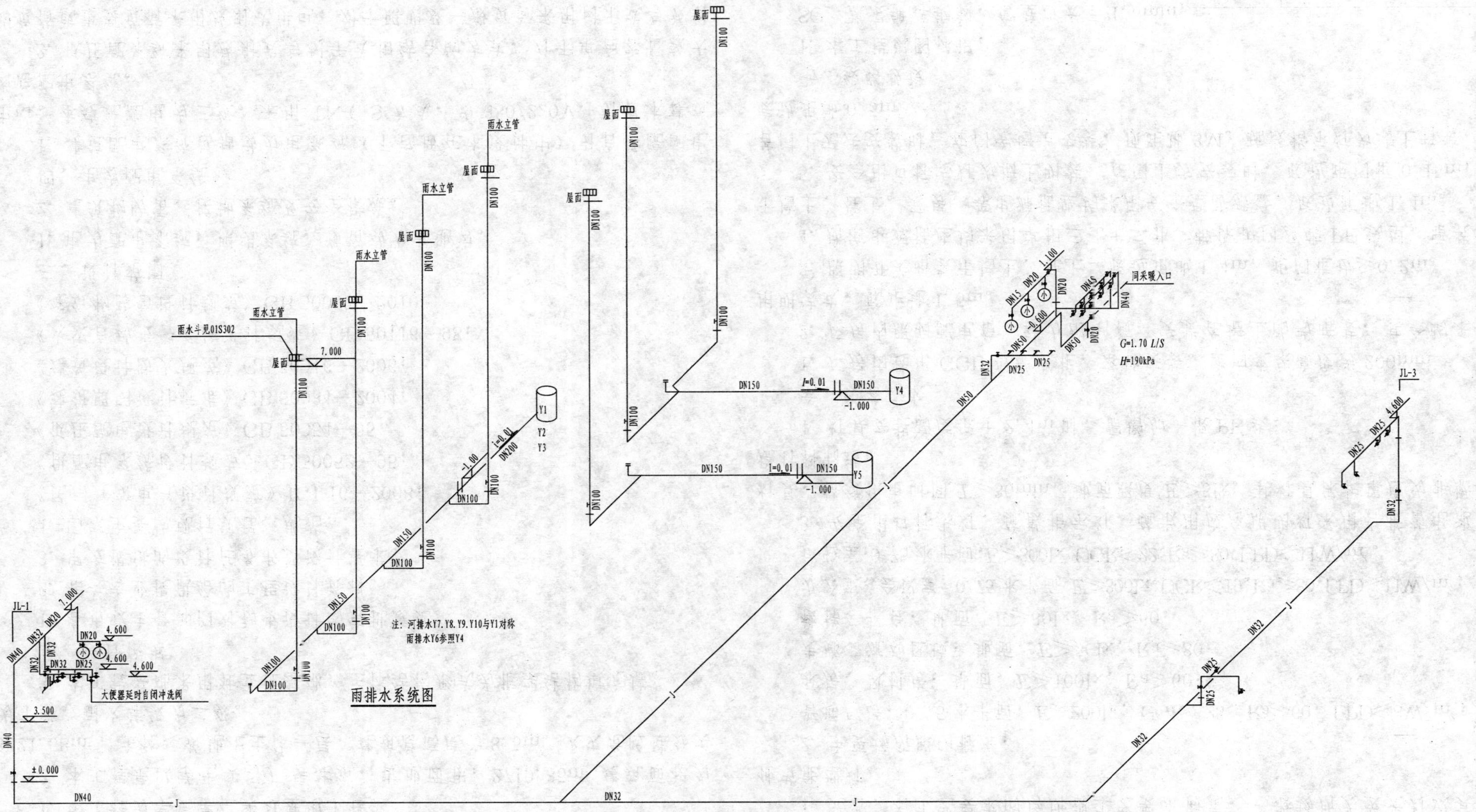

雨排水系统图

给水系统图

图　名		雨排水、给水系统图	
图别	设施	图号	9

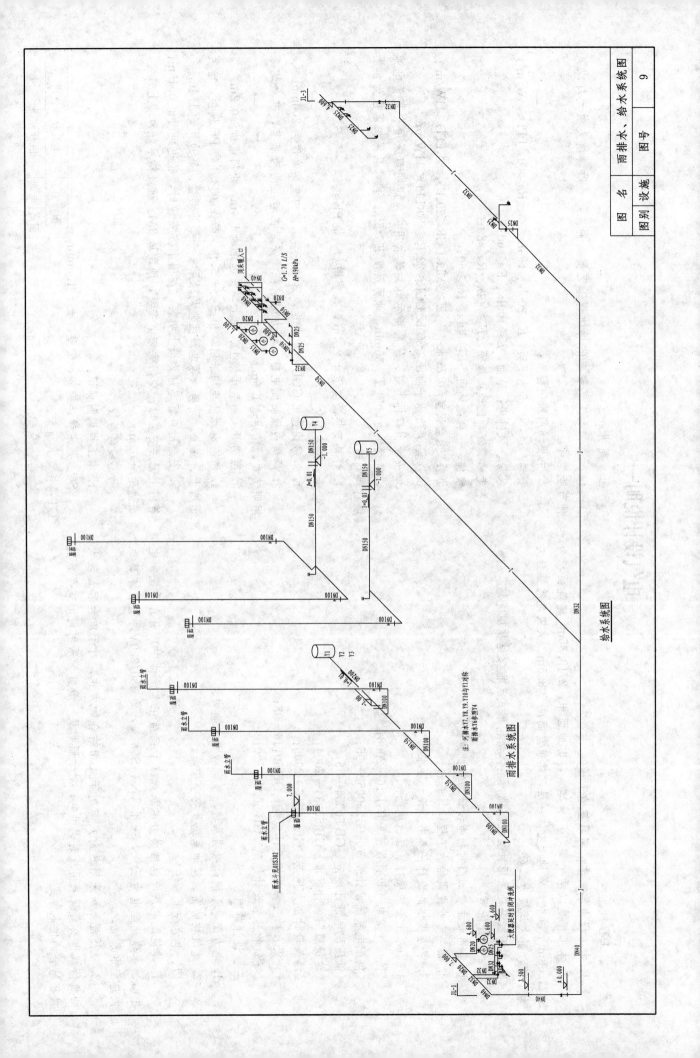

电气设计说明一

一、工程概况

1. 本工程为学院学生实习基地工程。

2. 本工程是以学生实习厂房建筑，占地面积：2719.35m^2 建筑面积为3221.58m^2，主体建筑地上主体一层，建筑总高度为8.5m。火灾危险性分类为丁类，耐火等级为二级。

3. 本工程基础采用独立柱基础，主体结构形式为框架结构填充墙。

二、设计依据

1. 各市政主管部门对初步设计的审批意见。

2. 相关专业提供给的工程设计资料。

3. 甲方提供的设计任务书及设计要求。

4. 国家主要的现行规程、规范：

《民用建筑电气设计规范》JGJ 16—2008；

《供配电系统设计规范》GB 50052—95；

《低压配电设计规范》GB 50054—95；

《建筑照明设计标准》GB 50034—2004；

《建筑设计防火规范》GB 50016—2006；

《火灾自动报警系统设计规范》GB 50116—98；

《建筑物防雷设计规范》GB 50057—2010。

三、设计范围

1. 电力配电系统；照明系统；预留动力电地沟。

2. 建筑物防雷、接地系统及安全措施。

四、电力配电系统

1. 建筑配电系统包括动力电系统（不包括在本设计中）引自学院配电中心。本建筑配电为三级，采用TN-C-S方式，为380/220V，引自本建筑内总配电系统。

2. 低压配系统采用放射式与树干式相结合的方式，对于单台容量较大的负荷或重要负荷采用放射式供电；对于照明及一般负荷采用树干式与放射式相结合的供电方式。

五、照明系统

1. 光源：有工艺要求的场所视工艺要求商定，一般场所为荧光灯或其他节能型灯。

2. 主要场所照明标准：

普通厂房：0.75水平面，$E \geqslant 200lx$、$UGR \leqslant 25$、$Ra \geqslant 60$，$LPD \leqslant 8W/m^2$；

泵房、风机房：地面，$E \geqslant 100lx$、$Ra \geqslant 60$；

走廊、流动区域：地面，$E \geqslant 50lx$、$Ra \geqslant 80$；

楼梯、平台：地面，$E \geqslant 30lx$、$Ra \geqslant 60$；

办公室、会议室：0.75水平面，$E \geqslant 300lx$、$UGR \leqslant 19$、$Ra \geqslant 80$，$LPD \leqslant 11W/m^2$；

试验室：0.75水平面，$E \geqslant 300lx$、$UGR \leqslant 22$、$Ra \geqslant 80$，$LPD \leqslant 11W/m^2$。

3. 安全出口标志灯、疏散指示灯、疏散用应急照明灯采用自带蓄电池灯具，持续供电时间 $T \geqslant 30min$，地面照度 $E \geqslant 5lx$。其灯具保护罩应为非燃烧材料制造。

4. 灯具安装高度低于2.4m时，需增加一根PE线。

六、设备安装

1. 厂房内选用GGD型配电柜，落地安装。室内支架高度为200mm。

2. 厂房内照明配电箱、动力配电箱，安装在墙上的为暗装，其余均采用明装式，底距地1.5m。

3. 照明开关暗装于墙上、柱上，底边距地1.4m，距门框边≥0.2m。

4. 所有电源插座均采用单相三孔十二孔、带保护门及带PE线型，暗装于墙上、柱上。泵房、等电源插座均采用安全型防溅盒，底边距地1.4m。

5. 安全出口标志灯为墙上明装，在门上方安装时，底边距门框0.15m；若门上无法安装时，在门旁墙上安装，顶距地3M。疏散指示灯为墙上暗装，底边距地0.5m。

七、线路敷设

1. 本工程识图标识：

SC：热浸镀锌钢管，管壁应大于1.6mm；

CT：托盘式桥架。

图 名		电气设计说明一	
图别	电施	图号	1

电气设计说明二

FC：地面内照敷设，WC：墙内暗敷设，CEC：混凝土板内暗敷设。

WE：沿墙明敷设，CE：沿混凝土板下明敷设。

2. 照明、公共照明干线、动力干线采用聚氯乙烯铜芯电缆，由2#变电所低压开关柜引出，经厂房内电缆沟，沿电缆桥架明敷设至配电柜内。

3. 各种工艺设备电源出线口的具体位置，以设备专业图纸为准。

4. 插座线路均为BV-0.45/0.75kV 3×4 SC20；

照明线路均为BV-0.45/0.75kV 2.5，导线为二根时平面图中不标注。

5. 照明、动力等分支线路采用聚氯乙烯铜芯导线沿电缆沟敷设；或穿镀锌钢管沿现浇板及墙内暗敷设。

6. BV-0.45/0.75kV 2.5导线穿管标准：2～3根为SC15，4～6根为SC20。

7. 镀锌钢管内穿线时：50mm² 及以下，每30m设一拉线盒：70～95mm²，每20m设一拉线盒子；120～240mm²，每18m设一拉线盒。

8. 所有穿过建筑物伸缩缝、沉降缝、后浇带的管线应按《建筑电气安装工程图集》中有关作法施工。

9. 下列场所必须用防火材料封堵（做法见90SD180《电气竖井设备安装》）；

（1）由变电所引出的垂直电缆桥架穿楼板处及水平电缆桥架穿墙处；

（2）电缆桥架、电气管线进入电气竖井穿墙处及每层穿楼板处的孔、洞等；

（3）电缆桥架和管线跨越防火分区处。

八、防雷接地

1. 本工程预计雷击次数 $N=0.030$ 次/a，按三类防雷保护等级设计。由建筑物金属屋面板作为接闪器（板厚＞0.6mm），所有突出屋面的金属构件均须与避雷网可靠焊接。

2. 利用结构柱作为引下线。各引下线应焊接成电气通路，分别与接闪器、接地网可靠焊接。

3. 利用结构基础内钢筋焊接成综合接地网，在距室外地面上1.8m引下线处，做接地电阻测试点。接地电阻值 $R\leqslant1.0\Omega$，实测达不到要求时，增打人工接地装置。

4. 防雷电波侵入措施：（1）在出、入户端将电缆金属外皮及保护钢管与防雷接地装置可靠联结；（2）固定在建筑物上的设备及其配电线路，应就近与屋顶防雷装置相连。

5. 防雷电感应措施：（1）室内做总等电位联结，将进出建筑物的金属管道、轨道、PE干线、金属构件、钢筋等进行可靠联结。（2）平行敷设的管道、构架和电缆金属外皮等长金属物，其净距小于100mm时应采用金属线跨接，跨接点的间距不应大于30m；交叉净距小于100mm时，其交叉处亦应跨接。

6. 防雷击电磁脉冲措施：穿过防雷区界面时（1）电源线设置电涌保护器SPD与接地装置可靠联结，各弱电系统由各弱电公司配置专业电涌保护器；（2）做等电位联结。

7. 本设计图纸必须经施工图审查部门审查合格并出具证明后方可生效。

九、弱电系统

1. 本弱电系统包括：电话系统、网络系统及消防手动报警联动系统。

2. 弱电系统均由一层控制，本设计只考虑单体建筑内布线。

3. 网络系统如与外界连接应与开发区协商，由开发区统一规划引入此本建筑，为4芯多模光纤SC100 FC。

4. 消防联动控制报警系统有厂区消防控制室总控制，消防联动控制线路室外部分选用铠装通讯电缆穿钢管保护。

5. 电话系统如与外界连接应与开发区协商，由开发区统一规划引入本建筑，为HYV22-30（2×0.5）SC50 FC。

图　名		电气设计说明二	
图别	电施	图号	2

电气设计说明三

序号	图例	设备名称	型号规格	数量	单位	备注
18						
17						
16	TO	网络出线盒	86DZ		个	0.5m
15	TP	电话出线盒	86DZ		个	0.5m
14		过路盒	NF-1-5		个	1.4m
13		单相五孔插座（安全型）	220V 10A		个	1.4m
12		单联翘板式暗开关	220V 10A		个	1.4m
11		三联翘板式暗开关	220V 10A		个	1.4m
10		暗装双极开关	220V 10A		个	1.4m
9		自带电源事故照明灯	1×20W		个	2.5m
8	EXIT	自带电源出口标志灯	1×20W		个	
7		T8 单管荧光灯 电子镇流器 cosϕ0.9	1×36W/840		个	吸顶
6		壁灯	1×20W		个	2.5m
5		金卤灯	PAK-H03-1K0L-DV-LJ 400W		个	6.5m
4		防水灯	1×20W		个	吸顶
3		T8 双管荧光灯 电子镇流器 cosϕ>0.9	2×36W/840		个	吸顶
2		配电柜	GGD		个	落地
1		照明配电箱	PZ-30		个	1.4m

设备材料表

图名	电气设计说明三		
图别	电施	图号	3

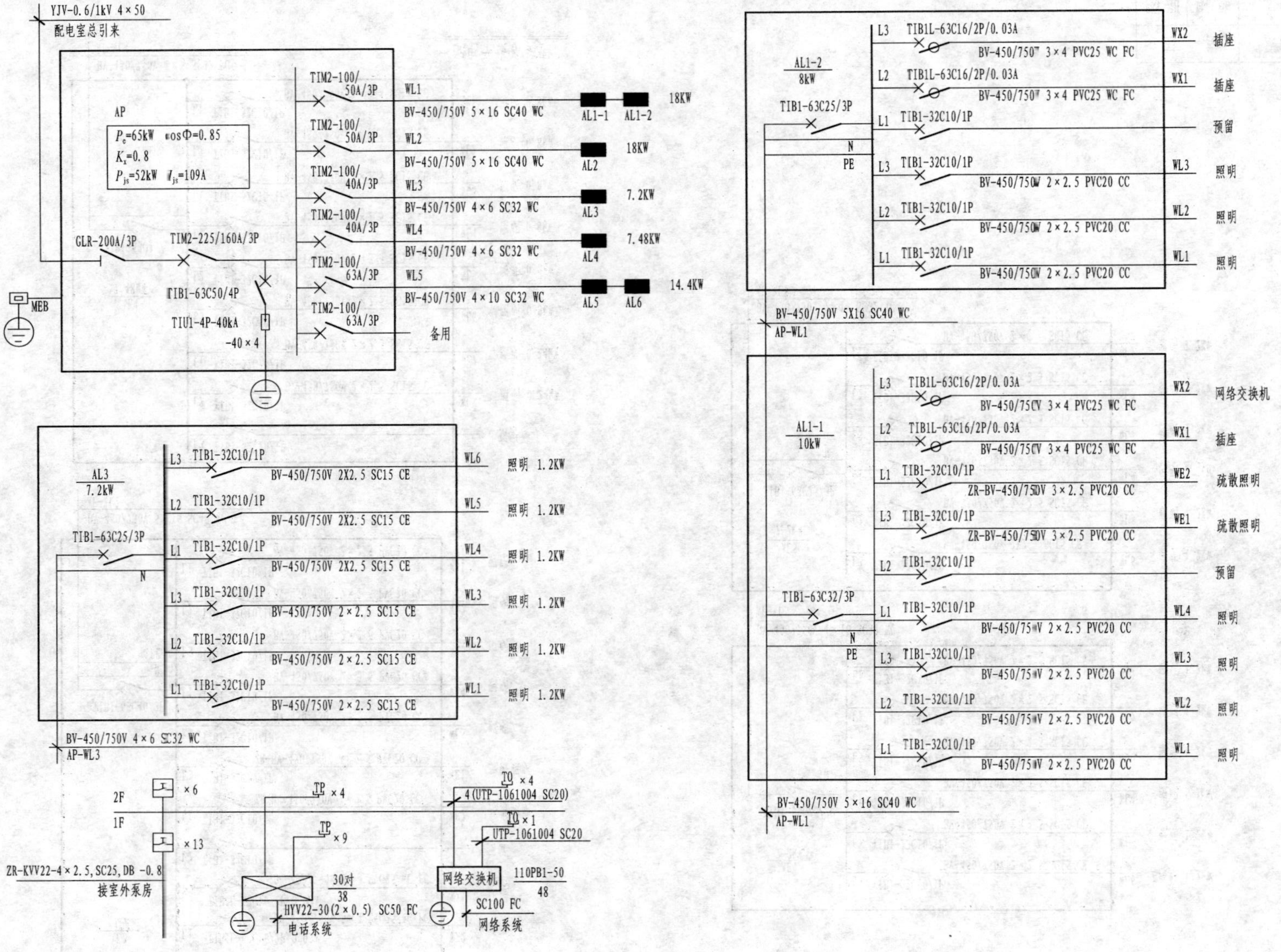

注：图中所有消火栓按钮之间的连线均采用ZR-KVV-4×1.5控制电缆穿SC20镀锌钢管沿地面墙暗敷。

弱电系统图

图 名		弱电系统图	
图别	电施	图号	4

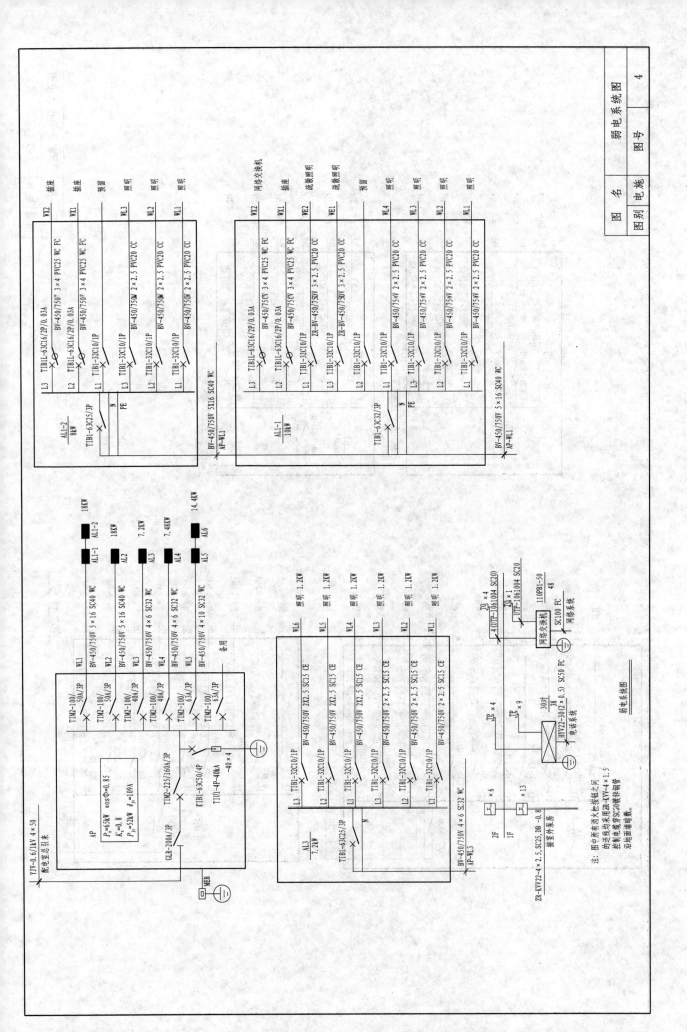

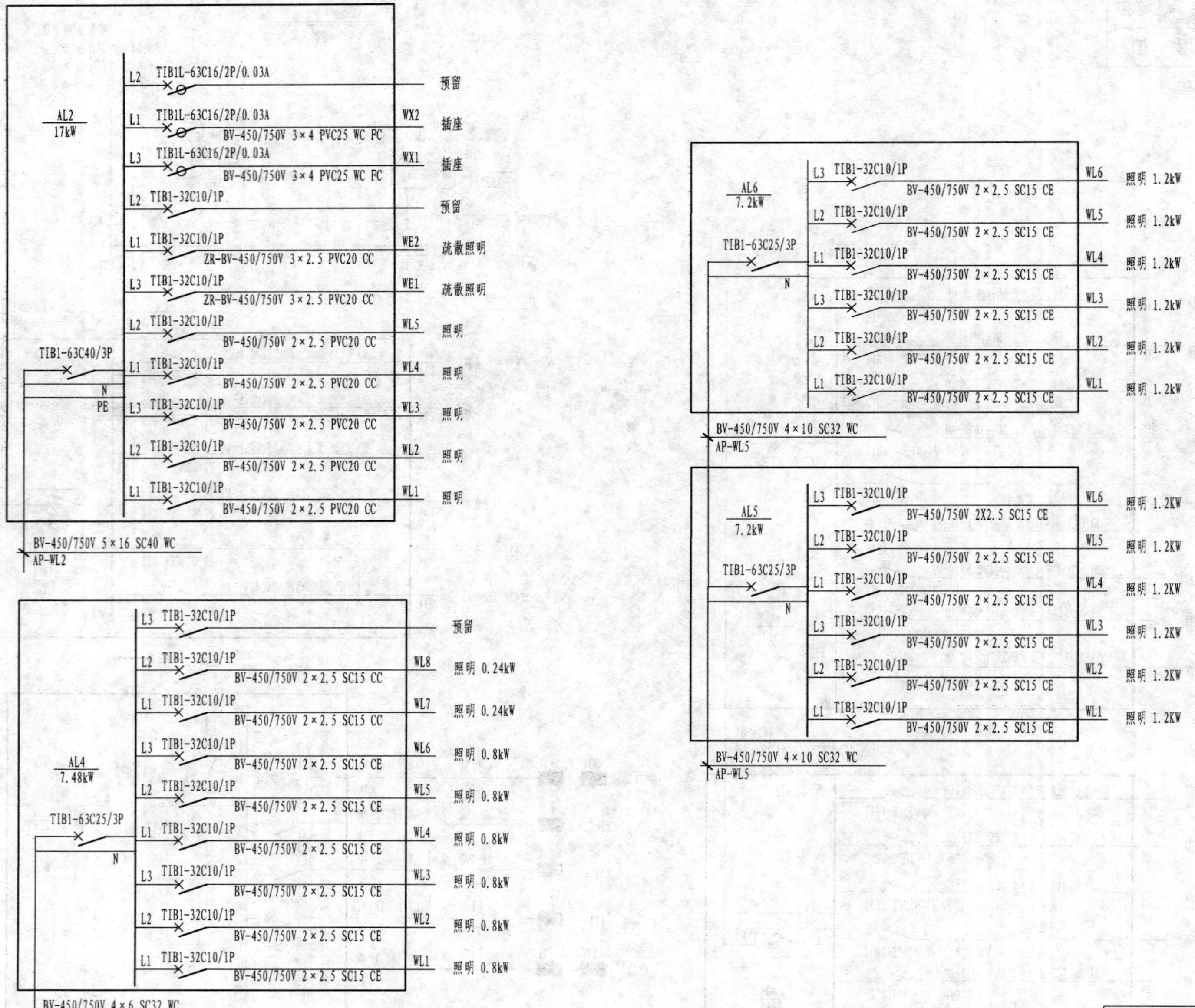

配电干线系统图

图　名		配电干线系统图	
图别	电施	图号	5

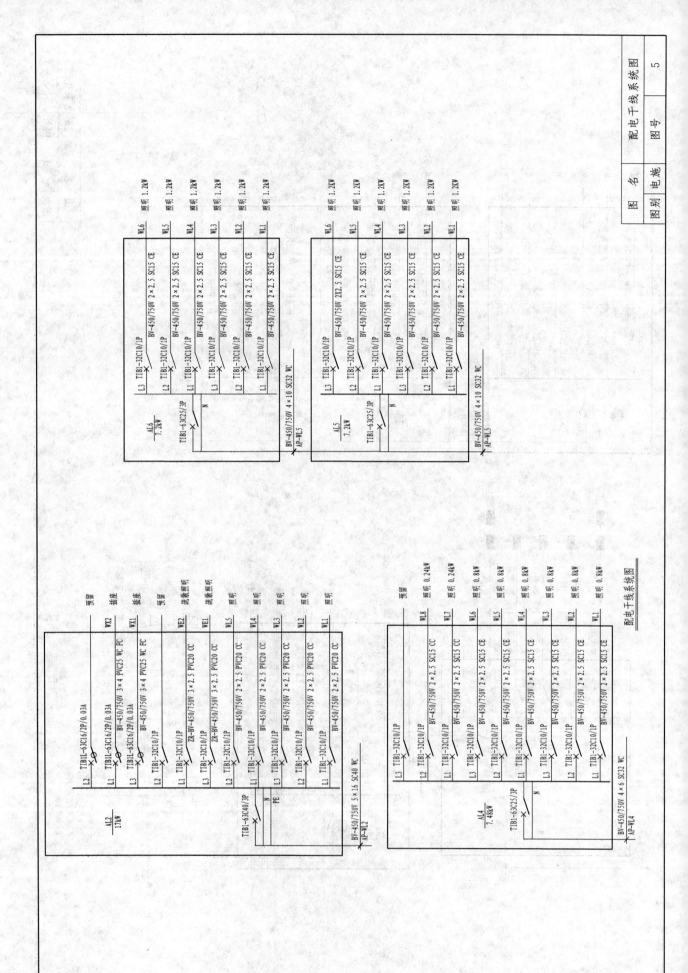

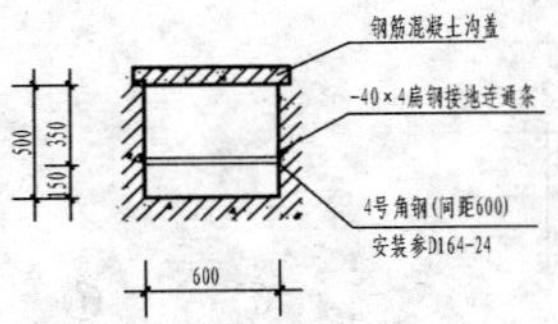

电缆沟断面示意图

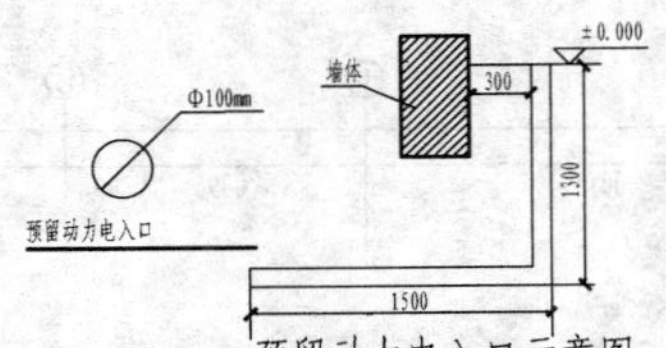

预留动力电入口示意图

注:
预留动力电入口为两处Φ100mm镀锌钢管.
管中心距离室墙内350mm.
垂直方向为1.3m,水平方向为1.5m.
两钢管中心距离为200mm
与其他专业配合施工

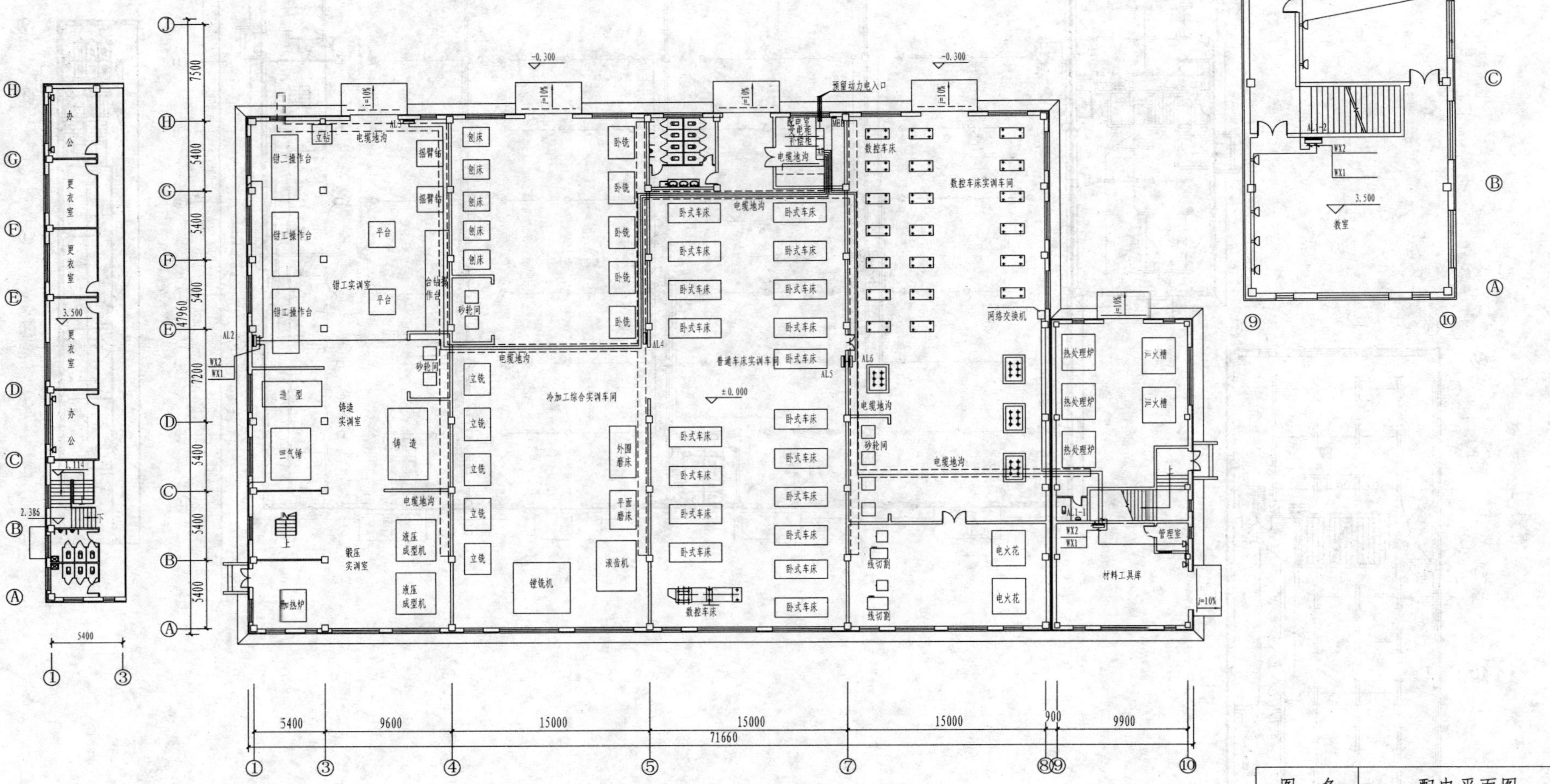

配电平面图

注：AL2、AL3均为明装

图 名		配电平面图	
图别	电施	图号	6

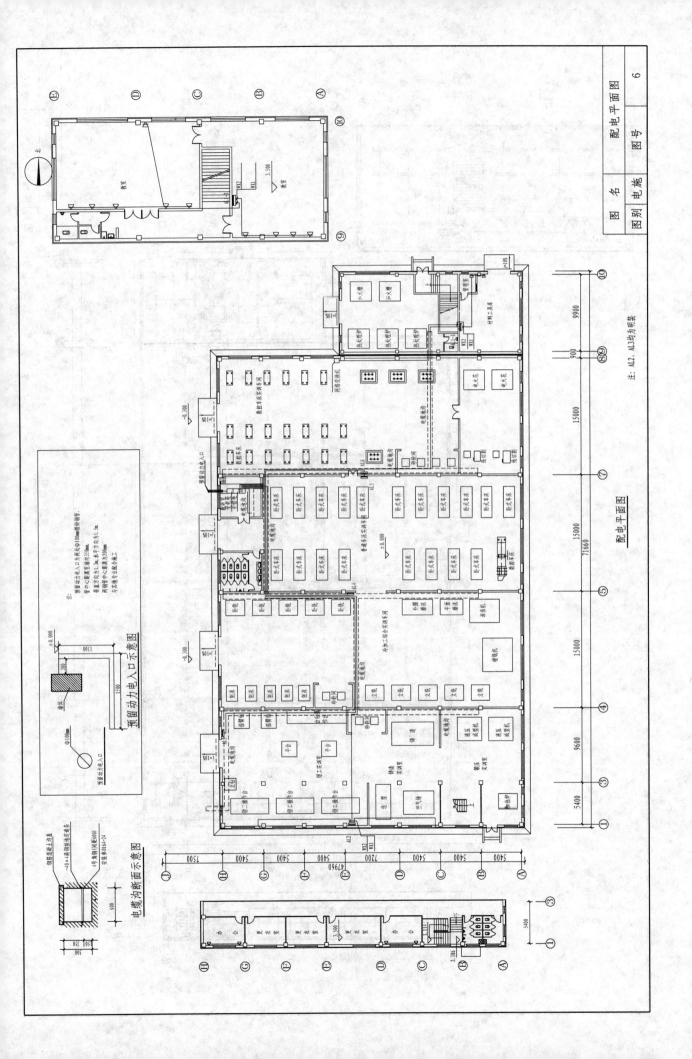

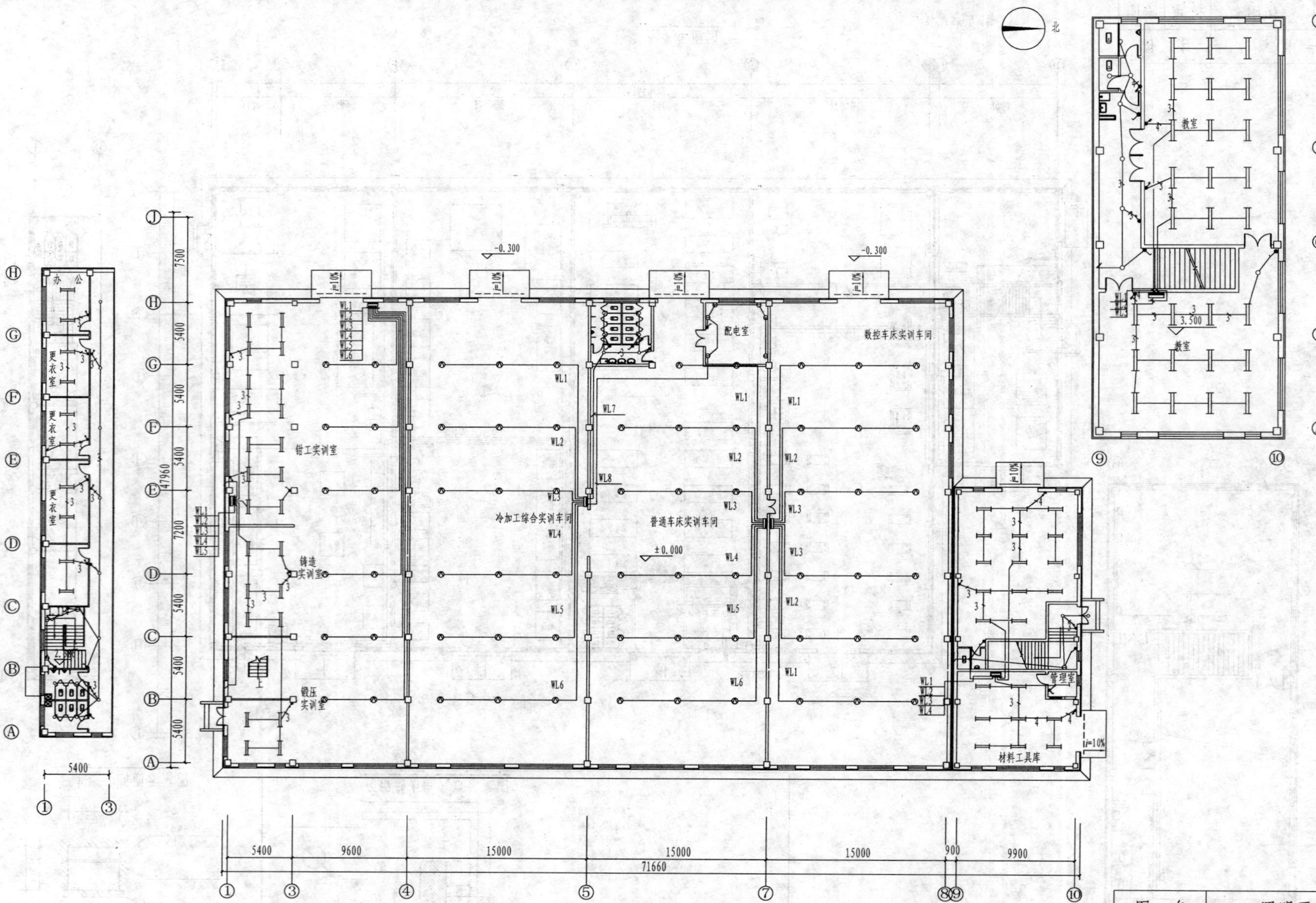

照明平面图

图　名	照明平面图		
图别	电施	图号	7

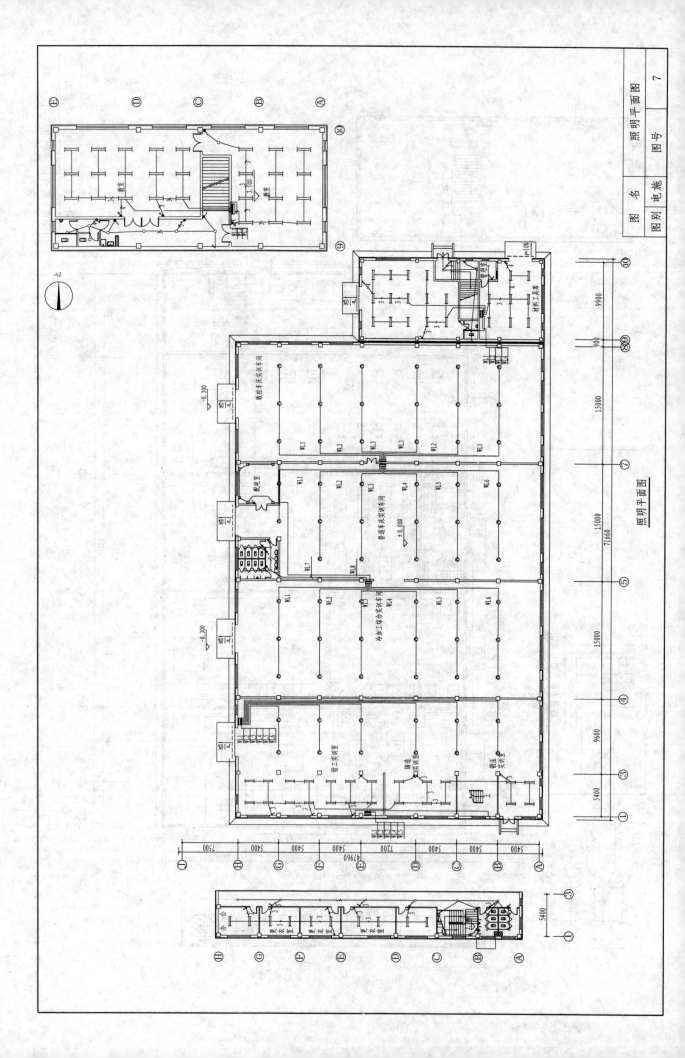

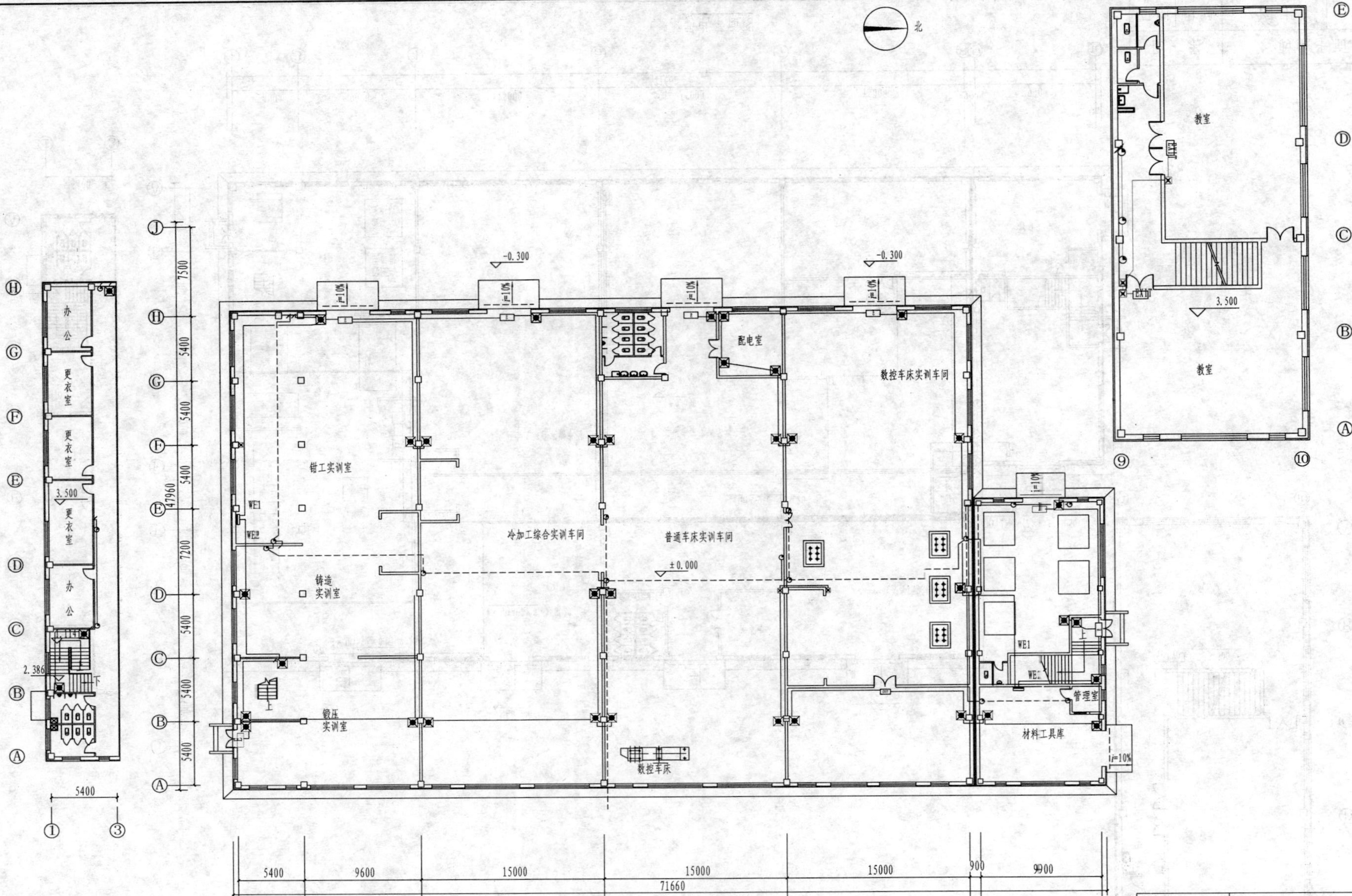

消防联防图

图名		消防联防图	
图别	电施	图号	8

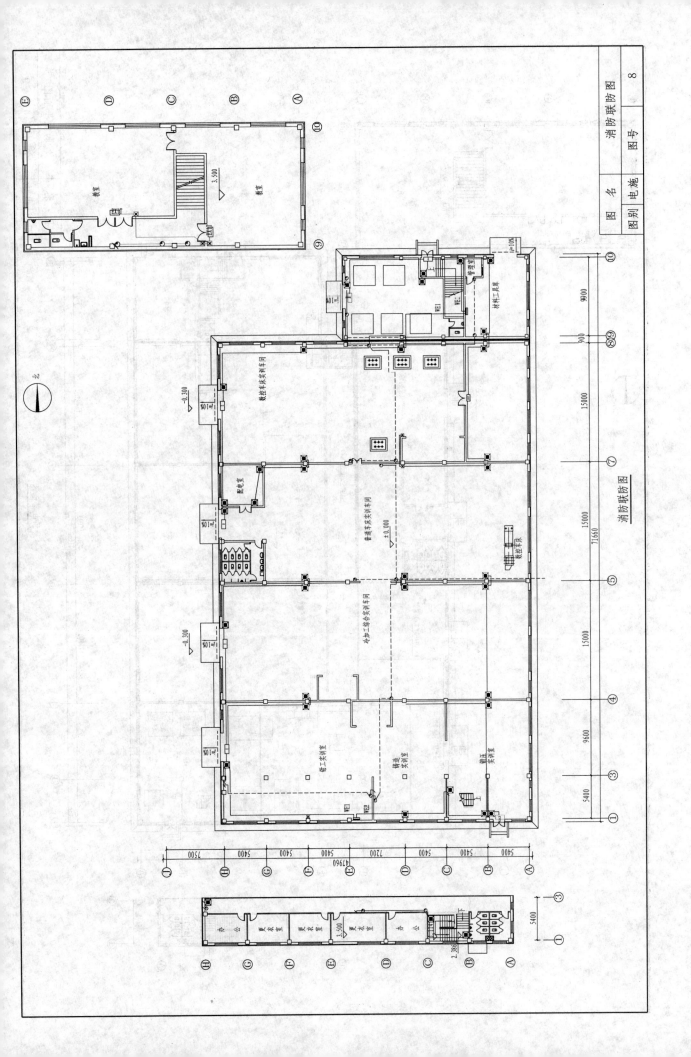

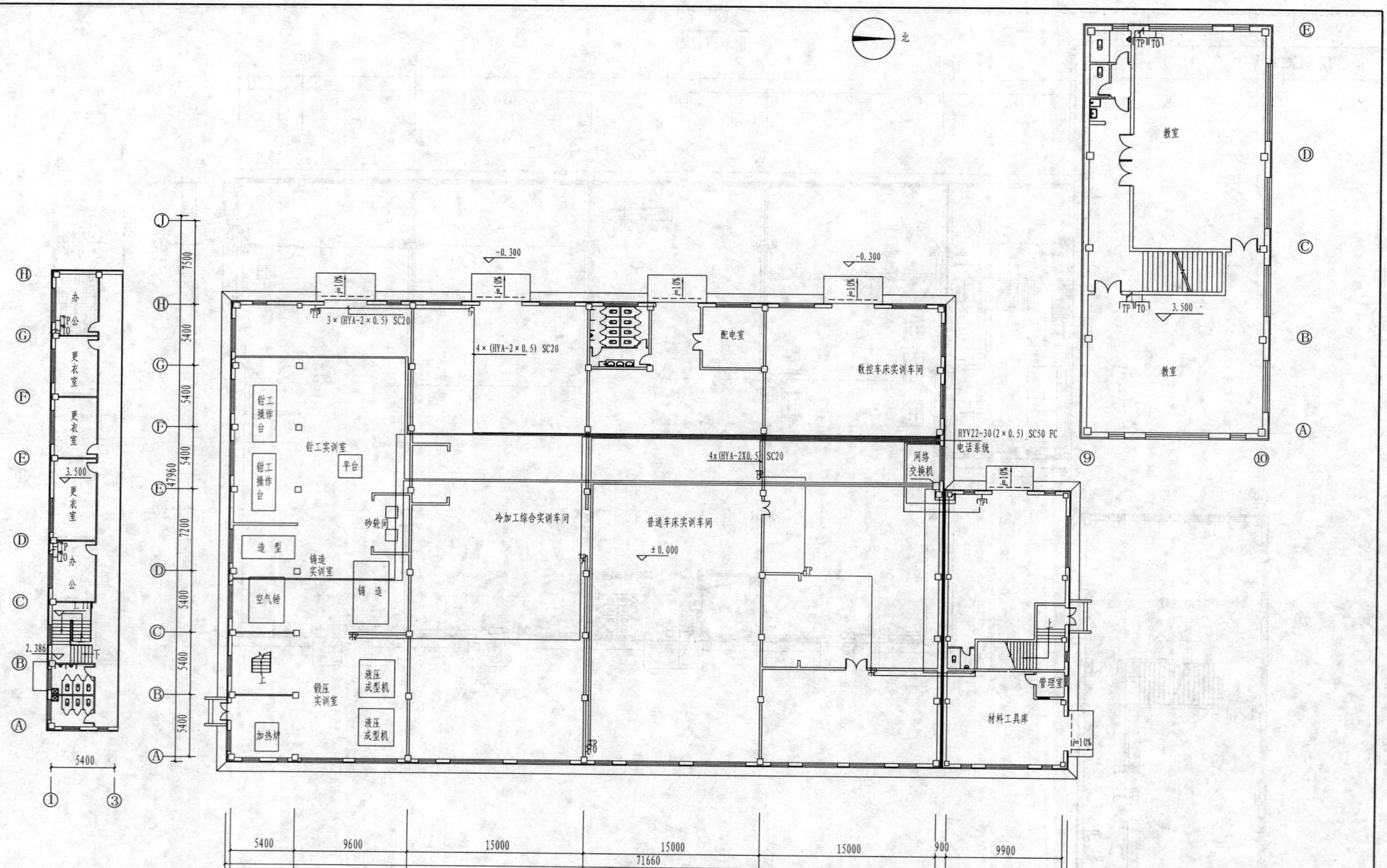

弱电平面图

图名		弱电平面图	
图别	电施	图号	9

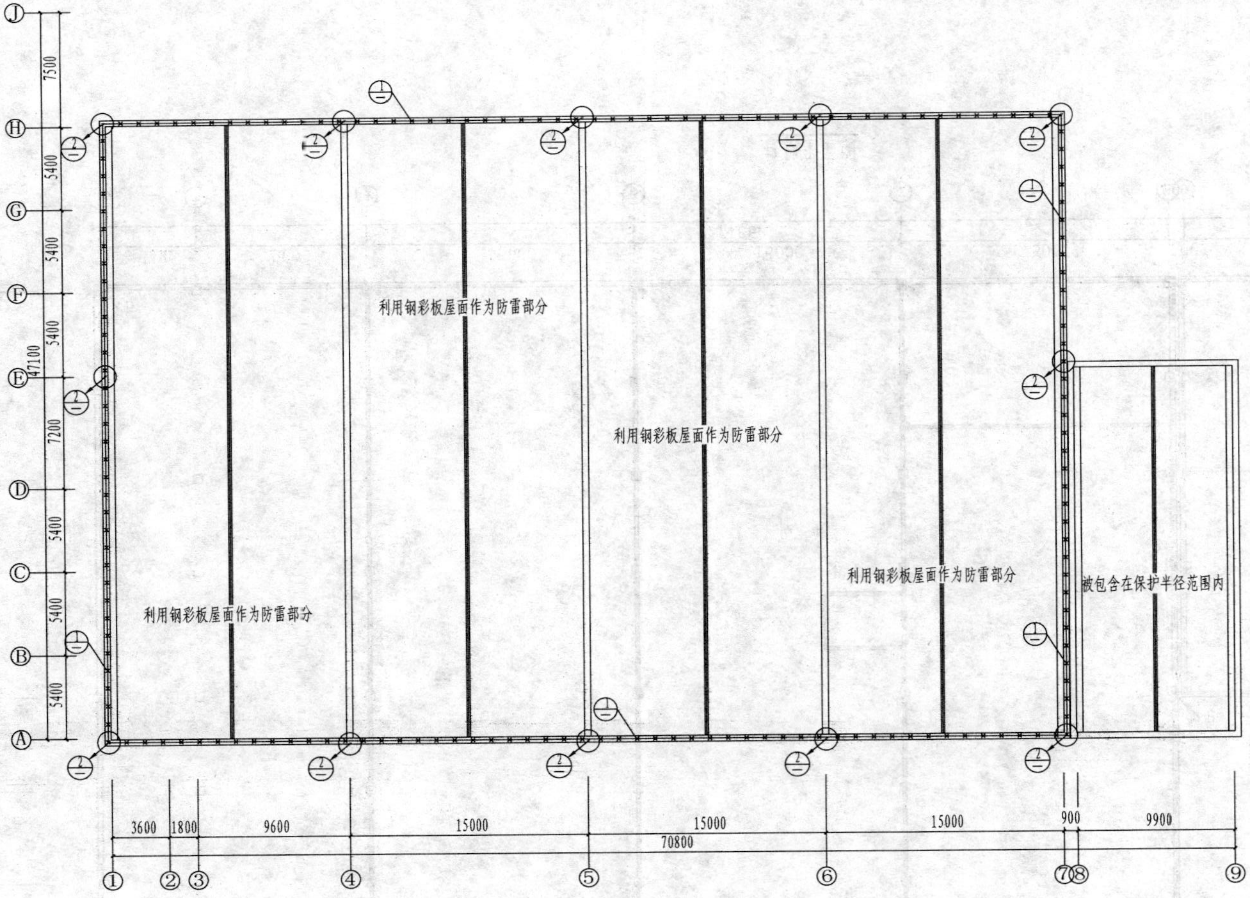

J
H
G
F
E
D
C
B
A
7500
5400
5400
5400
7200
47100
5400
5400
5400
利用钢彩板屋面作为防雷部分
利用钢彩板屋面作为防雷部分
利用钢彩板屋面作为防雷部分
利用钢彩板屋面作为防雷部分
被包含在保护半径范围内
3600
1800
9600
15000
15000
15000
900
9900
70800
1
2
3
4
5
6
7
8
9

防雷平面图

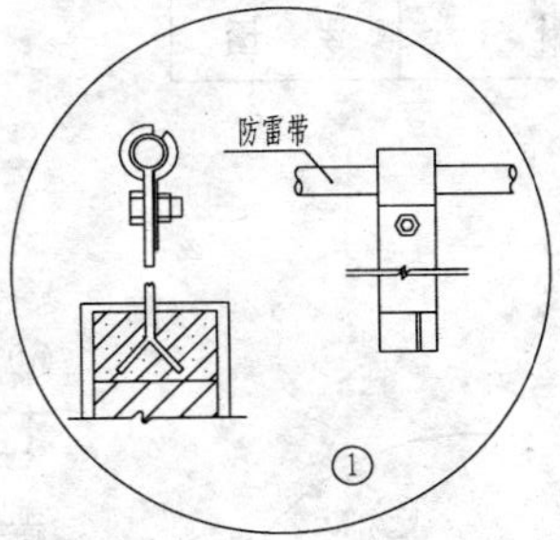

防雷带
①

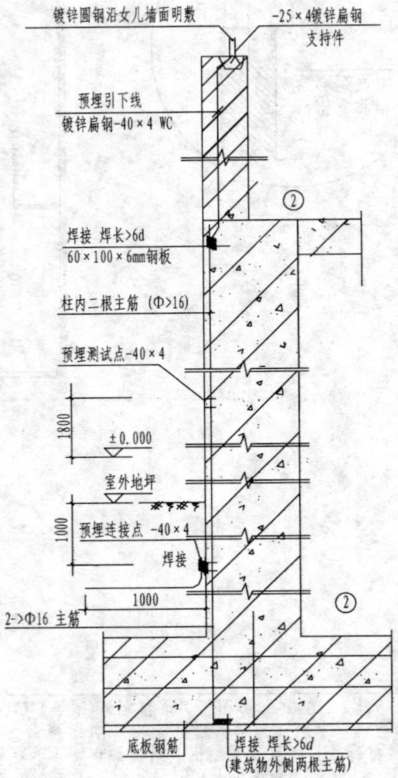

镀锌圆钢沿女儿墙面明敷
-25×4镀锌扁钢
支持件
预埋引下线
镀锌扁钢-40×4 WC
②
焊接 焊长>6d
60×100×6mm钢板
柱内二根主筋（Φ>16）
预埋测试点-40×4
1800
±0.000
室外地坪
1000
预埋连接点 -40×4
焊接
1000
2->Φ16 主筋
②
底板钢筋
焊接 焊长>6d
（建筑物外侧两根主筋）

图　名		防雷平面图	
图别	电施	图号	10

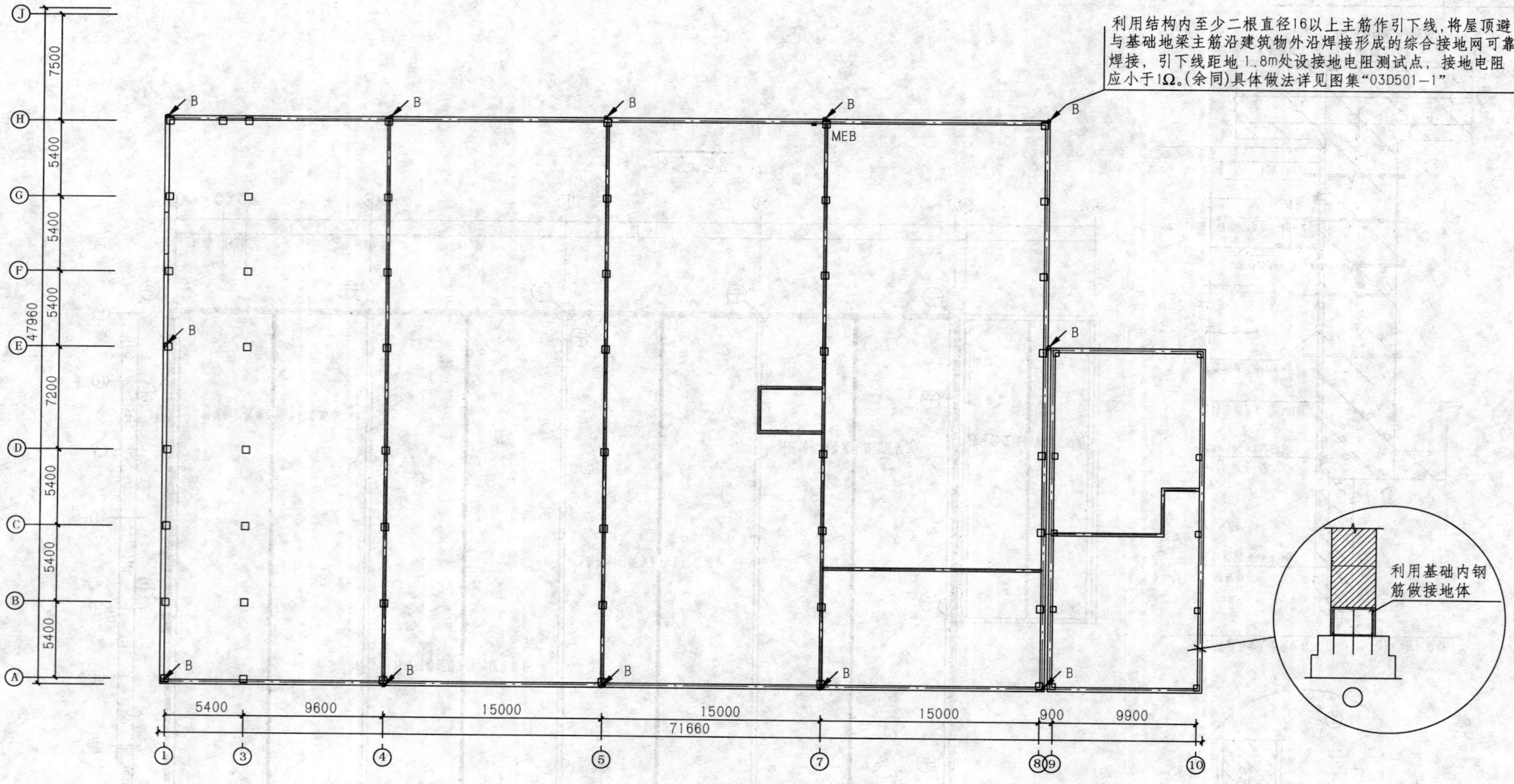

接地平面图

图　名		接地平面图	
图别	电施	图号	11

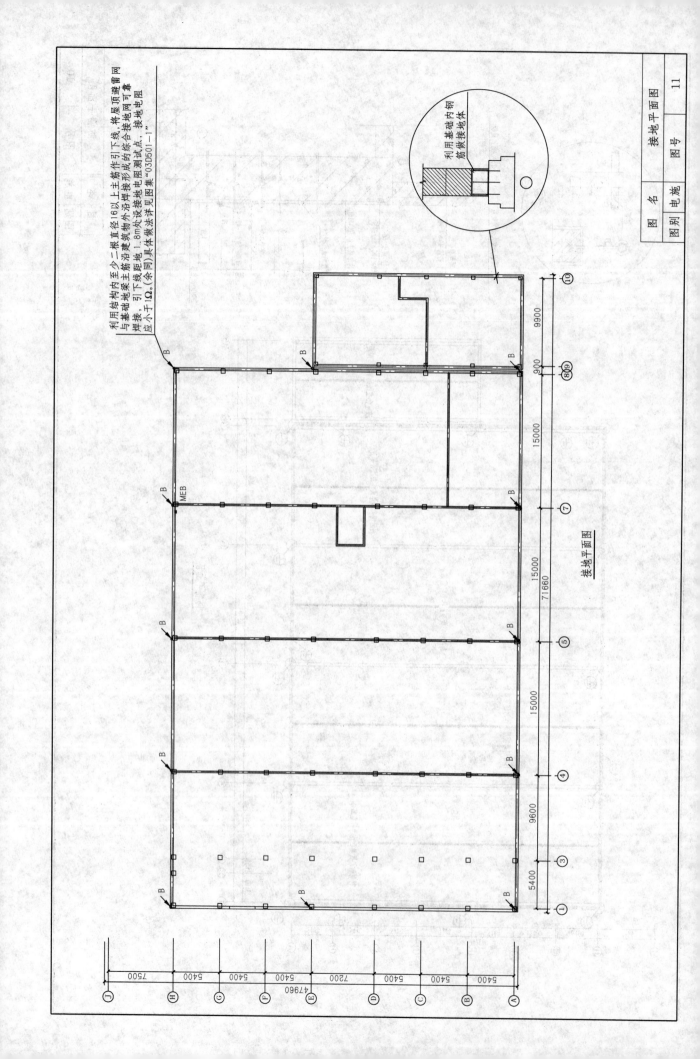

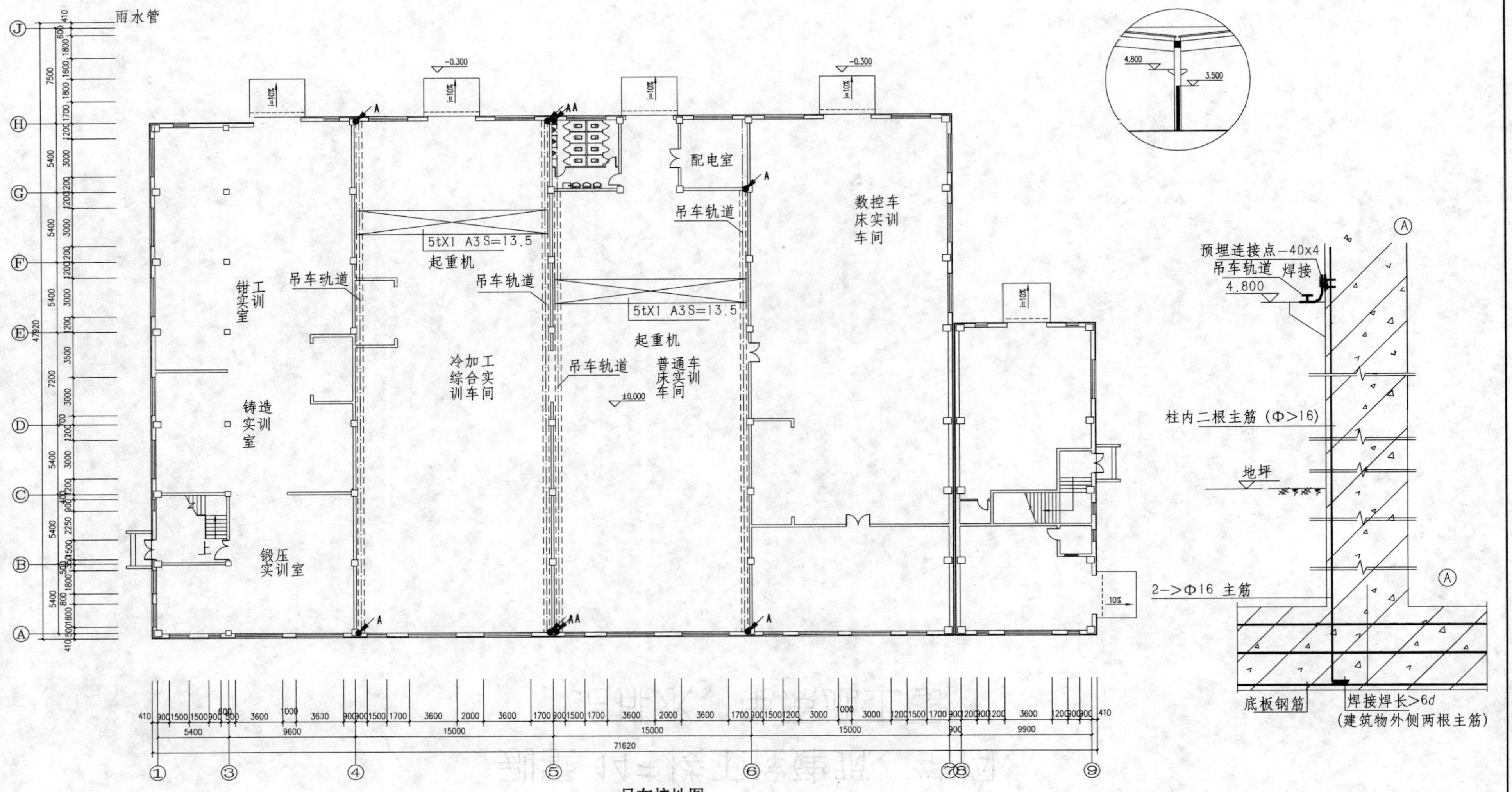

吊车接地图

图名		吊车接地图	
图别	电施	图号	12

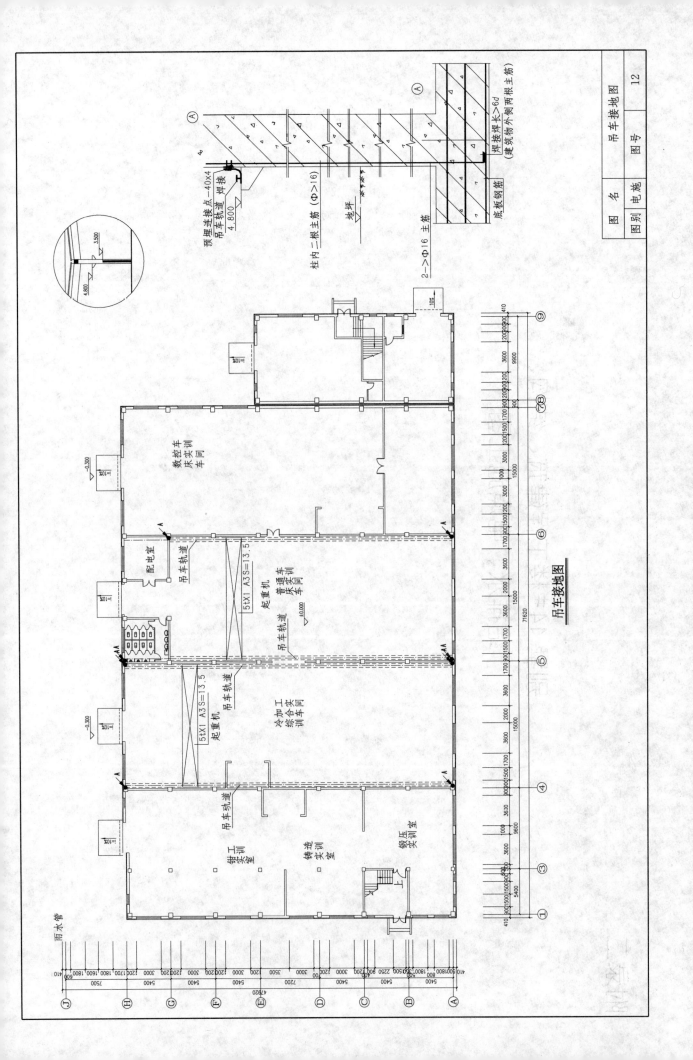

附录二

别墅 14# 楼工程建筑、结构、给排水、电照施工图

建筑设计说明一

1. 设计依据

1.1 《中华人民共和国建筑法》。

1.2 《中华人民共和国建筑工程质量管理条例》。

1.3 现行国家有关设计规范、规定。

1.4 建设单位提供工程设计任务书。

1.5 建筑用地红线图。

1.6 《建设工程设计合同》。

1.7 主要设计规范：

《民用建筑设计通则》GB 50352—2005；

《建筑设计防火规范》GB 50016—2006；

《住宅设计规范》GB 50096—2011；

《住宅建筑规范》GB 50368—2005；

《汽车库建筑设计规范》JGJ 100—98；

《汽车库、修车库、停车场设计防火规范》GB 50067—97；

《屋面工程技术规范》GB 50345—2012；

《居住建筑节能设计标准》DB 21/T 1476—2011。

2. 工程概述

2.1 本工程为辽宁省某市别墅工程14#楼，建筑面积：1547.42m²。

2.2 工程总用地面积为119561m²。

2.3 本工程共四层，±0.000以上为3层；±0.000以下为1层。

其中：−2.700m标高层为2.700m，一层层高3.600m，二、三层层高3.100m

2.4 建筑结构形式为异形柱框架结构，抗震设防烈度为7度，设计使用年限为50年。

2.5 本工程为多层民用建筑，其耐火等级为二级。

3. 设计标高

3.1 本工程各栋单体±0.000相对于绝对标高7.100m（详由现场定），室内外高差南侧主入口1.500m，北侧入口0.150m。

3.2 本工程标高以米（m）为单位，总平面尺寸以米（m）为单位，其他尺寸以毫米（mm）为单位。

3.3 各层标注标高除特殊标注外为建筑完成面标高，屋顶标高为结构面标高。

4. 消防设计

4.1 本工程属于多层居住建筑，建筑高度14.65m（室外地面至檐口），消防设计执行《建筑设计防火规范》GB 50016—2006

4.2 景观绿化、道路详见景观二次设计。

4.3 建筑防火构造：

4.3.1 房间隔墙均砌筑至顶板不留缝隙。

4.3.2 室内装修应遵照《建筑内部装修设计防火规范》GB 50222—95的规定。

4.3.3 本工程外墙、屋面保温采用100厚阻燃挤塑板保温隔热材料，保温材料的燃烧性能为B1级，檐口处设置50厚岩棉隔离带一道，宽度大于500mm。

4.3.4 本工程外墙一、二层之间设置100厚400高水平防火隔离带一道（采用硬质岩棉，燃烧性能为A级）。

隔离带做法参见10J121 (A/H-14)。

5. 无障碍设计

5.1 本工程为联排住宅，不在无障碍设计范围内。

6. 节能设计

6.1 本工程节能设计执行辽宁省地方标准《居住建筑节能设计标准》DB 21/T 1476—2011，节能65%。

6.2 本工程建设地点气候分区属于寒冷II（A）区。根据设计建筑的节能设计判定标准，当判定不满足时对建筑耗热量指标进行计算，耗热量＜19.1（W/m²），满足节能标准。

6.3 保温材料及做法：

6.3.1 屋面、外墙外保温采用100厚阻燃挤塑板保温隔热材料，保温材料燃

图名		建筑设计说明一	
图别	建施	图号	1

建筑设计说明二

烧性能为B1级，导热系数为0.030W/m·K。

6.3.2 地面保温采用40厚阻燃挤塑聚苯乙烯保温板。

6.4 局部热桥部位窗上下口处采用阻燃挤塑板保温隔热材料最薄处30厚。

7. 墙体工程

7.1 墙体的基础部分及钢筋混凝土墙体详见建施图。

7.2 地上（自然地面以上）到±0.000之间采用非承重的外围护墙采用200厚MU5煤矸石非承重砖，用M5混合砂浆砌筑。

7.3 外墙外保温采用100厚100厚阻燃挤塑板保温隔热材料（其导热系数不得大于0.030W/m·K），燃烧等级B1级。

7.4 外墙饰面材料为贴蘑菇石及干挂石材，详见节点详图。

7.5 地上（自然地面以上）部分的内墙、±0.000以上外墙采用200厚或100厚MU5煤矸石非承重空心砖，用M5混合砂浆砌筑。

7.6 卫生间、轻质隔墙的根部做C20混凝土带，高200。

7.7 墙身防潮层：在室内地坪下约60处做20厚1：2水泥砂浆（内加5%防水剂），室内地坪变化处防潮层应重叠设置，并在高低差埋土一侧墙身做20厚1：2水泥砂浆（内加5%防水剂）。

7.8 墙体留洞及封堵：

a. 砌筑墙预留洞见建施单元详图和设施相关图纸；

b. 凡安装洁具的隔墙在离地500处做预埋件解决安装问题；

c. 预留洞的封堵：混凝土墙留洞的封堵见建施，砌筑墙预留洞待管道设备安装完毕后，用C20细石混凝土填实。

8. 屋面工程

8.1 屋面防水工程执行《屋面工程技术规范》GB 50345—2012的有关规程和规定。

8.2 屋面防水等级为Ⅱ级，防水层合理使用年限为15年；

屋面防水材料采用SBS改性沥青防水卷材3×2=6mm。

8.3 屋面做法详见《工程做法表》，屋面节点详见各节点详图。

8.4 建筑屋面排水采用有组织外排水方式，详见屋面排水示意图；外排雨水管采用UPVC管，雨水管内径不小于100mm，雨水管的颜色与外墙颜色一致：雨水管下端至无其他保护措施的卷材屋面或土壤时，该处应设细石混凝土水簸箕，详见03J930-1305页。

8.5 出屋面管道，设备基础、预埋件等应在防水层施工前完成，防水材料应上翻，参见《平屋面建筑构造》99J201—1相关节点施工。

8.6 屋面保温采用100厚阻燃挤塑板保温隔热材料，保温材料燃烧性能等级为B1级。

8.7 凡泛水，阴阳角、水落口及其他转角部位应作成圆弧（圆弧半径50），并加铺一层卷材，每边宽500；水落口周围直径500范围内坡度不应小于5%，并应用防水涂料涂封（此层为附加层），其厚度不应小于2mm。

8.8 屋面工程施工中，应按施工工序、层次进行检验，合格后方可进行下道工序、层次的作业。当下道工序或相邻工程施工时，对屋面工程已完成的部分应采取保护措施。屋面工程所采用的防水保温材料应有材料质量证明文件，并经指定的质量检验部门认证，确保其质量符合技术要求。伸出屋面的管道，设备或预埋件等，应在防水层施工前安设完毕。

9. 建筑设备、设施工程

9.1 卫生洁具、厨房厨具由用户自理，本图定位仅供参考。

10. 门窗工程

10.1 外窗的物理性能执行《建筑外门窗气密、水密、抗风压性能分级及检测办法》GB/T 7106—2008，气密性能不低于规定的6级，水密性能不低于规定的4级，抗风压性能不低于规定的6级；保温性能执行《建筑外门窗保温性能分级及检测办法》GB/T 8484—2008，保温性能不低于规定的6级，空气隔声性能执行《建筑门窗空气性能分级及检测办法》GB/T 8485—2008，隔声性能不低于规定的5级。

10.2 门窗数量及规格见门窗表及门窗详图

10.3 门窗安装、固定均应符合《建筑装饰工程施工及验收规范》GB 50210—2001，门、窗框四周的缝隙采用保温材料和嵌缝密封膏密封。

10.4 门窗玻璃的选用应符合《建筑玻

图　名		建筑设计说明二	
图别	建施	图号	2

建筑设计说明三

璃应用技术规程》JGJ 113—2009 及《建筑安全玻璃管理规定》发改运行(2003) 2116 有关采用安全玻璃部位的规定，外窗台低于 900mm 时，应在窗下部设置相当于栏杆高度的防护固定窗，且在防护高度设置横挡窗框。

10.5 门、窗总尺寸均为建筑成活尺寸，窗扇尺寸及所留灰口尺寸仅供参考，制作前须现场实测并核对数量，须由具有相应资质的生产厂家根据门窗立面进行二次设计。

10.6 窗套中，石材窗框线脚仅供参考，由建设单位委托幕墙公司二次设计。

11. 外装修工程

11.1 所有外墙饰面材料的材质，颜色与贴法参见立面。

11.2 所有外墙突出线脚处增设一道 2 厚 JS 防水，沿墙体处卷起高度至少 250mm。

11.3 要求进行二次设计的装饰构件等，经确认后，由二次设计单位向建筑设计单位提供预埋件的设置要求。

11.4 外装修选用的各项材料其材质、规格、颜色等均由施工单位提供样板，经建设和设计单位确认后进行封样，并据此验收。

12. 内装修工程

12.1 内装修工程执行《建筑内部装修设计防火规范》GB 50222—95，《民用建筑工程室内环境污染控制规范》GB 50325—2001，楼地面部分执行《建筑地面设计规范》GB 50037—96，一般装修见工程做法表。

12.2 楼、地面构造交接处和地坪高度变化处，除图中另有注明者外均位于齐平门扇开启面处凡设有地漏房间均应做防水层，图中有地漏房间均做 0.5%坡度坡向地漏，有水房间的楼地面应低于相邻房间≥20mm 或挡水门槛。

12.3 内装修选用的各项材料，均由施工单位制作样板和选样，经确认后进行封样，并据此进行验收。

12.4 墙体上嵌入箱柜穿透墙体时，露明处应在箱体固定后将背面墙洞用钢板网封闭厚，用 1∶2 水泥砂浆找平，再作室内装修，不同材料墙体在粉刷前，应在交接处铺钉金属网布料，与两边墙体措接宽度不小于 100。

12.5 楼梯、扶手、栏杆和踏步符合下列规定：

(1) 楼梯扶手高度：在踏步位置按踏步前缘算起为 1050mm 高；

(2) 楼梯栏杆、低窗台的防护栏杆垂直净距不大于 0.11m；

(3) 阳台栏杆垂直净距不大于 0.11m，从可踏部位顶面算起栏杆净高不小于 1100mm。

13. 油漆涂料工程

13.1 室内外露明金属件的油漆为刷防锈漆两道后再做同室内相同颜色的醇酸磁漆，做法见 05J909《工程做法》油 26b。

13.2 各种油漆涂料均由施工单位制作样板，经确认后进行封样，并据此进行验收。

14. 室外工程

14.1 建筑物四周沿建筑外墙面均做 800 宽散水坡，散水坡与外墙之间均设 20 宽伸缩缝缝内嵌填沥青砂浆。

14.2 室外台阶、雨篷、室外坡道等详见工程做法表。

14.3 外挑檐等直接与室外大气接触的部位贴 30 厚复合聚氨酯保温隔热材料，构造做法参见国标图集《墙体节能建筑构造》10 BJ2—11。

15. 其他注意事项

15.1 施工单位施工前应对设计方图纸进行必要的校对，如发现问题应及时通知设计方，由设计方协调解决。

15.2 钢筋混凝土施工时，应先校对各专业图纸，将墙体所有土建、设备及电气管道洞口留准后方可施工，施工单位各专业间应密切配合严格检查，如发现问题应及时通知设计方解决，不得擅自按单方图纸施工。

15.3 图中所选用标准图中有对结构工种的预埋件，预留洞，如楼梯、平台钢栏杆、门窗建筑配件等本图所标注的各种留洞与预埋件应与各工种密切配合后，确认无误后方可施工。

15.4 预埋木砖及贴邻墙体的木质面均做防腐处理，凡预埋铁件处均须作防锈处理，铁件刷樟丹防锈漆二道。

15.5 门窗过梁见建施图，门窗须牢固与墙、梁、柱相连接，凡应设埋件而未设者，应用射钉枪或膨胀螺栓补设。

图　名		建筑设计说明三	
图别	建施	图号	3

建筑设计说明四

15.6 本工程的防水产品，厂家须提供省以上工程质量检测中心的合格检验报告。

15.7 其他未尽事宜按现行有关规范执行，施工中应严格执行国家各项施工质量验收规范，发现缺、漏、碰等问题请及时与设计院联系解决。

15.8 图纸修改：当图纸版本更新时，新版图纸注明版次，以前的版本作废，局部修改绘在修改通知单上。

15.9 施工时应以图纸所注尺寸为准，不能从图上度量。

15.10 待建设单位将施工图设计所需的各主管部门审批文件交与设计人后，经过设计人与审批文件核对无误后，建设单位方可按图施工。

图 名		建筑设计说明四	
图别	建施	图号	4

建筑装修构造表一

类别	编号	构造作法	用于部位
屋面	屋面1	1. 装饰瓦 2. 挂瓦条中距按瓦材规格 3. 顺水条中距600 4. C15细石混凝土找平层40厚（内配ϕ6@500×500钢筋网与屋面板预埋ϕ10钢筋头绑牢） 5. SBS改性沥青防水卷材（两道设防3×2=6mm厚） 6. 抹1∶3水泥砂浆找平层20厚 7. 阻燃挤塑板保温隔热材料100厚分两层错缝铺设（λ=0.036W/m·K）（燃烧性能B1级） 8. 抹1∶3水泥砂浆找平层20厚 9. 现浇钢筋混凝土屋面板。预埋ϕ10钢筋头双向间距900，伸出保温层50 10. 混合砂浆20厚	坡屋面 参见图集00J202-1 W18/10 B/17
屋面	屋面2	1. SBS改性沥青防水卷材，自带防护层（两道设防3×2=6mm厚） 2. 抹1∶3水泥砂浆找平层20厚 3. 炉渣混凝土找坡层最薄处与坡屋面水泥瓦完成高度平齐 4. 阻燃挤塑板保温隔热材料100厚分两层错缝铺设（λ=0.036W/m·K）（燃烧性能B1级） 5. 抹1∶3水泥砂浆找平层20厚 6. 现浇钢筋混凝土屋面板 7. 混合砂浆20厚	平屋面 排水坡度2%
屋面	屋面3	1. 彩色陶瓷锦砖10厚 2. 1∶2水泥砂浆20厚 3. SBS改性沥青防水卷材，（两道设防3×2=6mm厚） 4. 抹1∶3水泥砂浆找平层20厚 5. 炉渣混凝土找坡层最薄处30厚 6. 阻燃挤塑板保温隔热材料100厚分两层错缝铺设（λ=0.036W/m·K）（燃烧性能B1级） 7. 抹1∶3水泥砂浆找平层20厚 8. 现浇钢筋混凝土屋面板 9. 混合砂浆20厚 10. 阻燃挤塑板保温隔热材料40厚 11. 铝单板封堵（由幕墙厂家制作安装）	露台（下方为室外） 排水坡度2%

类别	编号	构造作法	用于部位
屋面	屋面4	1. 彩色陶瓷锦砖10厚 2. 1∶2水泥砂浆20厚 3. SBS改性沥青防水卷材（两道设防3×2=6mm厚） 4. 抹1∶3水泥砂浆找平层20厚 5. 炉渣混凝土找坡层最薄处30厚 6. 阻燃挤塑板保温隔热材料100厚分两层错缝铺设 7. 抹1∶3水泥砂浆找平层20厚 8. 现浇钢筋混凝土屋面板 9. 混合砂浆20厚	露台（下方为室内） 排水坡度2%
天沟	天沟1	1. SBS改性沥青防水卷材，自带防护层（两道设防3×2=6mm厚） 2. 抹1∶3水泥砂浆找平层20厚 3. 炉渣混凝土找坡层最薄处30厚 4. 硬质岩棉保温隔热材料50厚 5. 抹1∶3水泥砂浆找平层20厚 6. 现浇钢筋混凝土屋面板 7. 混合砂浆20厚	内壁附加 26#镀锌铁皮 排水坡度1%
地面	地面1	1. 面层（用户自理） 2. 1∶3干硬性水泥砂浆20厚，表面撒水泥粉 3. 刷聚氨酯防水涂料两遍共1.5厚墙四周卷起1500高 4. 现浇C10混凝土60厚内埋地热管（内配200×200钢丝网） 5. 0.2厚真空镀铝聚氨酯薄膜 6. 挤塑板绝缘层20厚 7. 刷聚氨酯防水涂料两遍共1.5厚墙四周卷起1000高 8. 刷水泥浆一道（内掺建筑胶） 9. C15混凝土垫层100厚 10. 沿建筑外墙内地面满铺挤塑板40厚 11. 素土夯实	洗衣房 卫生间

图名		建筑装修构造表一	
图别	建施	图号	5

建筑装修构造表二

类别	编号	构 造 作 法	用于部位
地面	地面2	1. C20 细石混凝土 40 厚，表面撒 1∶1 水泥砂子随打抹光 2. 刷水泥浆一道（内掺建筑胶） 3. 现浇 C10 混凝土 60 厚内埋地热管（内配 200×200 钢丝网） 4. 0.2 厚真空镀铝聚氨酯薄膜 5. 挤塑板绝缘层 20 厚 6. 刷聚氨酯防水涂料两遍共 1.5 厚墙四周卷起 1500 高 7. 刷水泥浆一道（内掺建筑胶） 8. C15 混凝土垫层 100 厚 9. 沿建筑外墙内地面满铺挤塑板 40 厚 10. 素土夯实	车库
地面	地面3	1. 面层用户自理 2. 1∶2 水泥砂浆找平 3. 现浇 C10 混凝土 60 厚内埋地热管（内配 200×200 钢丝网） 4. 0.2 厚真空镀铝聚氨酯薄膜 5. 挤塑板绝缘层 20 厚 6. 刷聚氨酯防水涂料两遍共 1.5 厚墙四周卷起 1500 高 7. 刷水泥浆一道（内掺建筑胶） 8. C15 混凝土垫层 100 厚 9. 沿建筑外墙内地面满铺挤塑板 40 厚 10. 素土夯实	活动室
楼面	楼面1	1. 面层用户自理 2. 1∶3 干硬性水泥砂浆 25 厚，表面撒水泥粉 3. 刷水泥浆一道（内掺建筑胶） 4. 现浇钢筋混凝土楼梯板 5. 混合砂浆 20 厚	楼梯间及踏步
楼面	楼面2	1. 面层用户自理 2. 1∶3 干硬性水泥砂浆 20 厚，表面撒水泥粉 3. 刷聚氨酯防水涂料两遍共 1.5 厚墙四周卷起 1500 高 4. 现浇 C10 混凝土 60 厚内埋地热管（内配 200×200 钢丝网） 5. 0.2 厚真空镀铝聚氨酯薄膜 6. 挤塑板绝缘层 20 厚	卫生间

类别	编号	构 造 作 法	用于部位
楼面	楼面2	7. 刷聚氨酯防水涂料两遍共 1.5 厚墙四周卷起 500 高 8. 刷水泥浆一道（内掺建筑胶） 9. 1∶2 水泥砂浆找平 20 厚（仅降板处有该构造） 10. 炉渣混凝土填充 220 厚（仅降板处有该构造） 11. 现浇钢筋混凝土楼板 12. 混合砂浆 20 厚	卫生间
楼面	楼面3	1. 面层用户自理 2. 1∶3 干硬性水泥砂浆 20 厚，表面撒水泥粉 3. 现浇 C10 混凝土 60 厚内埋地热管（内配 200×200 钢丝网） 4. 0.2 厚真空镀铝聚氨酯薄膜 5. 挤塑板绝缘层 20 厚 6. 刷聚氨酯防水涂料两遍共 1.5 厚墙四周卷起 500 高 7. 刷水泥浆一道（内掺建筑胶） 8. 1∶2 水泥砂浆找平 9. 现浇钢筋混凝土楼板 10. 混合砂浆 20 厚	除楼面 1、楼面 2 外
外墙	外墙1	1. 1∶2.5 水泥砂浆找平层 20 厚 2. 煤矸石混凝土空心砌块墙体 200 厚 3. 1∶2.5 水泥砂浆找平层 20 厚 4. 阻燃挤塑板保温隔热材料 100 厚（燃烧性能 B1 级）要求导热系数（$\lambda \leqslant 0.036W/m \cdot K$） 5. 硬质岩棉防火隔离带 100 厚，400 高，与梁平齐（燃烧性能 A 级） 6. 竖向 10＃镀锌槽钢龙骨@500～900 7. 干挂石材 25 厚（颜色见说明） 注：仅标高 3.500 处设置，隔离带做法参见 10J121 (A/H-14)	石材外墙

图名	建筑装修构造表二		
图别	建施	图号	6

建筑装修构造表三

类别	编号	构造作法	用于部位
外墙	外墙2	1. 1：2.5 水泥砂浆找平层 20 厚 2. 煤矸石混凝土空心砌块墙体 200 厚 3. 原墙体基层预埋钢筋，用 18 号铜丝与钢筋网绑扎牢固，灌 50 厚 1：2.5 水泥砂浆分层灌注插捣密实，每层 150～200 且不大于板高 1/3 3. 抹 1：3 水泥砂浆找平层 20 厚 4. 阻燃挤塑板保温隔热材料 100 厚（燃烧性能 B1 级），要求导热系数（$\lambda \leqslant 0.036W/m\cdot K$） 5. 1：2 水泥砂浆 30 厚 6. 贴蘑菇石 50mm 厚	±0.000 至自然地面以上的外墙
内墙	内墙1	1. 煤矸石混凝土空心砌块 200 厚或 100 厚 2. 1：2.5 水泥砂浆 20 厚 3. 刷聚氨酯防水涂膜 1.5 厚，高出楼地面 300，浴盆位高出 1200，淋浴位高出 1800 4. 刷素水泥浆一道（内掺 5%108 胶） 5. 面层用户自理	厨房操作间 卫生间
	内墙2	1. 煤矸石混凝土空心砌块 200 厚或 100 厚 2. 清水混凝土表面找平处理（砌块基层抹 10 厚聚丙烯纤维抗裂砂浆，或与同墙面混凝土墙一平，交接处设抗裂钢丝网片） 3. 刮防裂，耐水腻子 3 厚，分遍找平 4. 喷刷防霉涂料	车库
	内墙3	1. 煤矸石混凝土空心砌块 200 厚或 100 厚 2. 混合砂浆 20 厚 3. 刮大白两遍	其余房间
天棚	天棚1	1. 现浇钢筋混凝土板 2. 混合砂浆 20 厚	卫生间 厨房
	天棚2	1. 现浇钢筋混凝土板 2. 混合砂浆 20 厚 3. 刮大白两遍	车库 除天棚 1 外

类别	编号	构造作法	用于部位
踢脚	踢脚1	1. 面层同所在楼地面材料高 150 2. 1：2 水泥砂浆结合层 10 厚 3. 刷素水泥浆一道（内掺建筑胶） 4. 煤矸石混凝土空心砌块墙体	所有房间
散永	散水1	1. 种植土 300 厚 2. C10 混凝土 60 厚每隔 6 米设伸缩缝一道 10 宽缝塞沥青砂浆 3. 填粗砂 1000 厚 4. 素土夯实	沿外墙四周 800 宽
坡道	坡道1	1. 1：2 水泥砂浆抹面，抹深锯齿形礓礤 50 厚 2. 100 厚 C20 混凝土内配 ϕ8@150×150 钢筋网 3. 素水泥浆一道 4. C15 混凝土 100 厚 5. 碎石灌 M2.5 水泥砂浆 120 厚 6. 填粗砂 1000 厚 7. 素土夯实。	车库入口

注：室内、外栏杆样式及窗套均由建设单位与设计单位共同定样后方可安装。

图名		建筑装修构造表三	
图别	建施	图号	7

门 窗 表

类型	设计编号	建筑成活尺寸（mm）	数量	图集名称	页次	备　注
普通门	FM0921 甲	900×2100	4	购成品		甲级防火门
	JM2622	2600×2200	4	购成品		电动卷帘门
	JM3022	3000×2200	2	购成品		电动卷帘门
	JM4822	4800×2200	2	购成品		电动卷帘门
	M0724	700×2400	6			单框三玻塑钢门
	M0821	800×2100	30	用户自理		卫生间门
	M0921	900×2100	24	用户自理		实木门
	M1521	1500×2100	4	用户自理		实木门
	TLM1524	1500×2400	4			单框三玻塑钢门
	M1528	1500×2800	4			户门（防盗、保温）
普通窗	C0715	700×1500	4			单框三玻塑钢窗
	C0718	700×1800	4			单框三玻塑钢窗
	C0815	800×1500	10			单框三玻塑钢窗
	C0818	800×1800	4			单框三玻塑钢窗
	C1215	1200×1500	4			单框三玻塑钢窗
	C1218	1200×1800	2			单框三玻塑钢窗
	C1415	1400×1500	2			单框三玻塑钢窗
	C1418	1400×1800	2			单框三玻塑钢窗
	C1515	1500×1500	6			单框三玻塑钢窗
	C1518	1500×1800	2			单框三玻塑钢窗
	C1521	1500×2100	2			单框三玻塑钢窗
	C1815	1800×1500	4			单框三玻塑钢窗
	C1818	1800×1800	2			单框三玻塑钢窗
	C2106	2100×600	2			单框三玻塑钢窗
	C2118	2100×1800	4			单框三玻塑钢窗
	C2706	2700×600	2			单框三玻塑钢窗
	C2722	2700×2200	4			单框三玻塑钢窗
	C1515-1	1500×1500	4	用户自理		单框单玻塑钢窗
	MLC1524	1500×2400	2			单框单玻塑钢窗
	MLC1528	1500×2800	4			单框单玻塑钢窗
	MLC2124	2100×2400	2			单框单玻塑钢窗
	MLC2724	2700×2400	2			单框单玻塑钢窗

注：1. 平面图中所示外门窗尺寸均为建筑成活尺寸。
2. 门、窗相关参数详见设计说明及门窗施工图纸。
3. 门窗详图仅供参考，开启方式最终由幕墙厂家设计后，必须经由设计单位与甲方认可后方可制作并安装。
4. 门窗数量以实际发生为准，门窗表中仅供参考。
5. 虚线为洞口预留尺寸。
6. 防火门、窗购消防部门指定厂家成品。
7. 凡是对称关系户型中，门窗也具有对称性，但门窗编号相同，同编号的门窗参照此图中门窗图。
8. 本工程中如未注明，下列部位必须使用安全玻璃：
a. 所有玻璃门及易撞击部位的玻璃；
b. 玻璃底边离最终装修面小于 500mm 的玻璃；
c. 单块面积大于 1.5m^2 玻璃。
9. 外窗的窗楣应做滴水线或滴水槽，外窗台向外流水坡度不应小于 2%。
10. 图中实线表示窗外开，虚线表示窗内开，箭头表示推拉窗，无线表示固定窗。
11. 窗套中，石材窗框线脚仅供参考，由幕墙公司协助门窗厂家二次设计后经建设单位与设计单位共同认可后方可施工安装。
12. 外窗传热系数取值为 2.5W/（m^2·K）。

图　名		门窗表	
图别	建施	图号	8

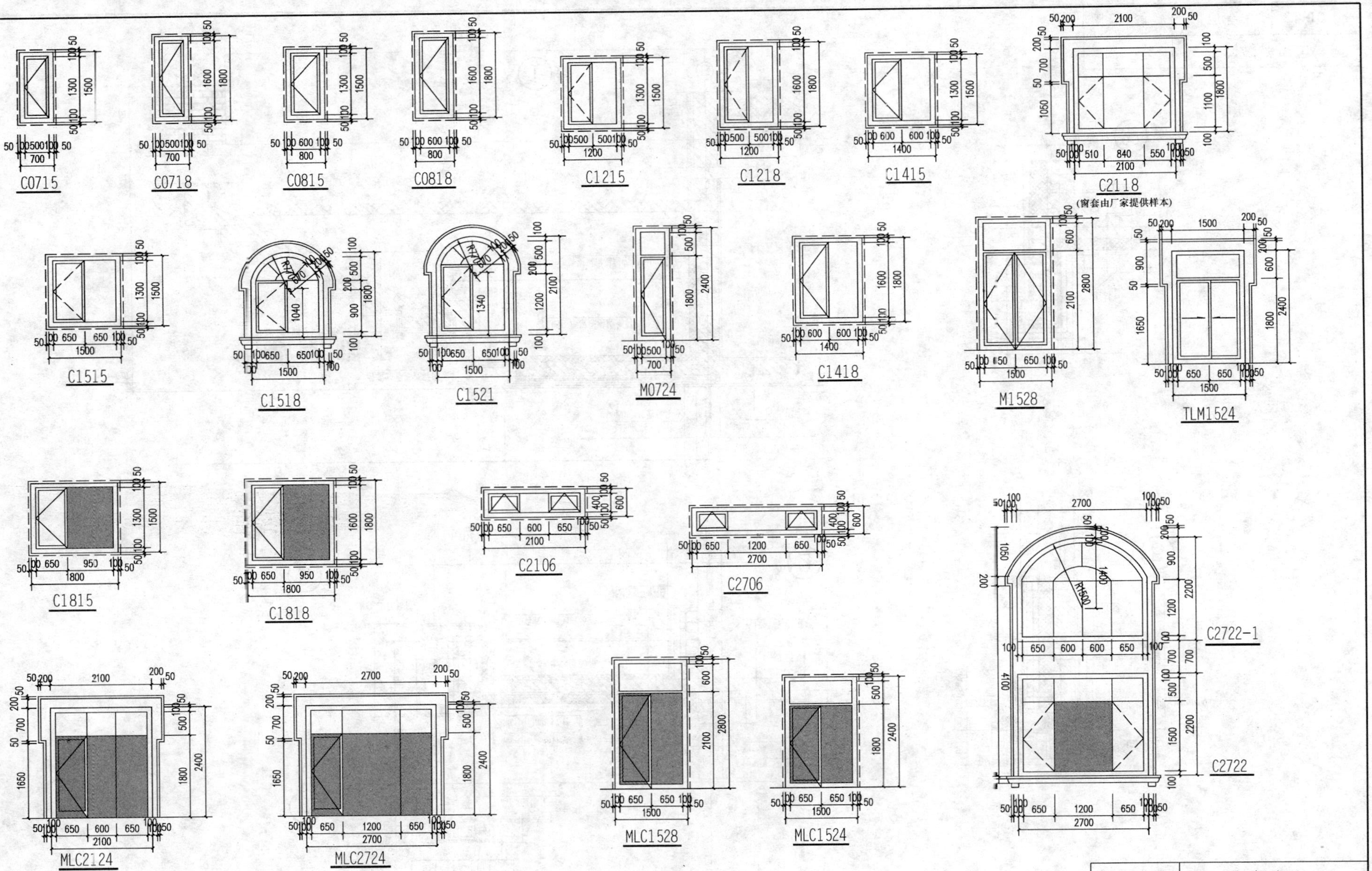
C0715
C0718
C0815
C0818
C1215
C1218
C1415
C2118
(窗套由厂家提供样本)
C1515
C1518
C1521
M0724
C1418
M1528
TLM1524
C1815
C1818
C2106
C2706
C2722-1
C2722
MLC2124
MLC2724
MLC1528
MLC1524

图 名		门窗详图一	
图别	建施	图号	9

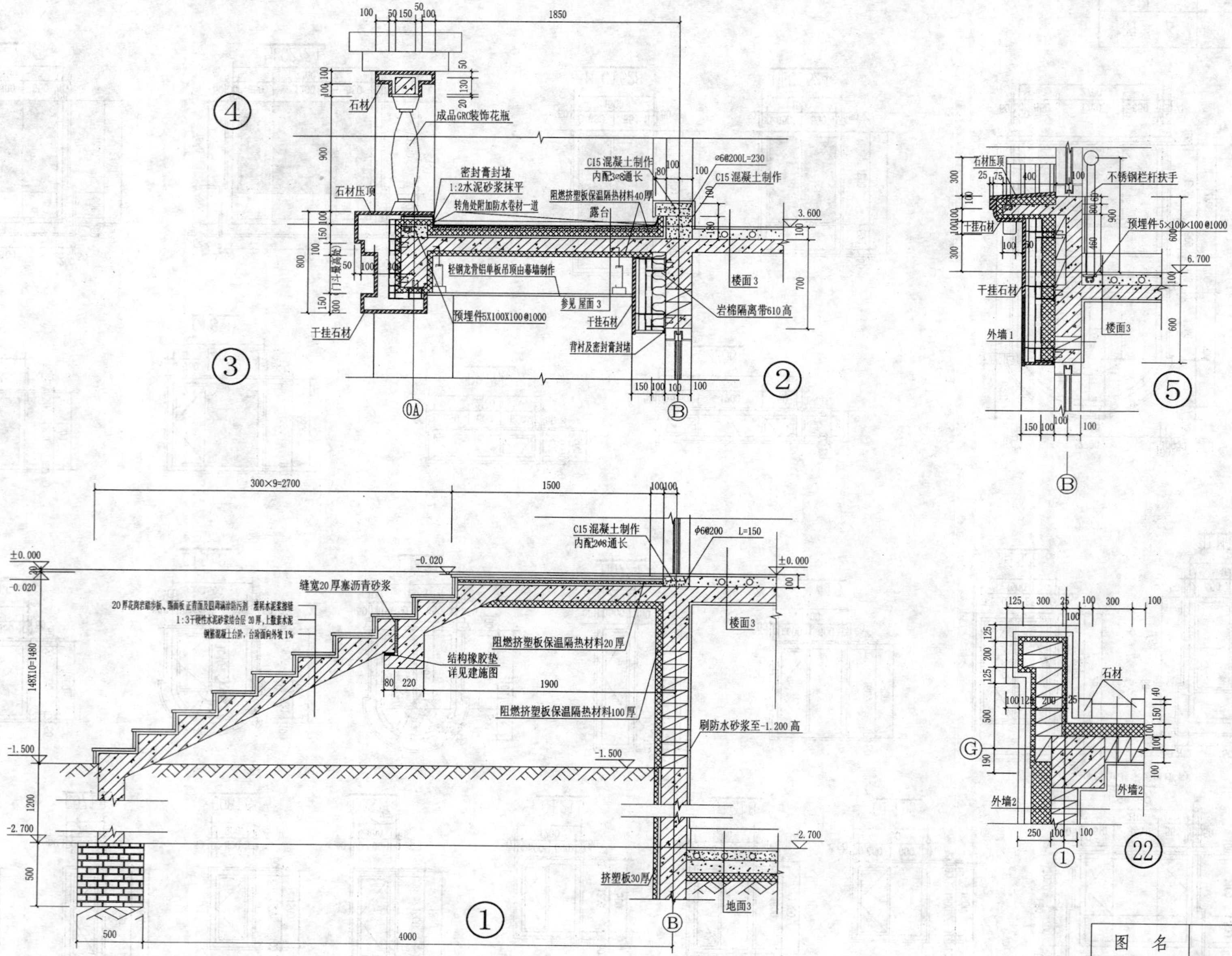

图名		门窗详图二	
图别	建施	图号	10

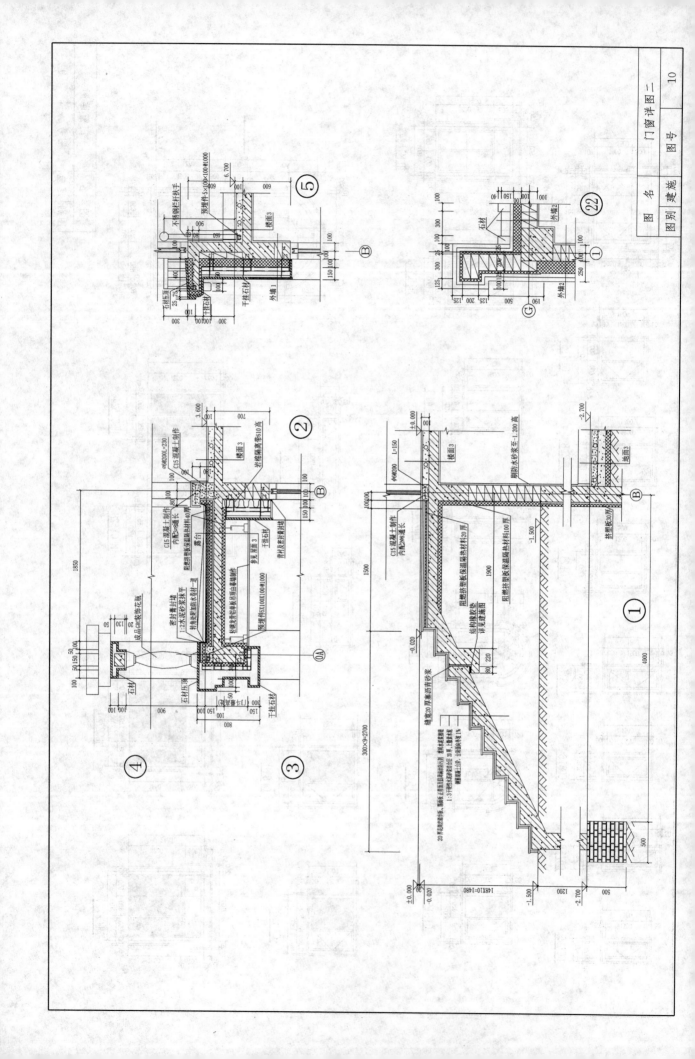

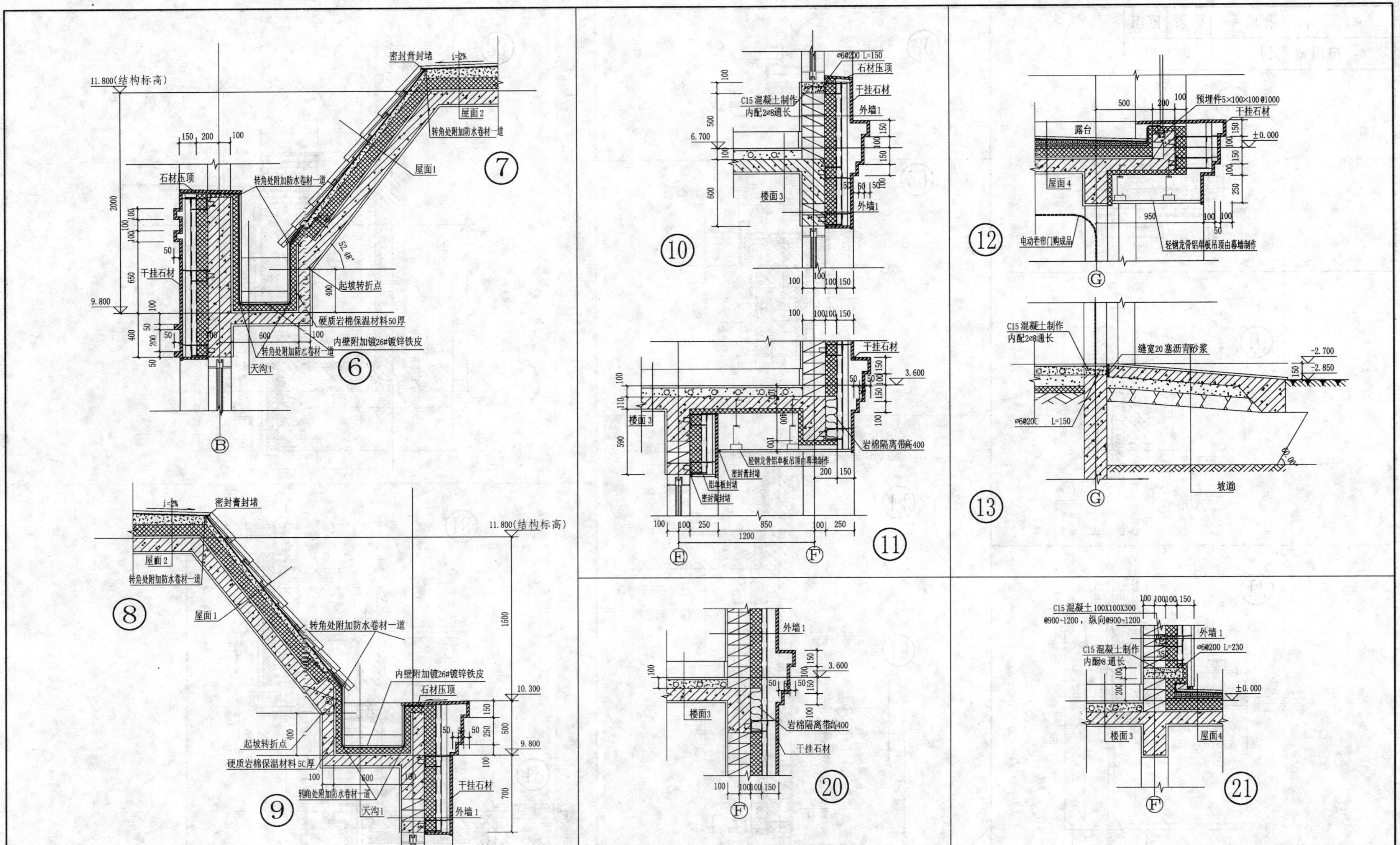

图 名		门窗详图三	
图别	建施	图号	11

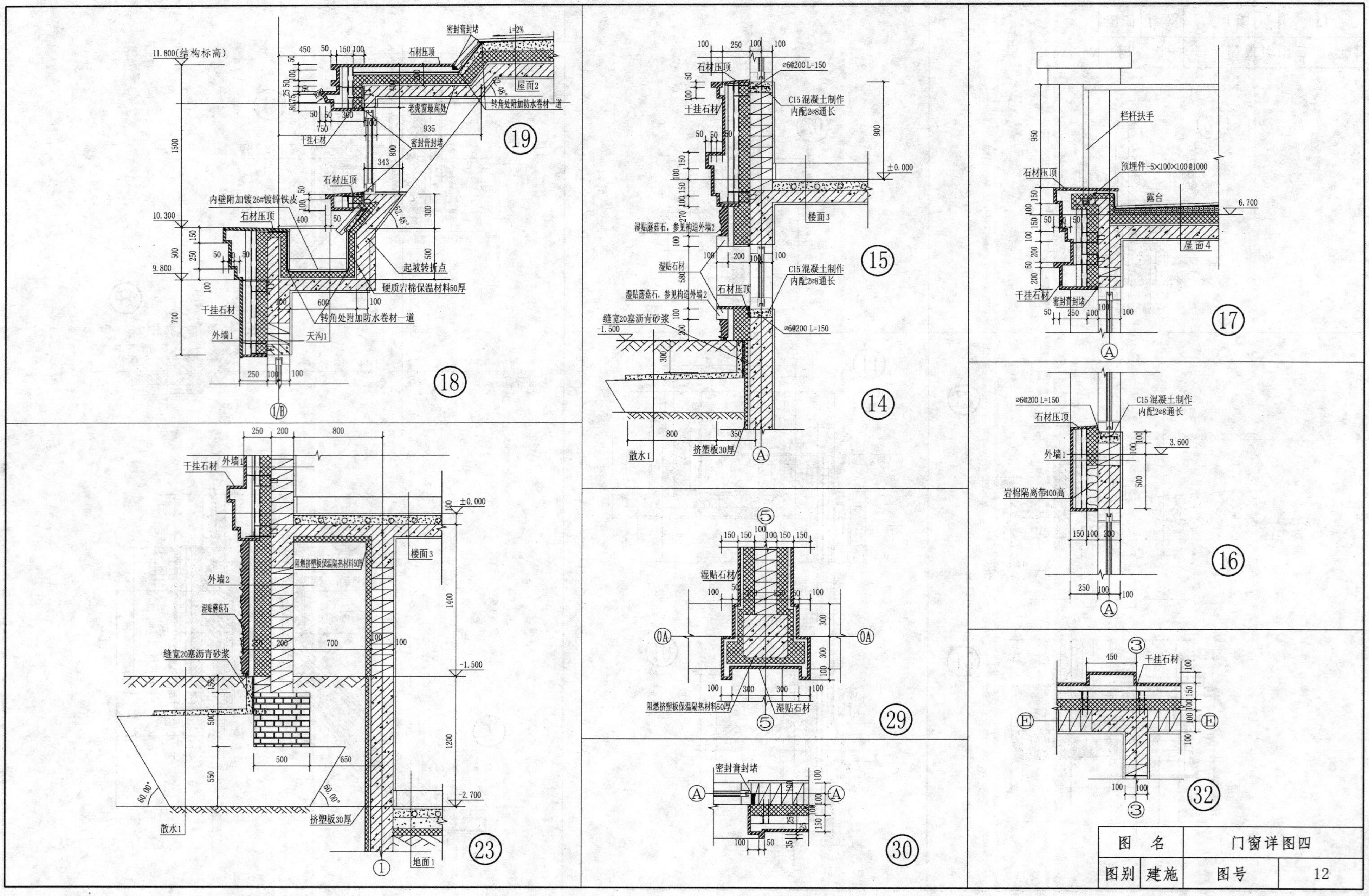

图　名	门窗详图四		
图别	建施	图号	12

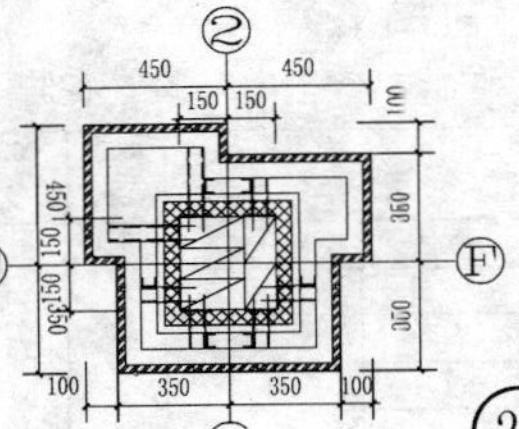

24

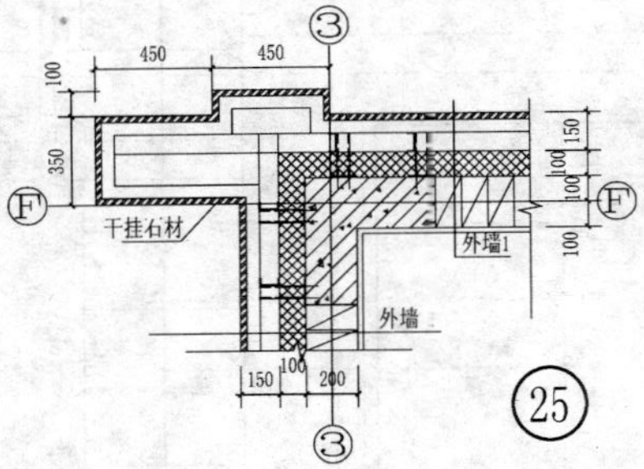

25

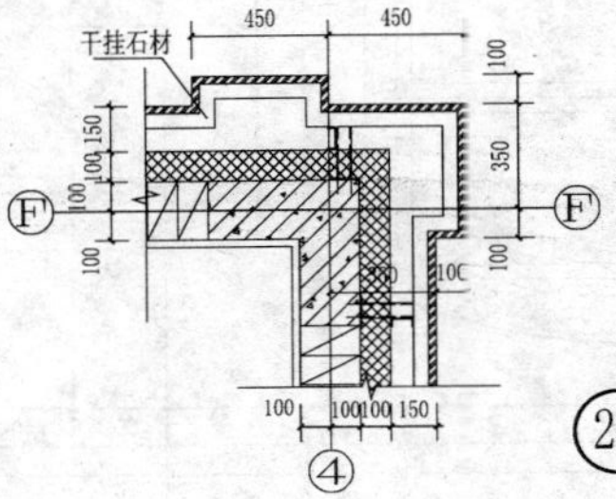

26

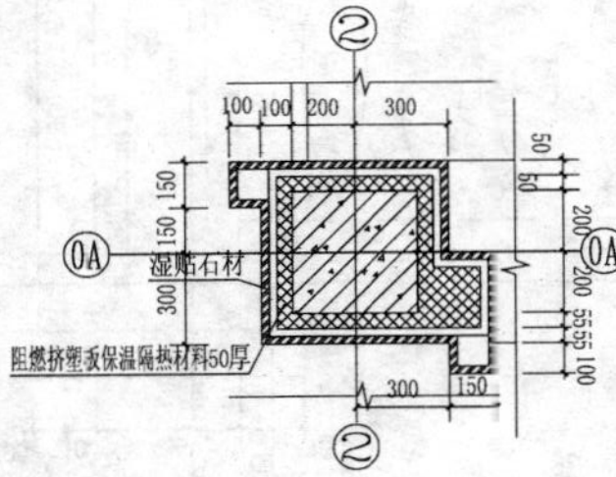

28

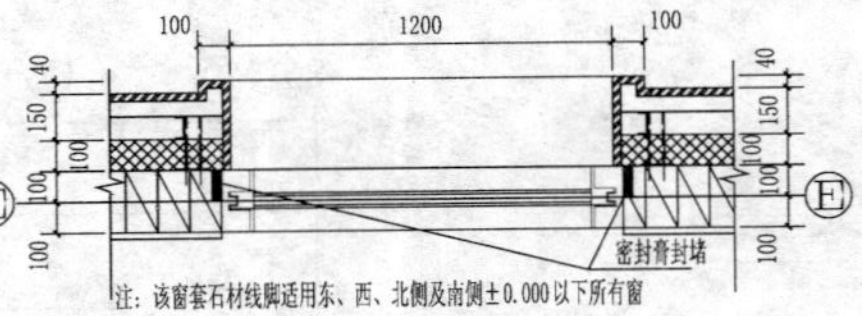

33

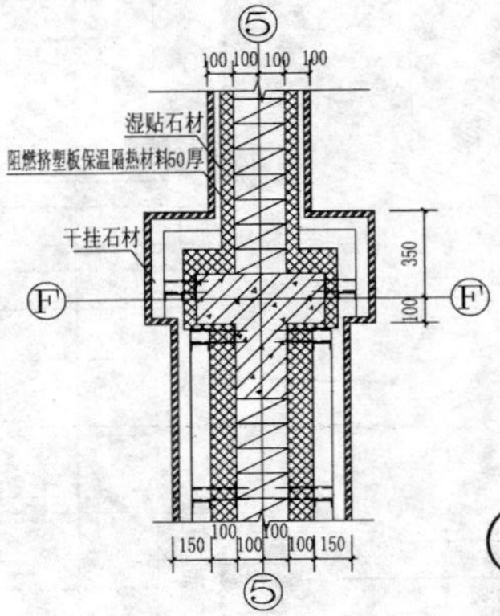

27

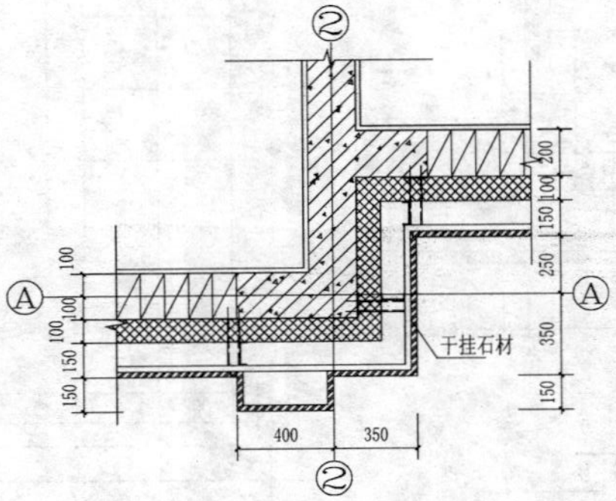

34

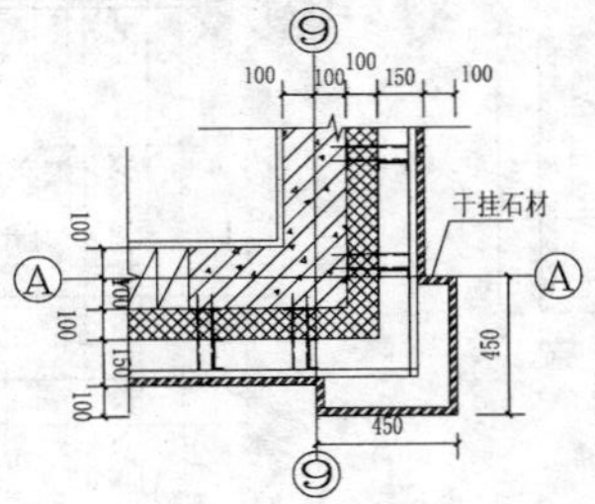

31

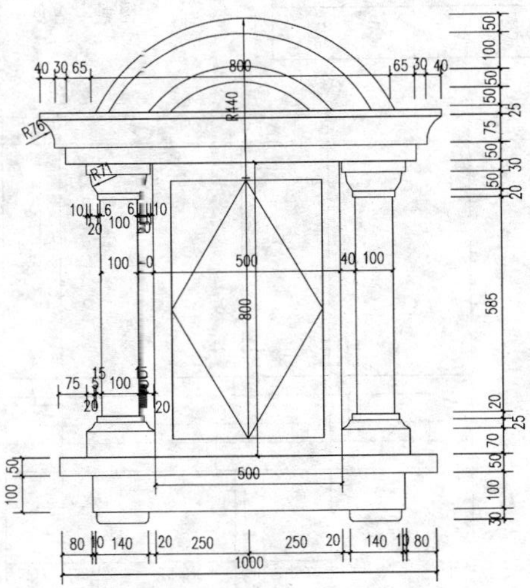

老虎窗尺寸详图(左右对称)

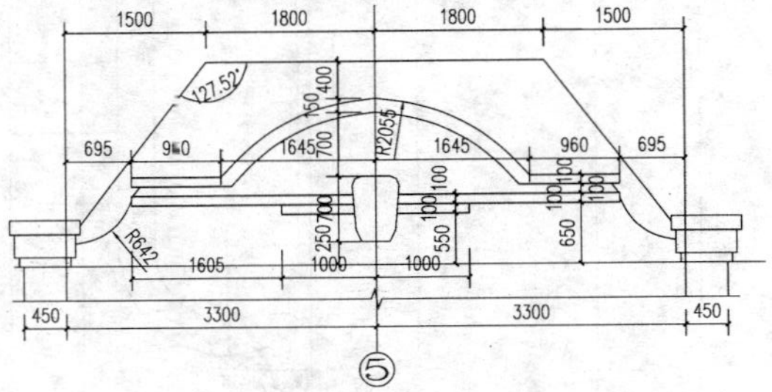

屋顶造型线脚尺寸详图

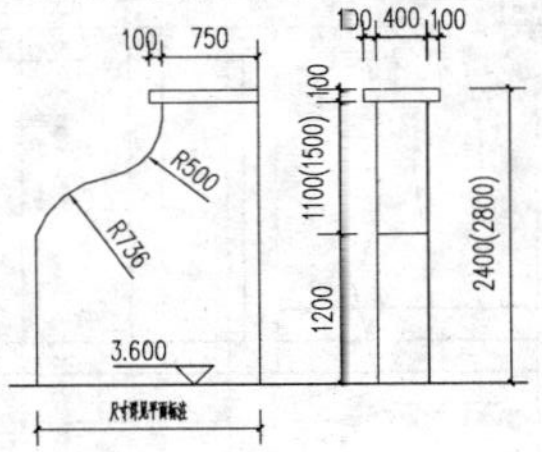

露台隔墙尺寸详图

图 名		门窗详图五	
图别	建施	图号	13

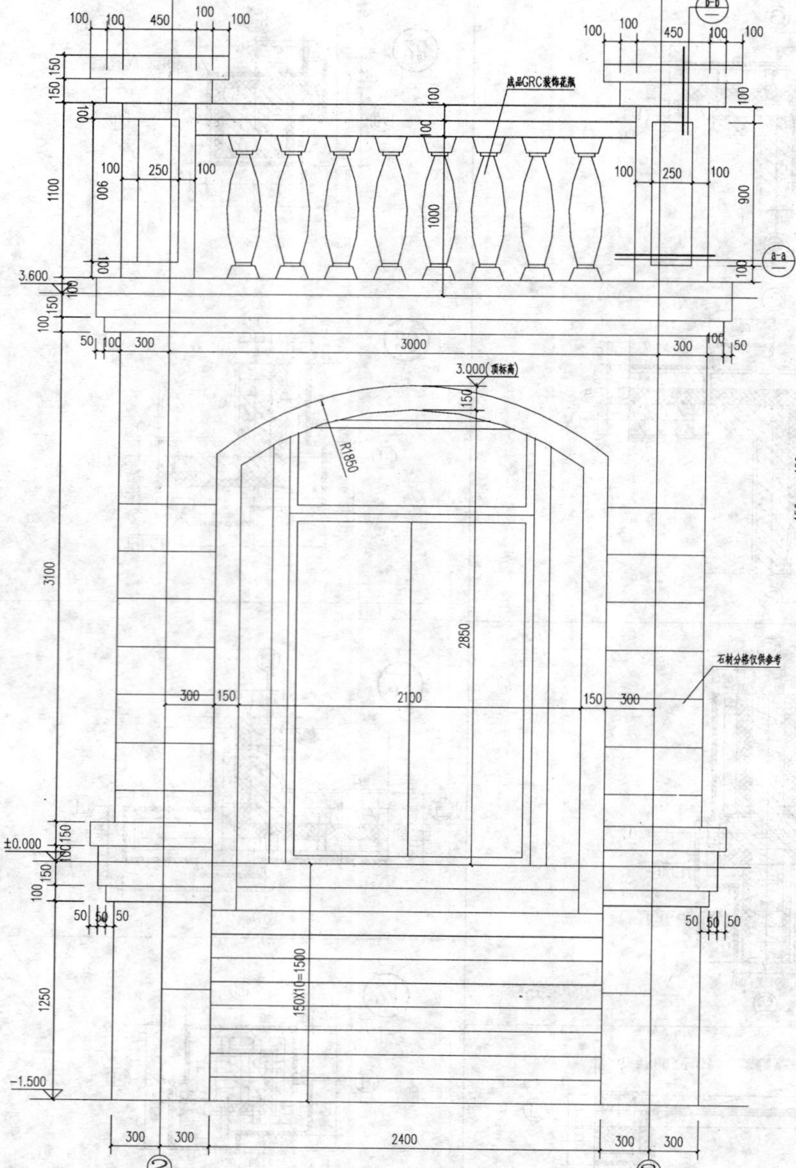

入口门斗尺寸详图

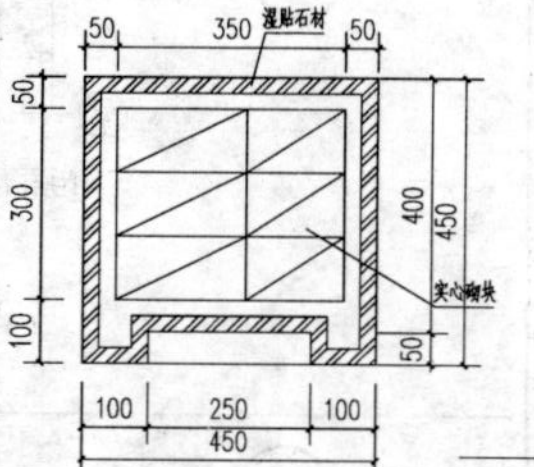

a-a

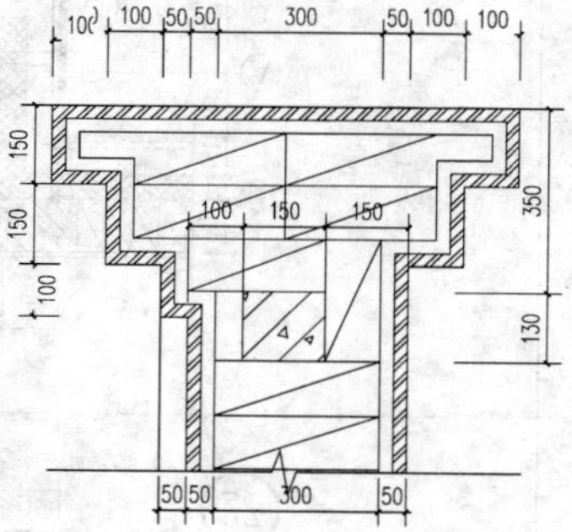

b-b

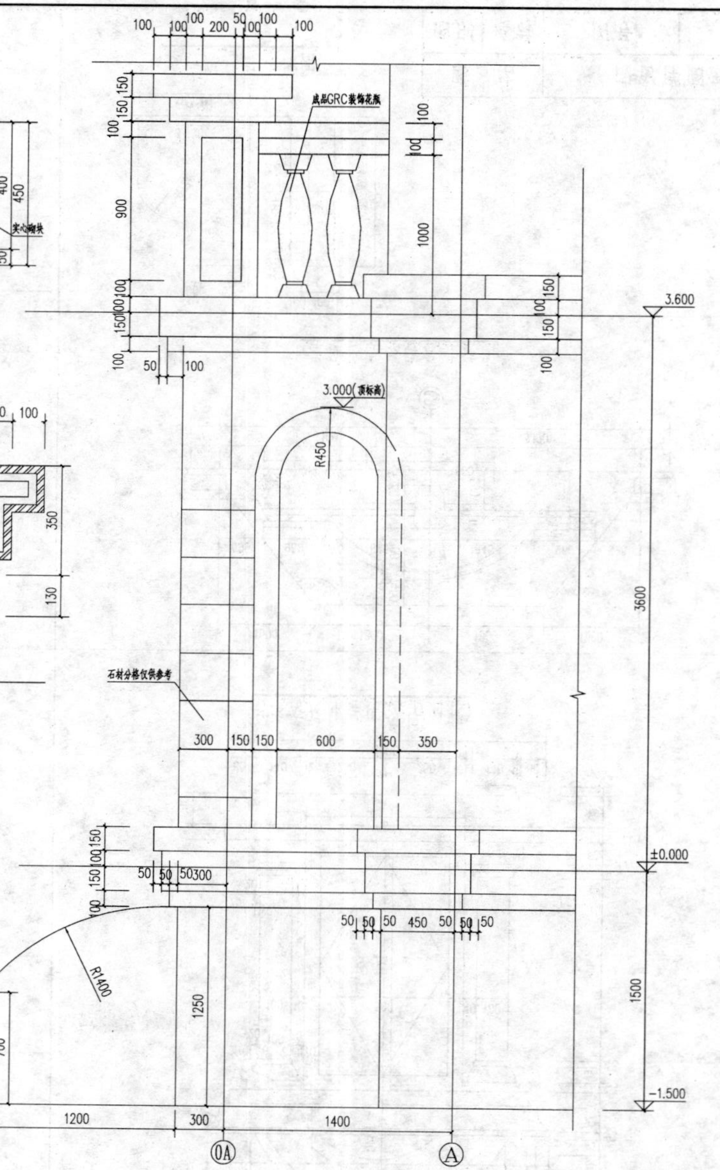

入口门斗侧立面尺寸详图

图 名		门窗详图六	
图别	建施	图号	14

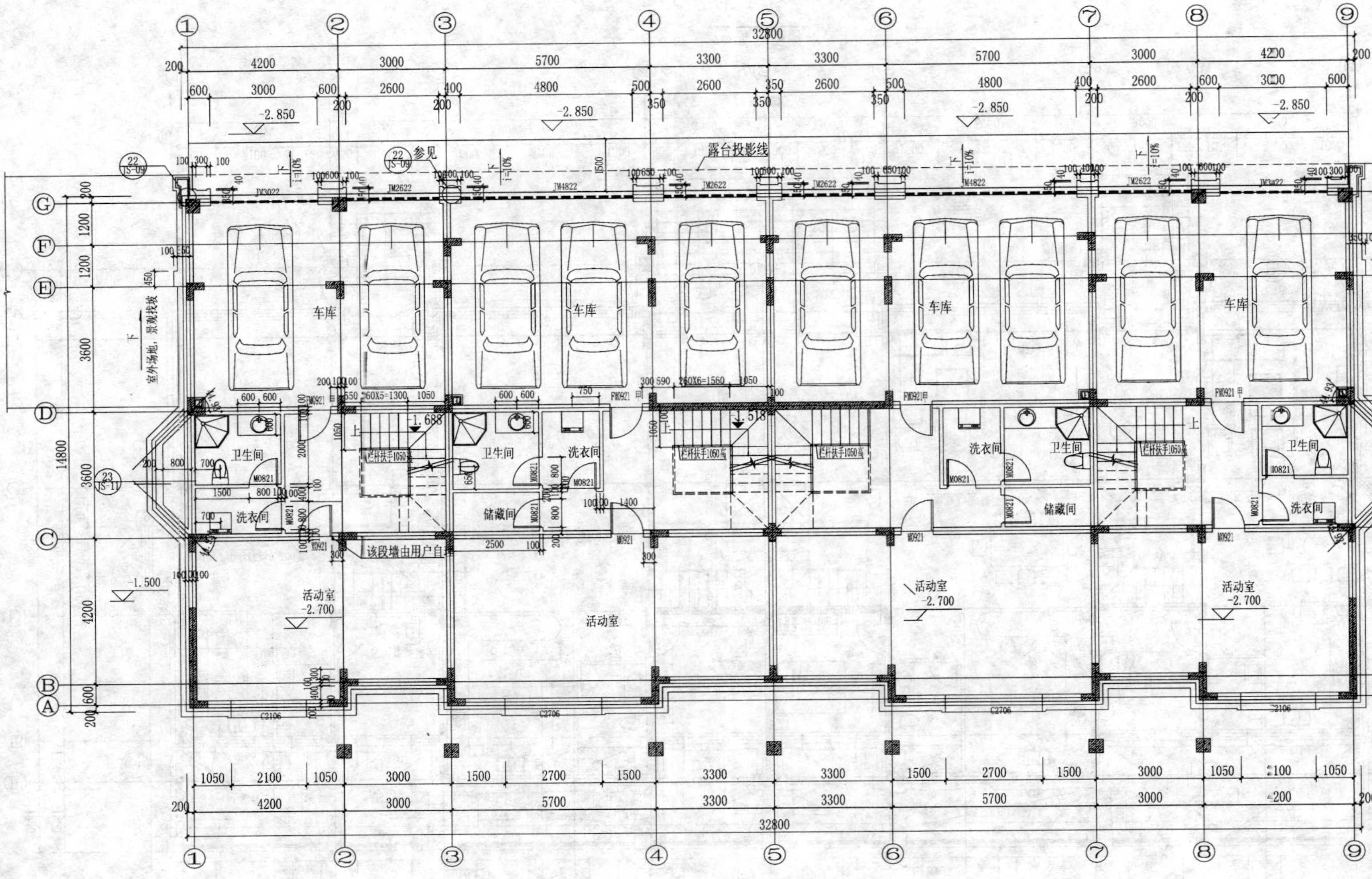

−2.700标高层平面图

说明：

1. 除特殊注明外，内墙为200厚（100厚）煤矸石空心砖，轴线距中砌筑；
2. 本工程卫生间排风道参见03J930-1，楼板留洞300x300，
   厨房排风道参见03J930-1，楼板留洞300x300；
3. 厨房卫生间设备详见二次装修设计，所有卫生洁具选成品；
4. 该层平面反户型各尺寸参见镜像户型尺寸；
5. 剪力墙详见建施图；
6. YG　雨水管，管径为100mm，
   所有水暖管及孔均已水暖图纸为准

图　名		−2.700 标高层平面图	
图别	建施	图号	15

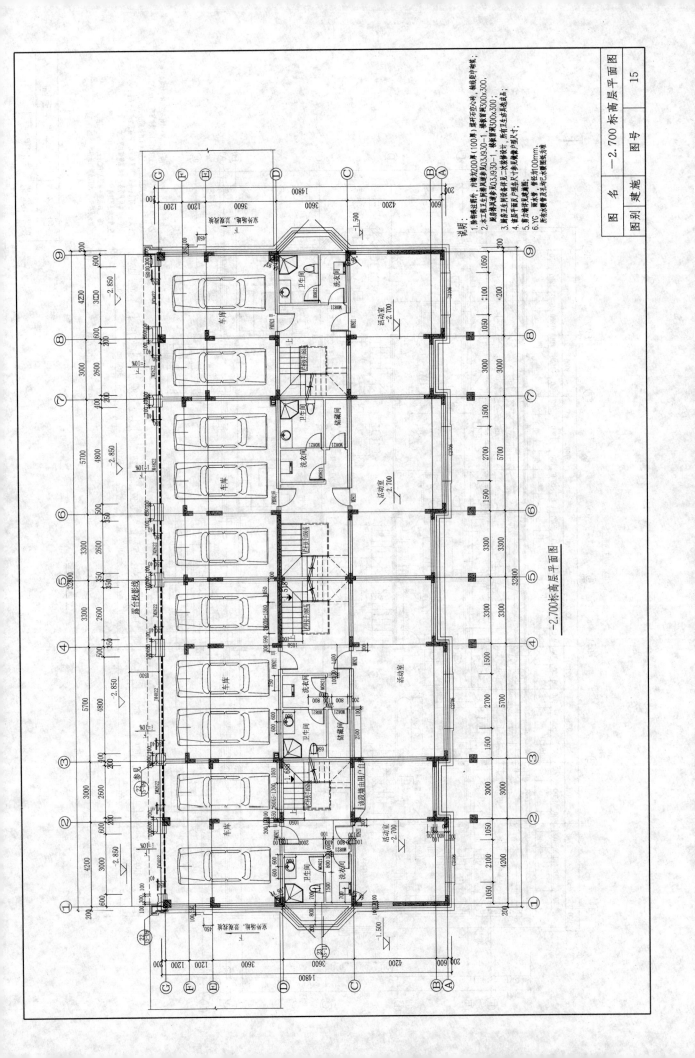

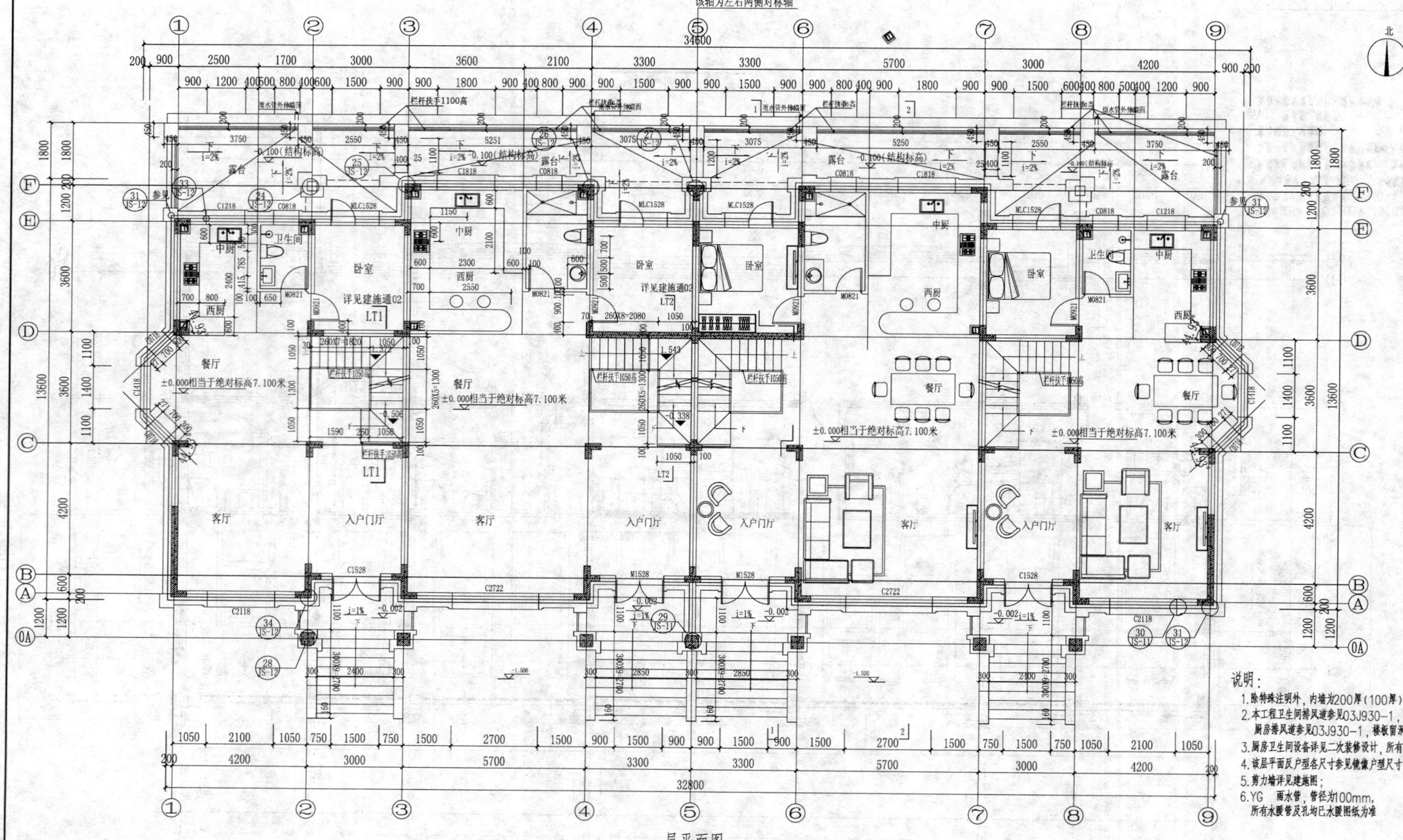

一层平面图

说明：
1. 除特殊注明外，内墙为200厚（100厚）煤矸石空心砖，轴线距中砌筑；
2. 本工程卫生间排风道参见03J930-1，楼板留洞300x300，
   厨房排风道参见03J930-1，楼板留洞300x300；
3. 厨房卫生间设备详见二次装修设计，所有卫生洁具选成品；
4. 该层平面反户型各尺寸参见镜像户型尺寸；
5. 剪力墙详见建施图；
6. YG 雨水管，管径为100mm，
   所有水暖管及孔均已水暖图纸为准

图名		一层平面图	
图别	建施	图号	16

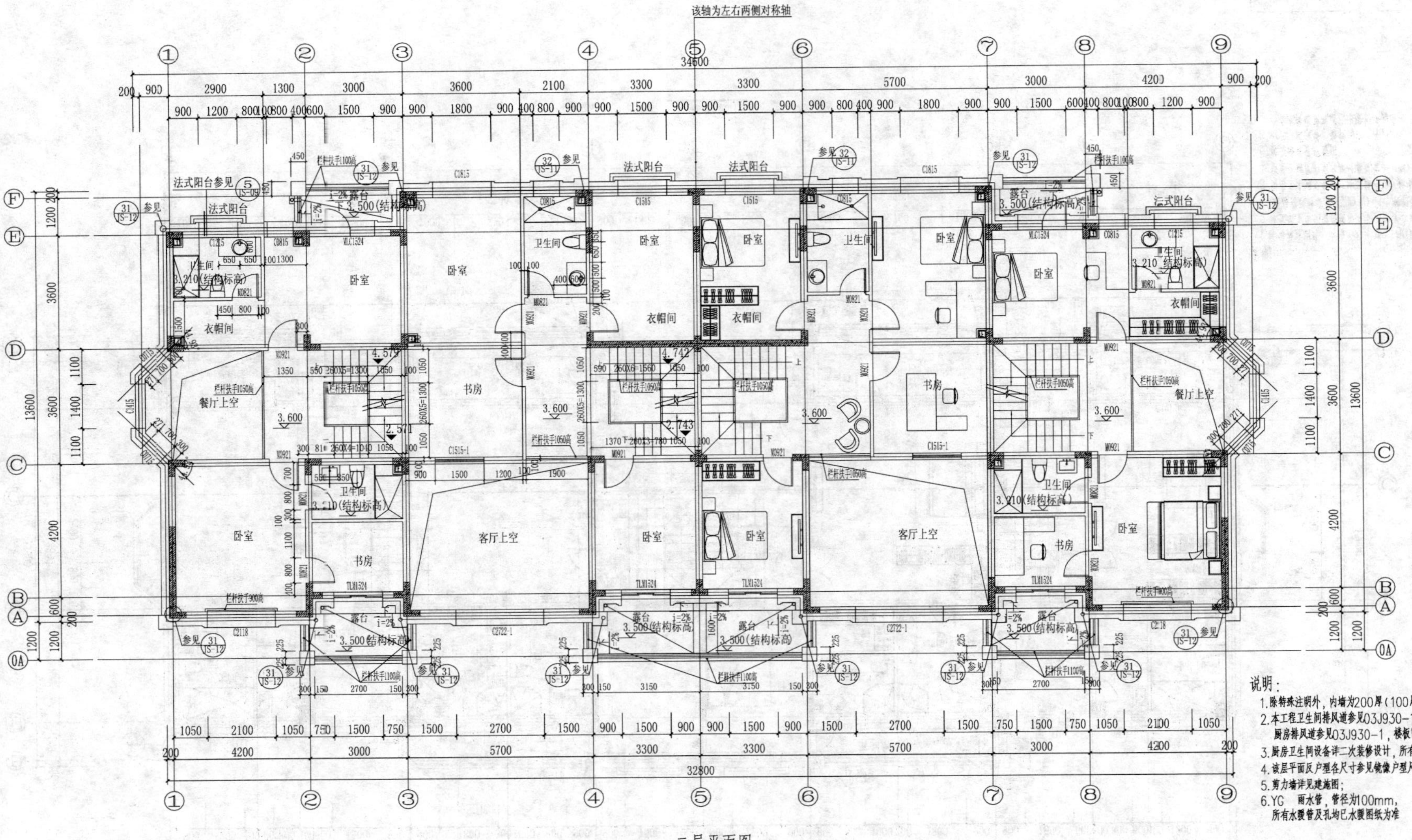

二层平面图

说明：

1. 除特殊注明外，内墙为200厚（100厚）煤矸石空心砖，轴线距中砌筑；
2. 本工程卫生间排风道参见03J930-1，楼板留洞300x300，厨房排风道参见03J930-1，楼板留洞300x300；
3. 厨房卫生间设备详二次装修设计，所有卫生洁具选成品；
4. 该层平面反户型各尺寸参见镜像户型尺寸；
5. 剪力墙详见建施图；
6. YG 雨水管，管径为100mm，所有水暖管及孔均已水暖图纸为准

图　名	二层平面图		
图别	建施	图号	17

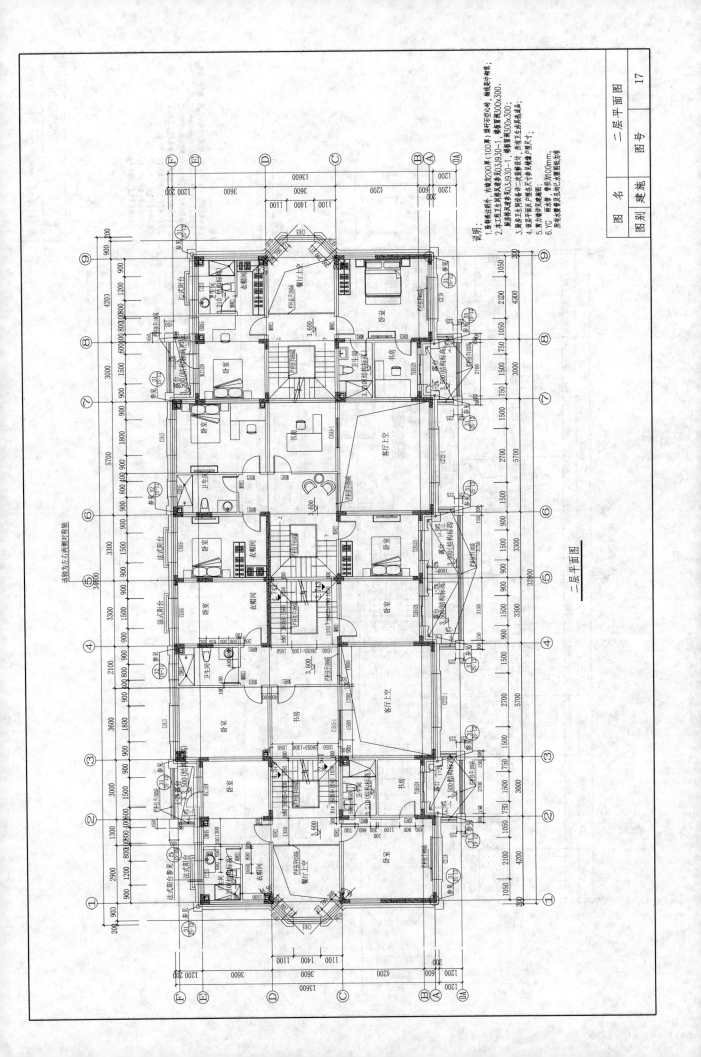

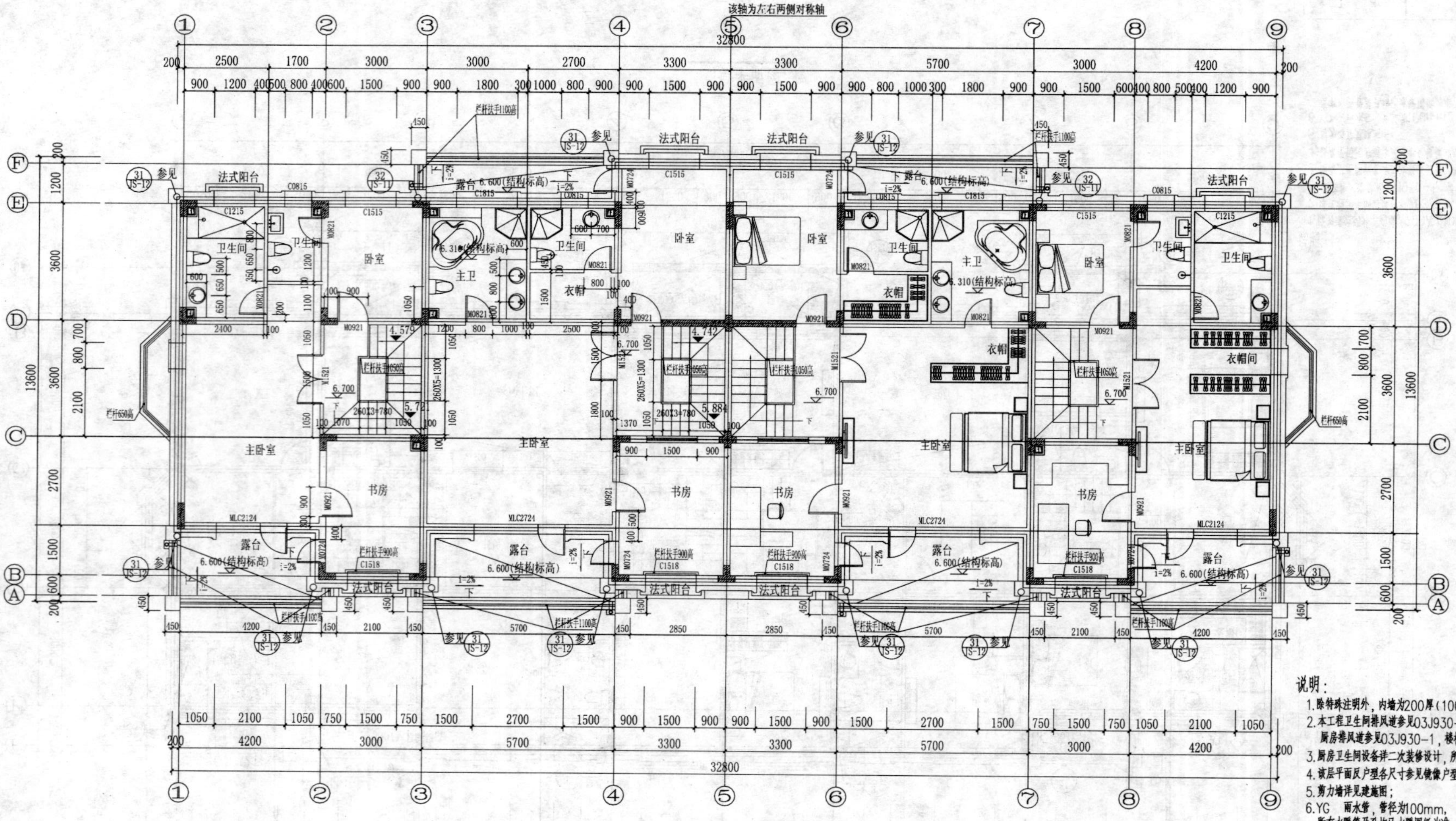

三层平面图

说明：

1. 除特殊注明外，内墙为200厚（100厚）煤矸石空心砖，轴线距中砌筑；
2. 本工程卫生间排风道参见03J930-1，楼板留洞300x300，
   厨房排风道参见03J930-1，楼板留洞300x300；
3. 厨房卫生间设备详二次装修设计，所有卫生洁具选成品；
4. 该层平面反户型各尺寸参见镜像户型尺寸；
5. 剪力墙详见建施图；
6. YG　雨水管，管径为100mm，
   所有水暖管及孔均已水暖图纸为准

图　名	三层平面图		
图别	建施	图号	18

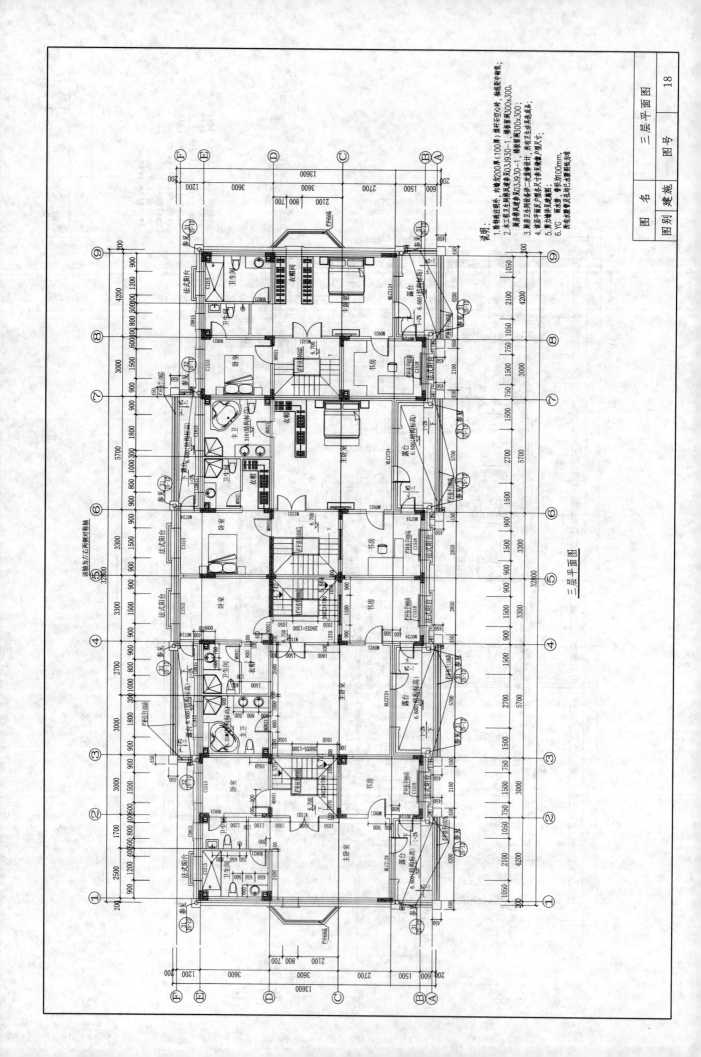

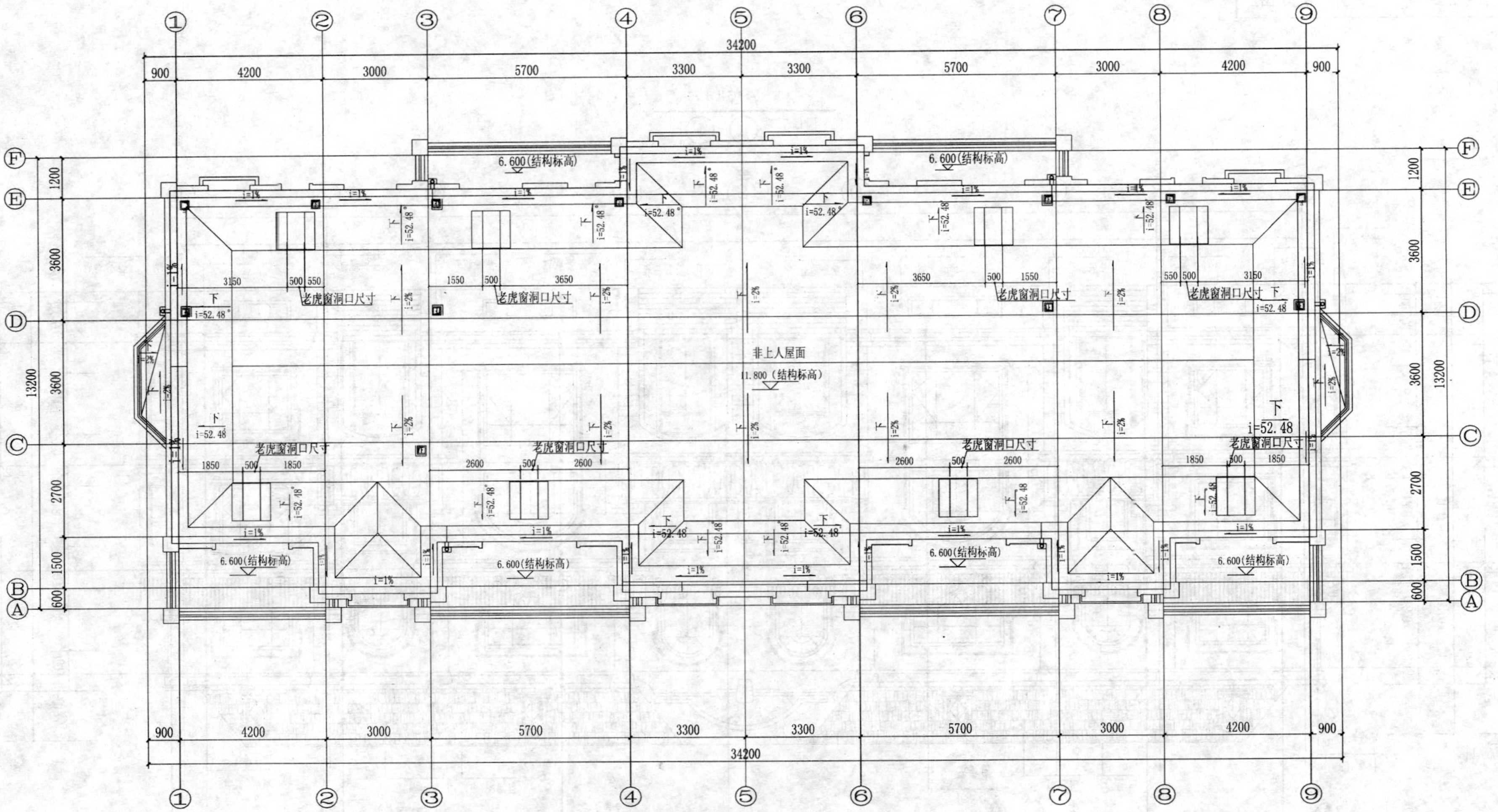

屋面排水示意图

1.外排雨水管 o 均参见图集制作 99(03)J201-1 1/28

2.出屋面通风道作法参见图集 99(03)J201-1 1/47

图　名		屋面排水示意图	
图别	建施	图号	19

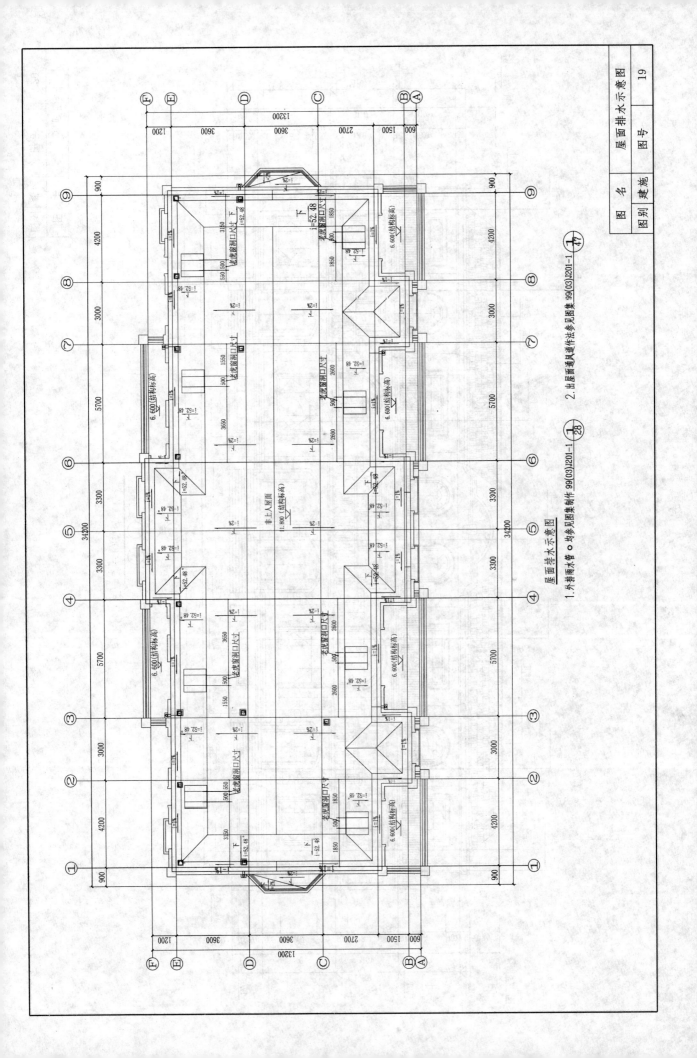

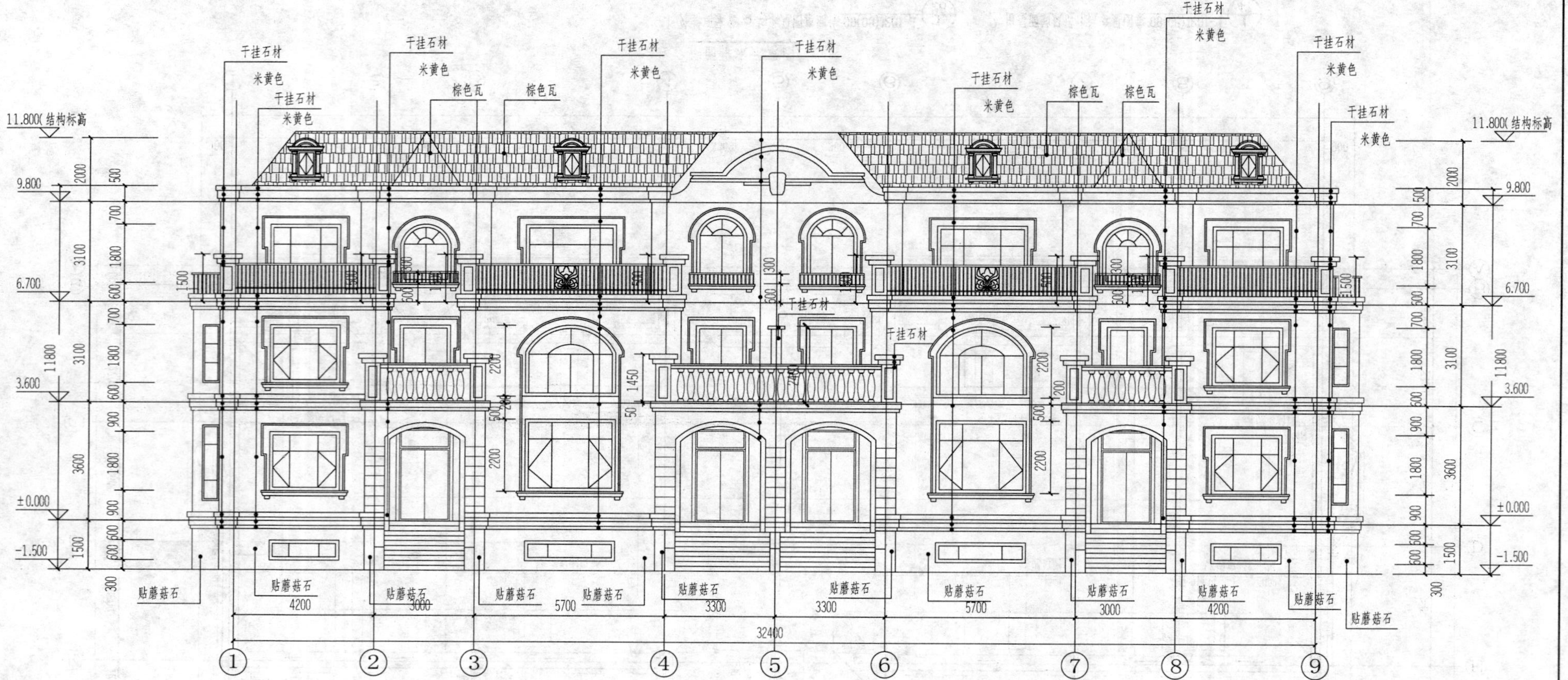

①-⑨轴立面图

注：栏杆由铁艺厂家深化设计

图　名		立面图一	
图别	建施	图号	20

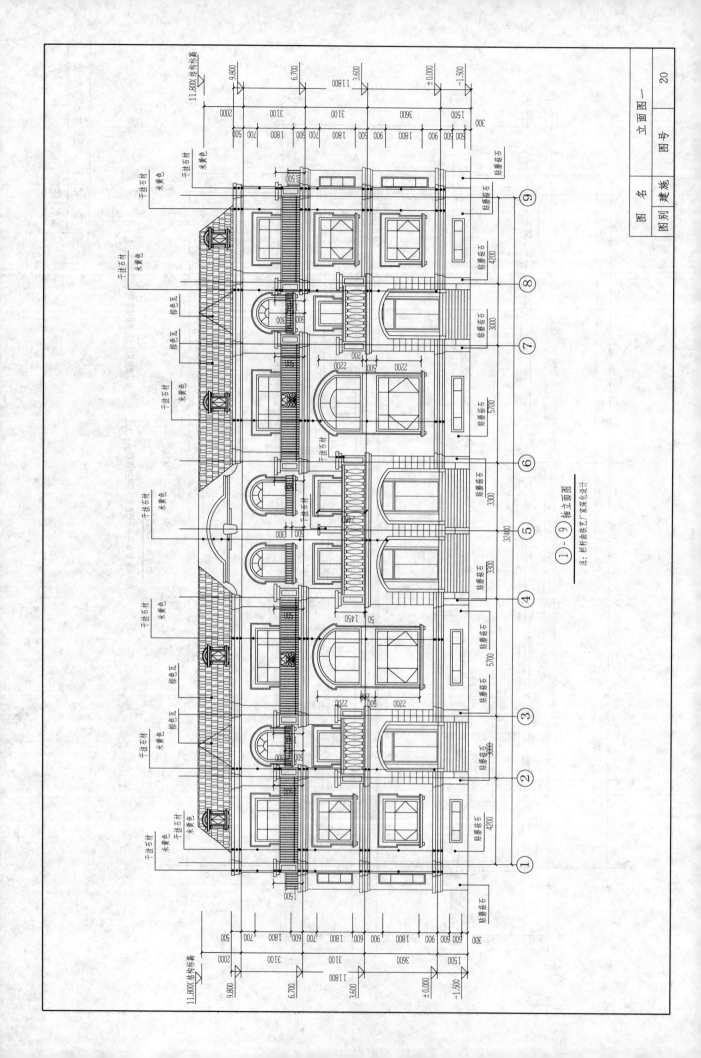

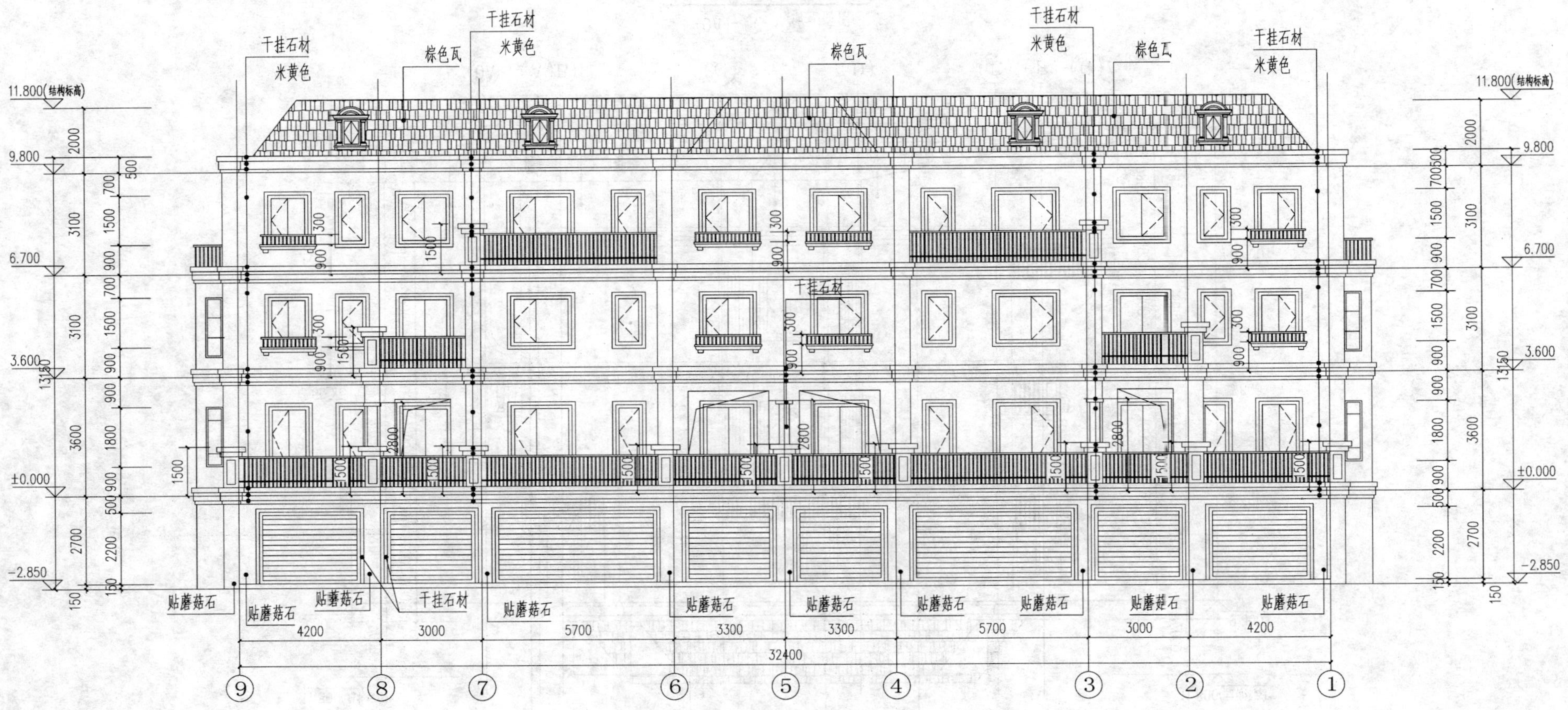

⑨-① 轴立面图

注:栏杆由铁艺厂家深化设计

图 名		立面图二	
图别	建施	图号	21

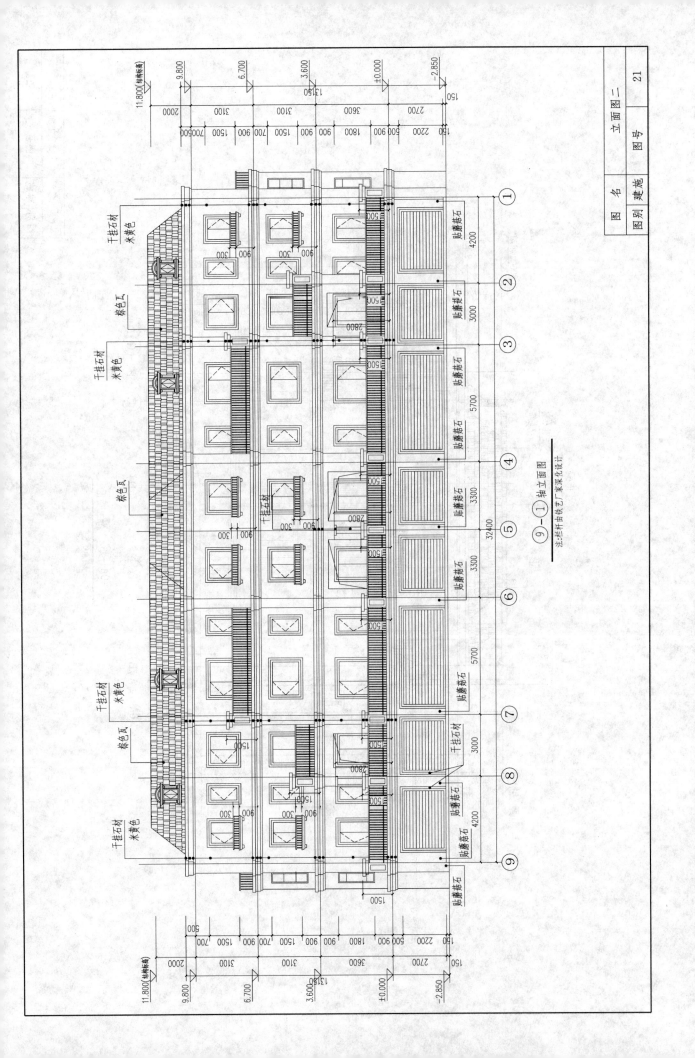

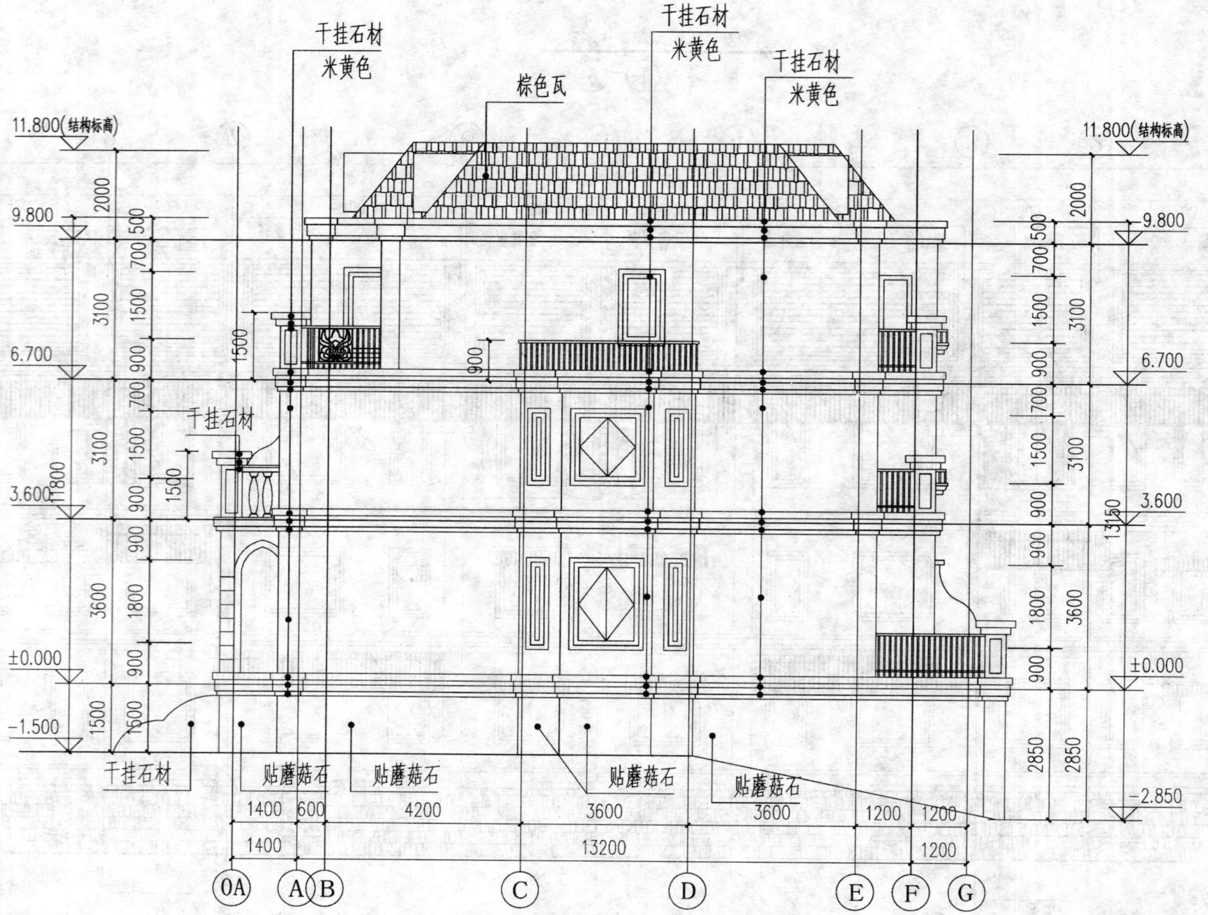

(0A)-(G) 轴立面图

注:栏杆由铁艺厂家深化设计

图名		立面图三	
图别	建施	图号	22

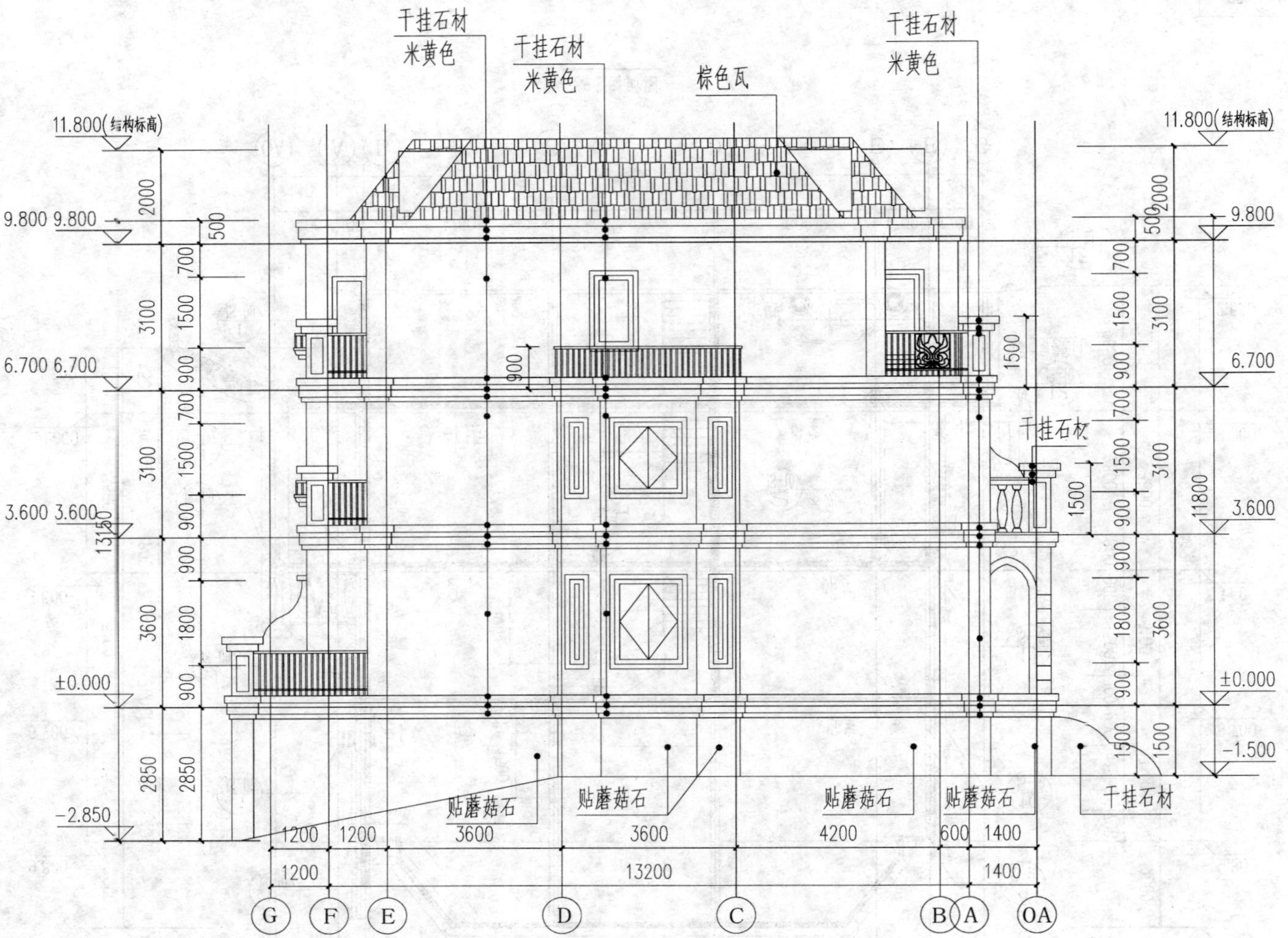

G—0A 轴立面图

注:栏杆由铁艺厂家深化设计

图 名		立面图四	
图别	建施	图号	23

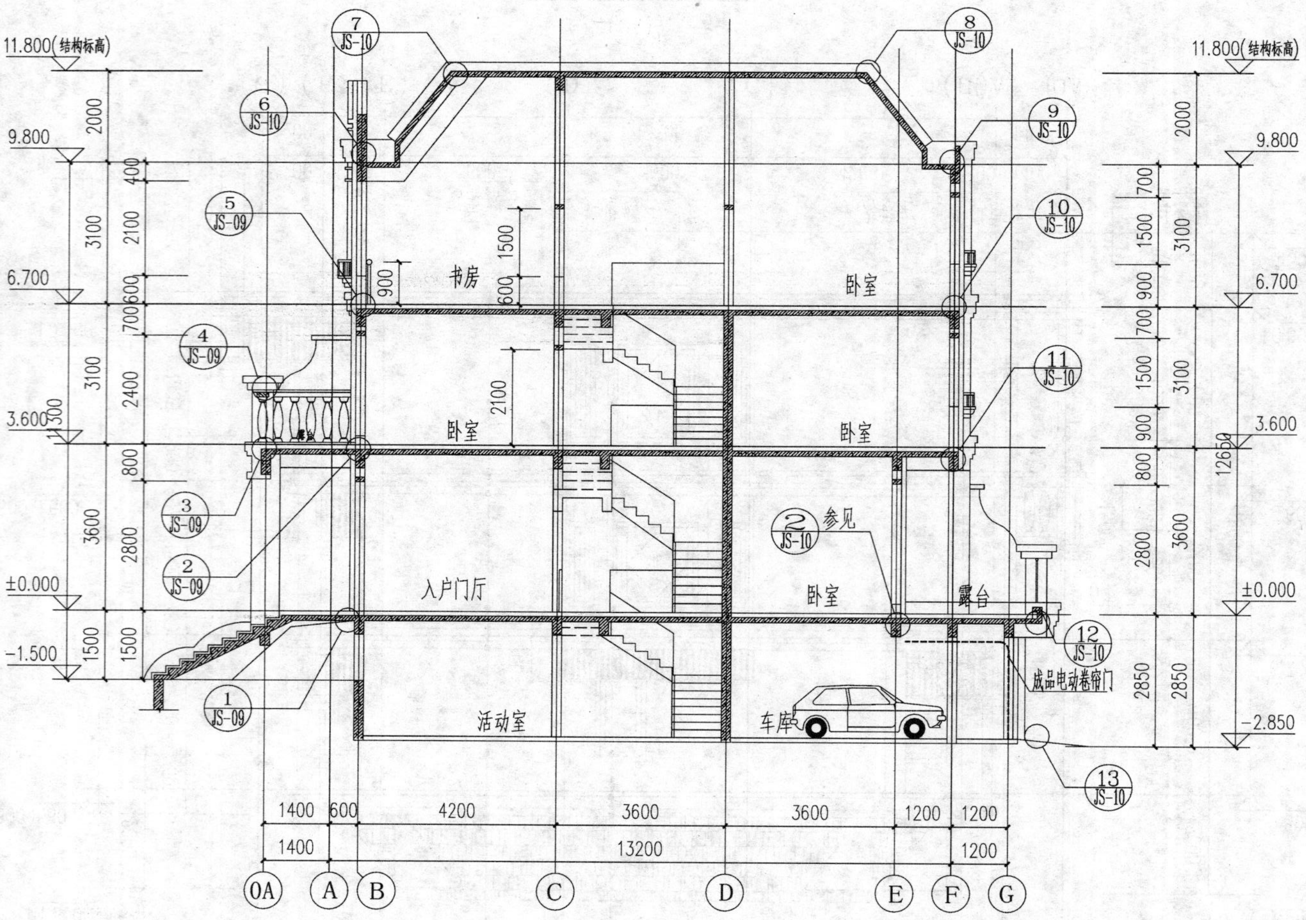

1-1剖面图

图　名		剖面图一	
图别	建施	图号	24

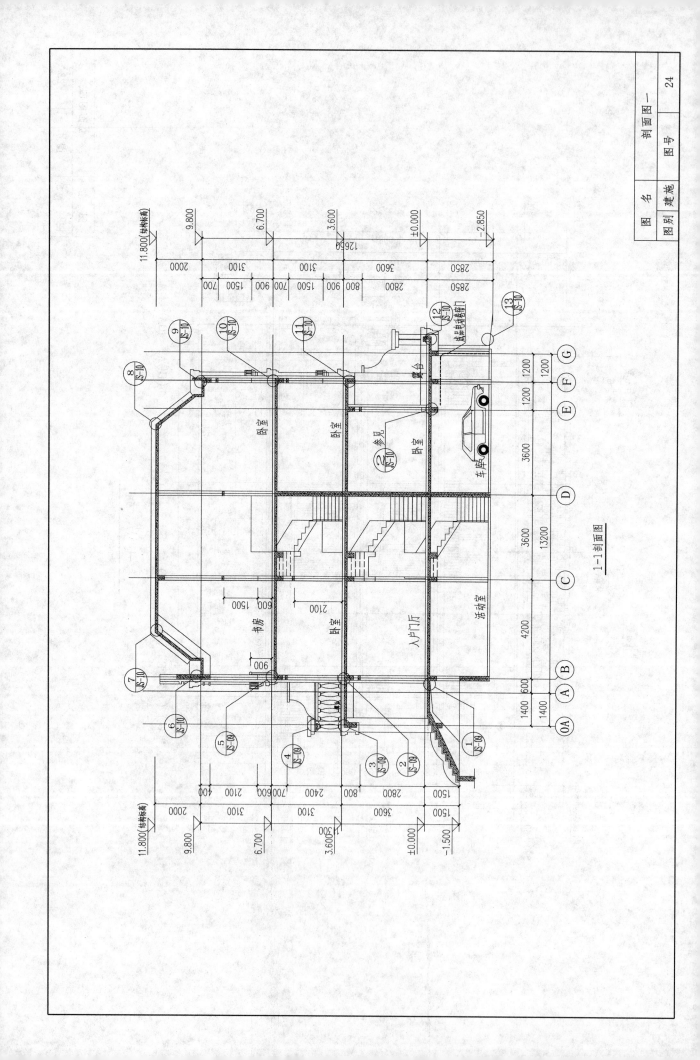

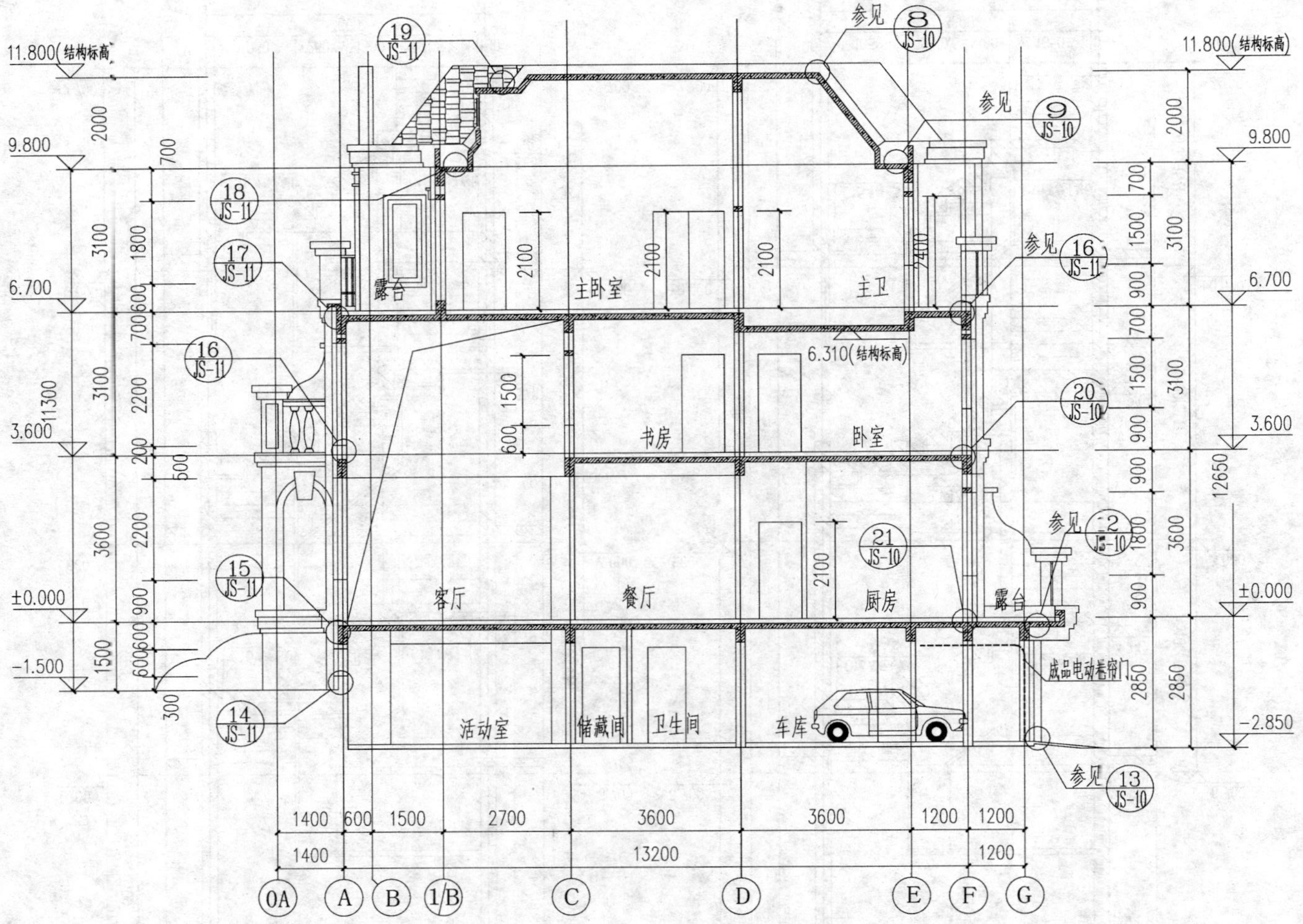

2-2剖面图

图 名	剖面图二		
图别 建施	图号	25	

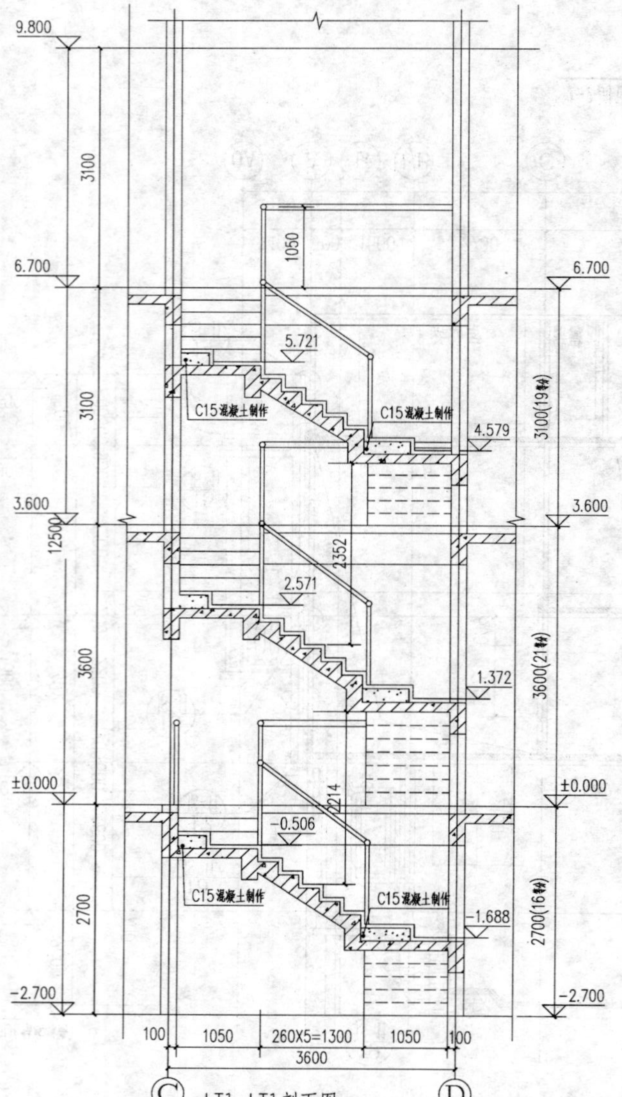

LT1-LT1剖面图

注：1. 楼梯栏杆扶手高度满足1050，且杆件净距≤110；
2. 所有金属构件均作除锈处理；
3. 栏杆样式由厂家提供样本经甲方认可后安装

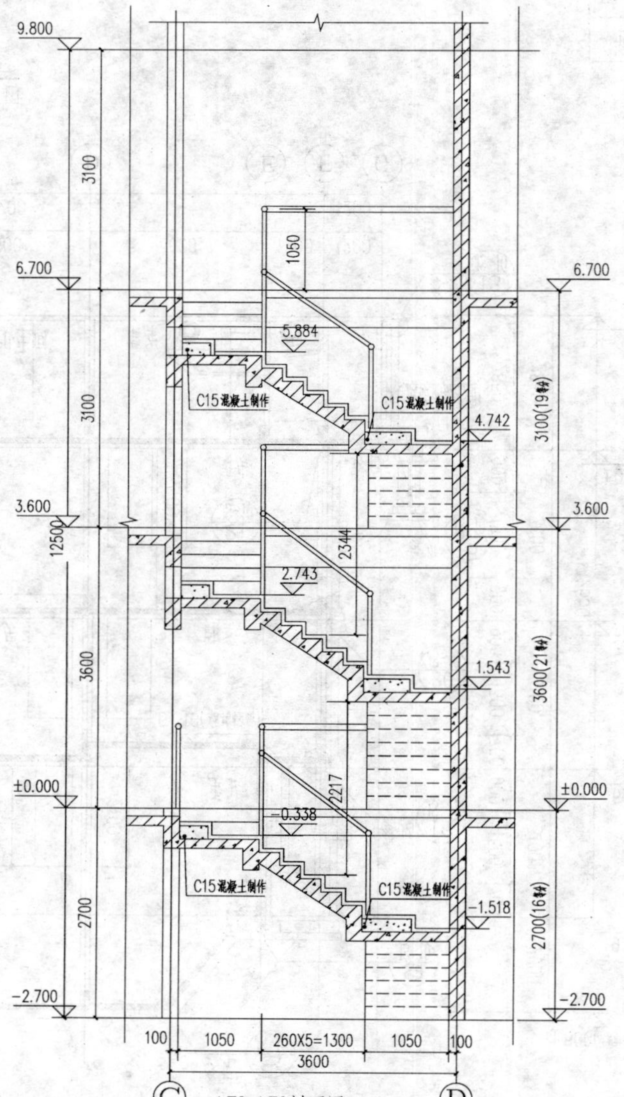

LT2-LT2剖面图

注：1. 楼梯栏杆扶手高度满足1050，且杆件净距≤110；
2. 所有金属构件均作除锈处理；
3. 栏杆样式由厂家提供样本经甲方认可后安装

图　名	楼梯图		
图别	建施	图号	26

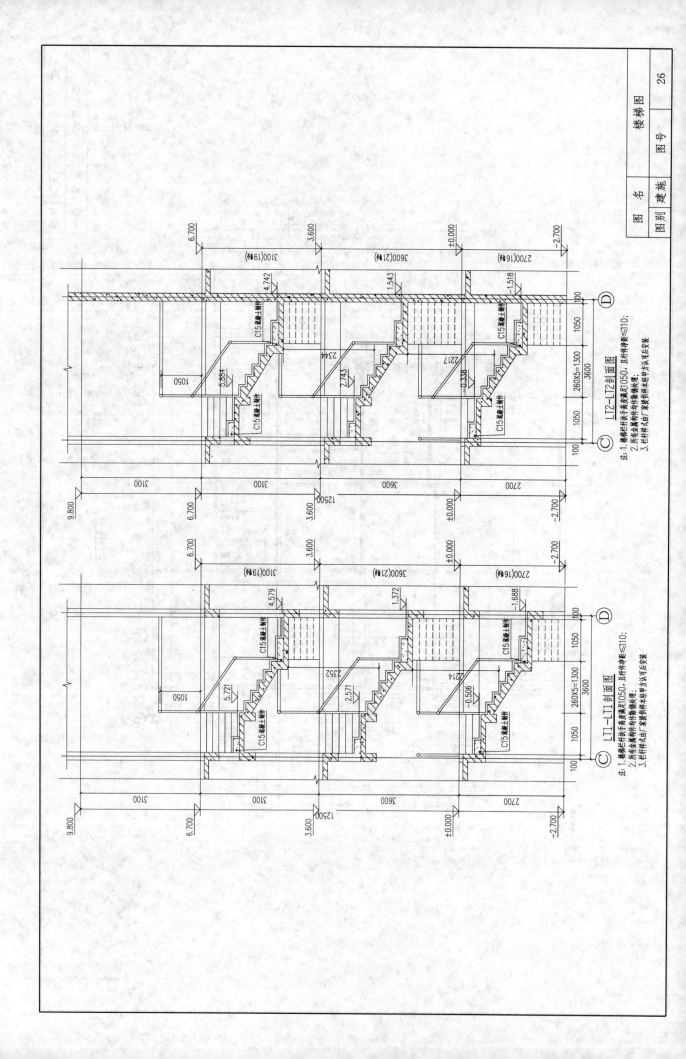

结构设计总说明一

1. 设计概况

本工程为辽宁省某市别墅工程14#楼，建筑面积：1547.42m²。±0.000标高以上3层，±0.000标高以下1层，其中：－2.700标高处层层高为2.700m，一层层高3.600m，二、三层层高3.100m，檐口高度9.800m。设计±0.000相当于绝对高程7.100m。室内外高差1.50m。

2. 设计依据

2.1 结构设计使用年限50年。

2.2 自然条件

1）基本风压：0.60kN/m²；　3）地震设防烈度：7度（0.10g）；

2）基本雪压：0.40kN/m²；　4）标准冻结深度：1.1m。

2.3 工程地质概况

2.3.1 场地土岩性特征（表1）。

场地土岩性特征自上而下详细划分表　**表1**

层号	岩性	稠度	密实度	层厚 (m)	承载力特征值 f_{ak} (kPa)	压缩模量 E_s (MPa)	桩侧阻力特征值 q_{sik} (kPa)	桩端阻力特征值 q_{pk} (kPa)
①	杂填土	——	松散	0.7～1.4				
②	粉质黏土	软塑		2.5～3.7	120	4.81	18	
③	粉质黏土	软塑		6.0～6.8	10	4.37	17	
④	淤泥质粉质黏土	流塑		4.9～6.5	80	3.88	13	
⑤	粉质黏土	软塑		0.6～2.2	130	5.48	19	
⑥	粉细砂夹粉质黏土	软塑	中密	1.9～3.4	140	5.55	23	2100
⑦	粉细砂	——	密实	未穿透	180	15	28	2500

2.3.2 地下水概况

在本次勘察深度范围内，遇见地下水，稳定水位0.80～0.90m，平均0.85m。地下水类型为第四系潜水，地下水对混凝土有微腐蚀性，对混凝土中的钢筋有微腐蚀性。

2.4 本工程设计遵循的标准、规范、规程、规定

(1)《工程结构可靠性设计统一标准》　GB 50153—2008；

(2)《建筑工程抗震设防分类标准》　GB 50223—2008；

(3)《建筑结构荷载规范》　GB 50009—2012；

(4)《混凝土结构设计规范》　GB 50010—2010；

(5)《建筑抗震设计规范》　GB 50011—2010；

(6)《建筑地基基础设计规范》　GB 50007—2011；

(7)《建筑地基基础技术规范》　DB 21—907—2005；

(8)《混凝土异形柱结构技术规程》　JGJ 149—2006；

(9)《混凝土结构砌体填充墙技术规程》　DB 21/T 1779—2009；

3. 建筑分类等级

3.1 建筑结构的安全等级及抗震设防类别

3.1.1 建筑结构的安全等级：二级；

3.1.2 地基基础设计等级：乙级；

3.1.3 建筑工程的抗震设防类别：标准设防；

3.1.4 结构抗震等级为：框架：三级（抗震构造：二级）；剪力墙：二级；

3.1.5 建筑耐火等级：二级；

3.1.6 结构构件的裂缝控制等级：三级。

3.2 环境类别（表2）

混凝土结构的环境类别　**表2**

环境类别	条　件
一	室内干燥环境；无侵蚀性静水浸没环境
二 a	室内潮湿环境，冰冻线以下与无侵蚀的水或土壤直接接触的环境
二 b	露天环境，冰冻线以上与无侵蚀的水或土壤直接接触的环境

图　名		结构设计总说明一	
图别	结施	图号	1

结构设计总说明二

4. 荷载取值

4.1 风荷载

基本风压按 50 年一遇取为 0.60kN/m²，地面粗糙度类别为 B 类。风荷载体形系数、风振系数、风压高度变化系数按《建筑结构荷载规范》GB 5009—2012 取值。

4.2 雪荷载

基本雪压按 50 年一遇取为 0.40kN/m²；积雪分布系数按〈建筑结构荷载规范〉GB 5009—2012 取值。

4.3 地震作用

1）设计基本地震加速度：0.15g；

2）设计地震分组：第一组；

3）建筑场地类别：Ⅲ类；

4）设计特征周期：0.45s；

5）结构阻尼比：0.05；

6）水平地震影响系数最大值：多遇地震 0.08。

4.4 楼（屋）面活荷载（表 3）

楼（屋）面活荷载 **表 3**

位置功能	可变荷载	位置功能	可变荷载
不上人屋面	0.50kN/m²	上人屋面	2.0kN/m²
起居室	2.0kN/m²	走廊	2.0kN/m²
卫生间、盥洗室	2.0kN/m²	阳台、露台	2.5kN/m²
楼梯	3.5kN/m²	楼梯、阳台栏杆顶部水平荷载	0.5kN/m²
餐厅	2.5kN/m²	有浴缸的卫生间	4.0kN/m²

注：使用及施工堆料重量不得超过以上值，不得改变结构的用途和使用环境。

4.5 恒荷载（表 4）

恒荷载 **表 4**

材料	荷载	材料	荷载
钢材容重	78kN/m³	玻璃窗连框	0.45kN/m²
钢筋混凝土容重	25kN/m³	吊挂重量	0.5kN/m²
砂浆容重	20kN/m³	幕墙	1.5kN/m²
混凝土空心砌块砌体	≤13kN/m³	屋顶找坡材料	≤8kN/m³

5. 设计计算程序

5.1 结构整体分析：高层建筑结构空间有限元分析与计算软件：PKPM-SATWE（2011，01 版）采用空间杆单元模拟梁、柱及支撑等杆件，本工程整体计算嵌固部位为基础顶。

基础计算：PKPM-JCCAD（2011，01 版）；理正结构计算软件。

6. 主要结构材料

6.1 混凝土：

混凝土强度等级：

（1）框架柱、剪力墙在标高 6.600m 以下为 C40；标高 6.600 以上为 C30；

（2）框架梁、一般梁、板及楼梯：C30；

（3）构造柱、过梁及圈梁等构件：C25；

（4）基础梁、桩基承台：C40。

6.2 混凝土耐久性（表 5）：

混凝土耐久性的基本要求 **表 5**

环境类别		最大水胶比	最低混凝土强度等级	最大氯离子含量（%）	最大碱含量（kg/m³）
一		0.60	C20	0.3	
二	a	0.55	C25	0.2	3.0
	b	0.50	C30	0.15	3.0

6.3 填充砌体：±0.000 以下：采用 MU10 混凝土空心砌块，M10 水泥砂浆砌筑；

±0.000 以上：采用 MU5 混凝土空心砌块，M5 混合砂浆砌筑；

砌体施工质量控制等级为 B 级，填充墙砌筑时按地震烈度 8 度选用相关图集。

图名		结构设计总说明二	
图别	结施	图号	2

结构设计总说明三

6.4 钢筋：Φ HPB300 级钢筋，f_y=270MPa；

Φ HRB335 级钢筋，f_y=300MPa；

Φ HRB400 级钢筋，f_y=360MPa；

普通纵向受力钢筋的抗拉强度实测值与屈服强度实测值的比值不应小于1.25；屈服强度实测值与强度标准值的比不应大于1.3，且钢筋在最大拉力下的总伸长率实测值不应小于9%。

6.5 型钢、钢管、钢板：Q235-B。

6.6 焊条：(1) HPB300 级钢筋之间（包括 Q235-B）及 HPB300 级与 HRB335 级钢筋之间焊接采用 E43xx 型焊条；

(2) HRB335 级钢筋之间及 HRB335 级与 HRB400 级钢筋之间焊接采用 E50xx 型焊条；

(3) HRB400 级钢筋之间焊接采用 E50xx 型焊条；

HRB400 级钢筋，当坡口焊，熔槽邦条焊时，应采用 E5503 焊条。

7. 地基与基础

7.1 本工程采用静压预应力高强混凝土管桩基础，桩径 400mm 壁厚 95mm 桩长 17m，桩端全截面进入持力层不小于 1m，初算单桩竖向承载力特征值 Ra=700kN。

7.2 开挖基槽时，不应扰动土的原状结构，如经扰动，应挖除扰动部分，根据土的压缩性选用级配砂石（或素混凝土）进行回填处理，用级配砂石时压实系数应大于 0.97；机械挖土时应按有关规范要求进行，坑底应保留 200mm 厚的土层用人工开挖。

7.3 开挖基槽时应注意边坡稳定，定期观测其对周围道路市政和建筑物有无不利影响，非自然放坡开挖时，基槽护壁应作专门设计，施工时如应人工降水，应降至施工面以下 500mm。

7.4 基槽开挖后，应会同勘察、施工、监理、建设单位等共同验槽，合格后方可进行后续施工。

7.5 混凝土承台下设 100mm 厚的 C10 素混凝土垫层，海边宽出承台边 100mm。

7.6 当基础底部存在古井、洞口、旧基础、暗塘等软硬不均部位时，应根据建筑对不均匀沉降的要求进行核对，并经检验合格后，方可施工。

7.7 位于设备基础、地面、散水、踏步等基础之下的回填土，必需分层夯实，每层厚度不大于 250mm，压实系数应大于 0.94。

8. 钢筋混凝土工程

8.1 钢筋混凝土结构施工图制图规则和构造详图，除本说明和施工图中另有注明外，均按下列国家建筑标准设计图集进行施工。

(1) 现浇混凝土结构的柱、墙、梁、板等构件选用 11C101-1《混凝土结构施工图平面整体表示方法制图规则和构造详图》（现浇混凝土框架、剪力墙、框架-剪力墙、梁、板）；

(2) 桩基承台选用 11G101-3《混凝土结构施工图平面整体表示方法制图规则和构造详图》（独立基础、条形基础、筏形基础及桩基承台）；

(3) 抗震构造详图选用 11G329-1《建筑物抗震构造详图》；

(4) 现浇混凝土板式楼梯选用 11G101-2《混凝土结构施工图平面整体表示方法制图规则和构造详图》（现浇混凝土板式楼梯）。

8.2 钢筋的保护层厚度

(1) 受力钢筋的混凝土保护层厚度应从最外层钢筋（包括箍筋，构造筋，分布筋）外缘计算，不应小于钢筋的公称直径，且应符合表 6 的规定；

受力钢筋的混凝土保护层最小厚度（mm） **表 6**

环境类别		墙、板	梁、柱
一		15	20
二	a	20	25
	b	25	35

注：混凝土强度等级不大于 C25 时，表中保护层厚度数值应增加 5mm。

(2) 基础的混凝土保护层厚度为 40mm，从基础垫层的顶面算起；构造柱、圈梁纵筋的保护层厚度为 20mm；混凝土构件中预埋管的保护层厚度不应小于 30mm。

8.3 钢筋接长

图名		结构设计总说明三	
图别	结施	图号	3

结构设计总说明四

（1）柱纵筋接长采用对接焊或等强度直螺纹连接方式连接；梁纵筋接长采用同轴搭接焊或等强度直螺纹连接方式连接；墙，板的钢筋采用绑扎搭接连接。

（2）焊接接长应符合现行国家标准《钢筋焊接规程》JGJ 18 的规定；机械连接接长的接头等级为Ⅱ级，应符合现行国家标准《钢筋机械连接通用技术规程》JCJ 107—2010 的规定。

（3）梁钢筋接长的位置：上皮贯通钢筋在跨中三分之一跨长内接长，下皮钢筋在支座附近接长；

板钢筋接长的位置：上皮贯通钢筋在跨中三分之一跨长内接长，下皮钢筋在支座附近接长。

悬挑板不应布置接头。钢筋接头位置应相互错开，同一连接区段内接头不得超过全部钢筋面积；

受拉区 25%，受压区 50%（位置示意见图三）；相邻接头中心的间距，机械连接及焊接时不小于 500 且不小于 $35d$，绑扎搭接时不小于 $1.3l_l$ 基础构件与上述相反。

墙钢筋接长的位置：见图集 11G329-1。

8.4　钢筋锚固、搭接

混凝土构件钢筋的锚固长度和搭接长度按抗震等级二级的要求执行。

8.5　梁柱箍筋及节点核心区：

（1）柱，梁的箍筋端部必须弯成 135°弯钩直线段长度不小于 $10d$；

（2）框架核心区箍筋加密为@100 不得遗漏且核心区混凝土振捣密实；

（3）框架梁纵向钢筋锚入节点区的构造按图七施工；顶层框架柱纵向钢筋锚固按图八施工。

8.6　板

（1）四边支承板钢筋位置上部钢筋短跨方向在上，长跨方向在下；下部钢筋短跨方向在下，长跨方向在上；

（2）管井的各层板后浇，洞的钢筋不断，待管线安装完后再浇混凝土。

（3）墙或板中洞口尺寸小于或等于 300（300×300）时，未在结构图上表示，请按其他专业图预留，此处钢筋不得截断，应绕洞口边通过。

（4）其他洞口位置见有关结构施工图；洞口尺寸小于 1000×1000 时洞边加强筋设置见图四，板上留有后浇块时，板边加强筋做法同板上开洞，浇筑时用高一等级补偿收缩混凝土。

在楼板内埋设电暗管时，暗管应埋在板的中央位置，暗管的直径不应大于板厚的 1/3，距板外皮的混凝土层厚不小于 30mm；如遇双层暗管，累计厚度超过板厚的 1/3 时，交叉处应采用线盒，暗管交叉处重叠不应超过两层。

（5）开间尺寸大于 4m 的楼板、建筑物端开间及屋面板上皮无钢筋区域均配单层双向 $\phi6$@150 温度钢筋，温度钢筋与原有钢筋按受拉钢筋的要求搭接或在周边构件中锚固。

（6）未注明处 110mm、120mm 厚板的分布筋为 $\phi6$@200；150mm 厚板分布筋为 $\phi8$@200；180mm 厚板分布筋为 ϕ@180；200mm 厚板分布筋为 $\phi8$@170；250mm 厚板分布筋为 $\phi10$@200。

（7）边支座板上部钢筋伸入支座达到锚固长度，下部钢筋伸至支座中线且 $\geqslant 5d$。

（8）局部升降板做法参照图集 11G101-1 中所示。

（9）板阴阳角配筋见图集 11G101-1 第 103～104 页。

（10）凡在板上砌隔墙时，应在墙下板内底部增设加强筋（图纸中另有要求者除外），

当板跨 $L\leqslant 1.5$m 时：2 Φ 14，当板跨 1.5m$<L<$2.5m 时：3 Φ 14，

当板跨 $L\geqslant 2.5$m 时：3 Φ 16，加强筋锚固于两端支座内。

（11）有覆土部分的。地下室顶板的混凝土抗渗等级为 P6。

8.7　混凝土的施工和养护

（1）在满足施工的条件下，尽量减小坍落度，坍落度宜控制在 180mm。

（2）控制浇筑时间，对砂、石、水采取冬季保暖或夏季隔热措施，使混凝土入模温度控制在冬天不低于 20℃，夏天不高于 30℃。

（3）混凝土的养护阶段做好保温、保湿工作，提高养护质量，先用塑料布覆盖，上加草袋，保持混凝土表面湿润。

图　名	结构设计总说明四		
图别	结施	图号	4

结构设计总说明五

(4) 对体积较大的混凝土部分排除泌水，对于混凝土表面进行拍打压实、二次压光处理。

(5) 适当延长拆模时间，避免在大风降温天气时浇筑混凝土。

(6) 梁、板跨度大于 4.0m 时，模板应按跨度的千分之二起拱，悬臂构件均应按跨度的千分之五起拱。

(7) 后浇带宽度为 0.80m，带内钢筋不断，沉降后浇带待塔楼主体完工最少 2 个月后，再浇筑带内混凝土，混凝土的浇筑时间选择在日气温较低时浇筑。后浇带做法分别见图十。

(8) 设备管线严禁穿梁。

(9) 当支座两侧平面有错位时，梁主筋在支座内的锚固应按端跨节点考虑。

(10) 反梁与支座梁之间应设插筋，详见图五。

8.8 外露混凝土结构

现浇钢筋砼挑檐，雨罩，女儿墙等外露结构，每隔 12m 左右设 20 宽的缝，缝内塞油膏防水材料。

9. 砌体工程

9.1 本工程采用混凝土空心砌块砌筑。外围护墙的厚度为 190mm，内隔墙的厚度为 190mm、90mm。

9.2 外围护墙的转角部位、较大洞口两侧、悬墙端部均应设置钢筋混凝土构造柱；内隔墙的转角部位、悬墙端部均应设置钢筋混凝土构造柱；无洞口墙构造柱的间距不应大于 5.0m。外围护墙构造柱除特别注明外截面为 190mm×190mm，内配 4 Φ 12 纵筋，$\phi 6@100/200$ 箍筋；内隔墙构造柱的截面为 190mm×190mm，内配 4 Φ 12 纵筋，$\phi 6@100/200$ 箍筋。构造柱纵筋在基础拉梁和顶层圈梁内锚固。

9.3 外围护墙、内隔墙墙高大于 4.0m（90mm 厚墙高度大于 2.8m），应在 1/2 墙高处或门，窗顶部设 100 高，宽同墙厚的钢筋混凝土水平墙梁，内配上下各 $3\phi 10$ 钢筋 $\phi 6@200$ 箍筋，钢筋锚入柱或构造柱内 500，遇过梁时按截面和配筋大者设置。详见 06SG614-1 图集 16～19 页。

9.4 填充墙应在框架柱或构造柱上沿柱高每隔不大于 500 距离埋 2 Φ 6 拉结筋，钢筋贯通，详见 06SG614-1 图集 7～12 页。拉结筋遇洞口时锚固在洞口边构造柱内，洞口边无构造柱时钢筋在洞口边截断。

9.5 外围护墙、内隔墙顶部应与混凝土梁、板拉结，做法详见现行国家建筑标准设计图集 06SG614-1。

9.6 施工图中未注明的门窗过梁按表 7 选用，过梁的构造做法见图一，与框架柱、构造柱相连接的过梁应预留钢筋。当洞口上方有承重梁通过，且该梁底标高与门窗洞顶距离小于 120，可直接在梁下挂板，如图二所示。

9.7 屋面女儿墙填充墙每 3m 设一构造柱，墙拉结筋通长布置，墙高大于 3m 在墙中部每 2m 设圈梁一道，宽度同墙，其他见第 9.3 条。

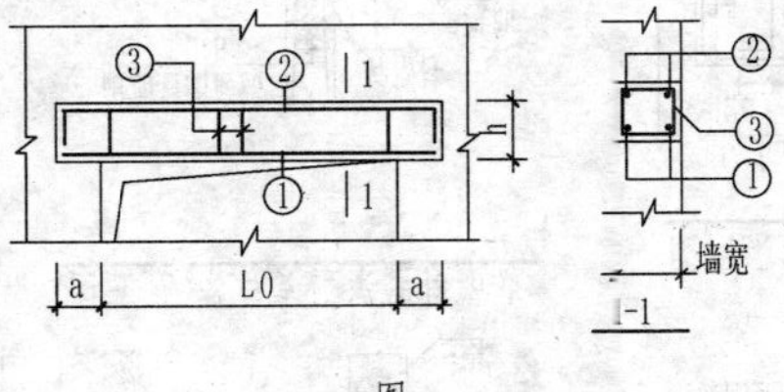

图一

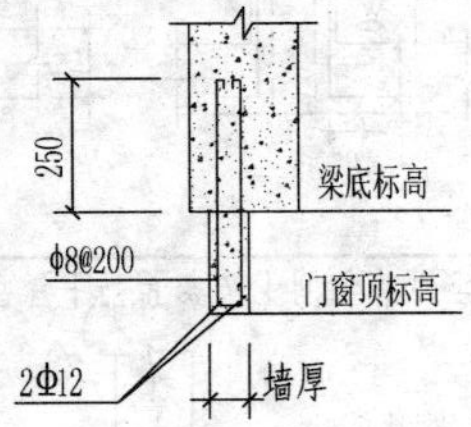

图二

梁底挂板做法示意

门窗过梁选用表 **表 7**

净跨	过梁高	梁长	配筋		
			①	②	③
$L_0 \leqslant 1200$	120	L_0+60G	2 Φ 12	2 Φ 8	Φ 6@200
$1200 \leqslant L_0 < 1800$	150	L_0+600	2 Φ 14	2 Φ 8	Φ 6@150
$1800 \leqslant L_0 < 2400$	180	L_0+600	2 Φ 14	2 Φ 8	Φ 6@150
$2400 \leqslant L_0 < 3000$	240	L_0+600	2 Φ 16	2 Φ 10	Φ 6@150
$3000 \leqslant L_0 < 3600$	300	L_0+600	2 Φ 18	2 Φ 12	Φ 6@150

图名		结构设计总说明五	
图别	结施	图号	5

结构设计总说明六

10　其他

10.1　本工程标高以米（m）计，其他除注明外以毫米（mm）计；除特殊说明外，平面图中注明的标高为构件顶标高。

10.2　所有的预埋件及预留洞口应按各专业的图纸预埋、预留、不得遗漏，应在混凝土浇筑前设置完毕，不得后期刨凿混凝土。

10.3　悬挑构件随主体同步施工，不得留施工缝，保证其主筋位置准确，防止保护层超厚，混凝土强度达到100%方可拆模。

10.4　当监理单位和施工单位发现图中有不清楚或错误时，请及时联系设计单位，由设计单位解释或做设计变更。

10.5　本工程未考虑冬季施工，若冬季施工需采取相关措施。

10.6　施工期间不得超负荷堆放建材和施工垃圾，特别注意梁板上集中负荷时对结构受力和变形的影响。

10.7　未经技术鉴定或设计许可，不得随意改变本工程结构的使用环境和用途。

10.8　本套图应与国家标准设计图集 11G101-1 配合施工。施工人员应认真阅读该图集，并严格按照所有构造要求进行施工。

10.9　本图经施工图审查后方可施工。

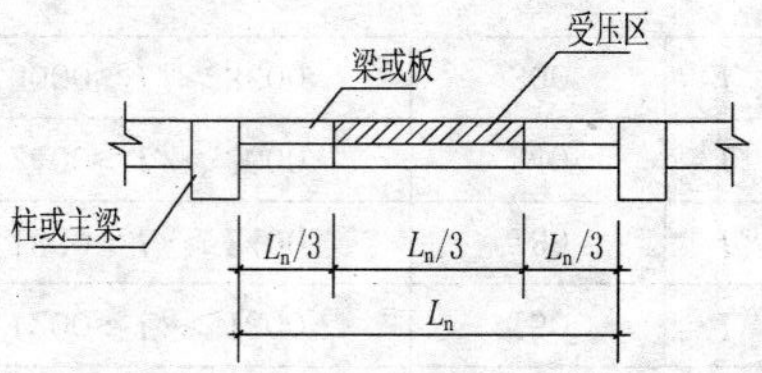

图三

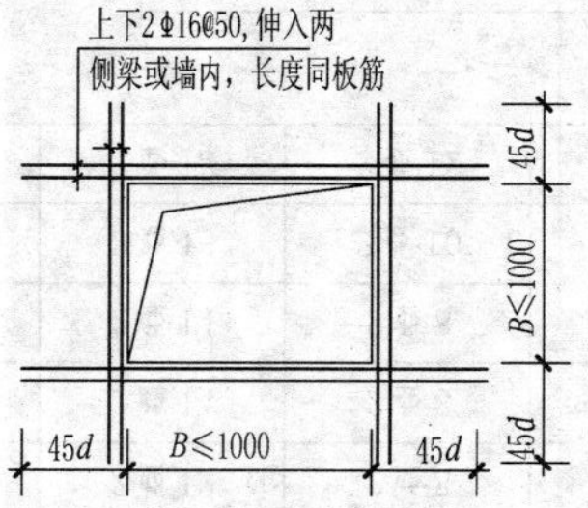

图四

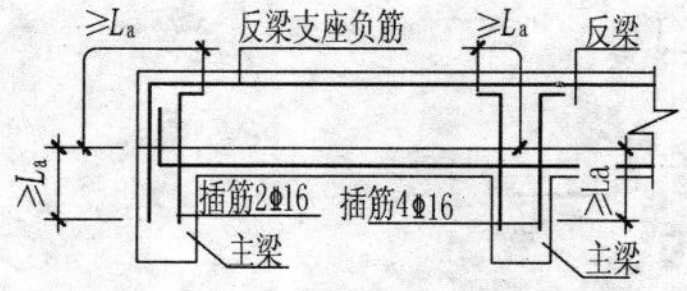

图五 反梁与支座梁连接节点

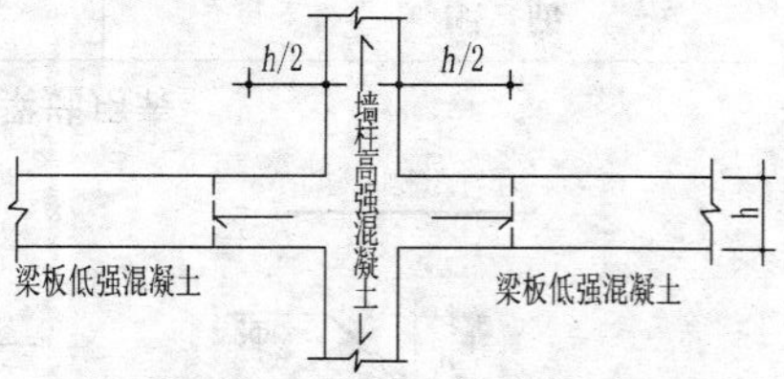

图六梁、柱混凝土强度等级不同时节点示意

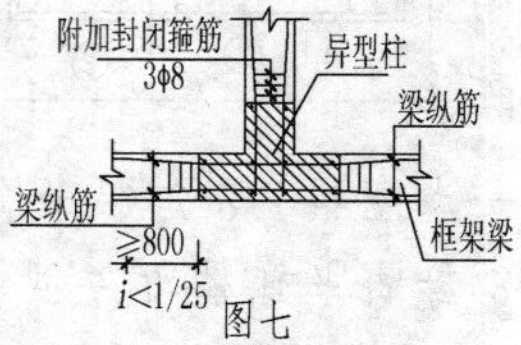

图七

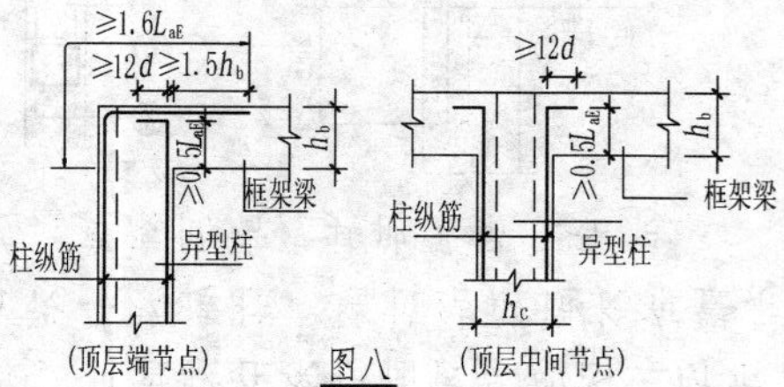

图八

图　名		结构设计总说明六	
图别	结施	图号	6

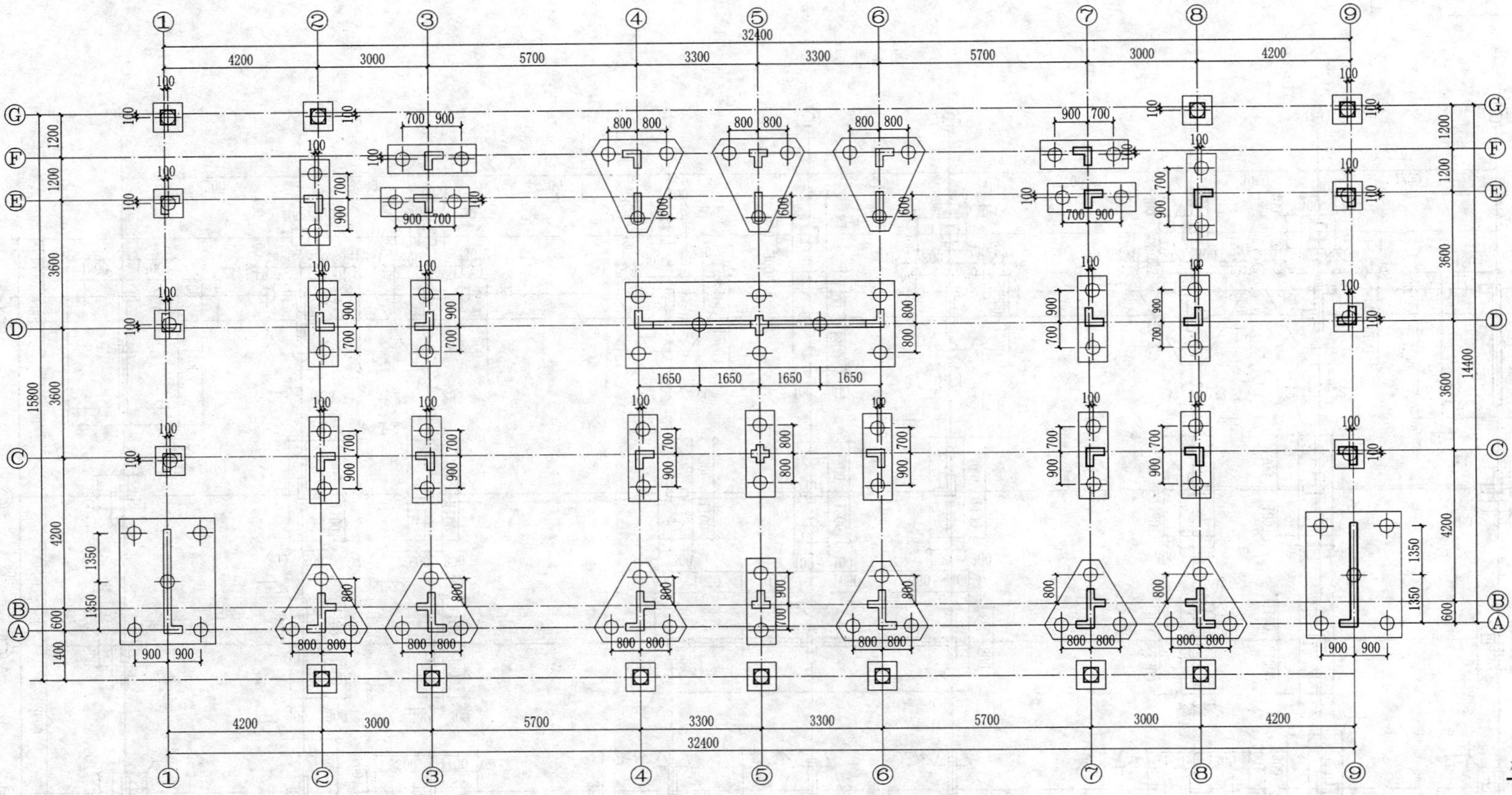

桩位平面布置图

说明：

1. 桩端以第 ⑦ 层粉细砂为持力层，桩端阻力特征值q_{pa}=2500kPa。
   桩径400mm壁厚95mm桩长17m，桩端全截面进入持力层不小于1m，
   桩编号为PHC-400AB(95)-17b，桩顶标高嵌入承台内50mm。
   初算单桩竖向承载力特征值Ra=700kN;
   单桩竖向承载力特征值应通过静载试验确定，在同一条件下的试桩数量不宜少于桩总数的1%，且不应少于3根，静载试验要求按《预应力混凝土管桩基础技术规程》DB21/T1565-2007；
2. 试桩合格后方可施工工程桩；
3. 静压桩的最终压桩力应通过桩静荷载试验结果确定。静压桩的终压标准暂定以最终压桩力不小于1400kN；
4. 桩身连接接头节点见10G409第40页，桩顶与承台连接见第41～43页详图；
   若管桩接头采用焊接接头时，应满足《预应力混凝土 管桩基础技术规程》DB21/T1565-2007 第6.4.6条的有关要求；
5. 建筑桩基设计等级为丙级；
6. 预应力高强混凝土管桩选自国标图集《10G409》；
7. 桩尖类型暂选定开口桩尖，可根据实际压桩情况调整或取舍

图　名		桩位平面布置图	
图别	结施	图号	7

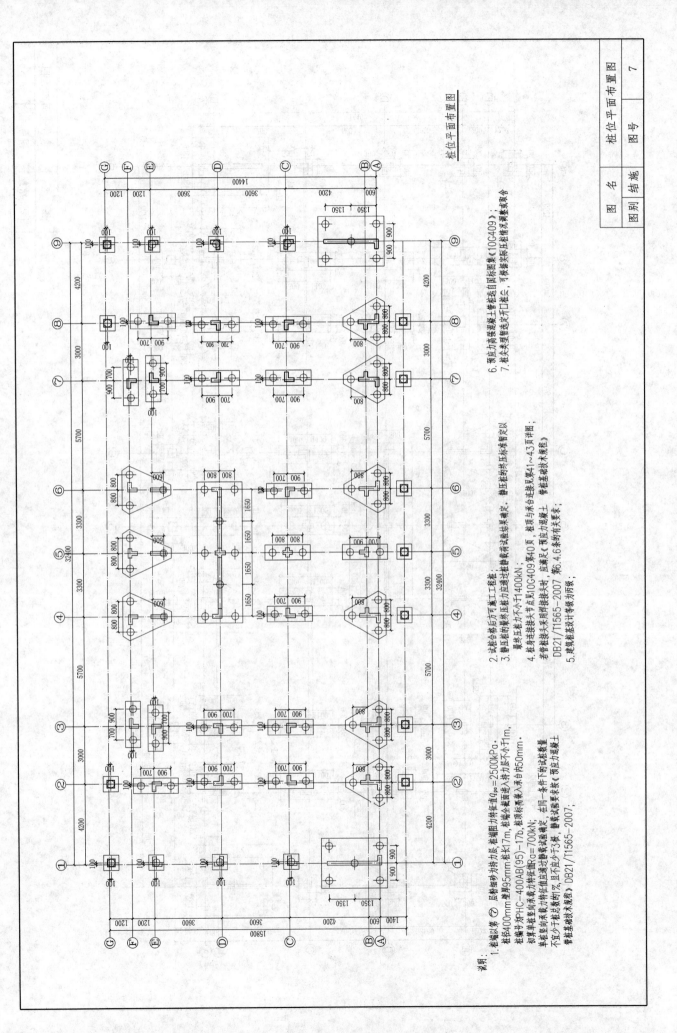

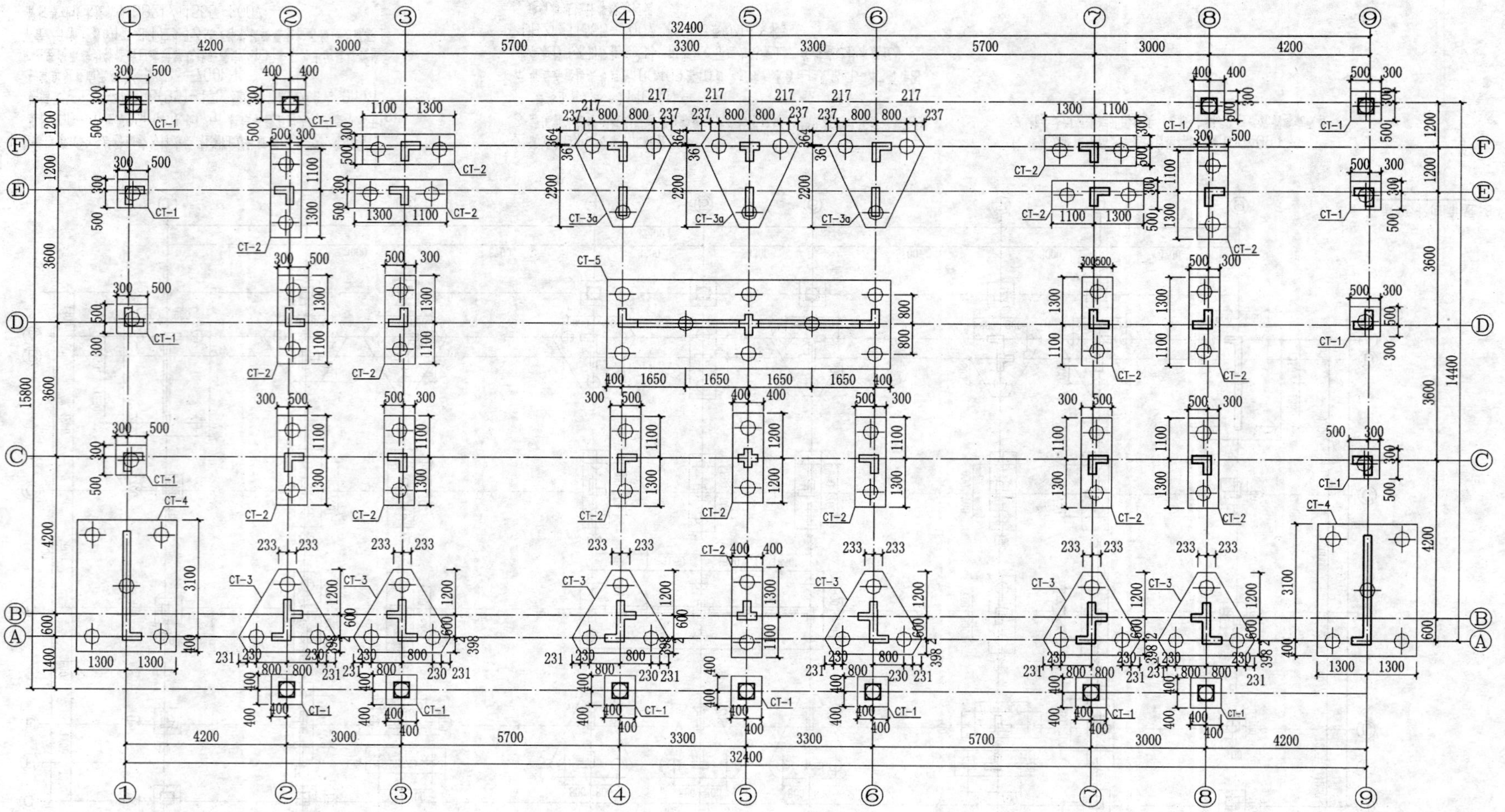

承台平面布置图

图　名	承台平面布置图		
图别	结施	图号	8

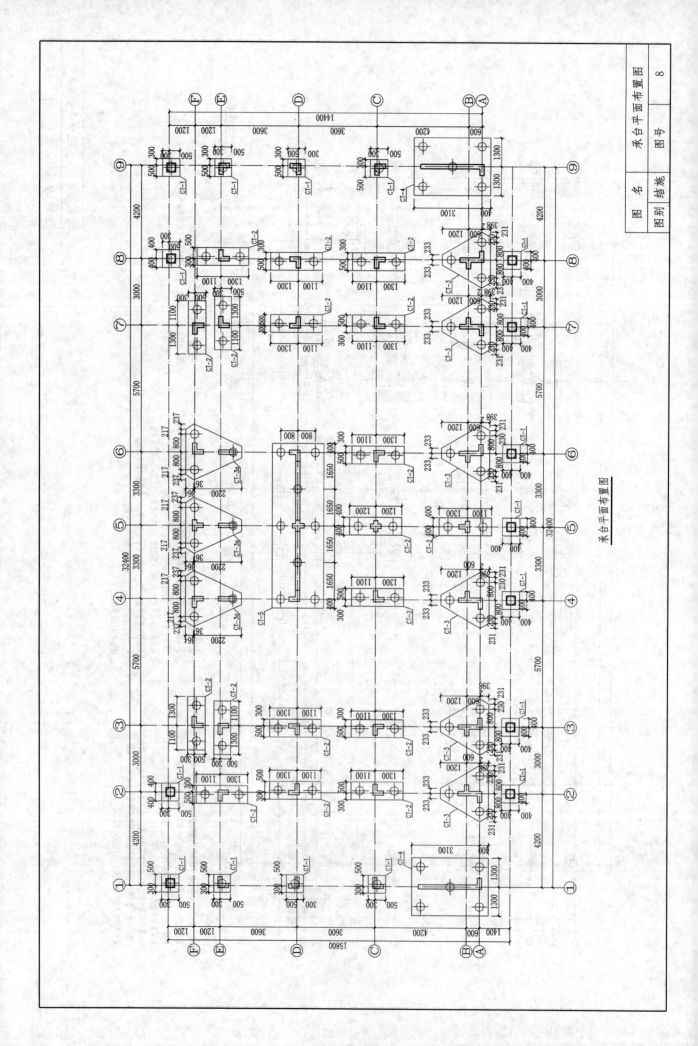

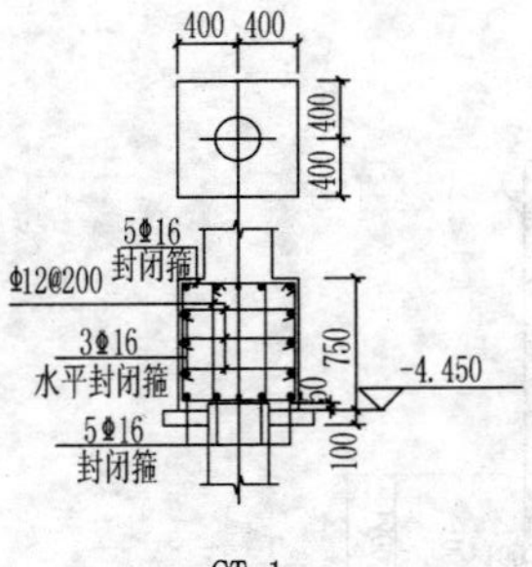

CT-1

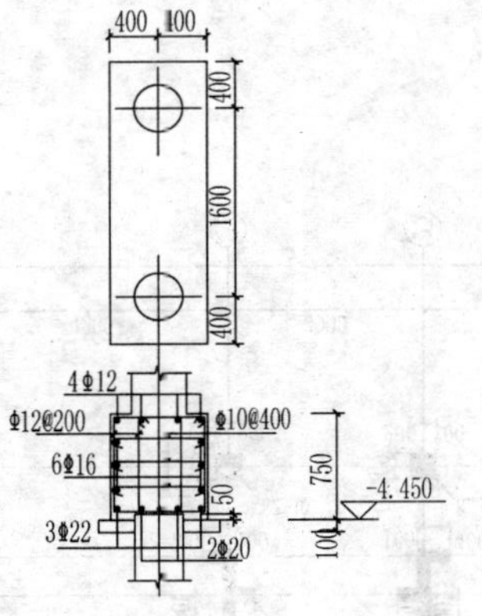

CT-2

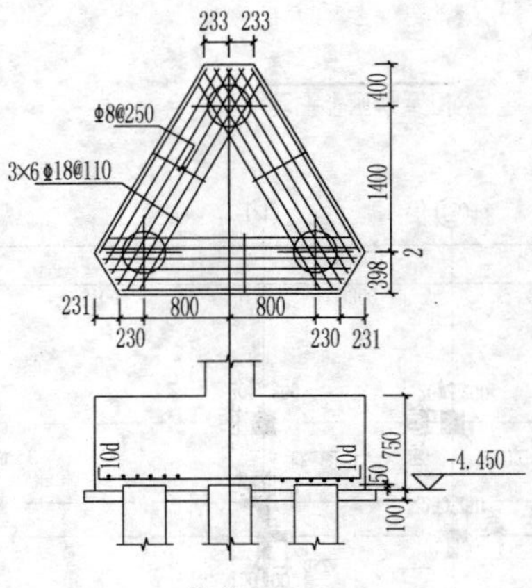

CT-3

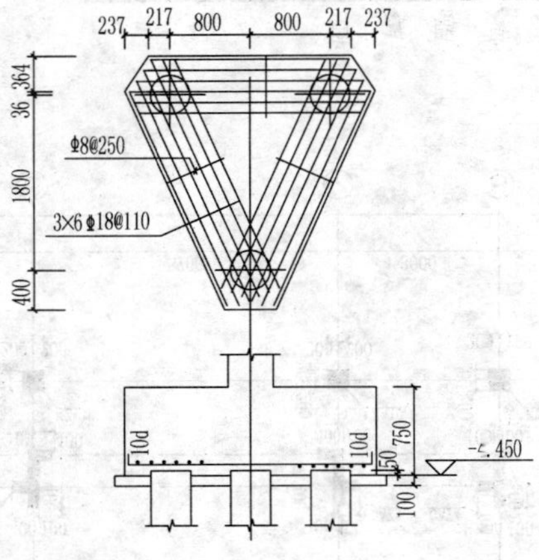

CT-3a

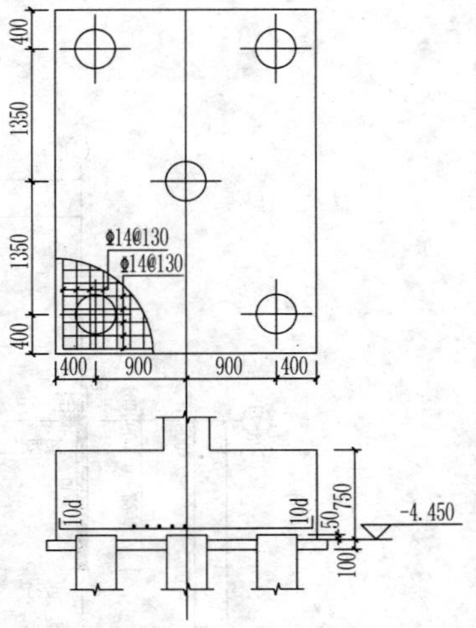

CT-4

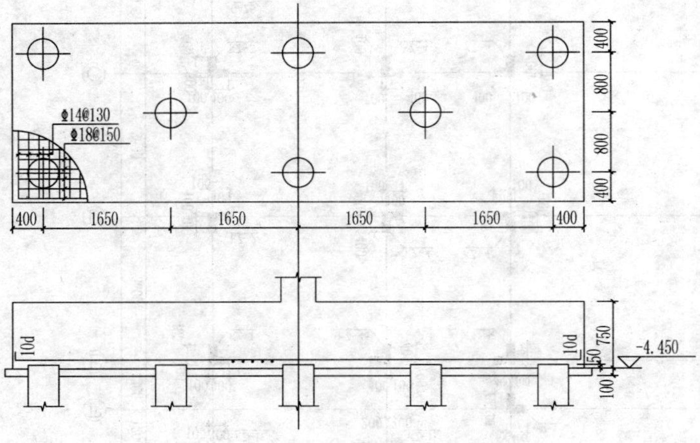

CT-5

说明:

1. 桩承台的混凝土强度等级为C40;
2. 桩承台下设100厚C10素混凝土垫层，每边宽出承台100mm。
3. 承台纵筋锚固长度自边桩内侧（本工程采用圆桩，将其直径乘以0.8等效为方桩）算起，不应小于35d（d为纵筋直径），当不满足时，应将钢筋向上弯折，此时水平毛骨断长度不应小于25d，弯折段长度不小于10d

图　名		承台详图	
图别	结施	图号	9

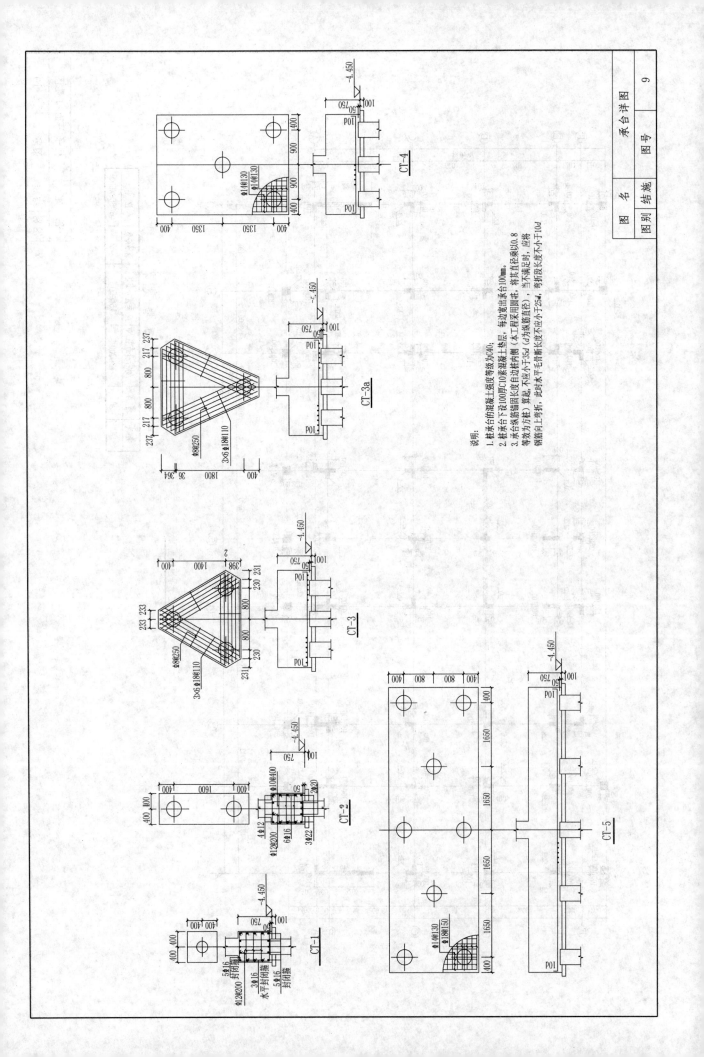

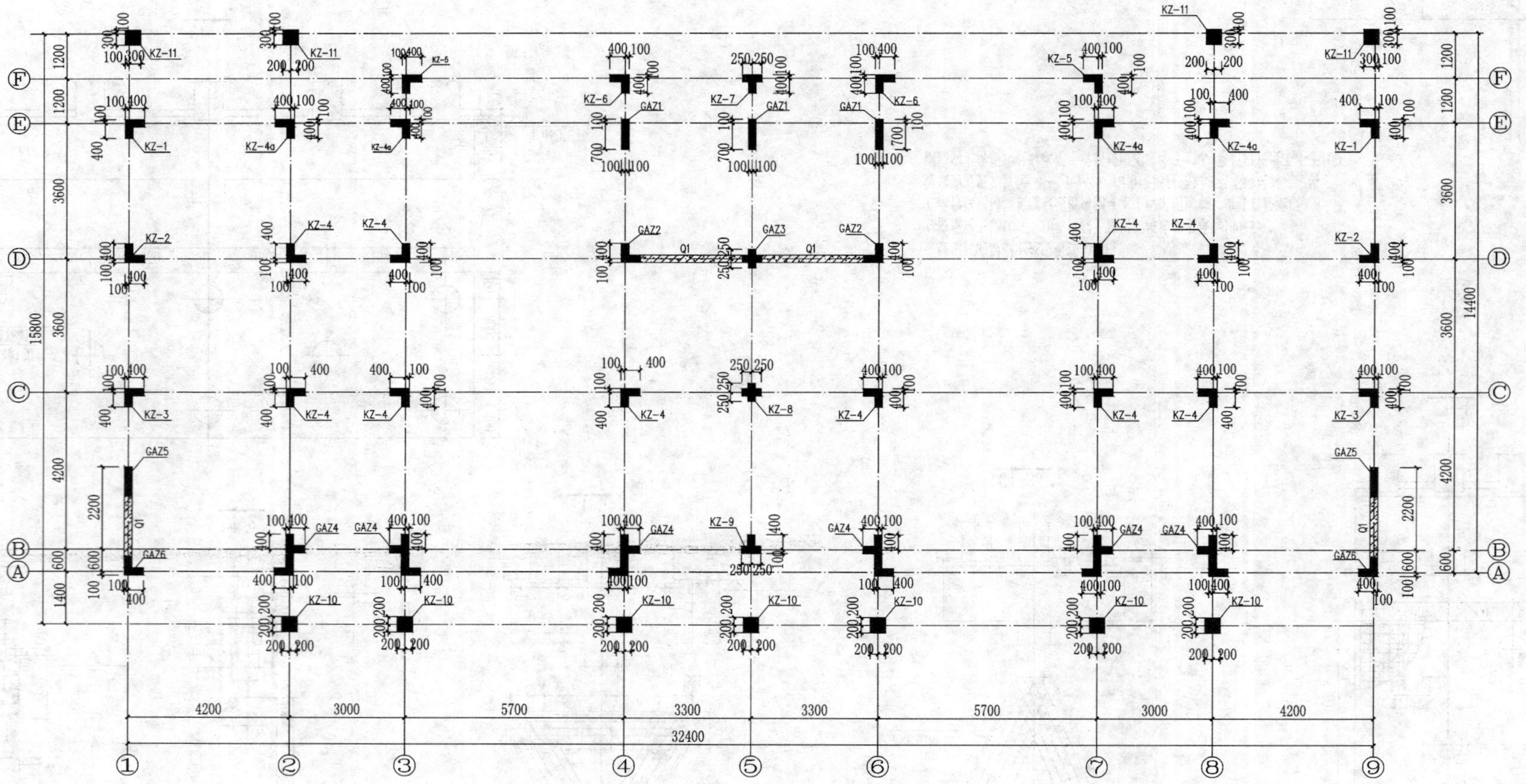

柱子平面布置图

剪 力 墙 身 表

编 号	墙 厚	水平分布筋	垂直分布筋	钢筋排数	拉 筋
Q1	200	Φ8@200	Φ8@150	2	Φ6@600X600

图 名	柱子平面布置图		
图别	结施	图号	10

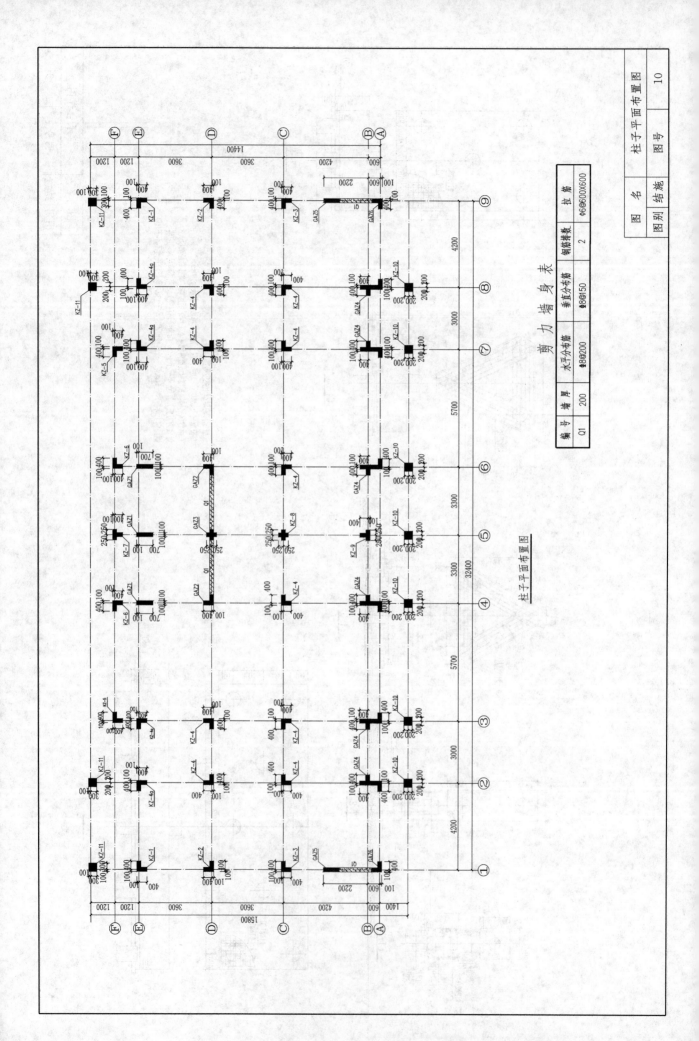

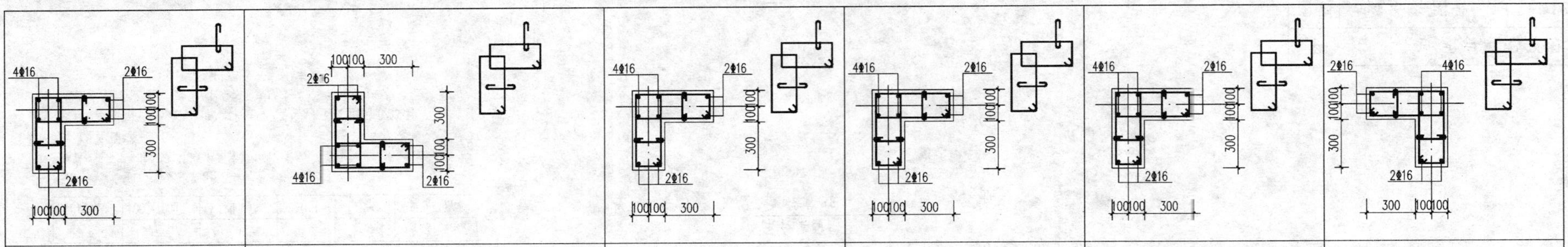

KZ-1		KZ-2			KZ-3		KZ-4(KZ-4a)		KZ-5		KZ-6	
基础顶标高~-0.100	-0.100~9.800	基础顶标高~-0.100	-0.100~6.600	6.600~9.800	基础顶标高~-0.100	-0.100~6.600	基础顶标高~-0.100	-0.100~坡屋顶	基础顶标高~-0.100	-0.100~6.600	基础顶标高~-0.100	-0.100~6.600
8Φ16+4Φ12	8Φ16+4Φ12	8Φ16+4Φ12	8Φ16+4Φ12	8Φ16+4Φ12	8Φ16+4Φ12	8Φ16+4Φ12	8Φ16+4Φ12	8Φ16+4Φ12	8Φ16+4Φ12	8Φ16+4Φ12	8Φ16+4Φ12	8Φ16+4Φ12
Φ8@95	Φ8@95	Φ8@95/190	Φ8@95	Φ8@95/190	Φ8@95/190	Φ8@95	Φ8@95(Φ8@95/190)	Φ8@95(Φ8@95/190)	Φ8@95	Φ8@95	Φ8@95/190	Φ8@95/190

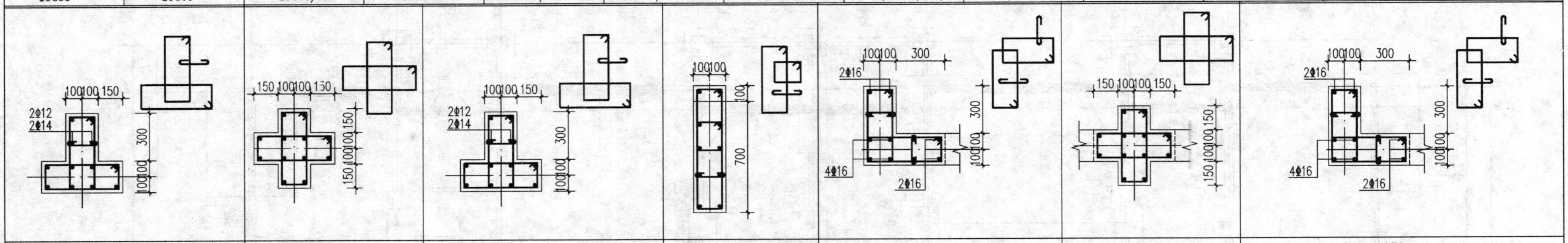

KZ-7		KZ-8	KZ-9		GAZ1	GAZ2		GAZ3	GAZ6
基础顶标高~-0.100	-0.100~6.600	基础顶标高~坡屋顶	基础顶标高~-0.100	-0.100~坡屋顶	基础顶标高~坡屋顶	基础顶标高~6.600	6.600~坡屋顶	基础顶标高~坡屋顶	基础顶标高~6.600
10Φ16+2Φ12	10Φ16+2Φ12	12Φ16	10Φ16+2Φ12	10Φ16+2Φ12	10Φ16	8Φ16+4Φ14	8Φ16+2Φ12	12Φ16	8Φ16+4Φ12
Φ8@95/190	Φ8@95/190	Φ8@95	Φ8@95/190	Φ8@95/190	Φ8@100	Φ8@150	Φ8@95/190	Φ8@150	Φ8@150

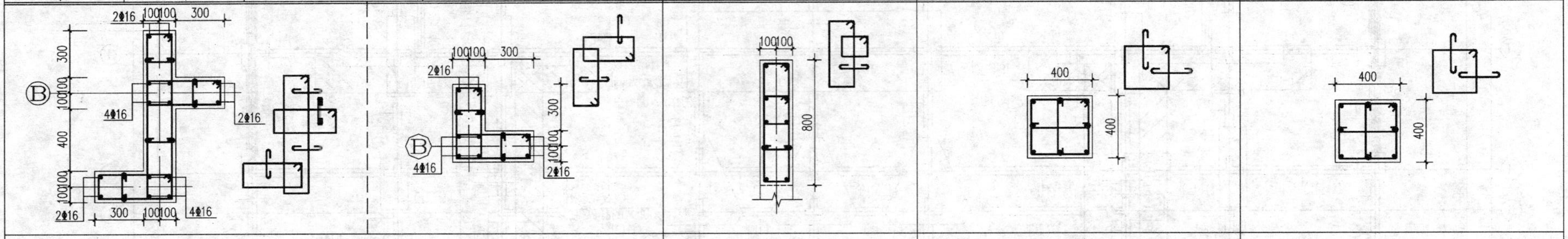

GAZ4		GAZ5	KZ-10	KZ-11
基础顶标高~6.600	6.600~坡屋顶	基础顶标高~坡屋顶	基础顶标高~3.500	基础顶标高~-0.100
14Φ16+8Φ14	8Φ16+4Φ12	10Φ16	8Φ16	8Φ16
Φ8@150	Φ8@95/190	Φ8@150	Φ8@100/200	Φ8@100/200

图名		柱配筋图	
图别	结施	图号	11

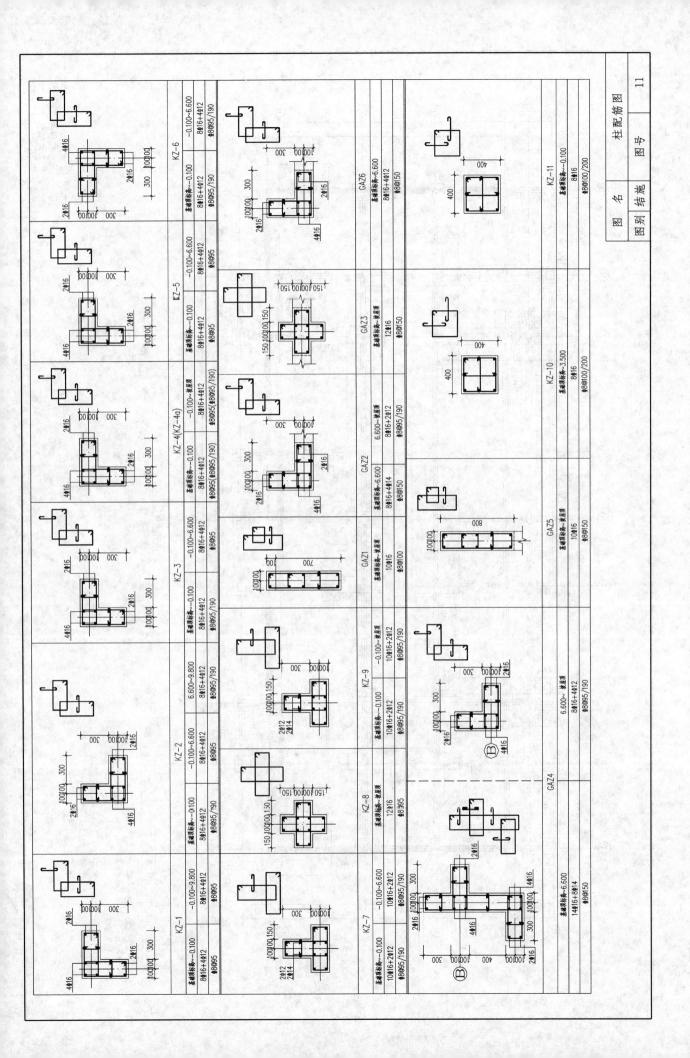

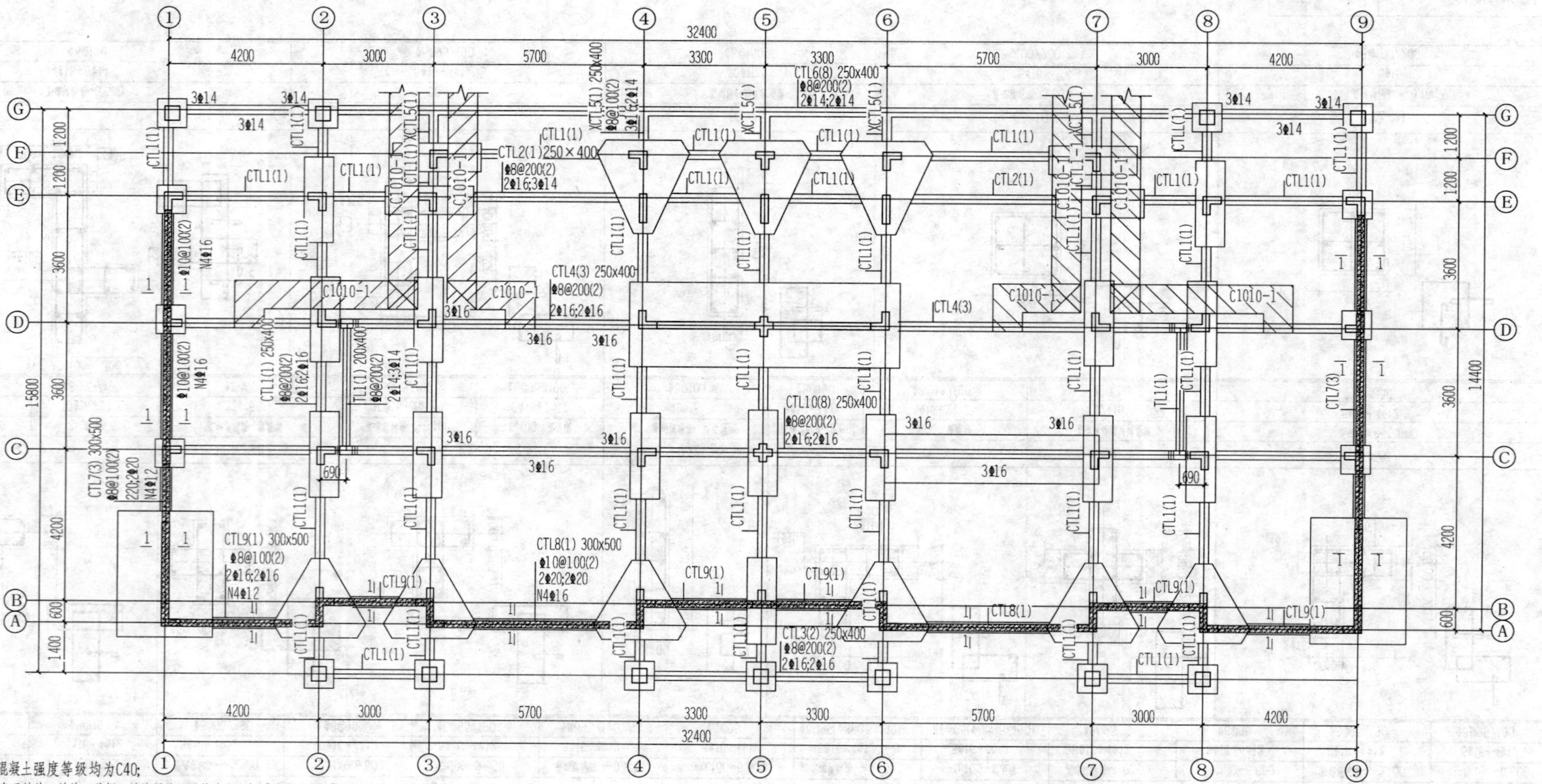

承台梁配筋图

梁顶标高-3.800

说明:

1、地梁混凝土强度等级均为C40;

2. ▨表示地沟，地沟、盖板、地沟梁的设置均选自国标《地沟及盖板》02J331;

地沟型号	断面	荷载(允许活载)	盖板	地沟梁	备注
C1010-1	1000x1000	5kN/m²	B10-1	L10-2	做法见图集

注：地沟检查口位置见设备图纸；地沟遇有采暖管时应做保温处理。

3.预制盖板不足一块时现浇，配筋按预制板的比例配;

4.地沟盖板顶标高-0.100;

5.地沟入口底标高-4.550m，地沟入口做法详见国标《地沟及盖板》02J331，位置见设备专业图纸，确认无误后方可施工；1-1剖面详见结施-21

注：请认真核对建筑和设备图纸，确保无疑后方可施工。

图 名		承台梁配筋图	
图别	结施	图号	12

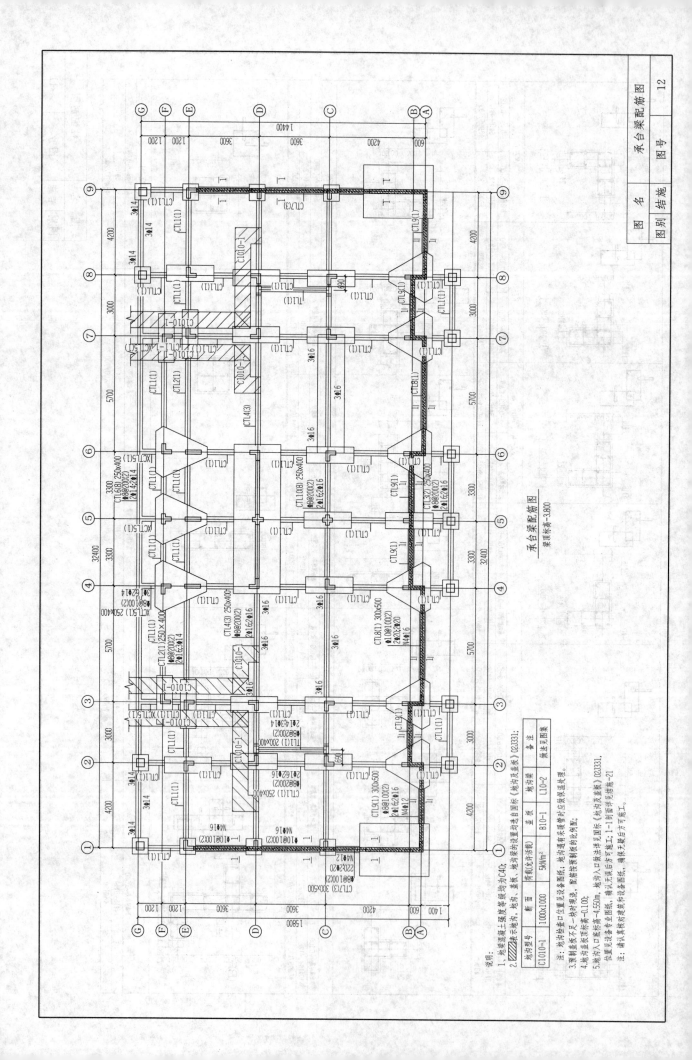

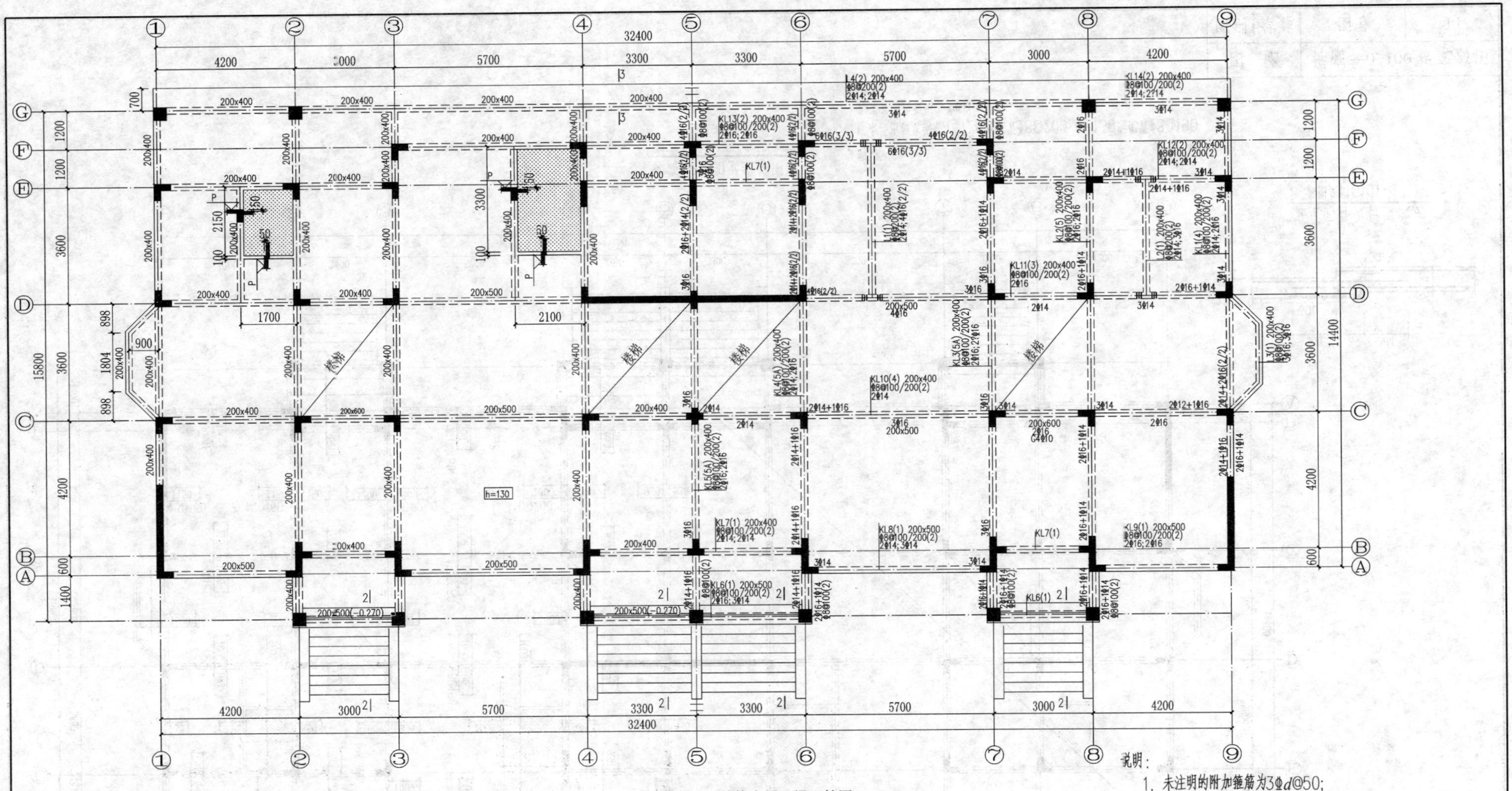

标高-0.100结构布置及梁配筋图

说明：

1. 未注明的附加箍筋为3Φd@50；
2. 未注明的板厚为h=110；
3. ▨ 表示卫生间降板50mm；
4. 风洞具体尺寸及位置见建筑；
5. 剖面2-2，3-3详见结施-21

图名	标高－0.100结构布置及梁配筋图		
图别	结施	图号	13

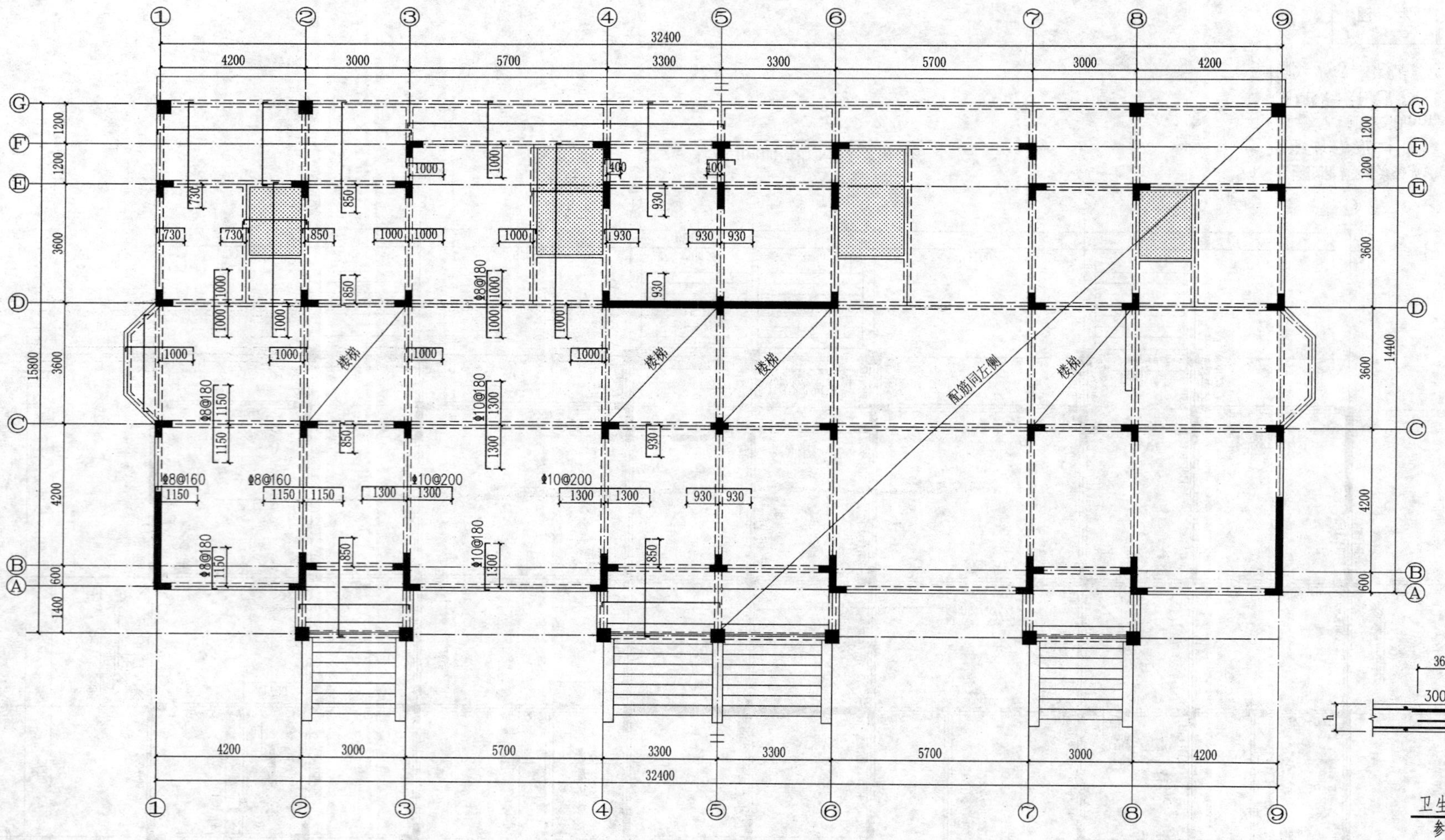

标高-0.100板配筋图

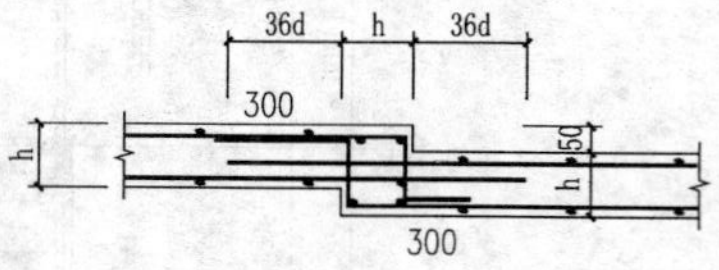

卫生间降板折板做法

参图集11G101-1

说明：

1. 未画出板底钢筋$h\leq120$时配置Φ8@200；$h=130$时配置Φ8@190；
2. 未注明的板钢筋为Φ8@200

图　名		标高－0.100板配筋图	
图别	结施	图号	14

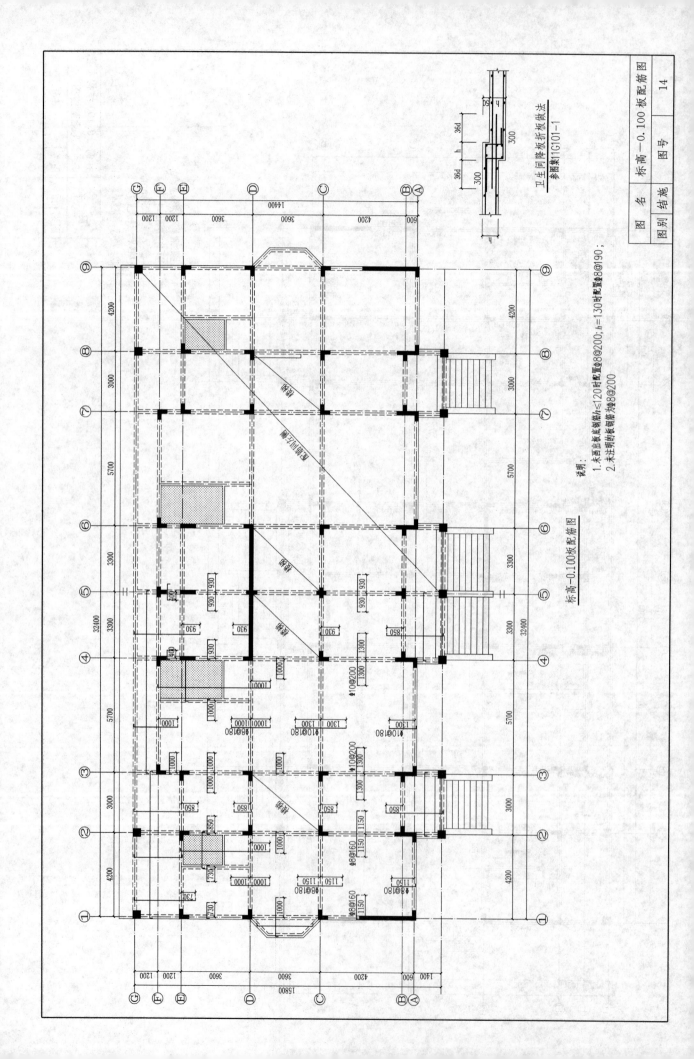

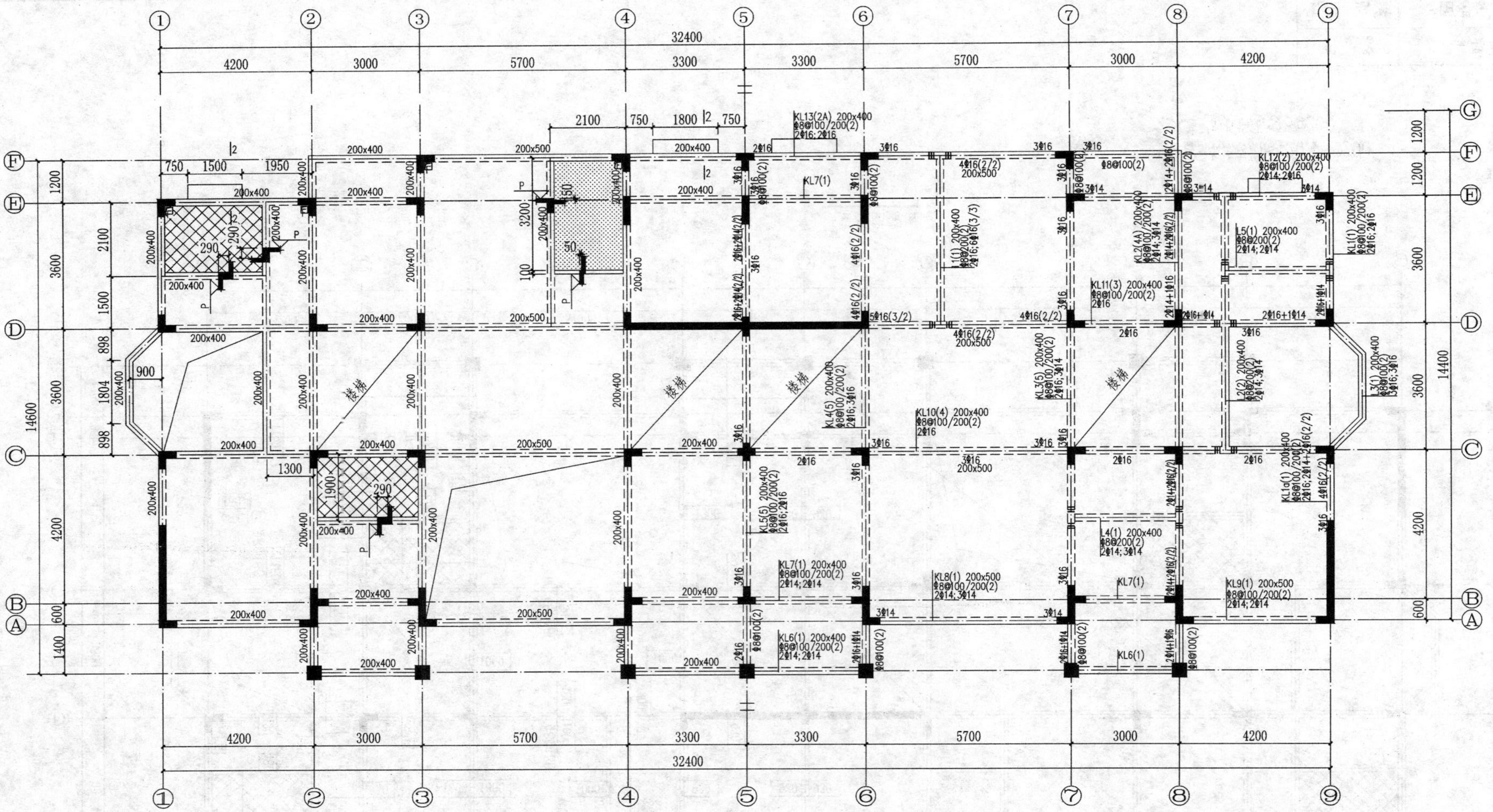

一层结构布置及梁配筋图

梁板顶标高3.500

说明：

1. 未注明的附加箍筋为3Φd@50;
2. 未注明的板厚为h=110;
3. ▨ 表示卫生间降板50mm, ▩ 表示卫生间降板290mm;
4. 风洞具体尺寸及位置见建筑;
5. 2-2同结施-21中2-2节点

图　名	一层结构布置及梁配筋图		
图别	结施	图号	15

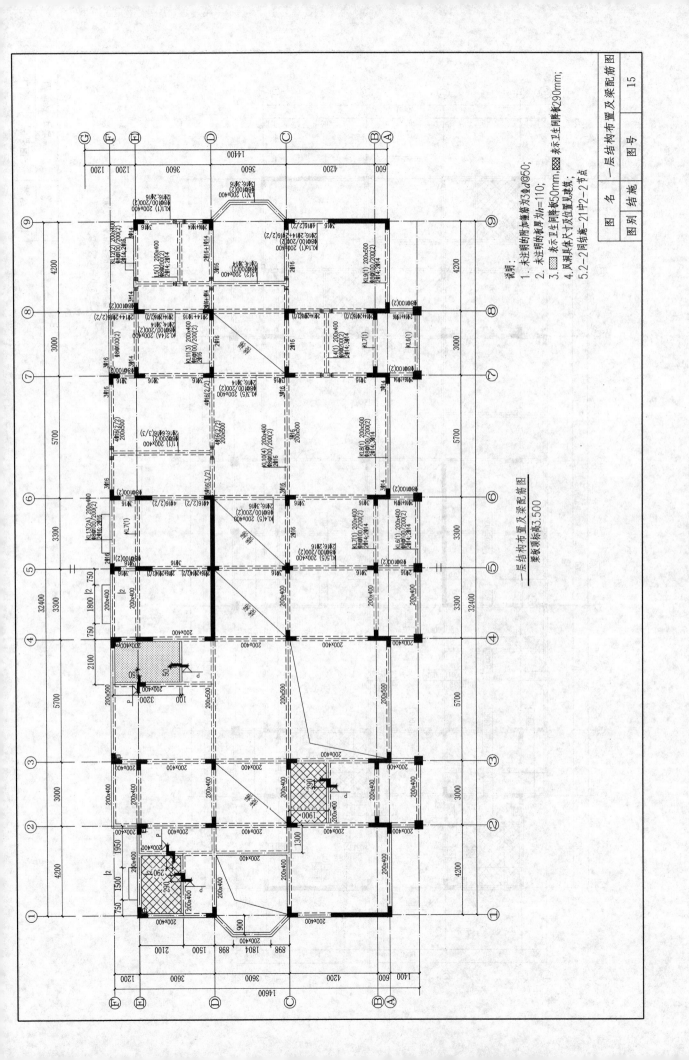

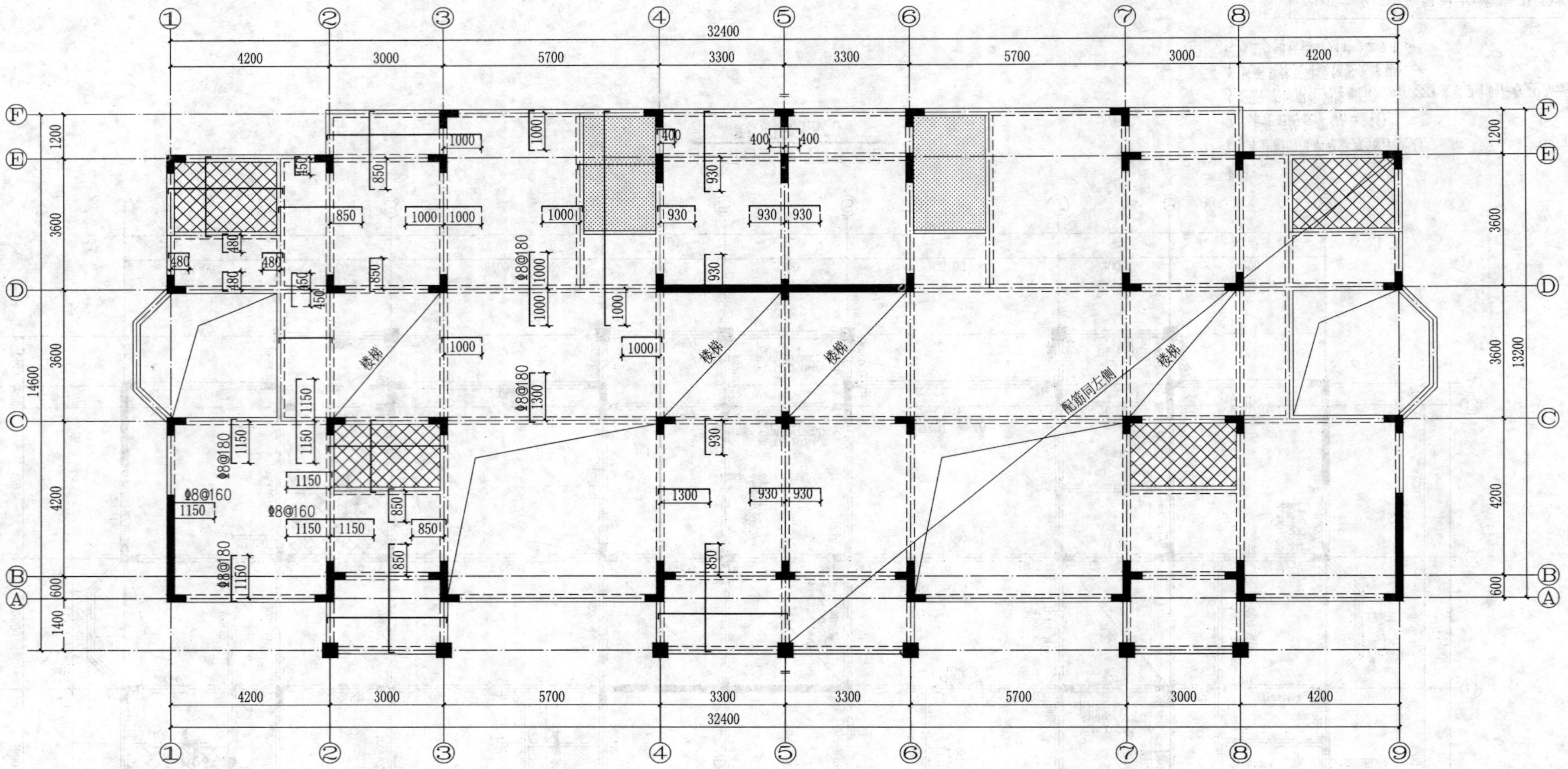

一层板配筋图

说明：

1. 未画出板底钢筋$h \leq 120$，Φ8@200;
2. 未注明的板钢筋为Φ8@200

图　名	一层板配筋图		
图别	结施	图号	16

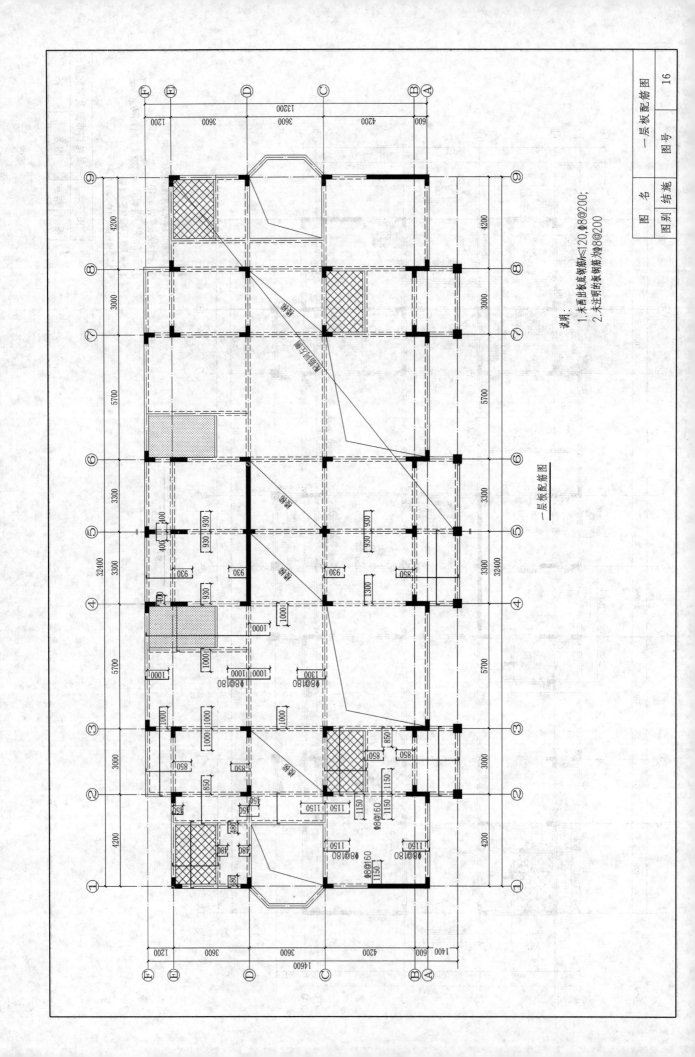

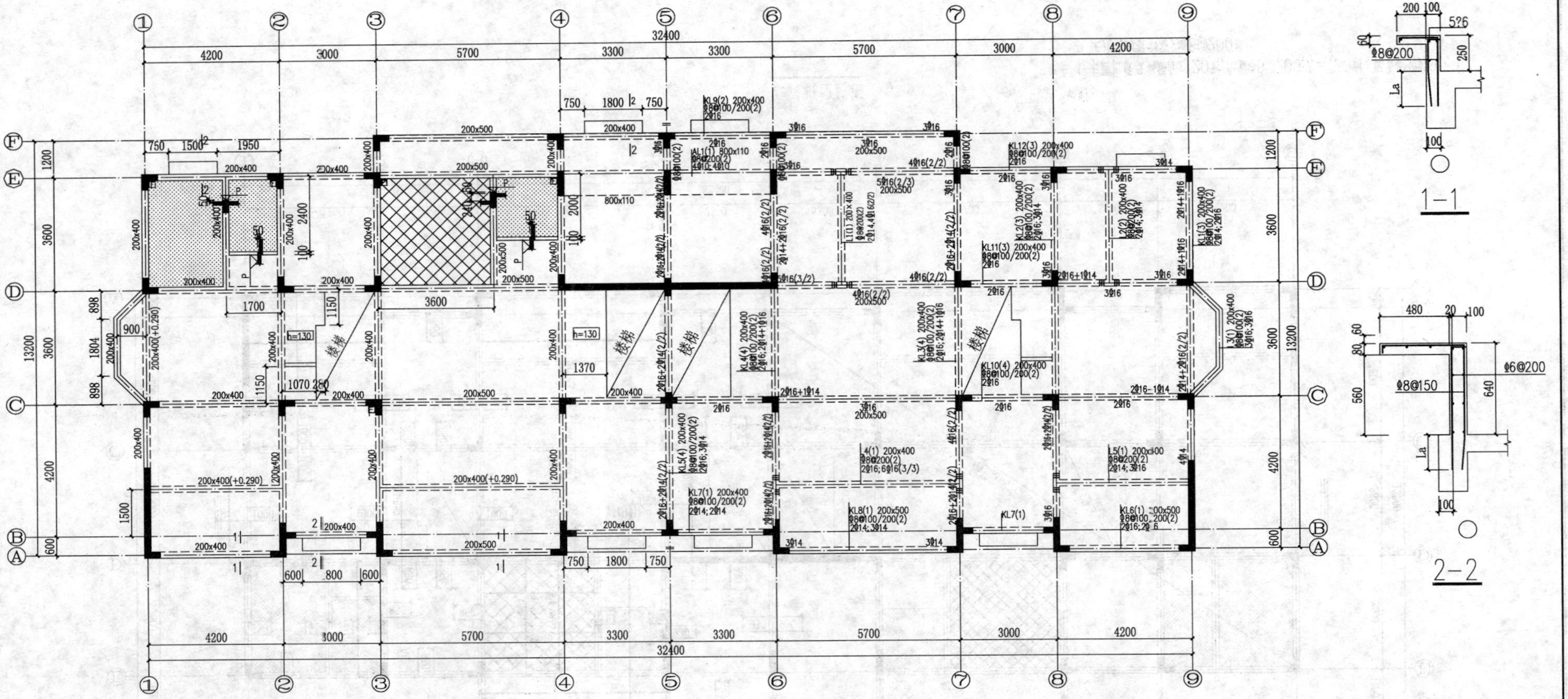

二层结构布置及梁配筋图

梁板顶标高6.600

说明：

1. 未注明的附加箍筋为3ϕd@50;
2. 未注明的板厚为h=110;
3. ▨ 表示卫生间降板50mm, ▩ 表示卫生间降板290mm;
4. 风洞具体尺寸及位置见建筑

图　名	二层结构布置及梁配筋图		
图别	结施	图号	17

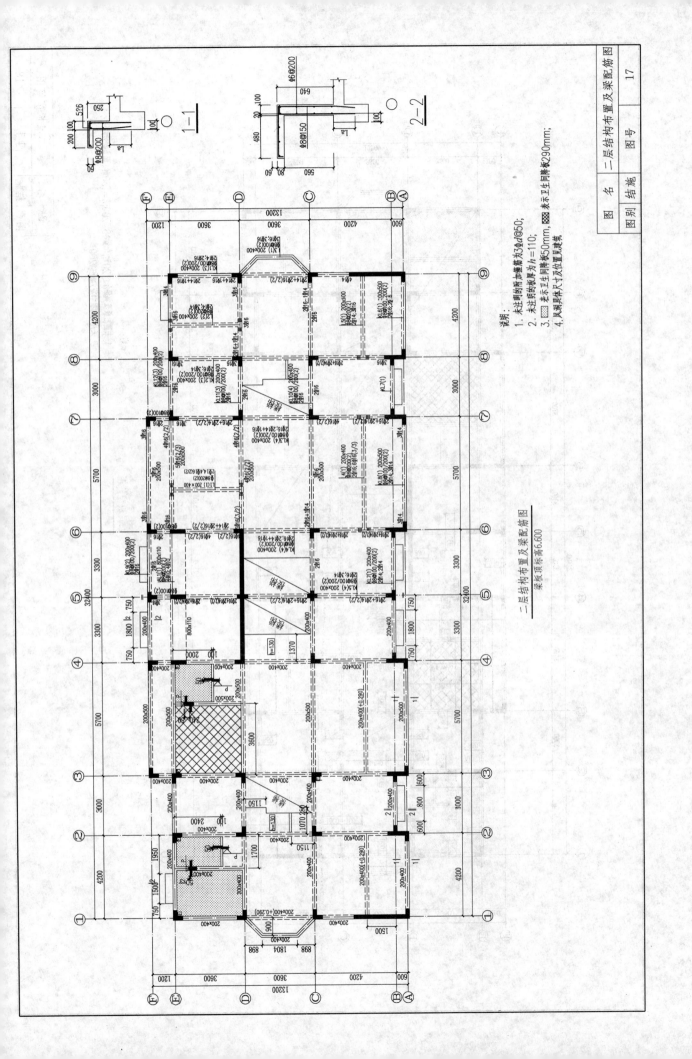

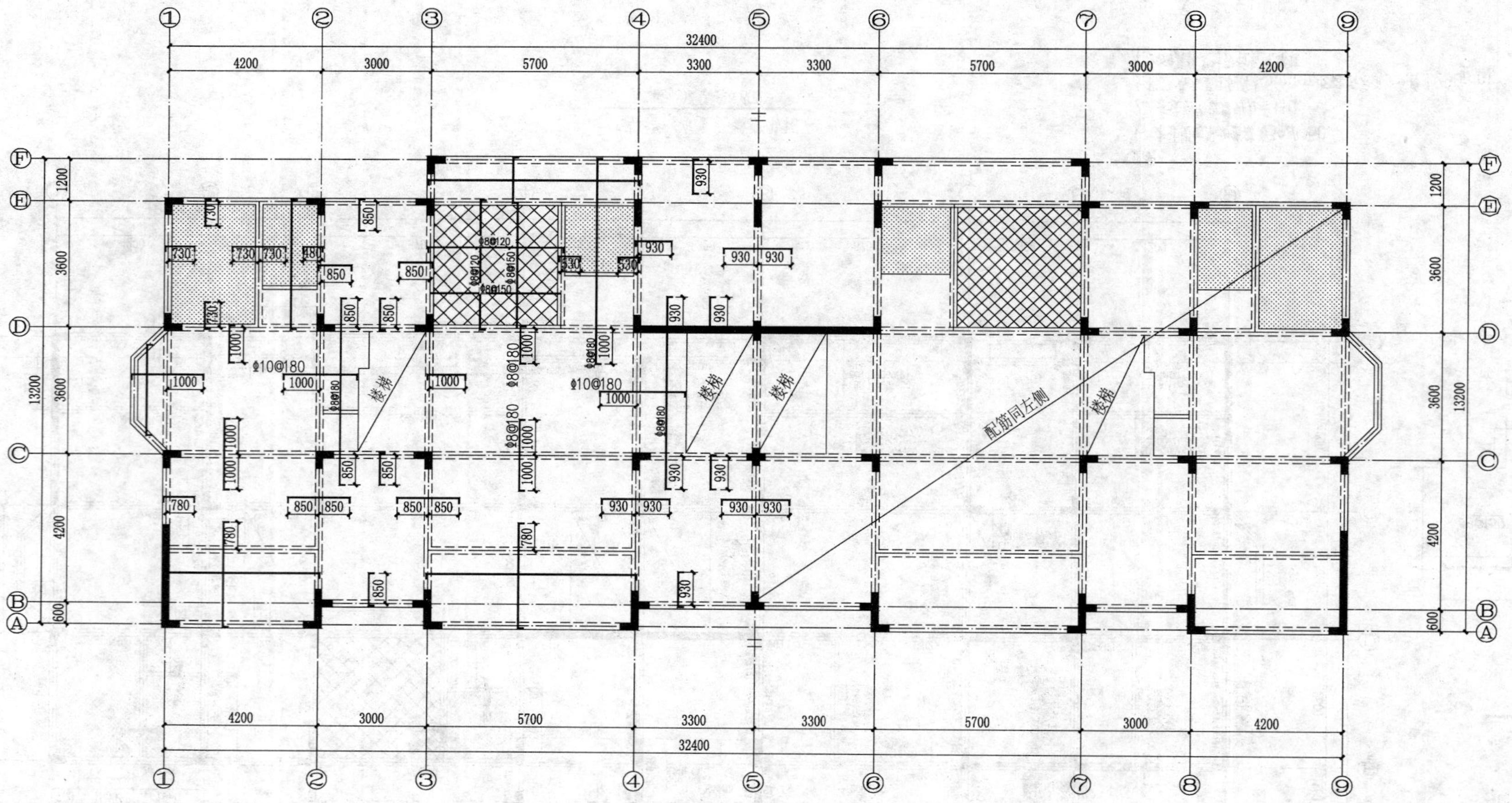

二层板配筋图

说明：

1.未画出板底钢筋$h\leq120$时，配置φ8@200；$h=130$时，配置φ8@190；

2.未注明的板钢筋为φ8@200

图　名	二层板配筋图		
图别	结施	图号	18

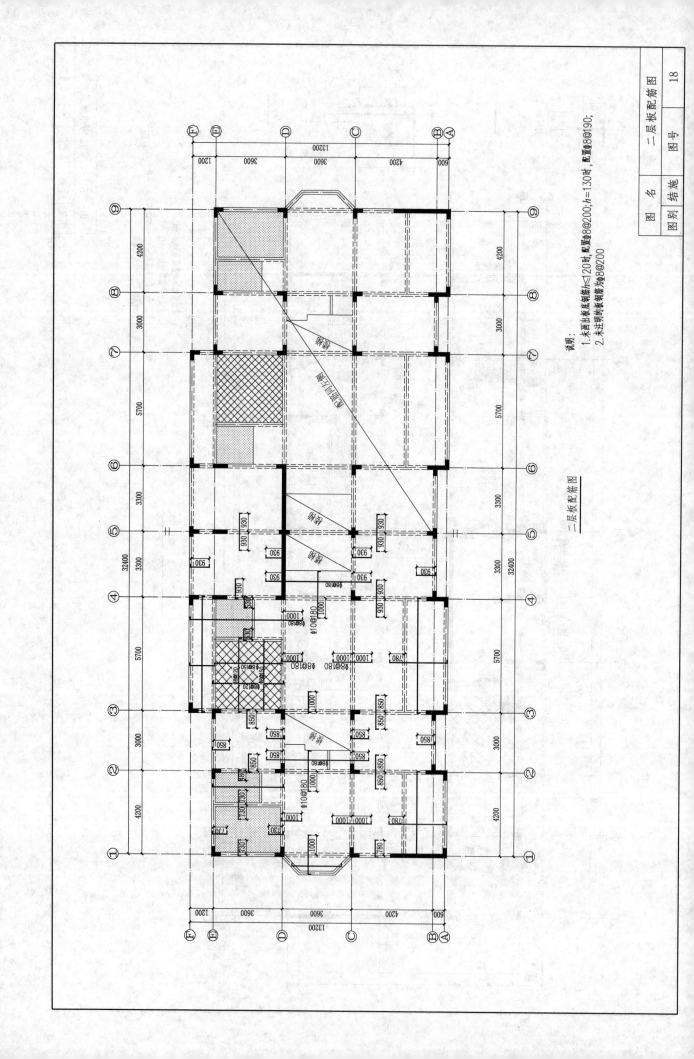

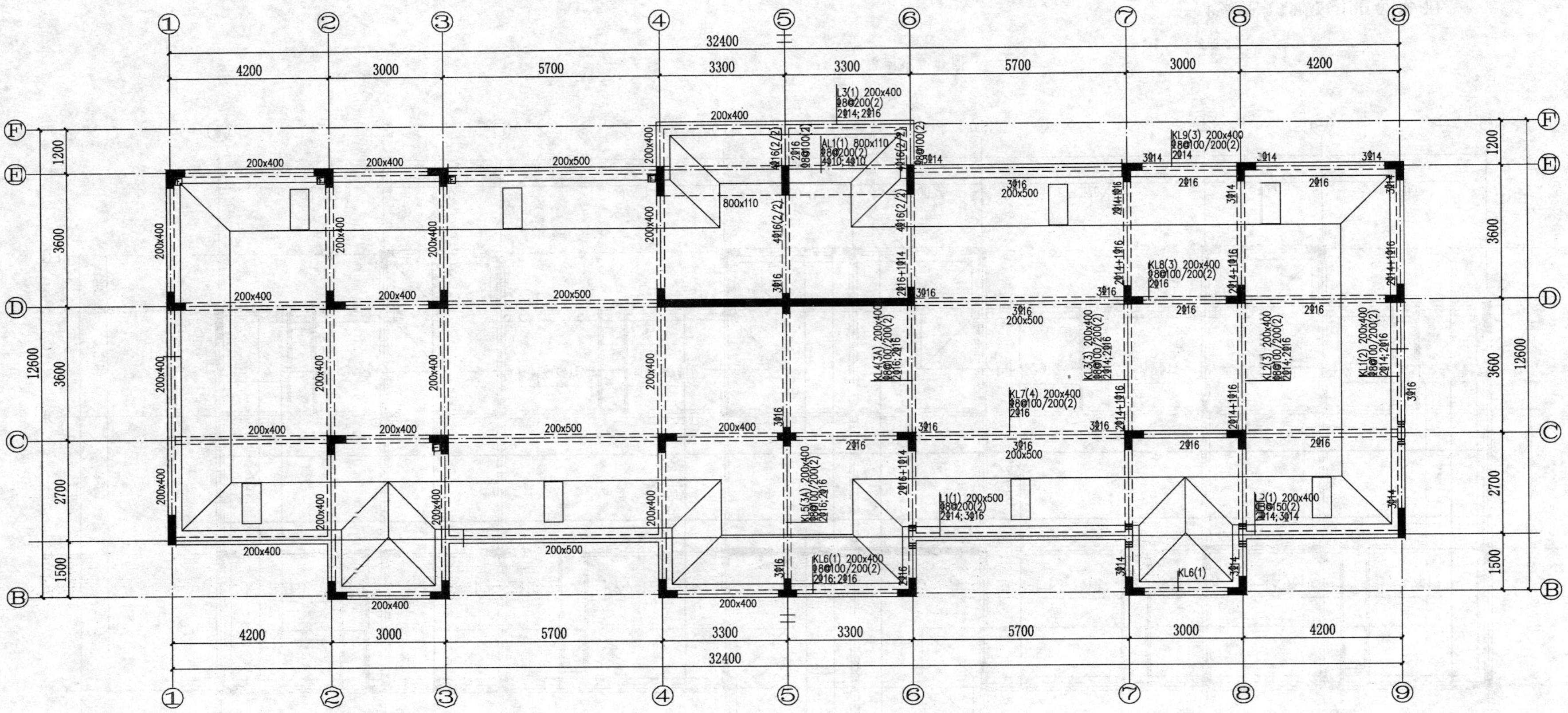

屋面结构布置及梁配筋图

梁板顶标高随建筑

说明：

1. 未注明的附加箍筋为3ϕd@50;
2. 未注明的板厚为h=120;
3. ▒ 表示卫生间降板50mm, ▩ 表示卫生间降板290mm;
4. 风洞具体尺寸及位置见建筑

图　名	屋面结构布置及梁配筋图		
图别 结施	图号	19	

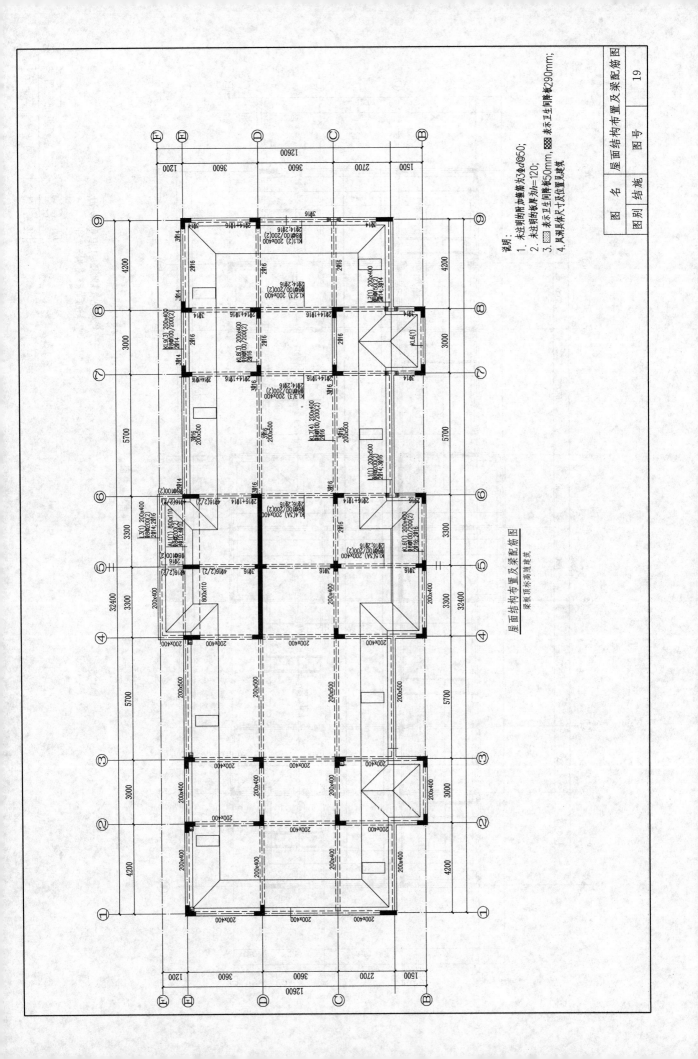

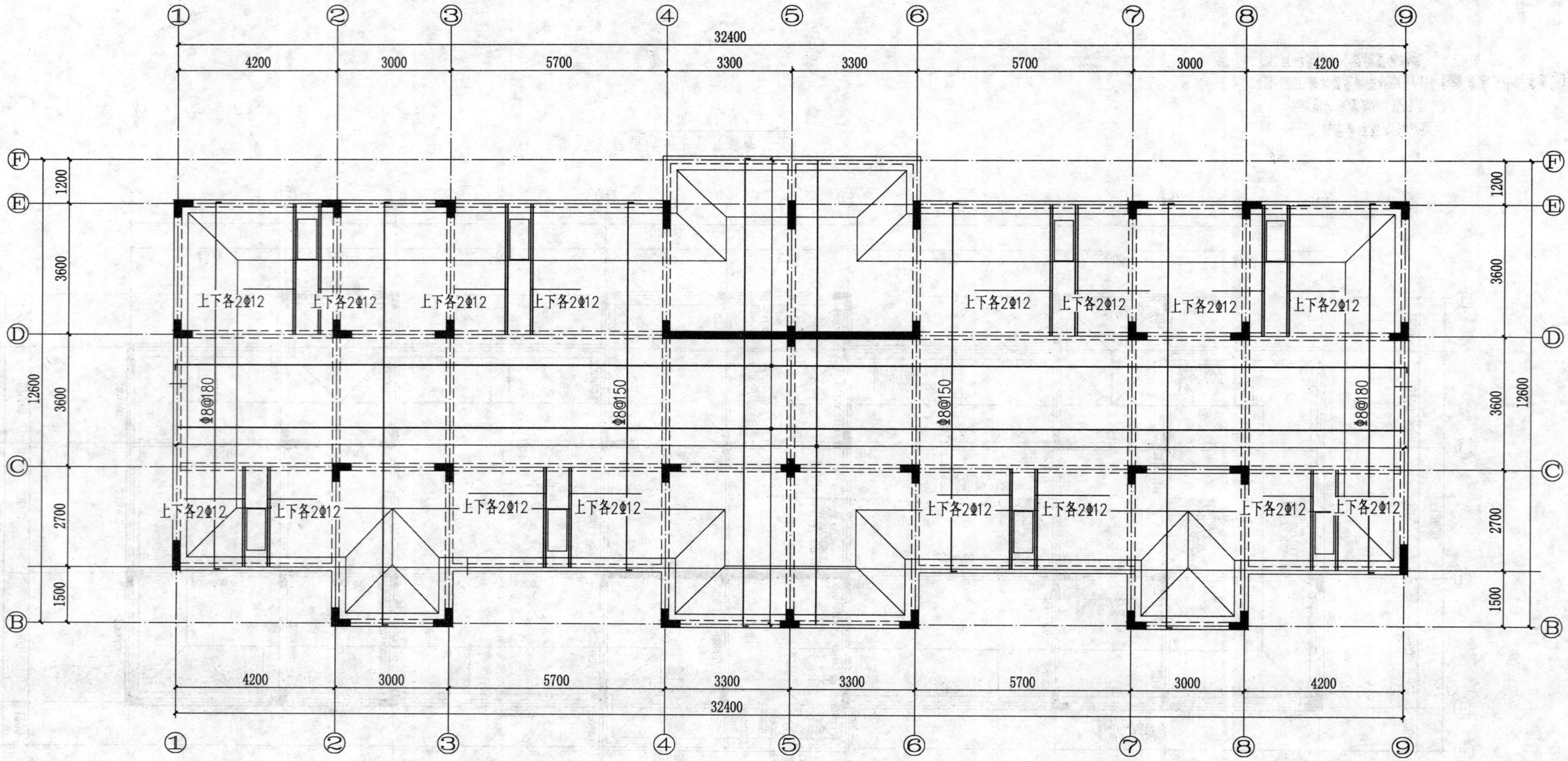

屋面板配筋图

说明：

1. 未画出板底钢筋$h \leq 120$，Φ8@200；
2. 未注明的板钢筋为Φ8@200

图　名	屋面板配筋图		
图别	结施	图号	20

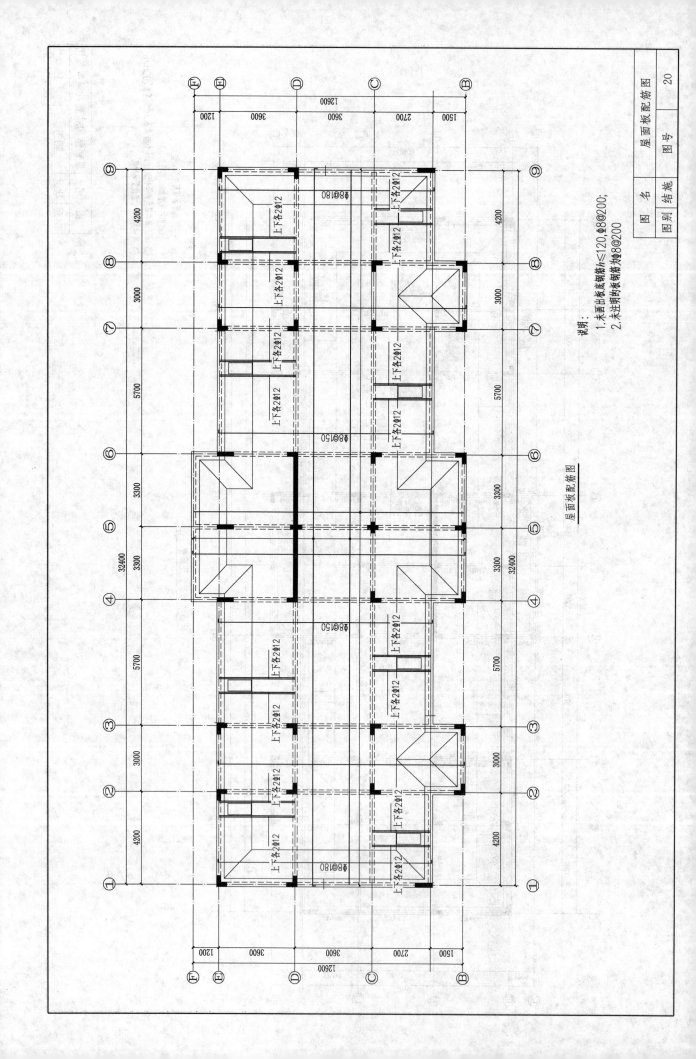

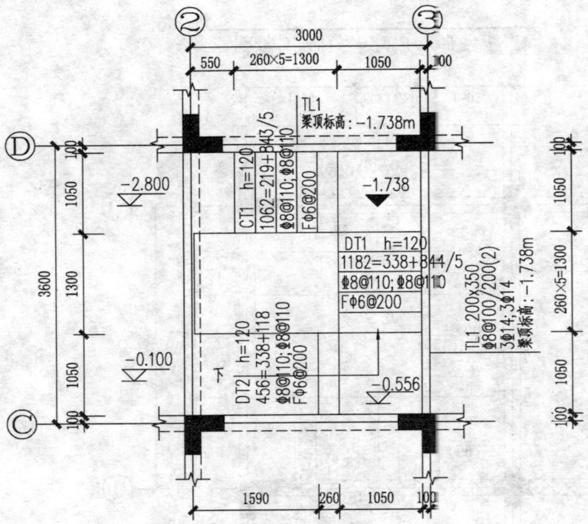

1#楼梯-2.800～0.100平面布置图

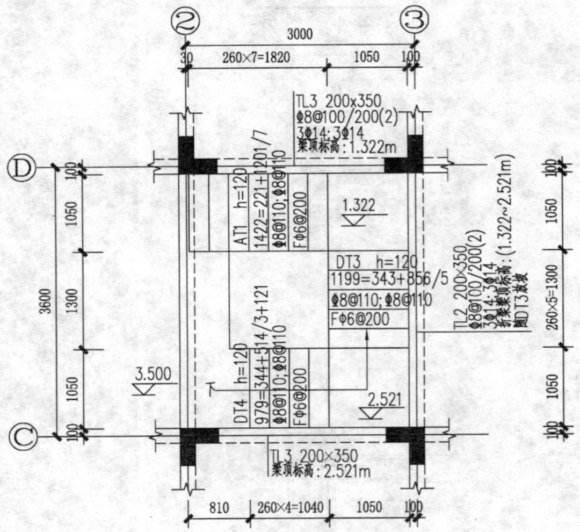

1#楼梯-0.100～3.500平面布置图

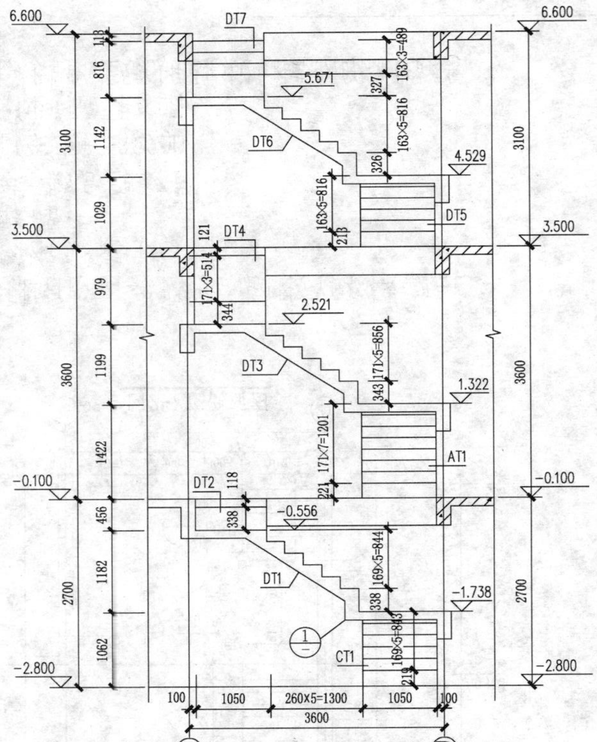

LT1-LT1剖面图

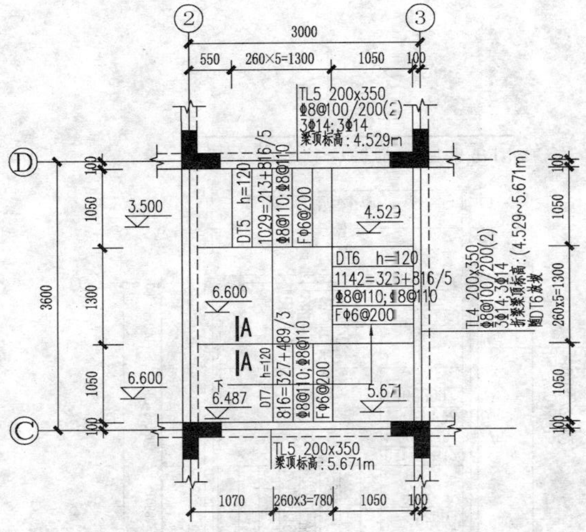

1#楼梯3.500～6.600平面布置图

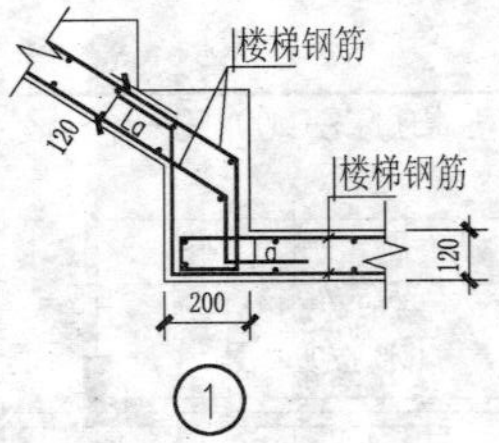

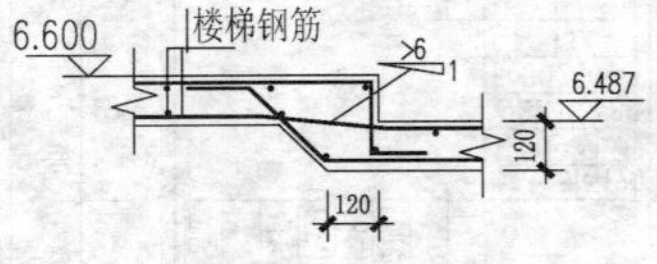

A-A

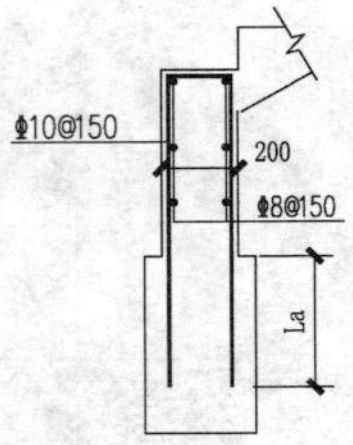

楼梯起步做法

说明:

1. 楼梯详细做法参见图集11G101-2混凝土结构施工图、平面整体表示方法、制图规则和构造详图(现浇混凝土板式楼梯);
2. 梯板上部纵筋通长布置;
3. 板中钢筋长度经现场核实后,方可下料施工;
4. 未特殊注明的梯板分布钢筋: Φ6@200;
5. 图中未配筋的梁和柱详见梁、柱施工图;
6. 楼梯与扶手连接的预埋件位置及做法详见建筑设计图或相应的标准构造图集

图名		1#楼梯图	
图别	结施	图号	21

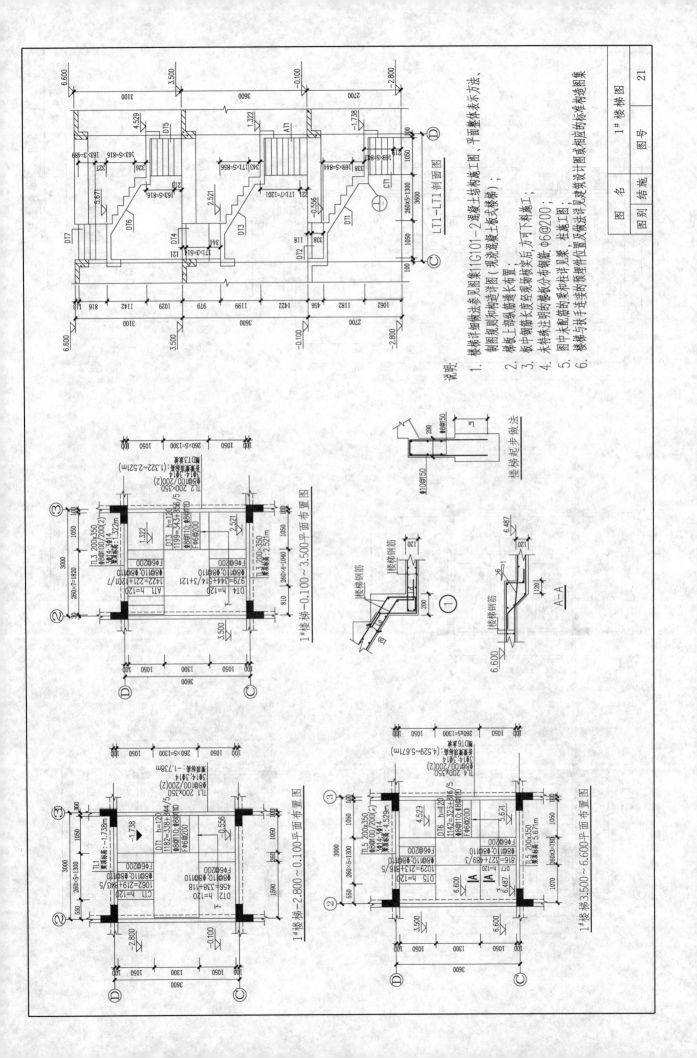

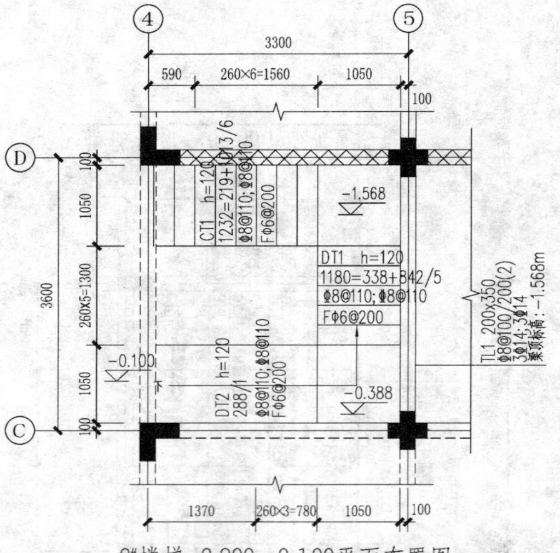

2#楼梯-2.800～0.100平面布置图

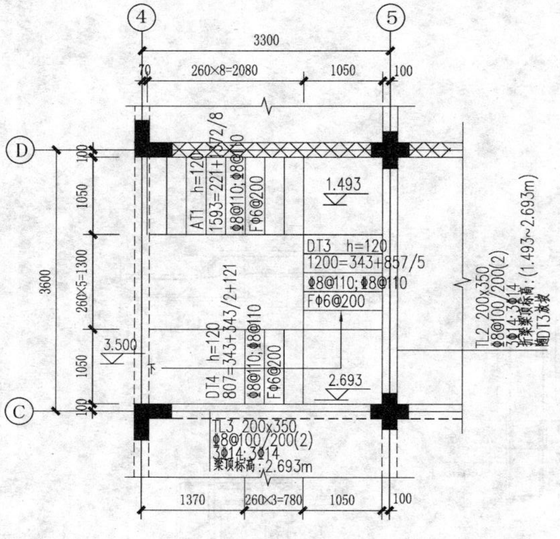

2#楼梯-0.100～3.500平面布置图

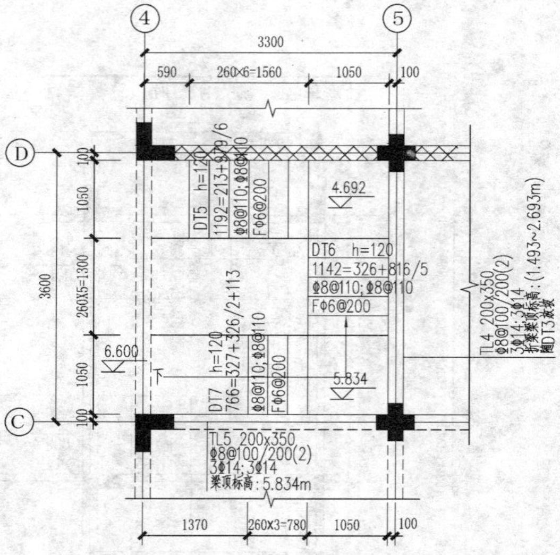

2#楼梯3.500～6.600平面布置图

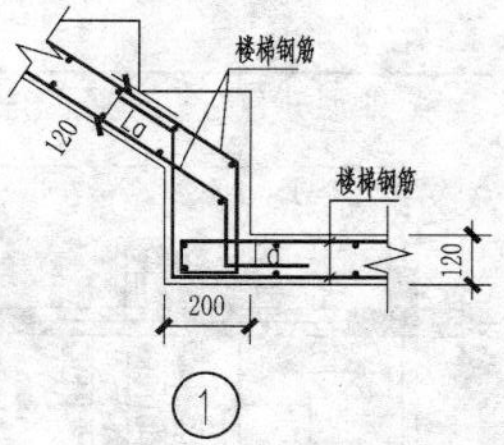

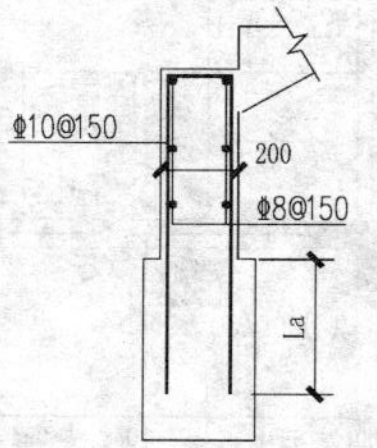

楼梯起步做法

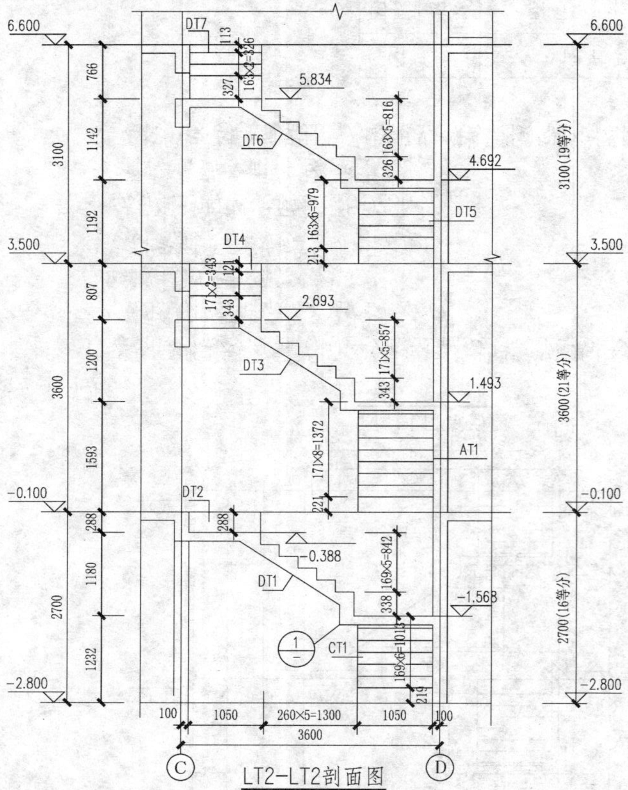

LT2-LT2剖面图

说明：

1. 楼梯详细做法参见图集11G101-2混凝土结构施工图、平面整体表示方法、制图规则和构造详图（现浇混凝土板式楼梯）；
2. 梯板上部纵筋通长布置；
3. 板中钢筋长度经现场核实后，方可下料施工；
4. 未特殊注明的梯板分布钢筋：Φ6@200；
5. 图中未配筋的梁和柱详见梁，柱施工图；
6. 楼梯与扶手连接的预埋件位置及做法详见建筑设计图或相应的标准构造图集

图　名		2# 楼梯图	
图别	结施	图号	22

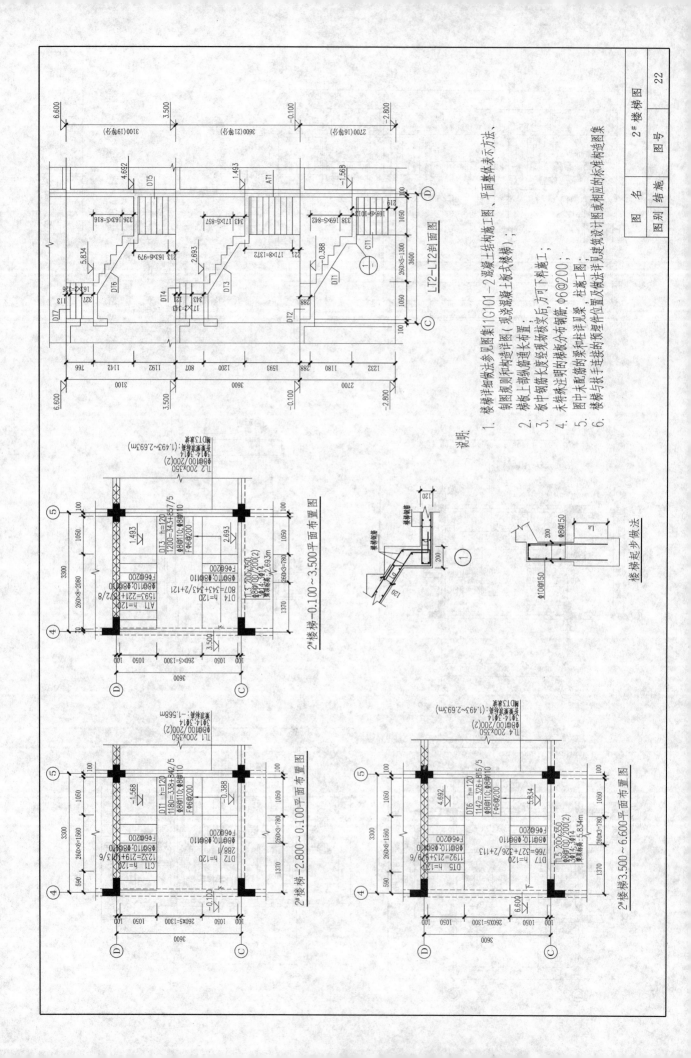

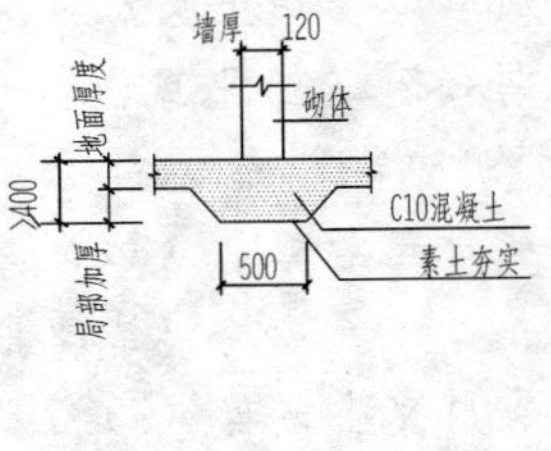

≤120厚内隔墙基础做法

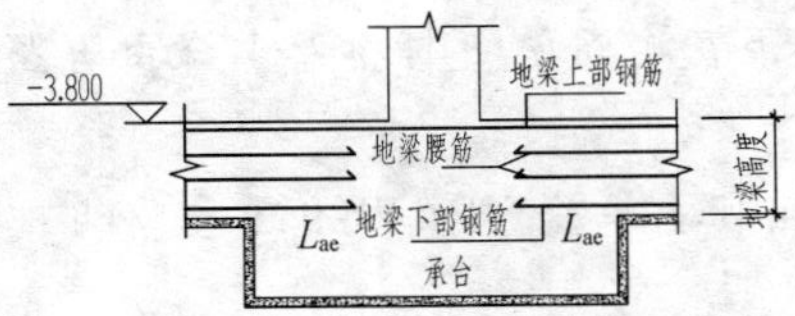

地梁在中间承台处大样

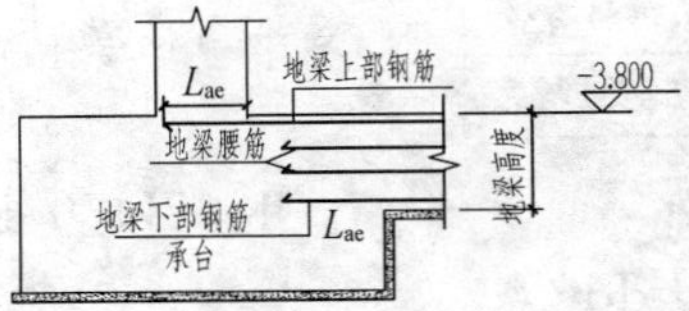

地梁在边承台处大样

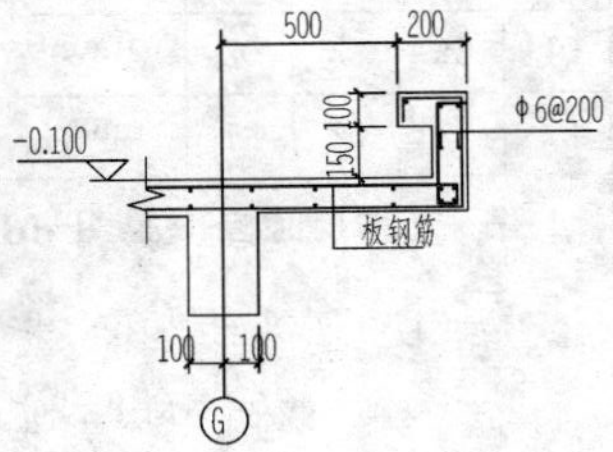

3-3

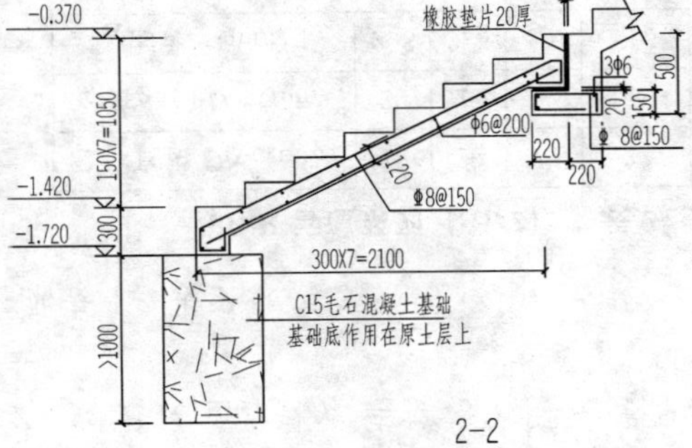

2-2

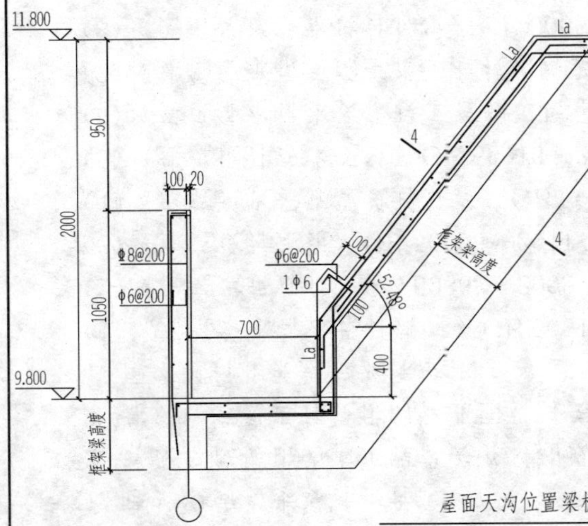

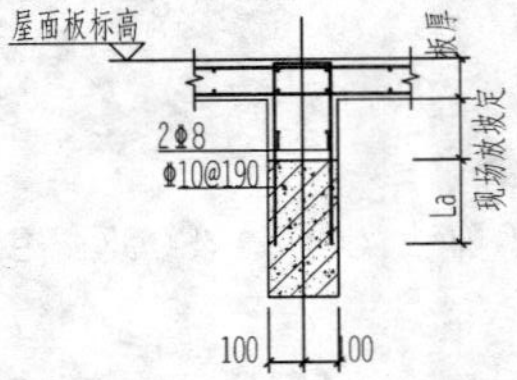

4-4

屋面天沟位置梁板详图

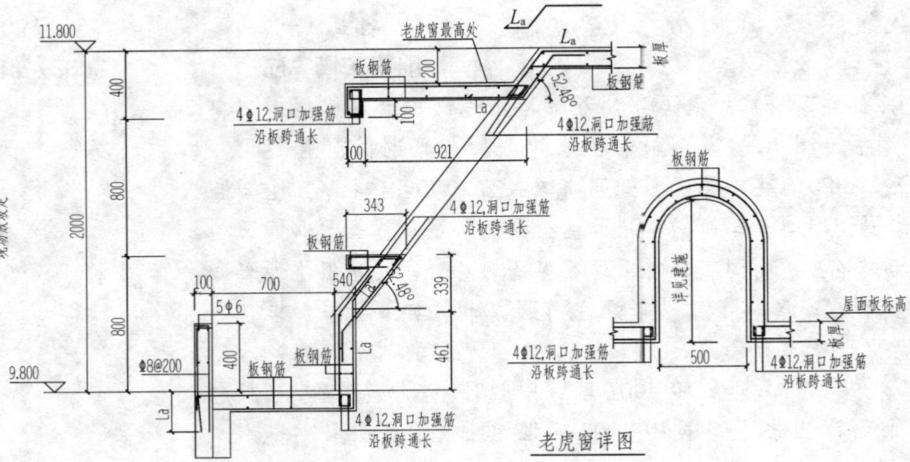

老虎窗详图

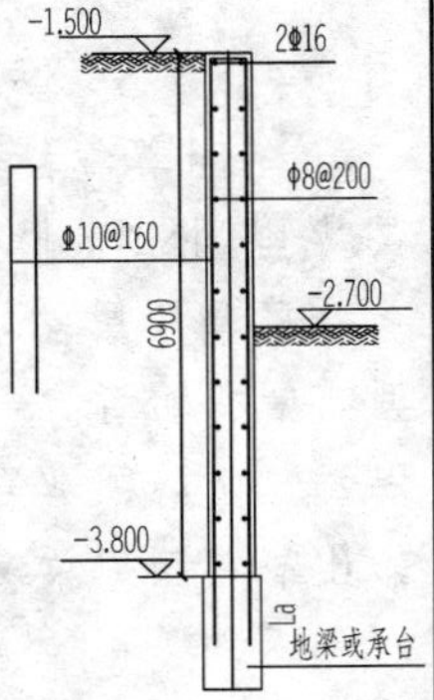

1-1

图　名		柱子平面布置图	
图别	结施	图号	23

给排水设计说明一

一、设计概况及设计内容

本工程为辽宁省某市别墅工程 14#楼，建筑面积：1547.42m²。

二、设计依据

1. 已批准的初步设计文件。
2. 建设单位提供的本工程有关资料和设计任务书。
3. 建筑和有关工种提供的作业图和有关资料。
4. 国家现行相关规范及标准：

（1）《建筑给水排水设计规范》GB 50015—2003（2009 年版）；
（2）《住宅建筑规范》GB 50368—2005；
（3）《住宅设计规范》GB 50096—2011；
（4）《建筑灭火器配置设计规范》GB 50140—2005；
（5）《建筑设计防火规范》GB 50016—2006；
（6）《建筑给水排水及采暖工程施工质量验收规范》GB 50242—2002；
（7）《建筑给水聚丙烯管道工程技术规范》GB/T 50349—2005；
（8）《民用建筑节水设计标准》GB 50555—2010。

三、设计说明

1. 生活给水系统：

（1）生活用水由小区生活储水池经生活泵站二次加压供给，采用微机变频调速全天供水；

（2）每户于入口检查井处设 LXS-20C 旋翼湿式水表，要求安装位置方便查表；

（3）本工程每户最高日用水量 1.65m^3/d，最大小时用水量 0.14m^3/h。

2. 生活热水系统：

本工程每户按分体式家用电热水器设计，均设于卫生间和厨房内，本次设计仅预留电量和管道，设备由业主自购。

3. 生活污水系统：

（1）本工程污、废水采用合流制。污废水重力自流排入室外污水检查井。污水经化粪池处理后，排入市政污水管；

（2）污水立管伸顶通气影响美观时设侧墙式通气帽，详见国标 04S301 第 77 页（甲型）。

排水伸顶通气管于屋面下 300mm 处以上采用柔性连接排水铸铁管，在顶部设伞形通气帽，且高出屋面 700mm。

4. 建筑灭火器配置

本建筑除车库为中危险级 B 类外，其余均为中危险级 A 类；设计选用磷酸铵盐干粉灭火器。具体数量及位置见施工图纸。灭火器的摆放应稳固，其铭牌应朝外，手提式灭火器宜设置在灭火器箱内或挂钩、托架上，其顶部离地面高度不应大于 1.50m；底部离地面高度不宜小于 0.08m。灭火器箱不得上锁。

5. 雨水排除系统：雨水采用外排水系统，由一层直接排入小区雨水管道；屋面雨水斗与阳台雨水斗及雨水立管由建筑工种设计，详建施图。

四、施工说明

（一）管材

1. 生活给水管和生活热水管：

（1）室内给水主管道采用优质 PP-R 管，选用级别为 S5 级，热熔连接。室内给水支管道（包括垫层中敷设管道）均采用设计压力系列为 S5 的 PP-R 管，生活热水管主管道采用 PP-R 管，选用级别为 S3.2 级，热熔连接。卫生间内埋地管道设计压力系列为 S3.2 的 PP-R 管，热熔连接，阀门及管件，水嘴应与管材相应配套。

PP-R 管使用年限为 50 年。规格见表 1、表 2 和表 3。

PP-R 管道系列（S5）　表 1

公称直径 DN（mm）	15	20	25	32
公称外径 De（mm）	20	25	32	40
壁厚 e（mm）	2.3	2.8	3.6	4.5

PP-R 管道系列（S3.2）　表 2

公称直径 DN（mm）	15	20	25	32
公称外径 De（mm）	20	25	32	40
壁厚 e（mm）	2.8	3.5	4.4	5.5

图　名	给排水设计说明一		
图别 水施		图号	1

给排水设计说明二

公称管径与塑料管管径对照表 **表3**

公称管径 DN（mm）	15	20	25	32	40	50	65（70）	80	100	125	150	200	250	300
给水塑料管 De（mm）	20	25	32	40	50	63	75	90	110	140	160	200	250	315
公称管径 DN（mm）				40	50		75		100	125	150	200	250	300
排水塑料管 De（mm）				40	50		75		110	125	160	200	250	315

（2）管道支、吊架，管卡采用与管道配套的支、吊架，管卡，安装方法见《辽2002S302》图集41页。

（3）管道的支、吊架最大间距见表4。

管道的支、吊架最大间距 **表4**

管径（mm）		20	25	32	40	50	63	75	90	110
最大间距（m）	立管	0.9	1.0	1.2	1.4	1.6	1.8	2.0	2.2	2.4
	水平管	0.5	0.55	0.65	0.8	0.95	1.1	1.2	1.35	1.55

（4）管道穿墙及楼板时须设套管，套管采用大一号钢管制作。楼板上安装套管时，上端高出装饰地面20mm，卫生间上端高出装饰地面50mm，墙内安装的套管其两端与饰面相平。穿过楼板的套管与管道之间缝隙采用阻燃密实材料和防水油膏填实，端面光滑。穿墙的套管与管道之间缝隙采用不燃密实材料填实，端面光滑，管道接口不得设在套管内，安装方法见《辽2002S302》图集38、39页。

2. 排水管道：室内排水管道（含接至室外检查井的排出管）采用PVC-U排水塑料管，承插粘接接口。安装PVC-U排水管必须严格按厂家及行业标准装设膨胀伸缩节及固定支撑点。

（二）阀门及附件

1. 阀门：

（1）当 $DN \leqslant 50$ 时用铜截止阀，当 $DN>50$ 时用闸阀或蝶阀。各种排空泄水阀一律用闸阀或蝶阀。

（2）阀门工称压力1.0MPa。

（3）所有阀门手柄应设置在便于操作与维修的部位

（4）暗装在管井、吊顶内的管道，凡设阀门及检查口处均应设检修门。

2. 附件：

（1）卫生间采用深水封地漏，洗衣机排水采用专用地漏，车库用地漏采用密闭地漏。箅子均为镀铬制品，地漏水封高度不小于50mm。除一层地漏为S形排水外其余均设P形排水弯。

（2）地面清扫口采用铜制品，清扫口表面与地面平。

（3）全部给水配件均采用节水型产品，不得采用淘汰产品。

（三）卫生洁具：

1. 本工程所用卫生洁具均采用陶瓷制品，颜色及样式由甲方和装修设计确定。

2. 住宅卫生洁具采用下出水低水箱坐式大便器（水箱容积为6L）、台（立）式洗脸盆、不带裙边搪瓷浴盆。

3. 卫生洁具给水及排水五金配件应采用与卫生洁具配套的节水型。

（四）管道敷设

1. 卧室及重要房间上空的不对位卫生间排水采用降板同层排水形式，卫生间地面降板400mm，排水横支管敷设于地面沉箱内，做法详见国标03SS408第122页。卫生间内冷热水管均为暗装。

2. 给水和热水支管沿墙边敷设，设于地面抹灰层内。给水和热水立管穿楼板时，应设套管。安装在楼板内的套管，其顶部应高出装饰地面20mm；安装在卫生间及厨房内的套管，其顶部高出装饰地面50mm，底部应与楼板底面相平；套管与管道之间缝隙应用阻燃密实材料和防水油膏填实，端面光滑。

3. 室内排水管穿楼板应预留孔洞，管道安装完后将孔洞严密捣实，立管周围应设高出楼板面设计标高10～20mm的阻水圈。室内吊棚中排水横管应尽量抬高布置。

4. 室外给排水管埋地敷设时，基础应根据基底的土质而定：在原土地带作素土基础，排水管在接口处做混凝土垫：在回

图名		给排水设计说明二	
图别	水施	图号	2

给排水设计说明三

填土地带，必须将基底分层加砂砾洒水夯实，排水管做120°混凝土基础：管沟回填土时先填黏土，然后分层洒水压实，每层不得大于300mm。

5. 管道坡度：

（1）排水管道除图中注明者外。均按表5坡度安装：

污水、废水管标准坡度 **表5**

管径（mm）	DN50	DN75	DN100	DN150
污水、废水管标准坡度	0.035	0.025	0.02	0.01

（2）给水管均按0.002的坡度坡向立管或泄水装置。

管道穿钢筋混凝土墙和楼板、梁时，应根据图中所注管道标高、位置配合土建工种预留孔洞或预埋套管；

管道穿地下室外墙、水池壁时，应预埋防水套管。

6. 管道支架：（1）管道支架或管卡应固定在楼板上或承重结构上。

（2）立管每层装一管卡，安装高度为距地面1.5m。

7. 排水管上的吊钩或卡箍应固定在承重结构上，固定件间距：横管不得大于2m，立管不得大于3m。层高小于或等于4m，立管中部可安一个固定件。

8. 排水立管检查口距地面或楼板面1.00m，包在管井、吊顶、墙体内的立管检查口和阀门处，均应设检修门。

9. 管道连接：

（1）热水立管与横管的连接应设弯头侧接管，不得顶接。

（2）污水横管与横管的连接，不得采用正三通和正四通。

（3）污水立管偏置时，应采用乙字管或2个45°弯头。

（4）污水立管与横管及排出管连接时采用2个45°弯头，且立管底部弯管处应设支墩。

（五）管道和设备保温、管道防腐

1. 直埋的生活给水干管应做保温，保温材料采用橡塑管壳，保温厚度20mm；所有吊顶内和管井内的给水管应做防结露保温，保温材料采用橡塑管壳，保温厚度10mm；保护层采用玻璃布缠绕，外刷二道调和漆。

2. 保温应在完成试压合格及除锈防腐处理后进行。

（六）管道试压

1. PP-R热水管试验压力1.20MPa，PP-R冷水试验压力0.90MPa。

直埋在地坪面层和墙体内的PP-R管道，应在面层浇捣或封堵前达到试压要求。给水系统完成后试压应按《建筑给水聚丙烯管道工程技术规范》GB/T 50349—2005的5.6.1～5.6.3条规定执行。给水系统工作压力0.25MPa。

2. 排水隐蔽管道和埋地管道在隐蔽之前做灌水试验。灌水高度不应低于底层地面高度，满水15min水面下降后，再灌满观察5min，液面不降，管道及接口无渗漏为合格。

3. 排水主立管及水平干管应做通球试验。通球球径不小于排水管道管径的2/3，通球率必须达到100%。

4. 隐蔽，埋地管道在灌水试验及通球试验合格后再隐蔽填埋。

（七）管道冲洗

给水管道在系统运行前须用水冲洗和消毒，要求以不小于1.5m/s的流速进行冲洗，并符合《建筑给水排水及采暖工程施工质量验收规范》GB 50242—2002中4.2.3条的规定，经有关部门取样检验，符合国家《生活饮用水标准》方可使用。

图名		给排水设计说明三	
图别	水施	图号	3

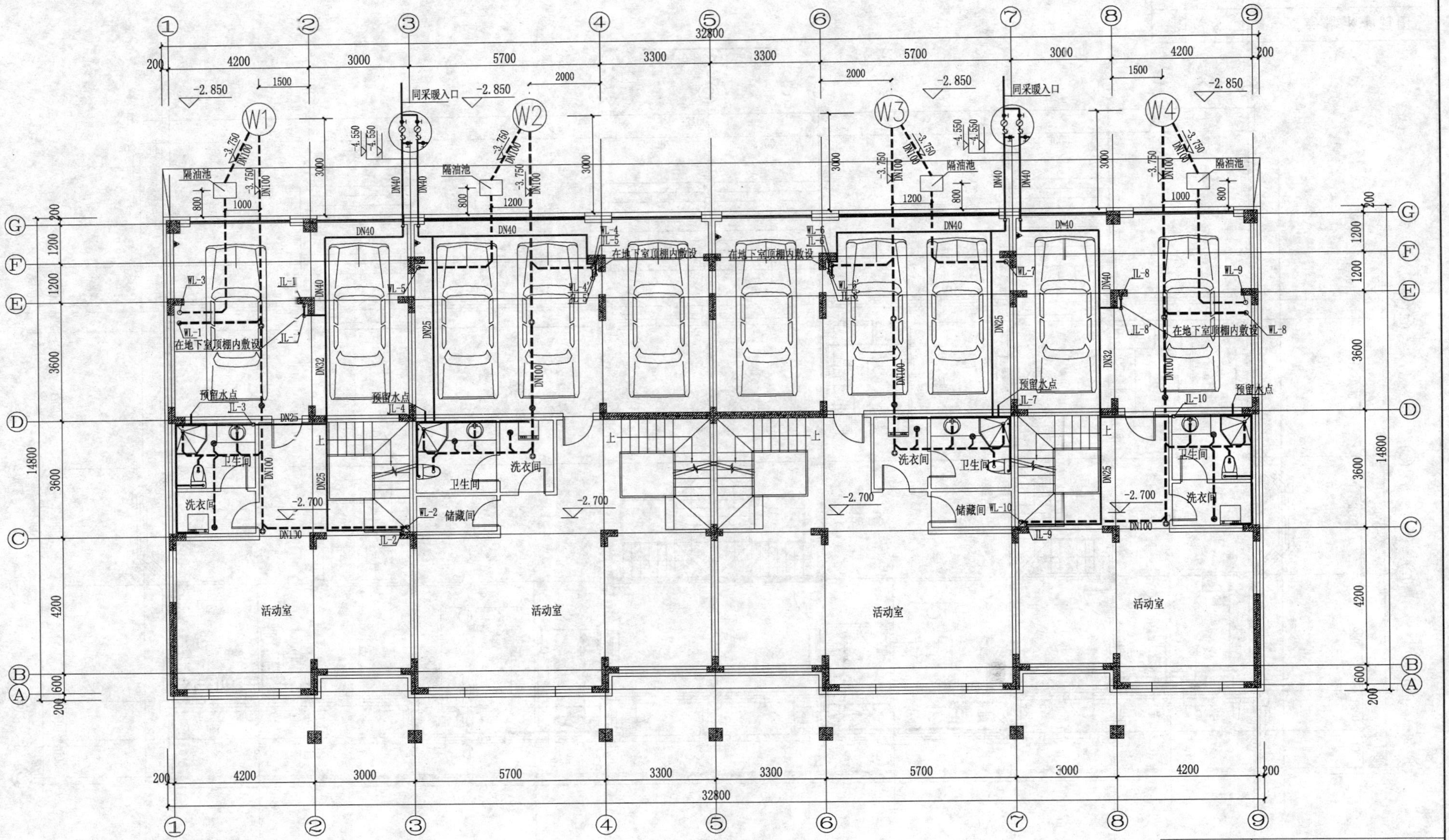

-2.700标高处给排水平面图

图　名	−2.700 标高处给排水平面图		
图别	水施	图号	4

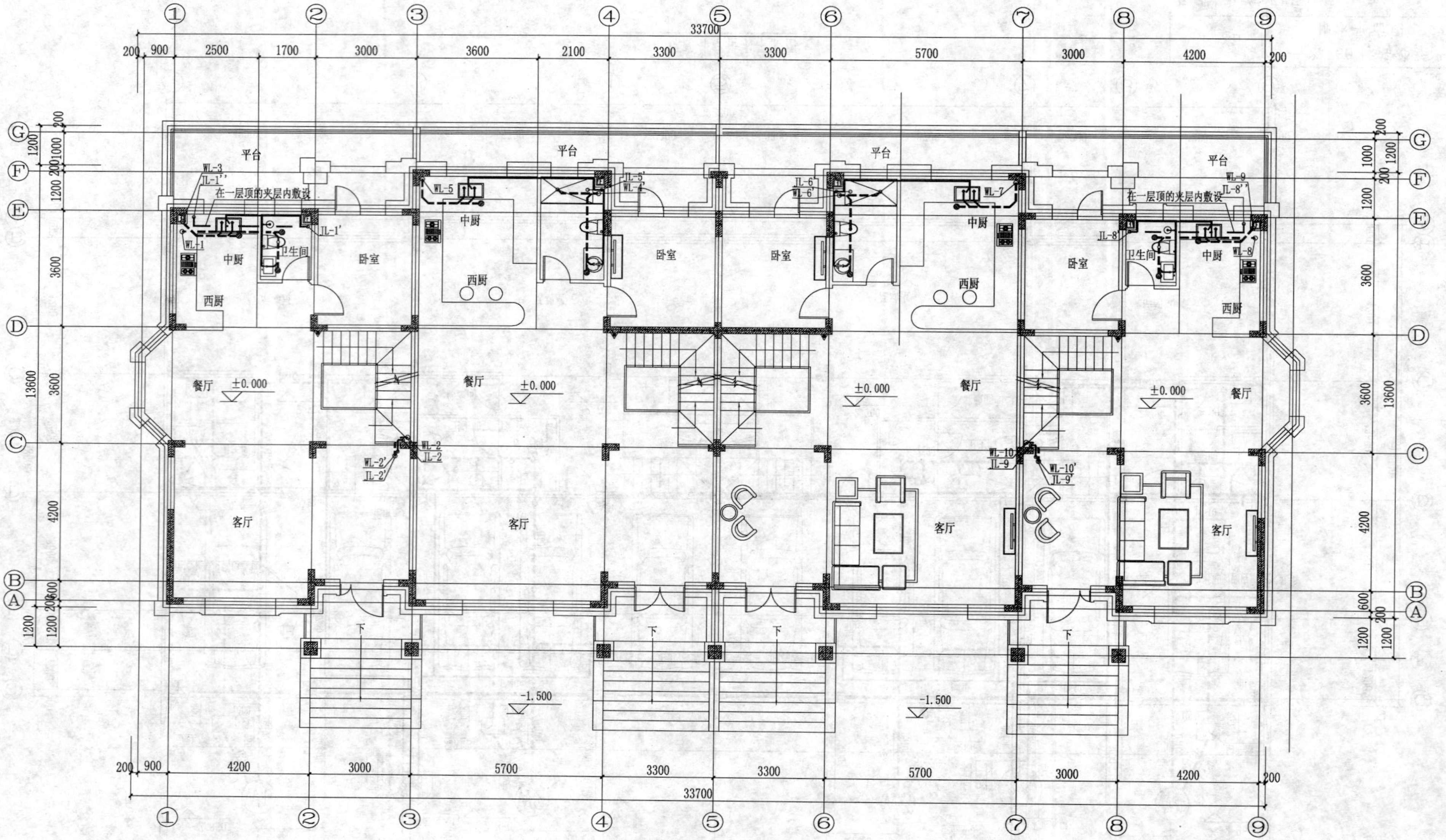

一层给排水平面图

图　名	一层给排水平面图		
图别	水施	图号	5

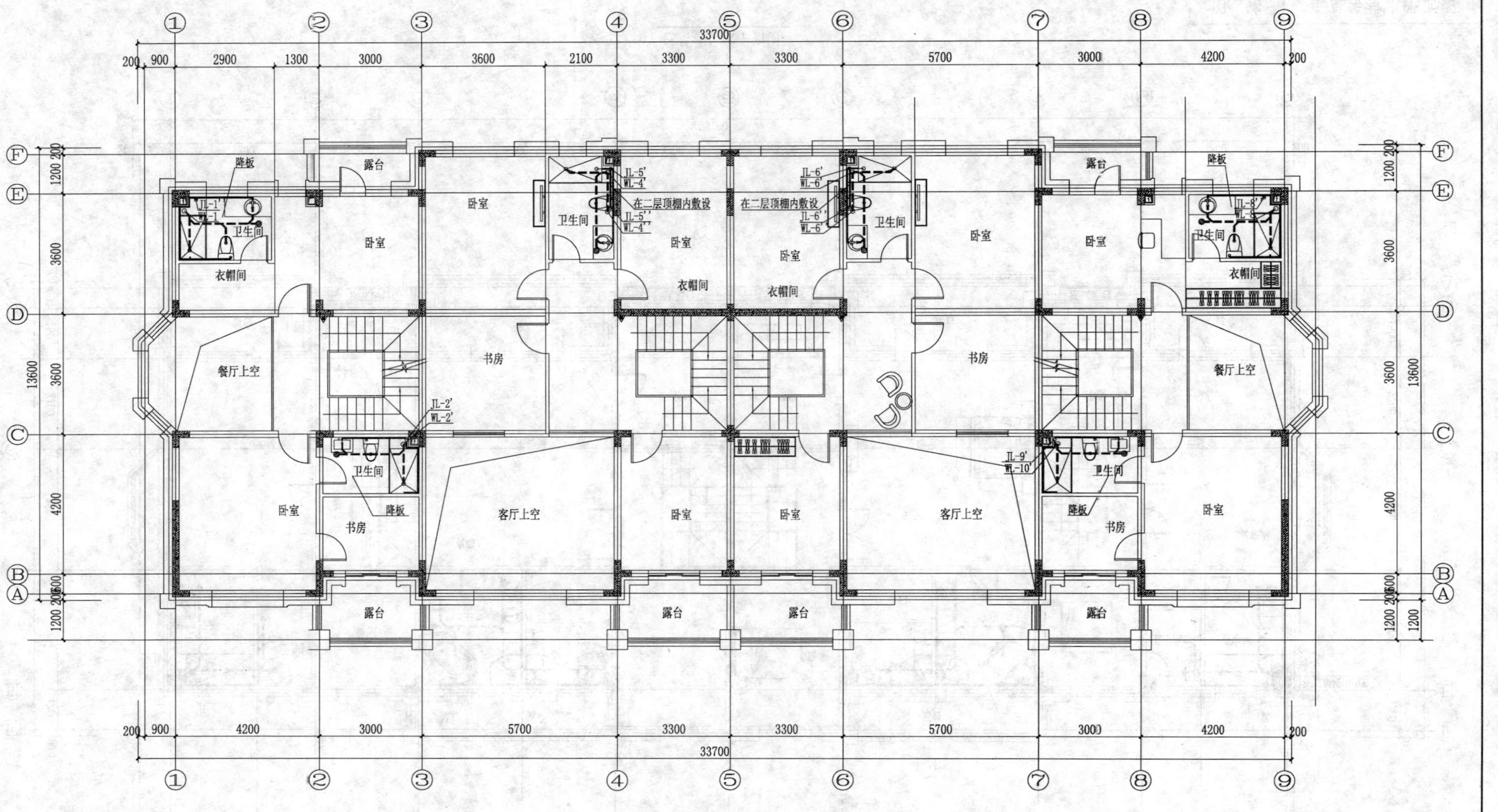

二层给排水平面图

图　名		二层给排水平面图	
图别	水施	图号	6

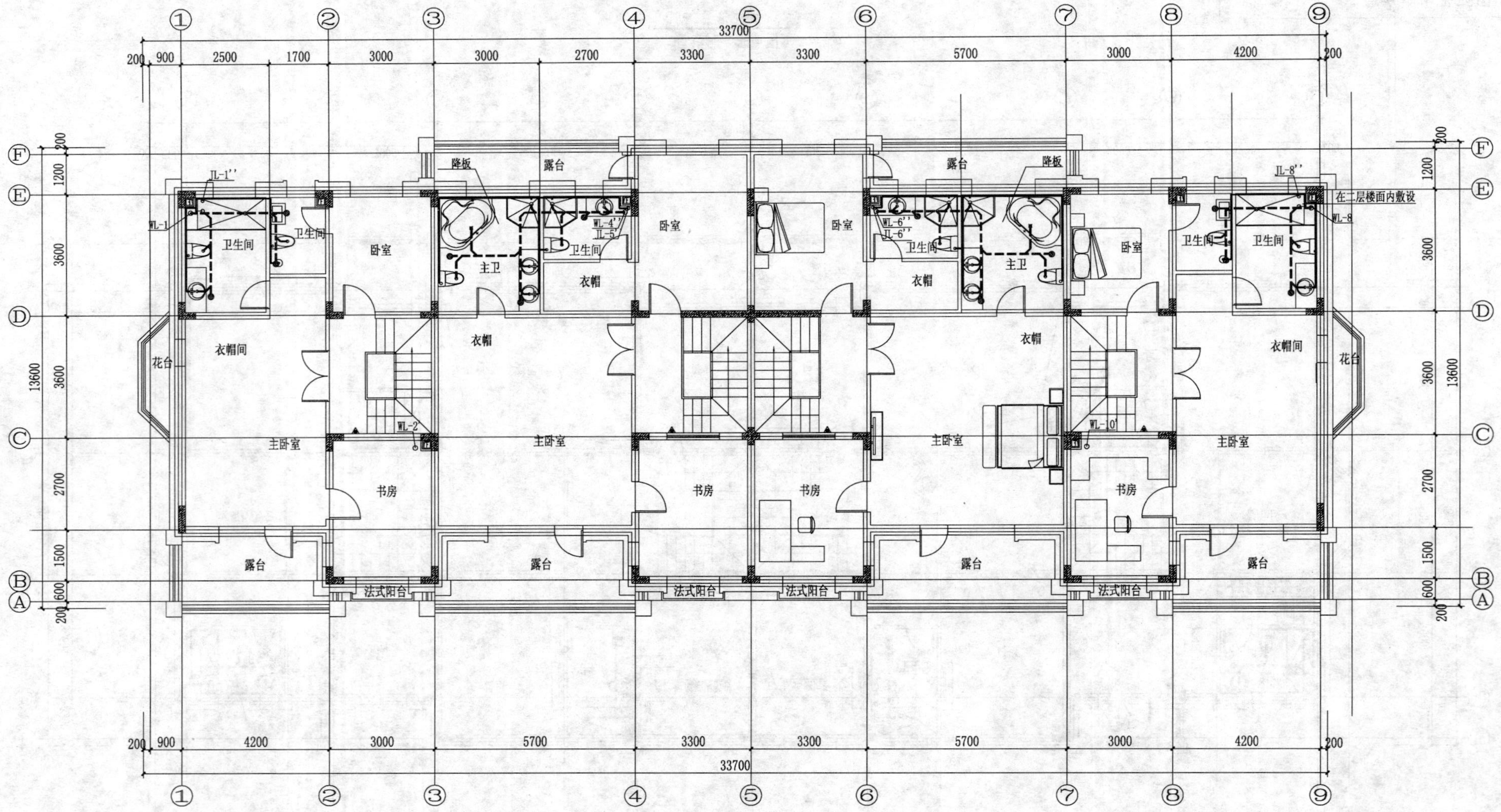

三层给排水平面图

图　名	三层给排水平面图		
图别	水施	图号	7

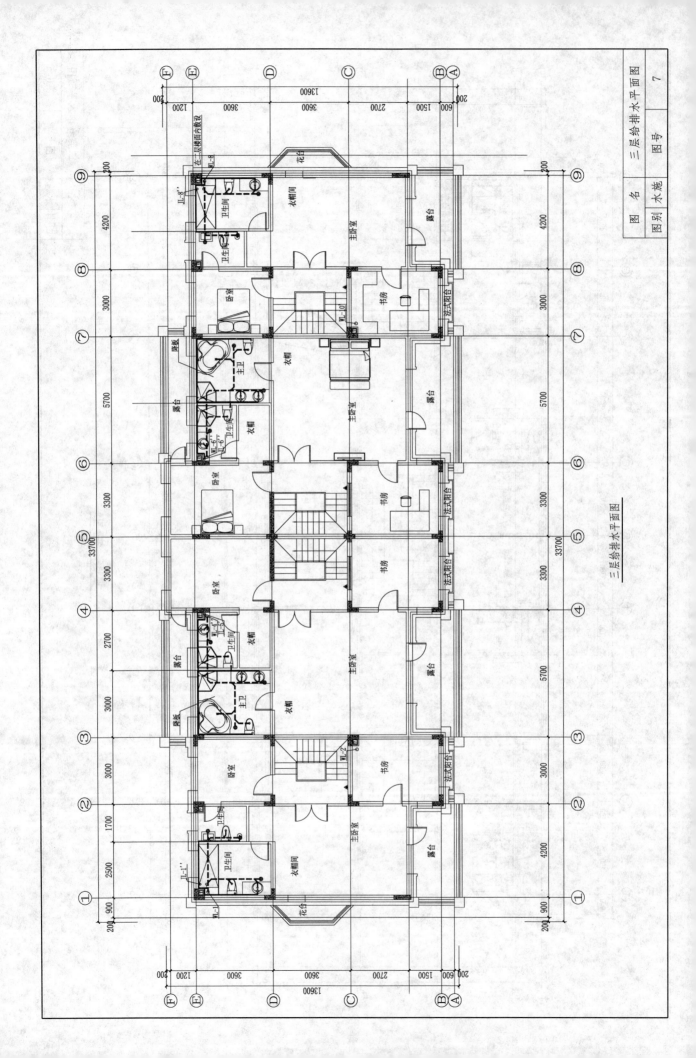

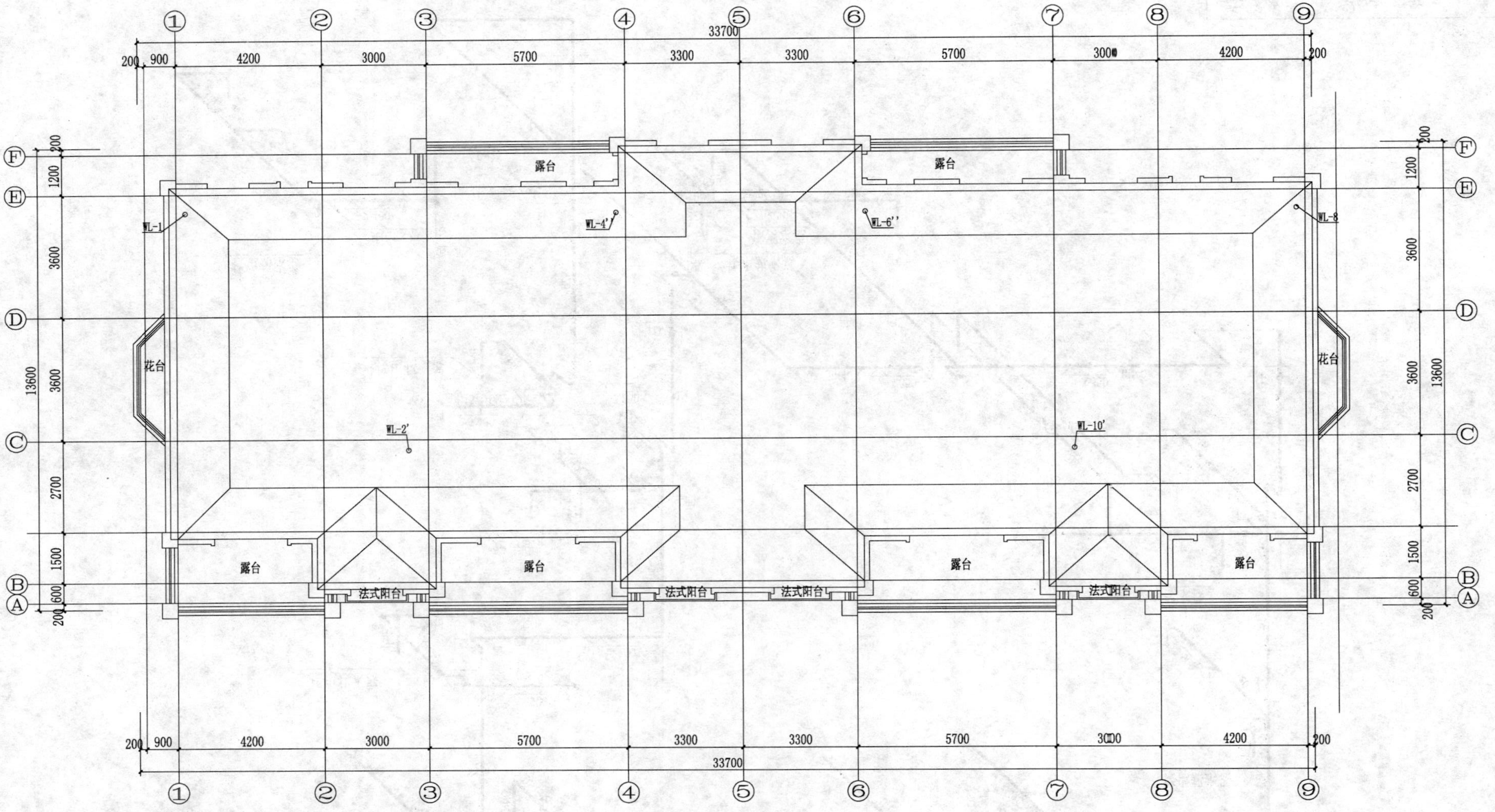

屋面排水平面图

图　名	屋面排水平面图		
图别	水施	图号	8

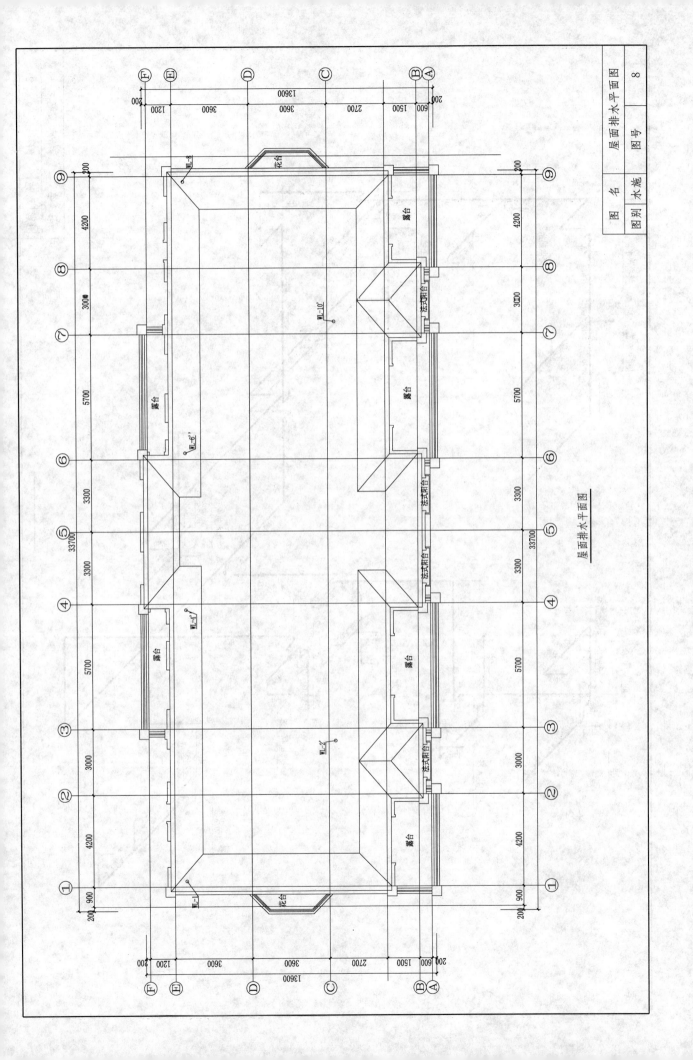

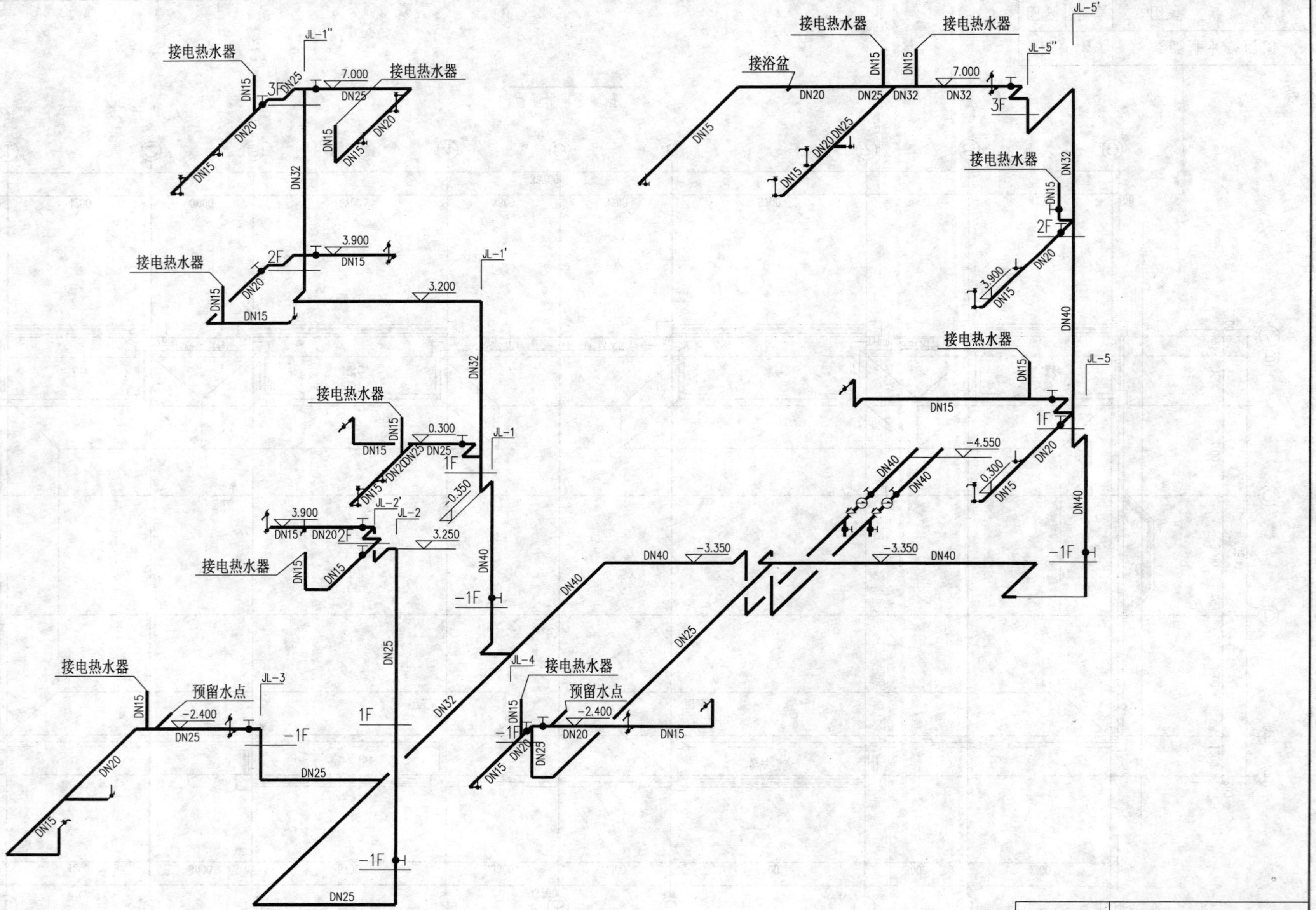

给水系统图一

图　名	给水系统图一		
图别	水施	图号	9

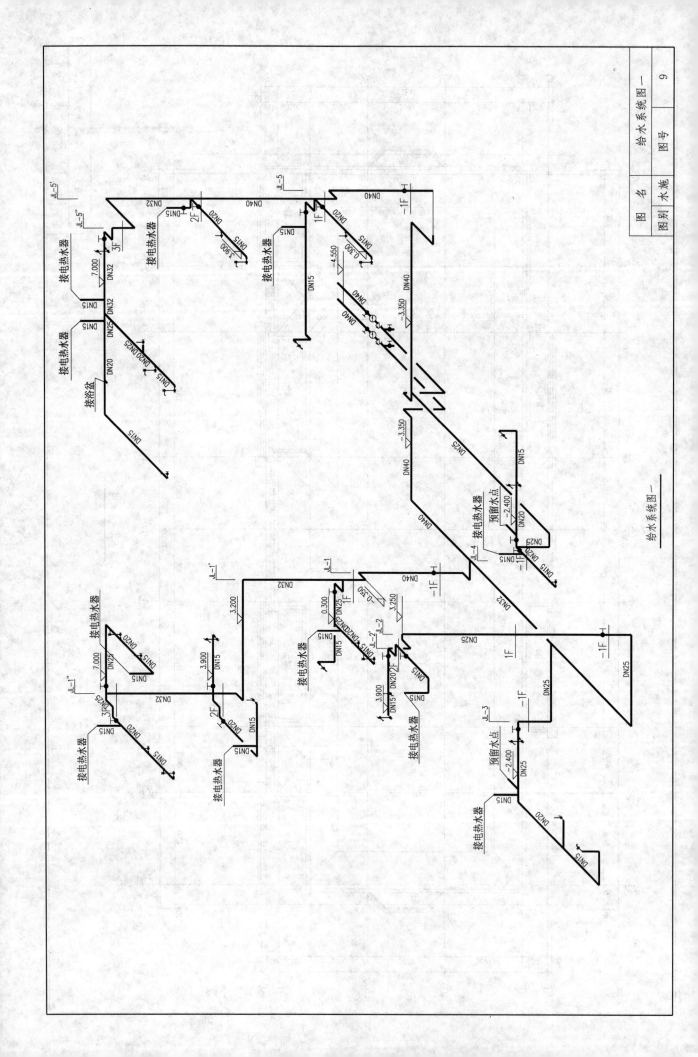

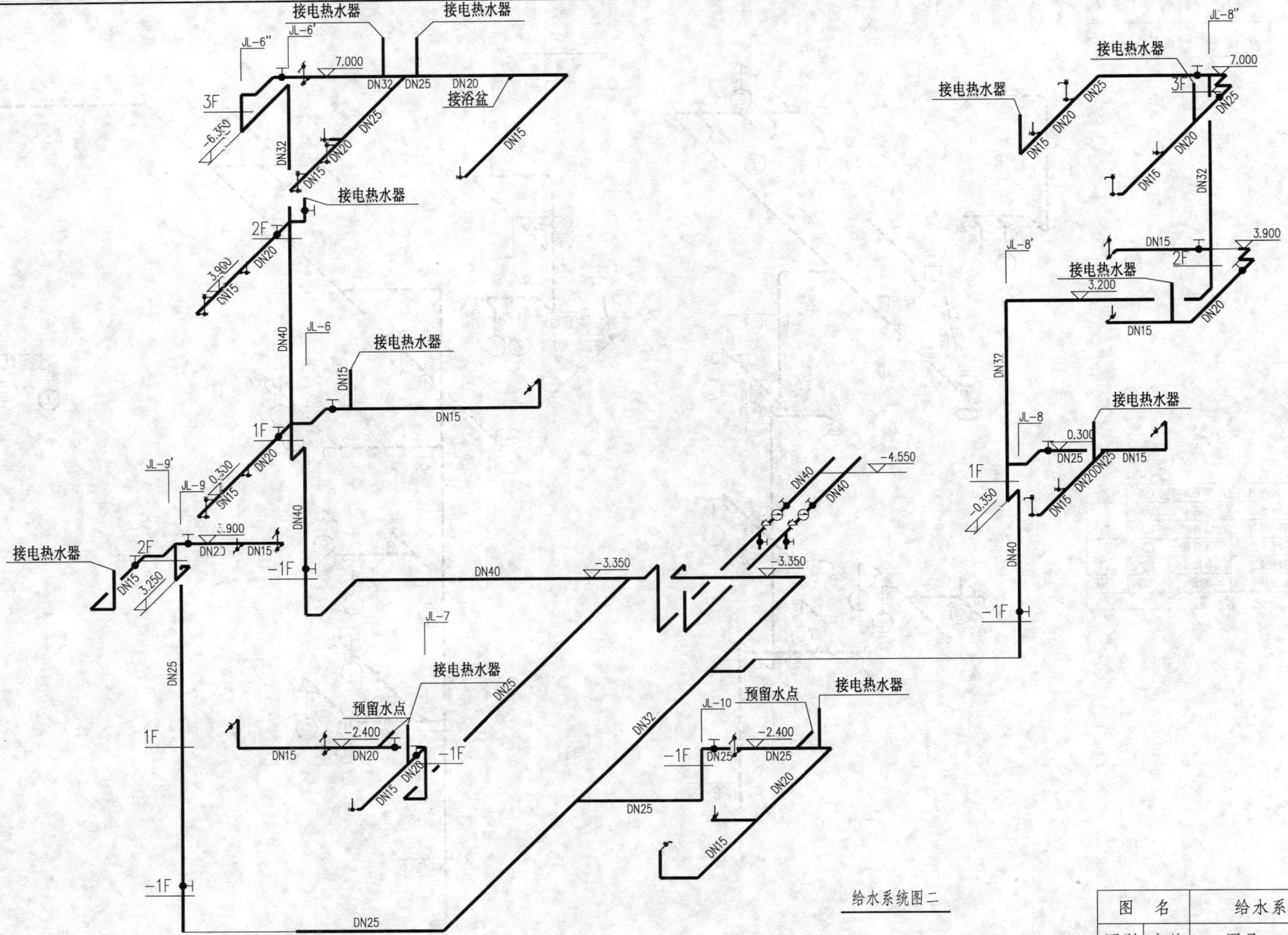

给水系统图二

图 名		给水系统图二	
图别	水施	图号	10

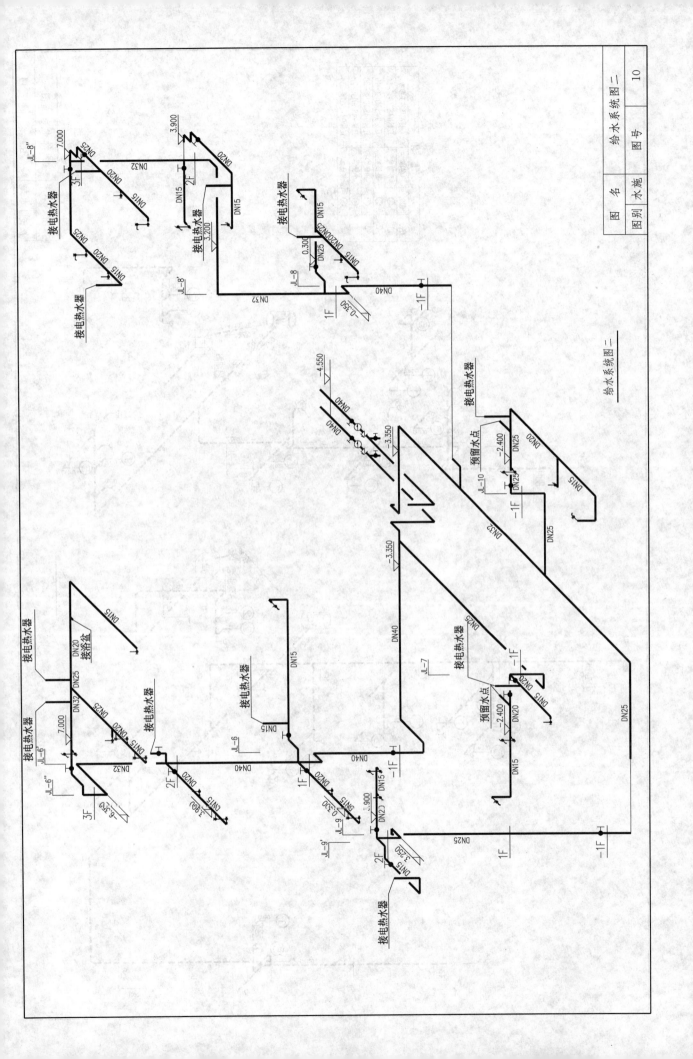

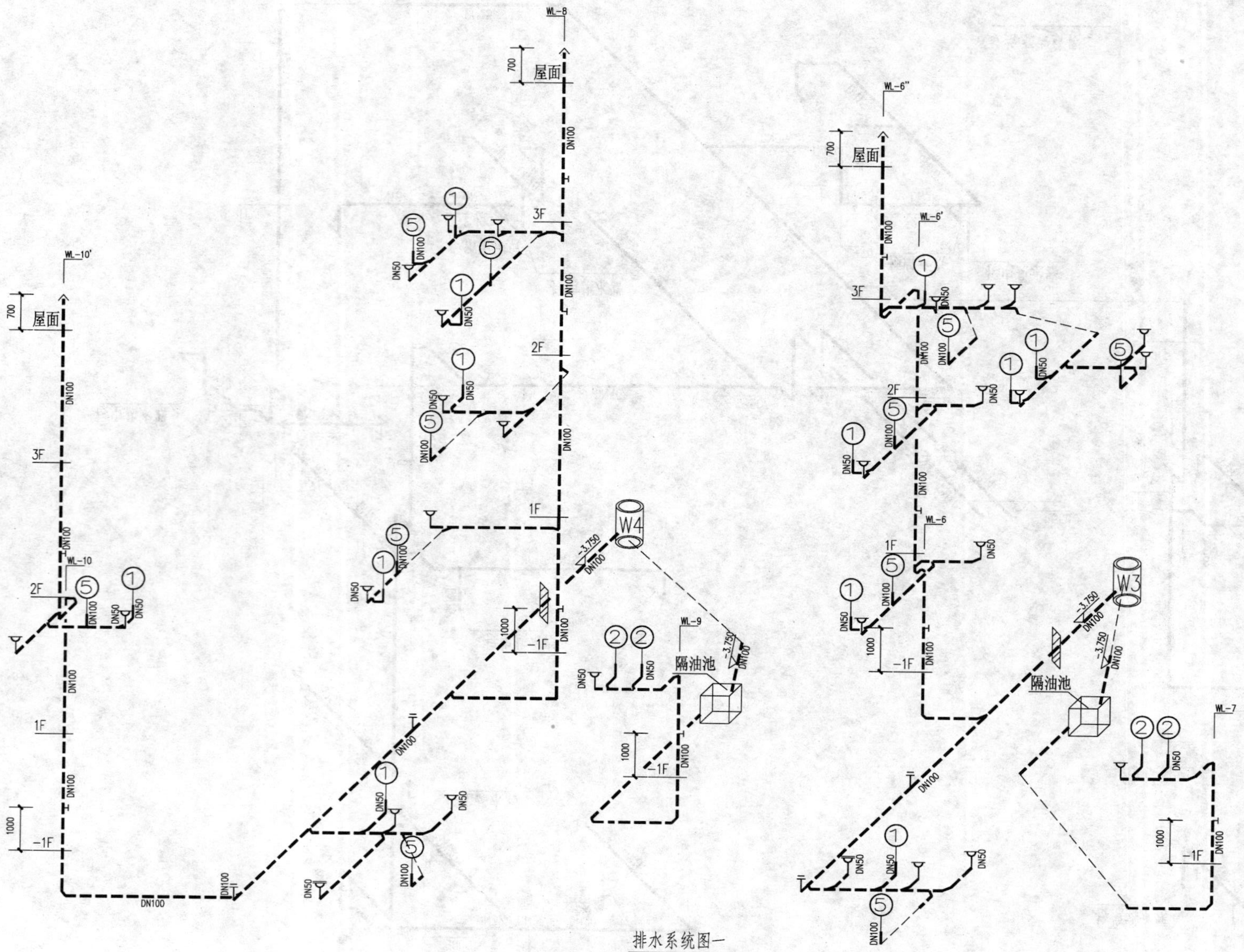

排水系统图一

图例			
序号	图例	名称	标准图施工参考
1	①	洗脸盆	辽标94S301页-14
2	②	洗涤盆	辽标94S301页-10
3	③	蹲便器	辽标94S301页-33
4	④	小便器	辽标94S301页-28
5	⑤	坐便器	辽标94S301页-34

图 名		排水系统图一	
图别	水施	图号	11

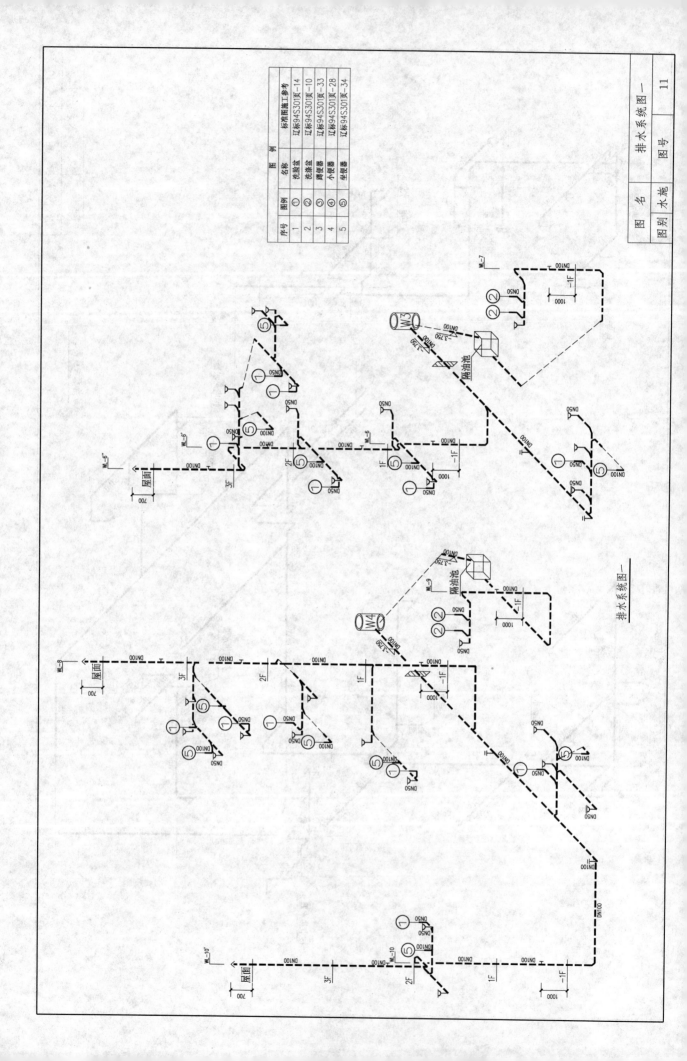

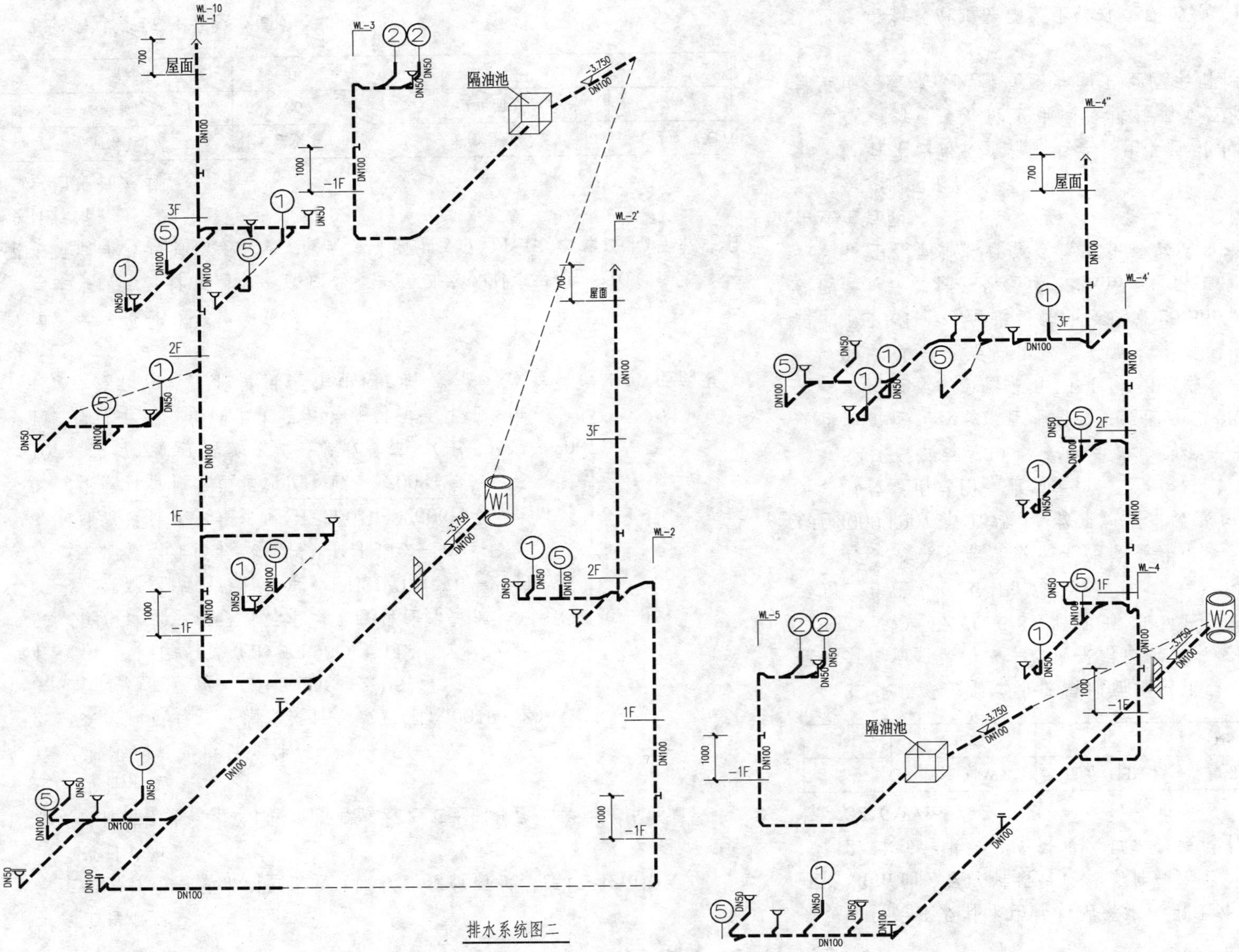

排水系统图二

图例			
序号	图例	名称	标准图施工参考
1	①	洗脸盆	辽标94S301页-14
2	②	洗涤盆	辽标94S301页-10
3	③	蹲便器	辽标94S301页-33
4	④	小便器	辽标94S301页-28
5	⑤	坐便器	辽标94S301页-34

图 名		排水系统图二	
图别	水施	图号	12

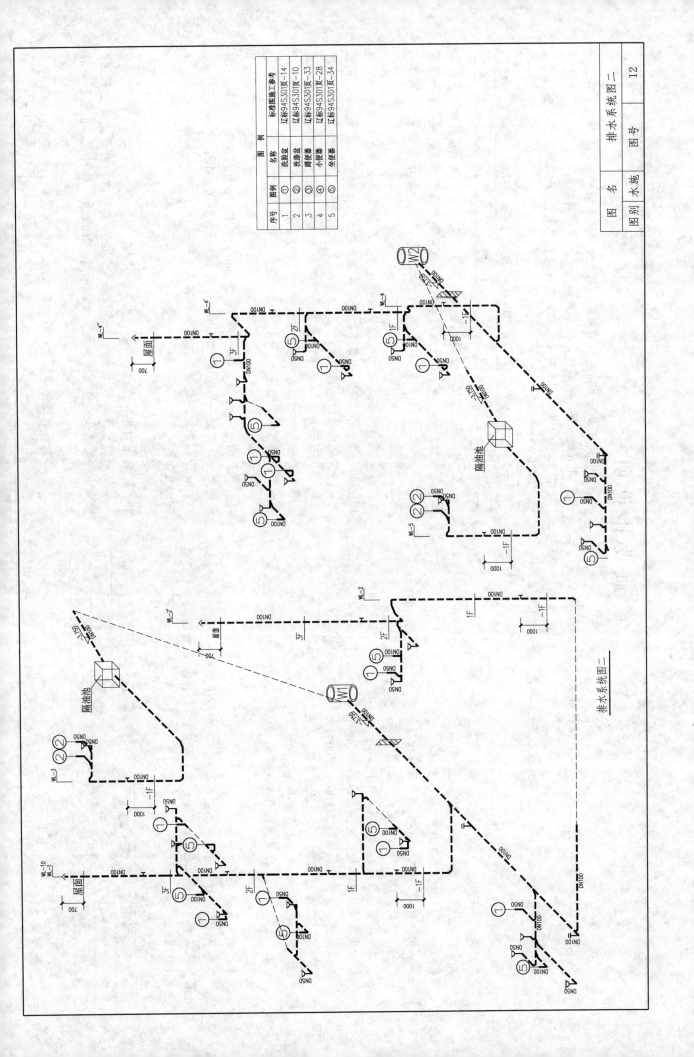

暖通设计说明一

一、工程概况

本工程为辽宁省某市别墅工程14#楼，建筑面积：1547.42m²。

二、设计内容

本次设计范围为：本单体内的采暖工程，卫生间排风工程及分体空调系统。

三、设计依据

1. 已批准的初步设计文件；
2. 《采暖通风与空气调节设计规范》GB 50019—2003；
3. 《住宅建筑规范》GB 50368—2005；
4. 《住宅设计规范》GB 50096—2011；
5. 《民用建筑节能设计标准（采暖居住建筑部分）》JGJ 26—95；
6. 《居住建筑节能设计标准》DB21/T 1476—2011；
7. 《地面辐射供暖技术规程》JGJ 142—2004；
8. 《建筑设计防火规范》GB 50016—2006；
9. 《供热计量技术规程》JGJ 173—2009；
10. 《建筑节能工程施工质量验收规范》GB 50411—2007；
11. 建设单位提供的本工程有关资料和设计任务书；
12. 建筑和有关工种提供的作业图和有关资料，装修专业提供的相关图纸。

四、采暖设计及计算参数

冬季采暖室外计算温度−16℃；冬季通风室外计算温度−10℃；冬季室外最多风向平均风速3.5m/s；最大冻土深度：1.11m；本建筑执行节能住宅设计标准。

室内设计参数：

房间名称	计算温度（℃）	房间名称	计算温度（℃）
卧室、书房、餐厅、客厅	20	卫生间	25
厨房、储藏间	16	车库	5

五、采暖系统（节能专篇）

1. 本工程采暖供回水由小区换热站提供。采暖供回水温度为55/45℃，采暖系统定压及补水由换热站解决。由于外网定压条件现不能确定，现按定压为30m的分区条件设计，待条件确定后，另行调整。

2. 本工程共设2个采暖入口，采暖总耗热量：31.6kW，采暖热负荷指标：32.6W/m²。

编号	负荷（kW）	阻力（kPa）	编号	负荷（kW）	阻力（kPa）
R1	53.78	40	R2	53.78	40

3. 采暖系统形式为低温地面辐射供暖系统，户内地热盘管均埋设于本层建筑地面垫层内。车库内采用散热器采暖，散热器采用灰铸铁柱翼橄榄型（内腔无砂）TZYG-6-8，详见辽2004T902，24页。标准散热量145W/片。适用工作压力0.8MPa。

4. 采暖入户装置设于室外检查井中；入户装置设有热表及流量平衡阀（辽2009T907第15页）。按甲方要求暖入户井需设于私家花园边上公共位置处，其位置由总图专业确定。

5. 采暖管材：1）入户井至户内的管道为直埋式热水用预制保温管，详见供热工程（热水）直埋管道安装图辽2003R401。

室内立管、干管采用PP-R塑铝稳态复合管。

2）分集永器后户内低温地面辐射采暖加热管道采用使用条件级别为4级的PE-RT管，管道公称外径均为20mm。PE-RT管材应选压力等级为S4级的管材，管材公称壁厚2.3mm，适用工作压力为0.8MPa。

6. 卫生间地热盘管散热面积不够的负荷部分由三合一浴霸补充，浴霸由业主自购。

六、通风系统

1. 住宅厨房设置排气竖井，由屋面引出。

2. 有排气竖井的卫生间设排气扇或三合一浴霸（均自带风道止回阀）排至排气竖井；无排气竖井的卫生间采用排风管由外墙引出，出墙管设置管罩。

3. 各排风管道除图纸上特殊表明的地方外，连接排气扇或浴霸的通风管道采用

图名		暖通设计说明一	
图别	暖施	图号	1

暖通设计说明二

软铝管，由排气竖井引至室外的风管采用 0.5mm 镀锌钢板制作。

七、采暖施工说明

1. PP-R 塑铝稳态复合管管材规格，见表 1。

2. 管道连接：PP-R 塑铝稳态复合管之间采用热熔承插连接形式，PP-R 塑铝稳态复合管与金属管之间采用法兰连接。PE-RT 管垫层内不许有接头。

3. 自然补偿管道支架间的最大间距见表 2。

4. 管道保温：凡通过不采暖房间及地沟，吊顶，管道井内的采暖管道用橡塑保温材料（35mm 厚）保温，外缠塑料布，玻璃丝布各一层，最后刷调合漆两道．保温管壳导热系数<0.00375W/m·K。

5. 管道套管：采暖管道穿过墙壁和楼板，应设套管，安装在楼板上的套管其顶部应高出装饰地面 20mm（卫生间等用水房间的套管上部高出地面 50mm)。底部应与楼板底面相平，安装在墙壁内的套管，其两端应与墙面相平，塑料管采用硬聚氯乙烯套管．安装参见辽 2004T902。所有套管均应在土建施工时配合土建专业埋设好。

6. 过滤器：热表前及分集水器前过滤器选用 40 目 Y 型过滤器。

7. 阀门型号：DN≤32 时，铜质球阀：Q11F-10T，DN>32 时，铜质蝶阀 WBLX-10T。阀门公称压力：1.6MPa，车库内散热器阀门采用截止阀。

8. 集气罐采用立式，型号选用 D100，详见国标 94K402—1 第 2 页，第 4 页。

9. 散热器表面应在除锈后刷防锈底漆一遍，干燥后刷非金属性面漆两遍

10. 试压：

（1）散热器组装试压：散热器组装完毕后，应进行组装试压，试验压力为 0.8MPa。

（2）地热盘管安装完毕于隐蔽之前应进行水压试验．地热盘管试验压力为：0.8MPa。

（3）系统永压试验：采暖系统安装完毕后，应进行系统水压试验，试验压力为 0.4MPa。试压方法详见《建筑给水排水及采暖工程施工质量验收规范》GB 50242—2002。

11. 供暖系统安装竣工后并经试压合格后应对系统反复注水，排水。直至排出的水中不含泥沙，且水色不混浊为合格。

12. 系统必须经过试热，调试合格后方可交付使用。

八、地热盘管系统

1. 在加热管与分、集水器的接合处，分路设置调节性能好的铜质阀门，分水器阀门要求带刻度。

2. 地面加热管施工过程中，严禁人员踩踏加热管。加热管铺设区域内，严禁穿凿、钻孔或进行射钉作业。

3. 供热系统未经调试与试运行之前，地面辐射供暖系统严禁运行使用。

4. 地面辐射供暖施工做法：

（1）地热加热管布置方式按不同条件参见国标 03K404，5～10 页做法施工。

（2）分、集水器采用铜质分集水器（DN32），参见国标 03K404，13 页做法施工。

（3）与土壤相邻的地面，必须设绝热层。且绝热层下部必须设置防潮层。直接与室外空气相邻的楼板，必须设绝热层。绝热层作法见国标 03K404-29 页。

（4）在供暖房间所有墙、柱与楼（地）板相交的位置敷设边界保温带。施工见国标 03K40416.17.29 页图一。

（5）地热盘管管间距<100mm 时，加热管外部应设置柔性套管，应参见国标 03K404，14\15 页做法施工。

（6）分集水器后地热盘管施工完毕后即打压，后续施工盘管均带压 0.4MPa 进行。

（7）伸缩缝设置：在与内外墙，柱等垂直构件交接处应设有不间断的伸缩缝；各房间门口设伸缩缝，伸缩缝参见国标 03K404，16～19 页做法施工。

九、其他

1. 图中标高以米（m）为单位，其他

图名		暖通设计说明二	
图别	暖施	图号	2

暖通设计说明三

尺寸以毫米（mm）为单位；标高±0.000同建筑，H为楼层标高。

2. 图中所注的管道安装标高均以管底为准。

3. 其他未尽事宜应按照《通风与空调工程施工质量验收规范》GB 50243—2002及《建筑给水排水及采暖施工质量验收规范》GB 50242—2002执行。

PP-R塑铝稳态复合管规格 **表1**

公称直径 DN（mm）	外径×壁厚（mm）	公称直径 DN（mm）	外径×壁厚（mm）
20	27.3×4.3	40	52.7×7.4
25	34.2×5.1	50	66.2×9.3
32	42.6×6.2		

自然补偿管道支架间的最大间距 **表2**

公称直径（mm）		20	25	32	40	50
支架的最大间距（m）	立管	0.8	0.9	1.0	1.1	1.2
	横管	0.7	0.8	0.9	1.0	1.2

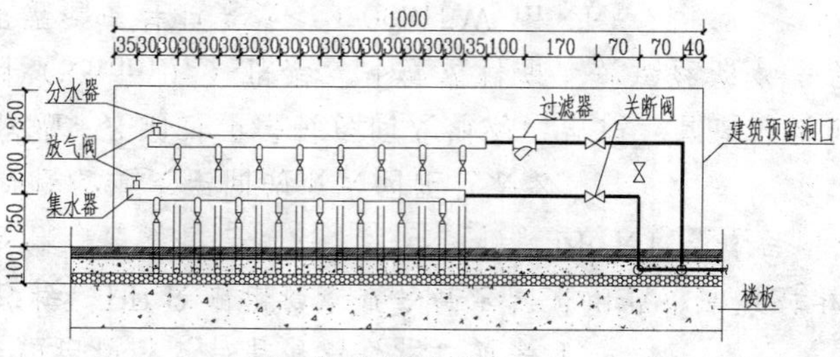

分、集水器安装示意图

注：1. 本图只是安装示意图，可根据具体情况按此规律改变分集水器规格；

2. 分、集水器采用落地支架落地安装；

3. 分、集水器上各回路的接管方式参见各楼的暖通施工图

图例

名称	图例	名称	图例
采暖供水管		采暖供水立管	NX
采暖回水管		采暖回水立管	HX
管道固定支架		散热器	
阀门		手动放气阀	
平衡阀		换气扇	
锁闭阀		集气罐	
补偿器		管道坡向	i=0.003
分集水器		过滤器	
挂壁式室内机		热量计	
落地柜式室内机		冷媒铜管	
室外机		冷凝水排水管	
采暖室外检查井		冷凝水立管	NL-X

图名		暖通设计说明三	
图别	暖施	图号	3

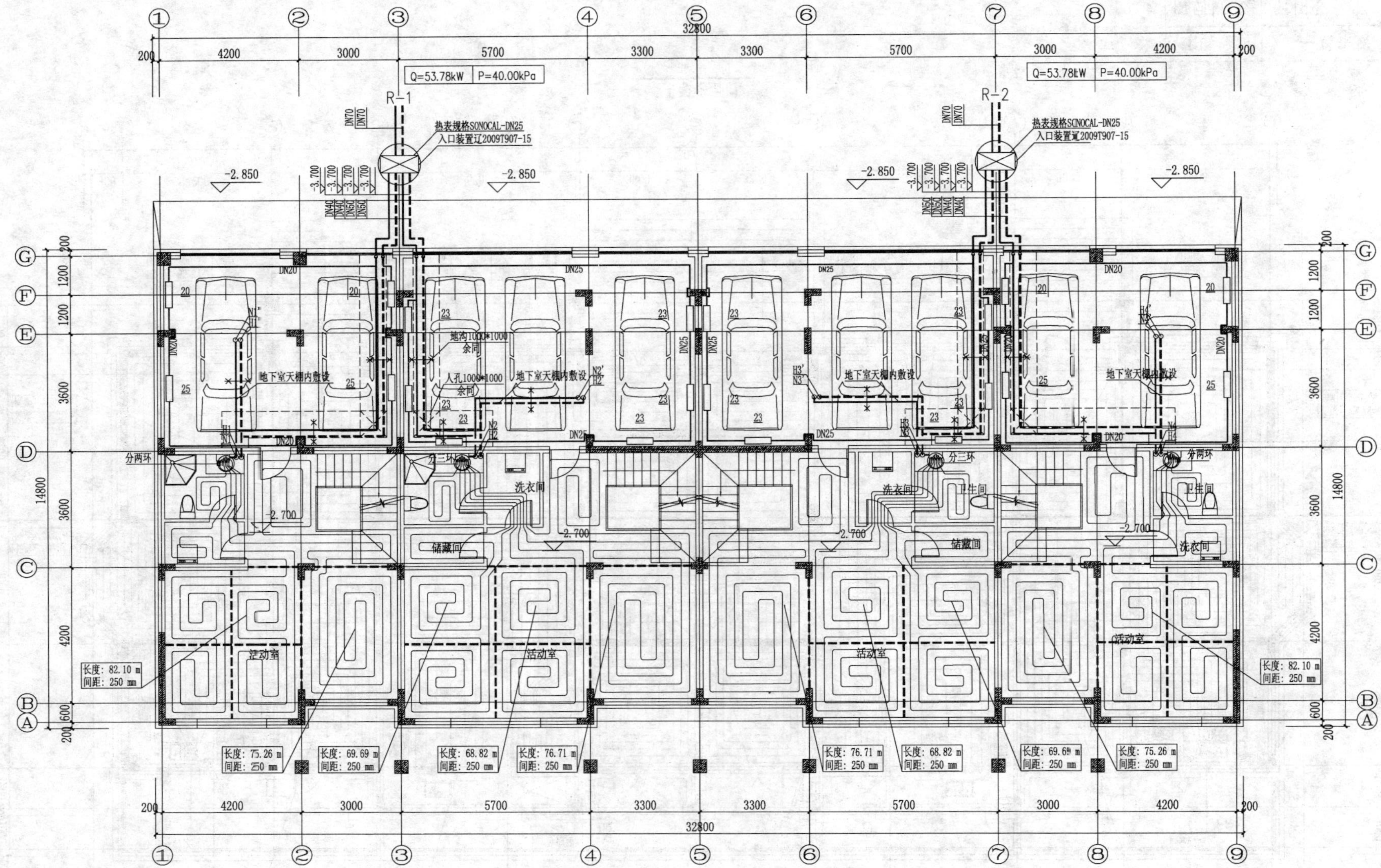

-2.700标高处采暖平面图

图 名		-2.700标高处采暖平面图	
图别	暖施	图号	4

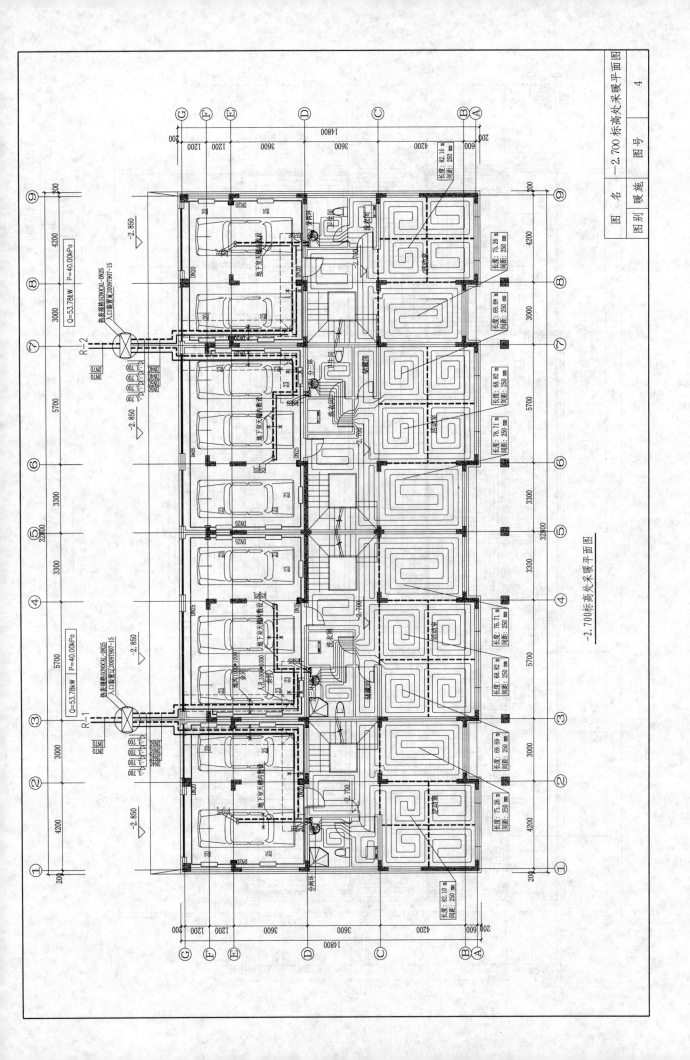

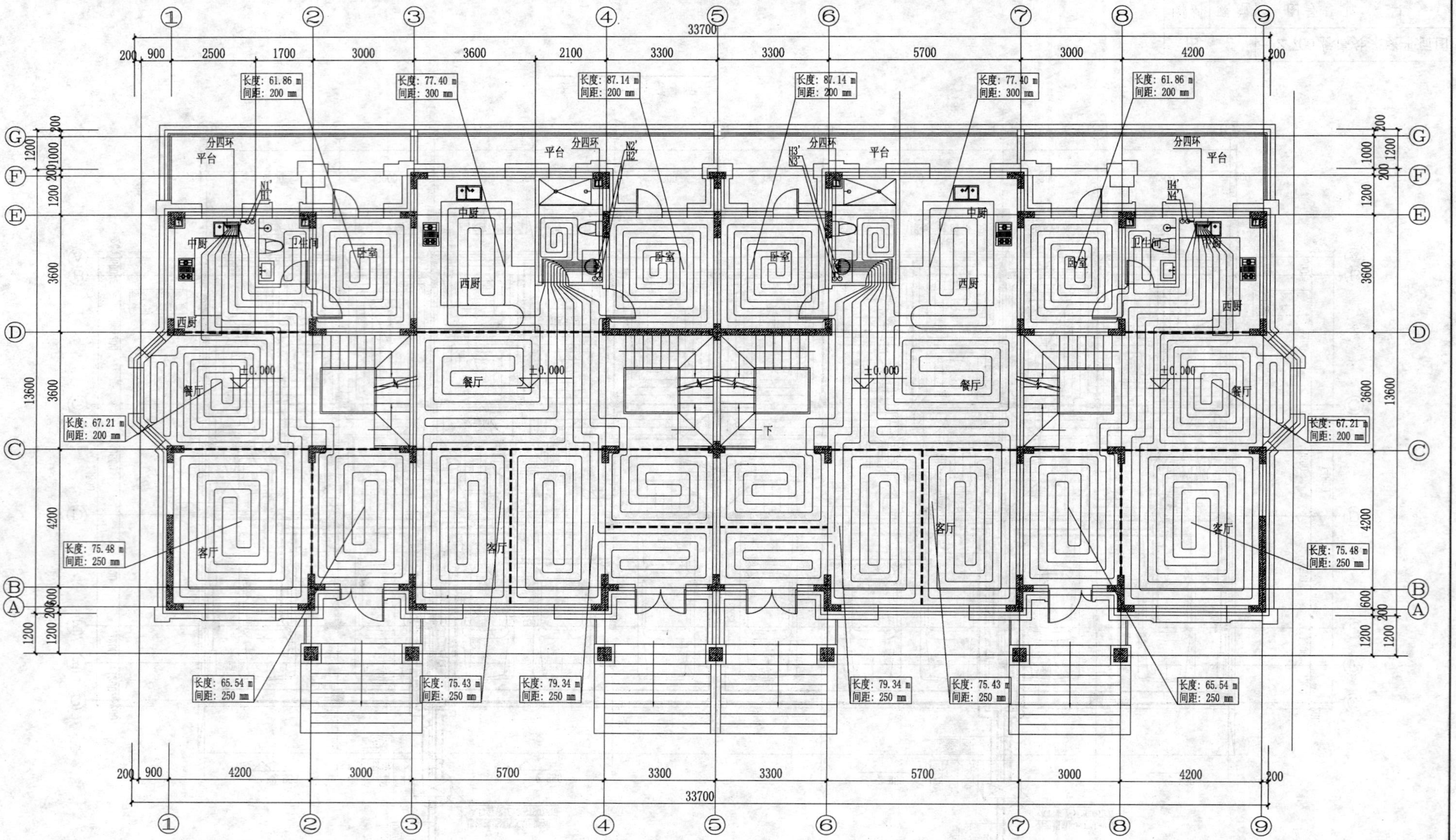

一层采暖平面图

图 名		一层采暖平面图	
图别	暖施	图号	5

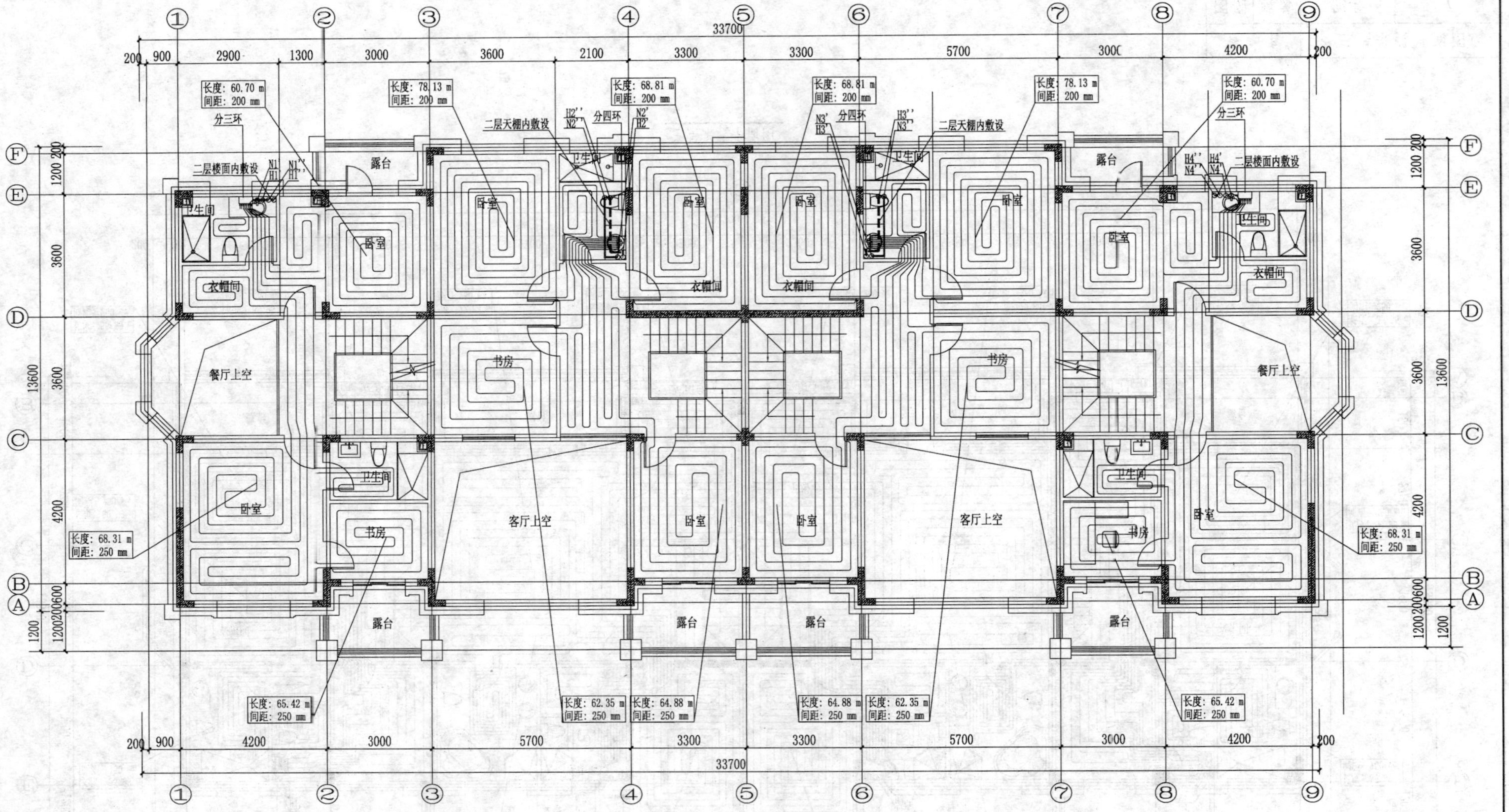

二层采暖平面图

图　名	二层采暖平面图		
图别 暖施		图号	6

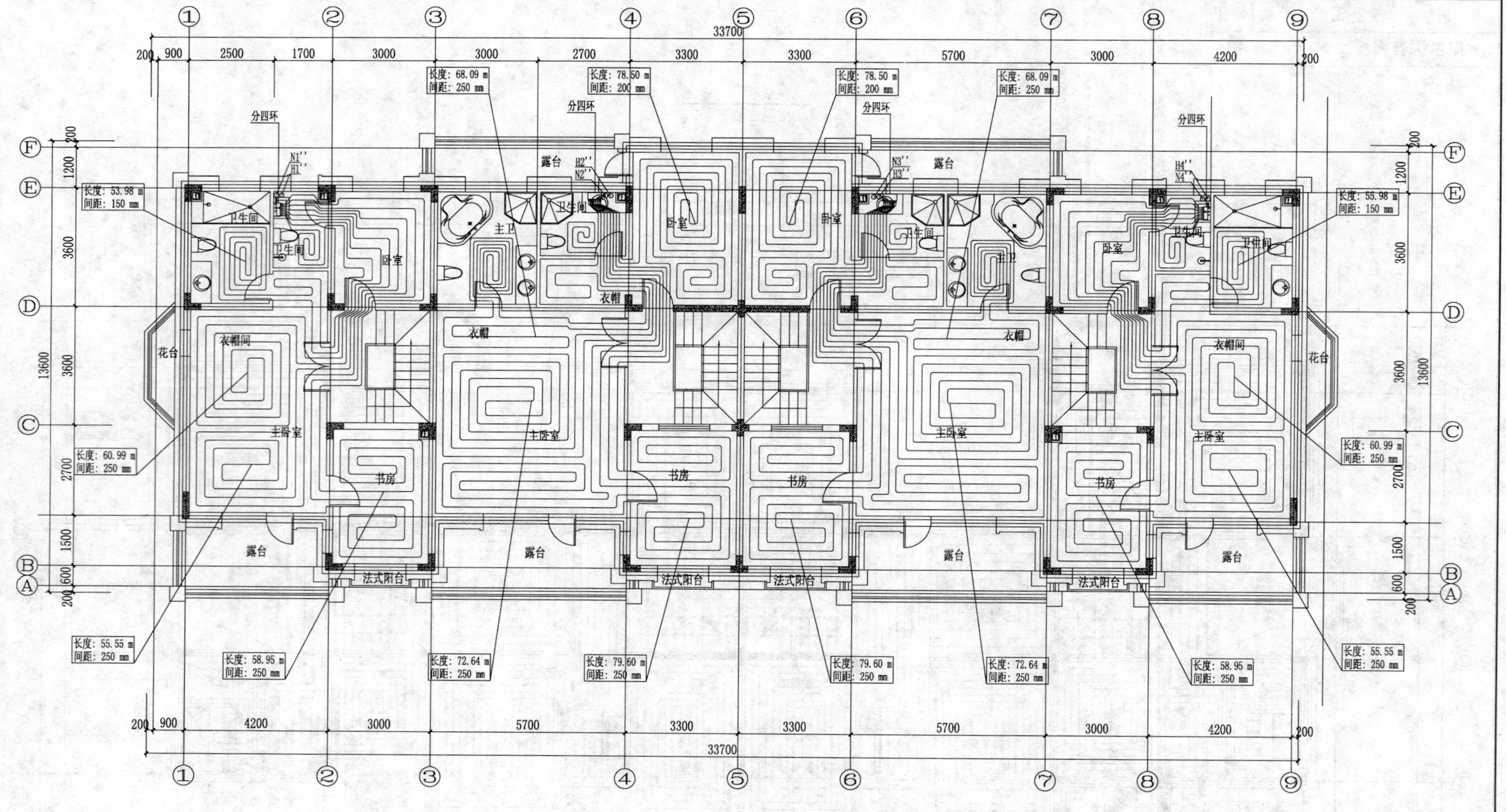

三层采暖平面图

图　名		三层采暖平面图	
图别	暖施	图号	7

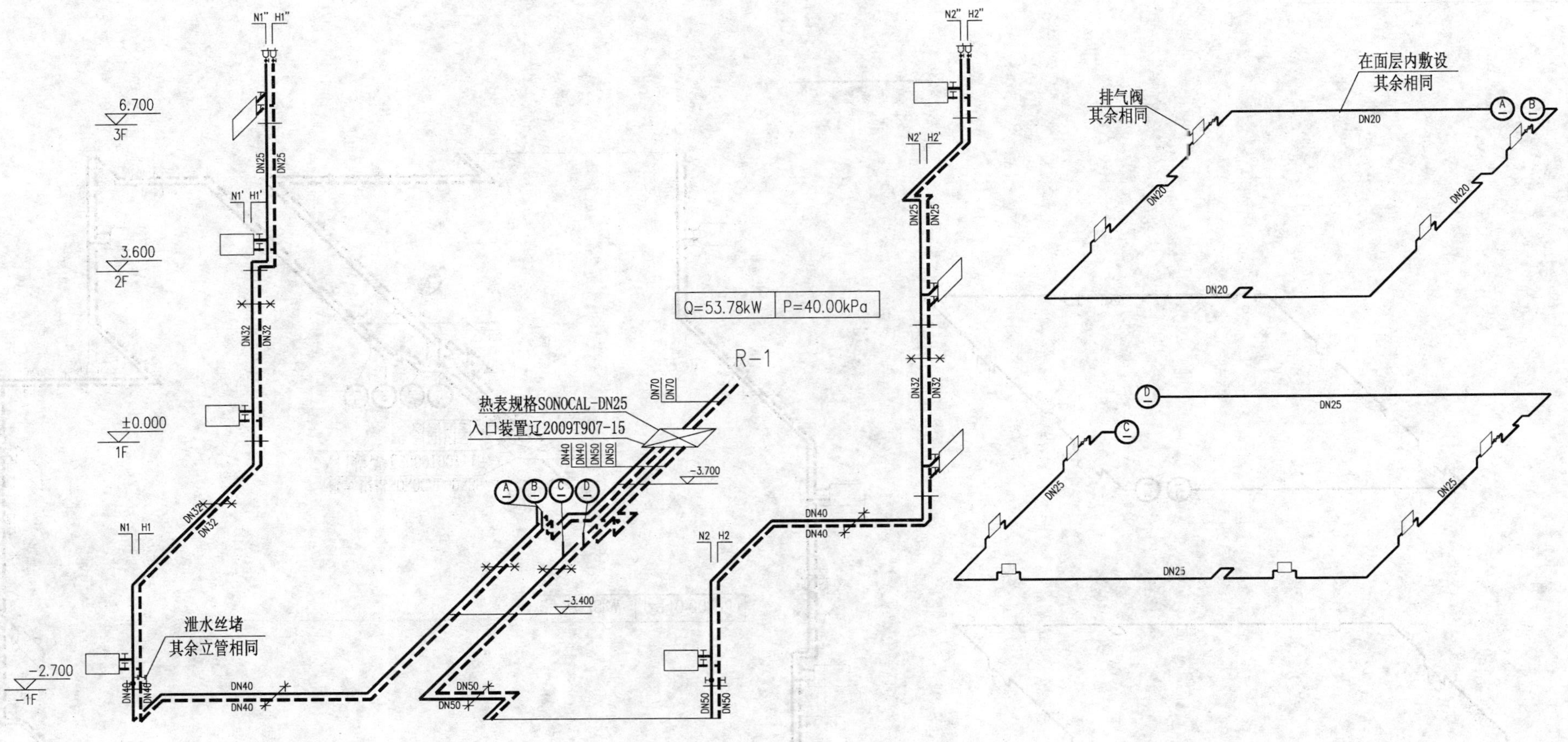

二层采暖系统图一

图　名		二层采暖系统图一	
图别	暖施	图号	8

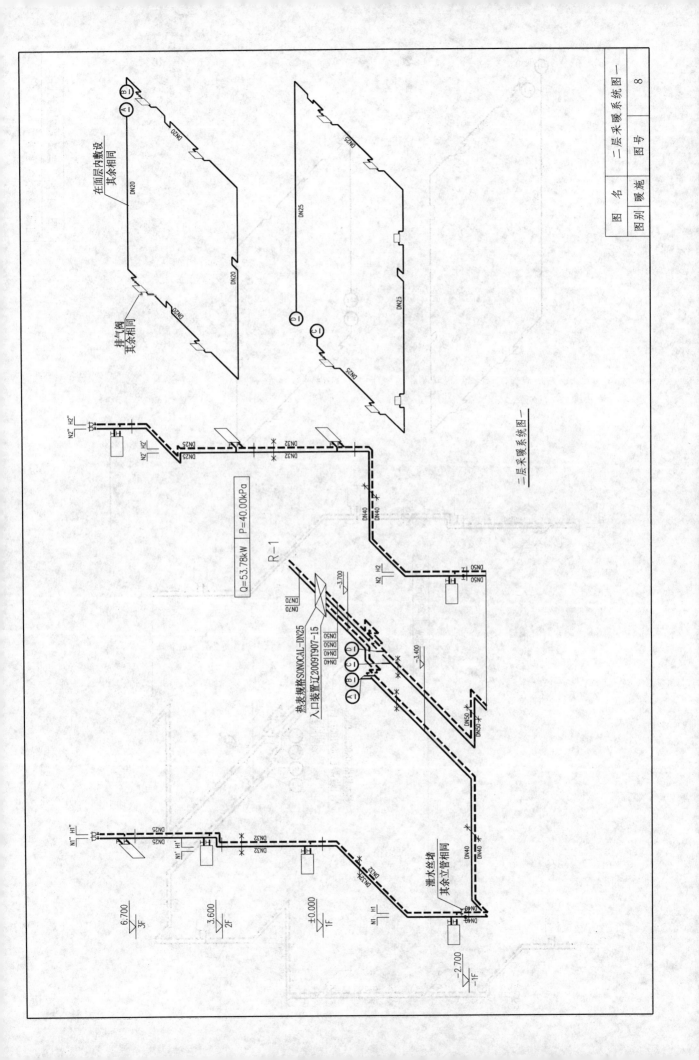

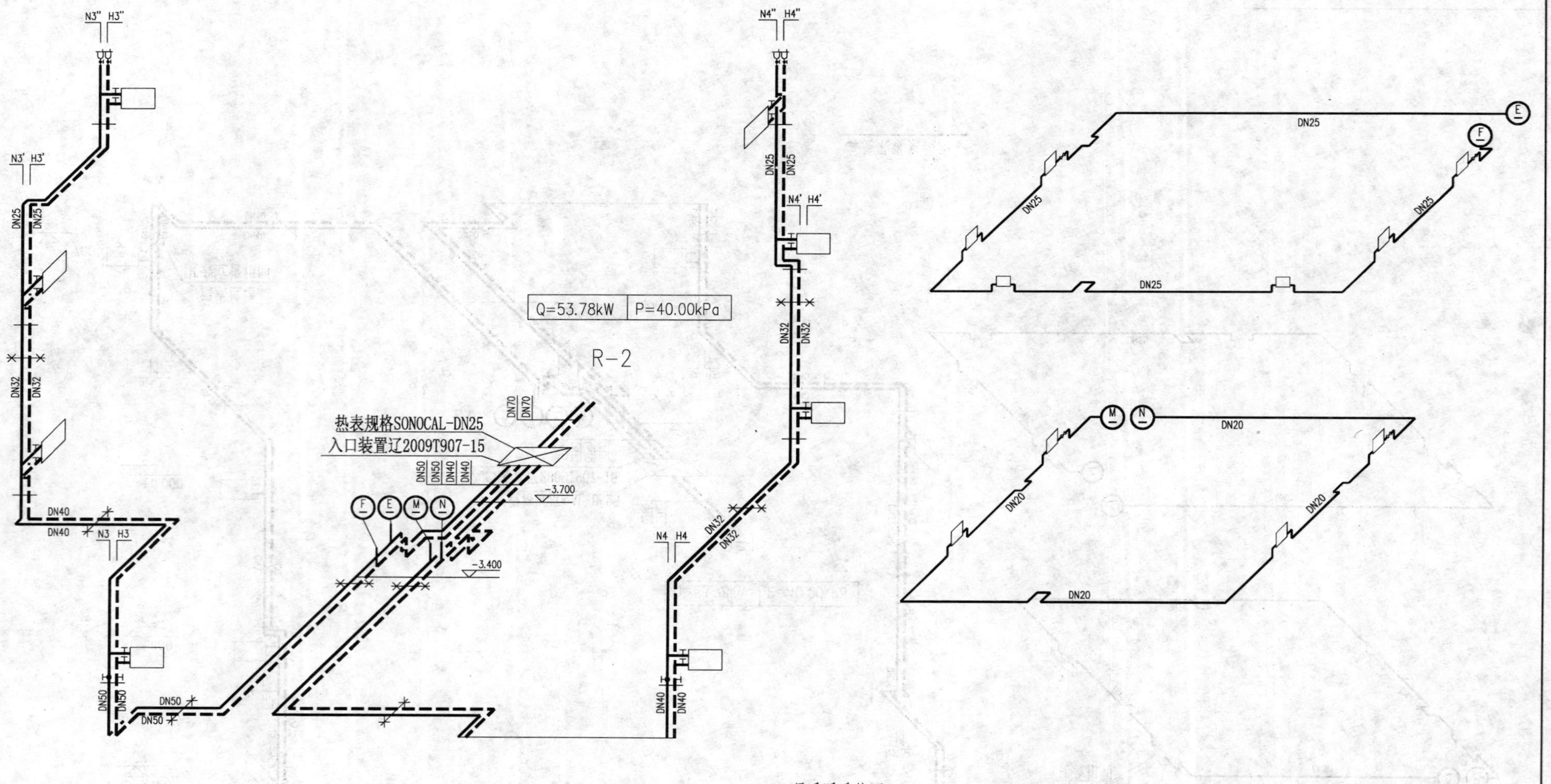

二层采暖系统图二

图 名		二层采暖系统图二	
图别	暖施	图号	9

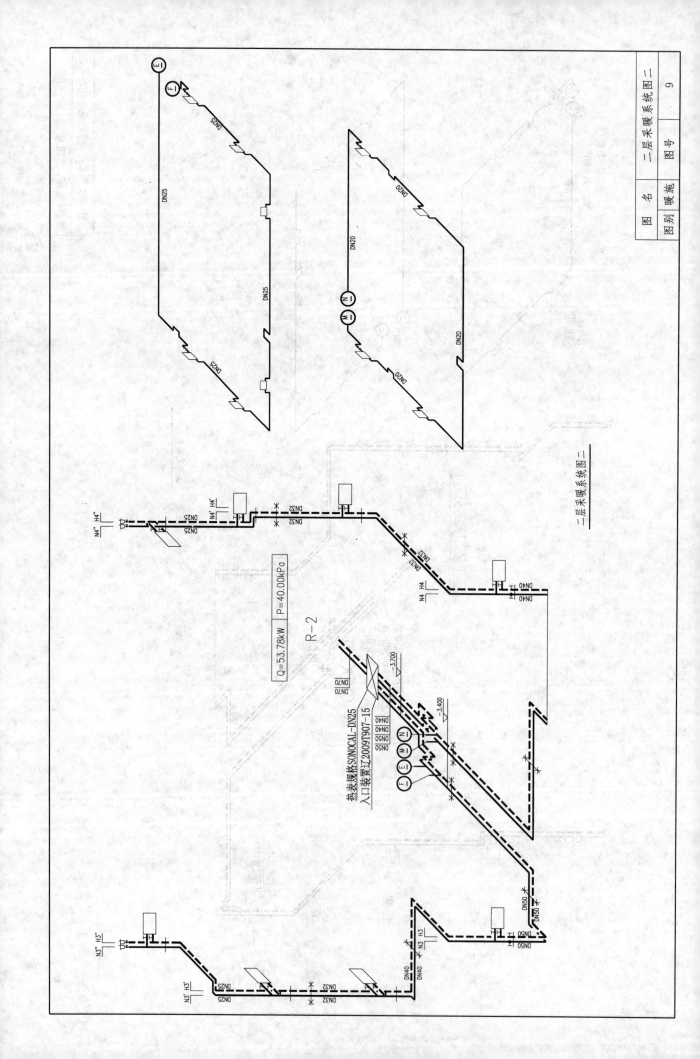

电气设计说明一

一、工程概况

本工程为联排别墅建筑，使用性质为住宅，层数为三层，毛石基础。

二、设计依据

1.《民用建筑电气设计规范》JGJ/T16—92；

2.《供配电系统设计规范》GB 50052—95；

3.《低压配电设计规范》CB 50054—95；

4.《住宅设计规范》GB 50096—1999，2003；

5.《住宅建筑规范》GB 50368—2005；

6.《建筑物防雷设计规范》CB 50057—94，2000；

7.《建筑照明设计标准》GB 50034—2004；

8. 建设单位提出的电气专业设计要求委托书。

三、设计内容

照明及配电、防雷与接地；宽带网、电话、有线电视、可视对讲。

四、配电及照明：

1. 本工程用电负荷为三级，由市电提供0.22/0.38kV电源，采用TN-C-S接地方式。

2. 别墅采用集中电表箱方式，一户一表单独计量。

3. 设计容量（按建筑面积）：$S\leqslant 18m^2$ 时为AC0.22kV/6kW，$S>180m^2$ 时为AC0.22kV/8kW。

4. 照度标准（0.75m水平面）：起居室、厨房、卫生间、餐厅（100lx/Ra≥80，LPD≤6W/m^2），卧室（75lx/Ra80，LPD≤6W/m^2）。

五、线路敷设

1. 由变电所至进户电源柜线路采用铠装铜芯电缆室外直埋敷设，埋设深度为0.8m。

2. 由集中电表箱至分户箱线路采用铠装电缆直埋敷设，进户处穿镀锌钢管保护，室外埋设深度0.8m。沿一层地面敷设的所有分支线路均穿镀锌钢管。

3. 图中末注明的插座线路为BV-0.45/0.75kV 3×4.0mm^2 PC25 FC（WC）。

4. BV-0.45/0.75kV 2.5mm^2 导线穿管标准：2～3根为PC20，4～6根为PC25。

六、设备安装

1. 进户配电柜、集中电表箱均加地脚（h=150mm）落地安装，分户箱墙上暗装。

2. 照明开关及电源插座均暗装于墙上，所有电源插座均采用带保护门型及带PE线型。

七、防雷接地（预计雷击次数 N=0.032次/a）

1. 本工程按第三类防雷等级设计。在屋顶女儿墙上设置避雷带，避雷带采用ϕ12镀锌圆钢，在屋面做小于20m×20m的避雷网，所有突出屋面的金属构件均须与避雷网可靠焊接。

2. 防雷引下线采用ϕ12镀锌圆钢暗敷设在墙内。各引下线上下焊接成电气通路，分别与避雷带、接地网可靠焊接．在距室外地面上0.5m引下线处，做接地电阻测试点。

3. 利用结构地梁内钢筋及部分人工接地装置焊接成综合接地网，接地电阻值不得大于1.0Ω，实测达不到要求时，增加人工接地装置。

4. 防雷电波侵入措施：室外电缆、电线入户时，将其金属部分与防雷接地装置可靠连接。

5. 防雷击电磁脉冲措施：进户电源线设置电涌保护器SPD与接地装置可靠联结，室内做总等电位联结，将进出建筑物的金属管道、PE干线、金属构件、钢筋等进行可靠连接。

6. 中性线与箱体外壳必须可靠绝缘，所有配电装置的外露可导电部分须与地线可靠连接。

7. 卫生间采用局部等电位联结，等电位联结做法详见“02D501-2”《等电位联结安装》。

图名		电气设计说明一	
图别	电施	图号	1

电气设计说明二

八、弱电系统

1. 进户线穿钢管埋地敷设，埋设深度为 0.8m。

2. 分支线穿阻燃 PVC 管，暗敷设。

3. 弱电综合箱加地脚（h=150mm）落地安装，对讲主机暗装于室外墙上，家居布线箱、网络电话插座、电视插座、对讲分机均暗装于户内墙上。

4. 其他未尽事宜与建设单位、施工单位、设计单位及设备厂家共同商定。

31						
30		接地电阻测试点	180×250×160		个	距室外地面 0.5m
29		预埋联结板	120×60×6		个	地面下 0.3m
28		局部等电位端子箱	暗装箱		个	底边距地 0.3m
27		总等电位端子箱	暗装箱		个	底边距地 0.3m
26		可视对讲主机	PJ-64KB-HA		个	底边距地 1.4m
25		可视对讲室内机	PJ-64KB-A03A		个	底边距地 1.4m
24		有线电视插座			个	底边距地 0.3m
23		双孔电话、网络插座			个	底边距地 0.3m
22		电话、网络插座			个	底边距地 0.3m
21		家居布线箱	CEP-B		个	底边距地 0.3m
20		弱电综合箱	1300×700×400		个	落地
19		三极防溅暗插座（热水器）	AC250V 16A 安全型		个	底边距地 2.2m
18		两极加三极防溅暗插座（卫）	AC250V 16A 安全型		个	底边距地 1.5m

续表

序号	图例	设备名称	型号规格	数量	单位	备注
17		两极加三极暗插座（油烟机）	AC250V 16A 安全型		个	底边距地 2.1m
16		两极加三极防溅暗插座（厨）	AC250V 10A 安全型		个	底边距地 1.3m
15		两极加三极暗插座	AC250V 10A 安全型		个	底边距地 0.3m
14		三极暗插座（柜式空调）	AC250V 16A 安全型		个	底边距地 0.3m
13		三极暗插座（壁挂空调）	AC250V 16A 安全型		个	底边距地 2.2m
12		双联双控翘板式开关	AC250V10A		个	底边距地 0.8m
11		单、双联控翘板式开关	AC250V10A		个	底边距地 1.4m
10		暗装开关	AC250V10A		个	底边距地 1.4m
9		镜前壁灯	AC220V5W×2		个	底边距地 1.9m
8		排气扇	AC220V 40W		个	嵌装
7		防水灯头	AC220V 13W		个	吸顶
6		单火打头	AC220V 1×13W		个	吸顶
5		壁灯	AC220V 9W×2		个	底边距地 2.5m
4		双火灯头	AC220V 18W×2		个	吸顶
3		分户箱	CEP-E		个	底边距地 1.5m
2		集中电表箱	1300×840×180/(12) 1300×710×180(9) 970×710×180/(6)		个	落地
1		进户电源柜	1300×700×300		个	落地

设备材料表

图名		电气设计说明二	
图别	电施	图号	2

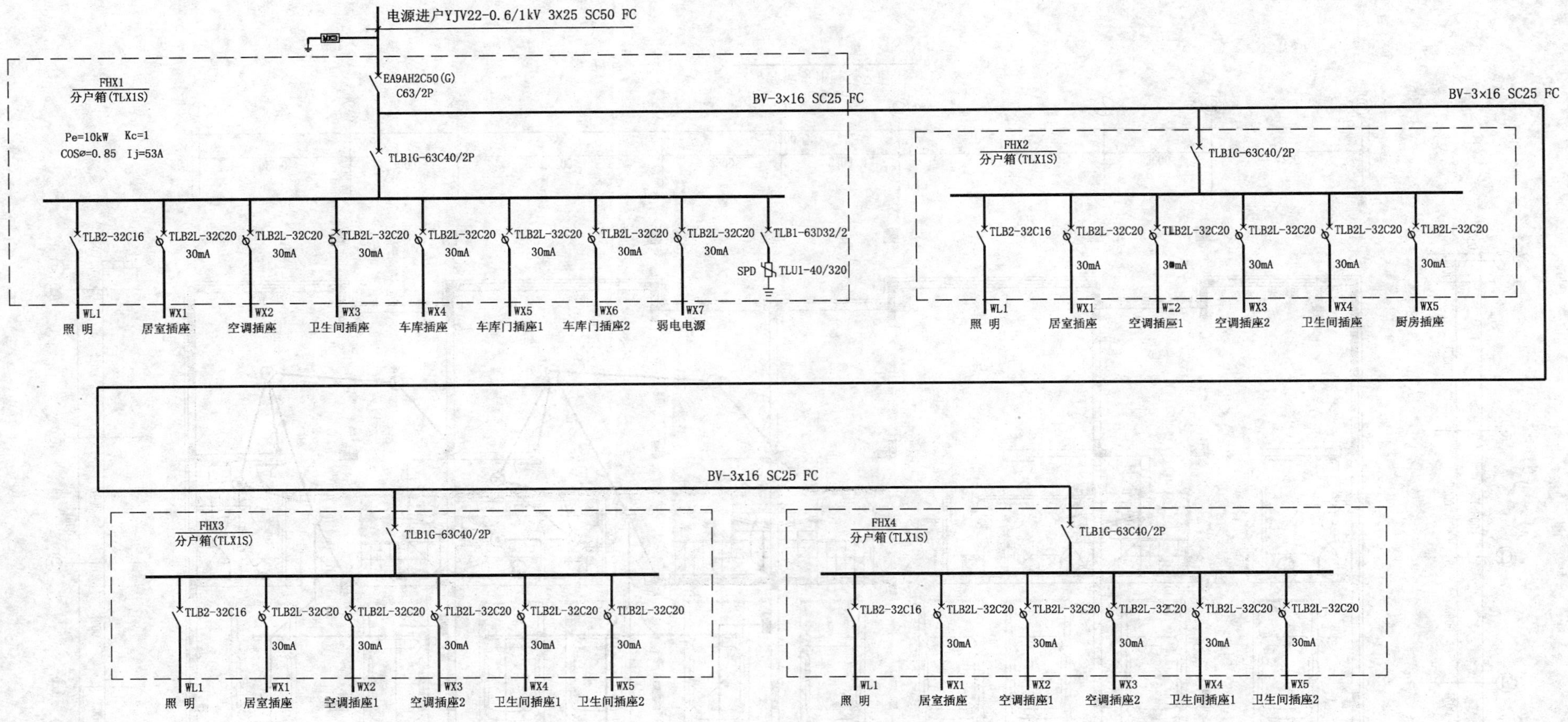

配电系统图

图　名	配电系统图		
图别 电施		图号	3

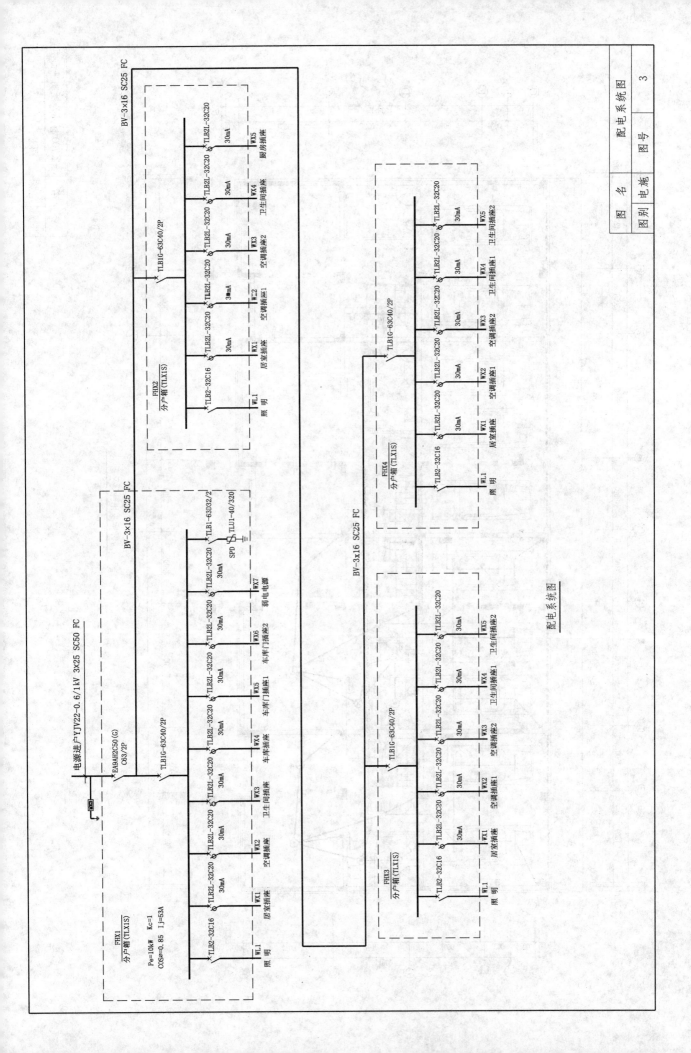

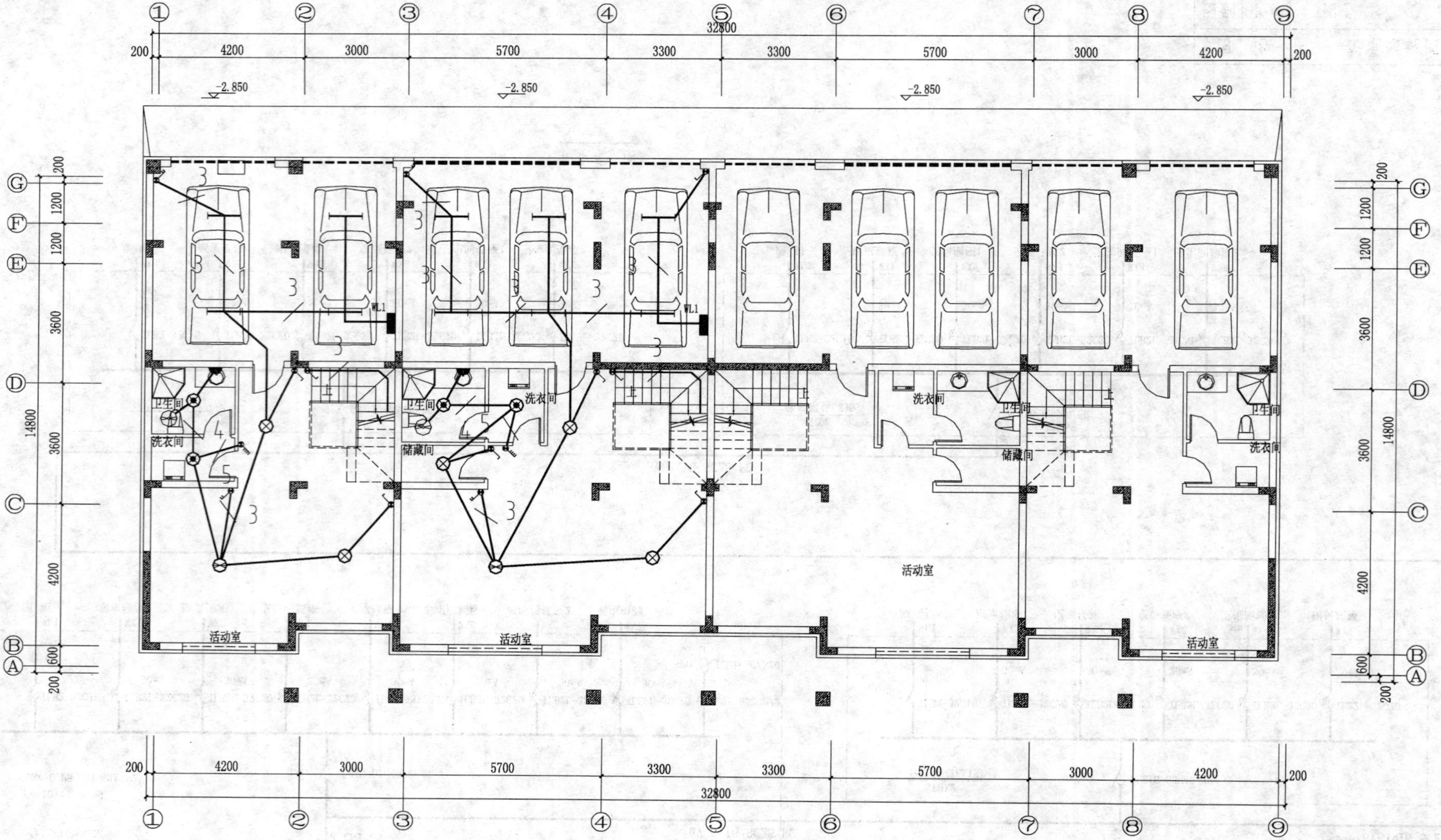

-2.700标高处照明平面图

图 名	−2.700 标高处照明平面图		
图别	电施	图号	4

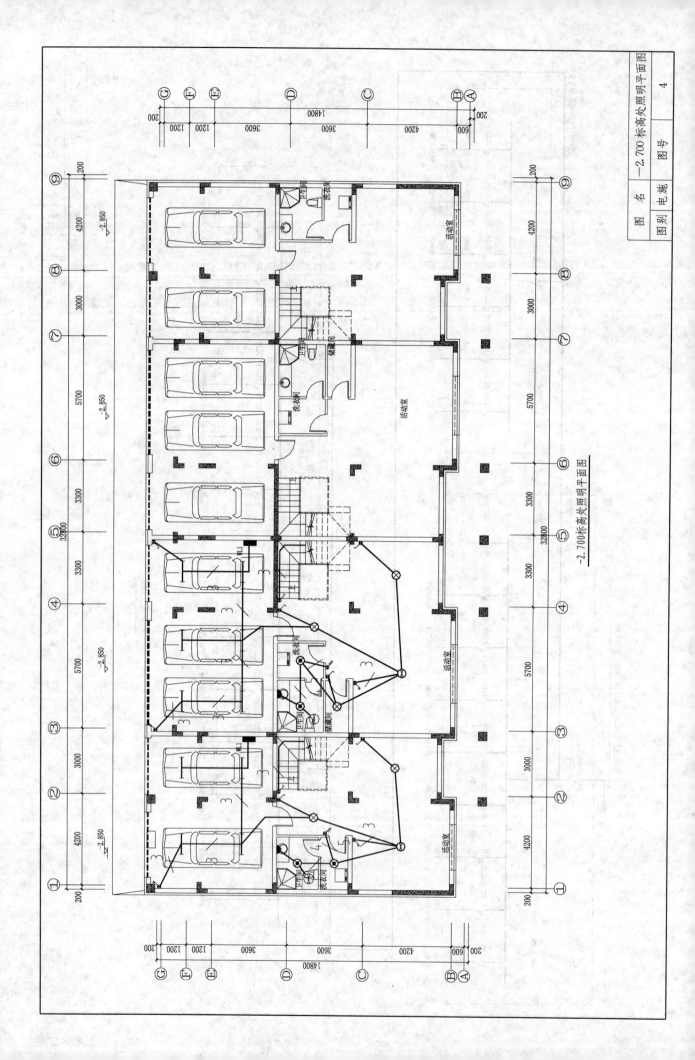

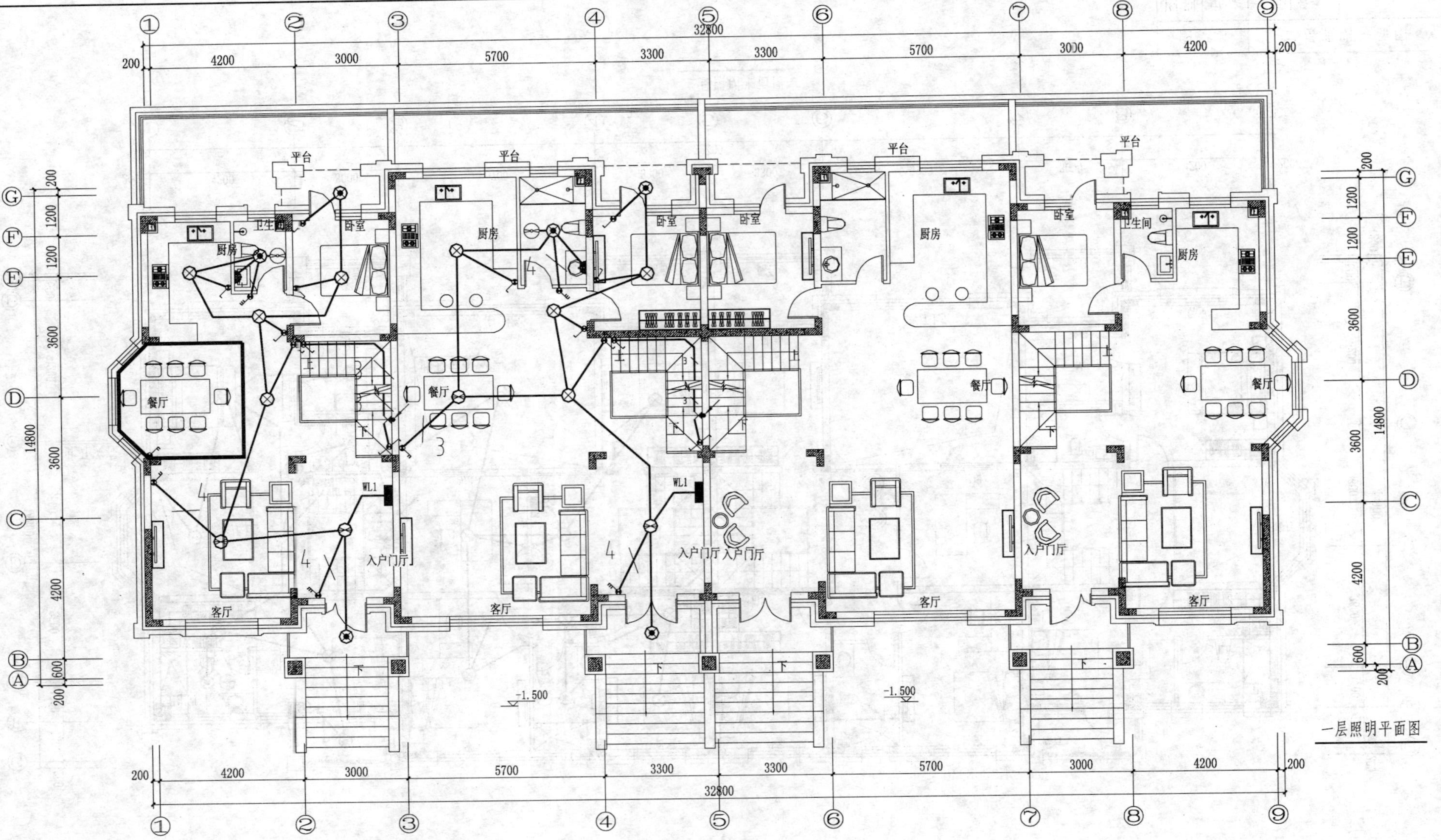

一层照明平面图

图　名		一层照明平面图	
图别	电施	图号	5

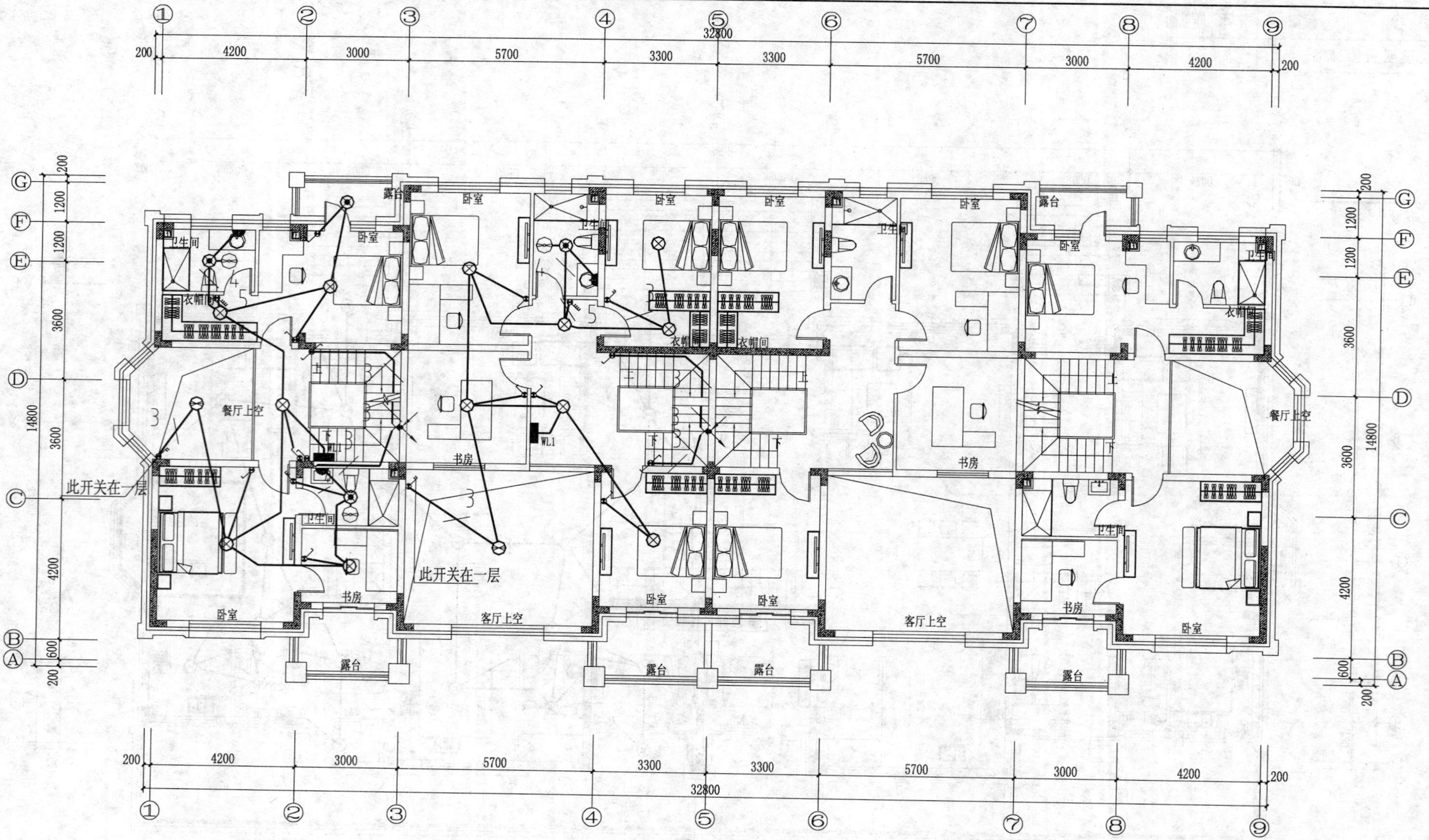

二层照明平面图

图　名	二层照明平面图	
图别 电施	图号	6

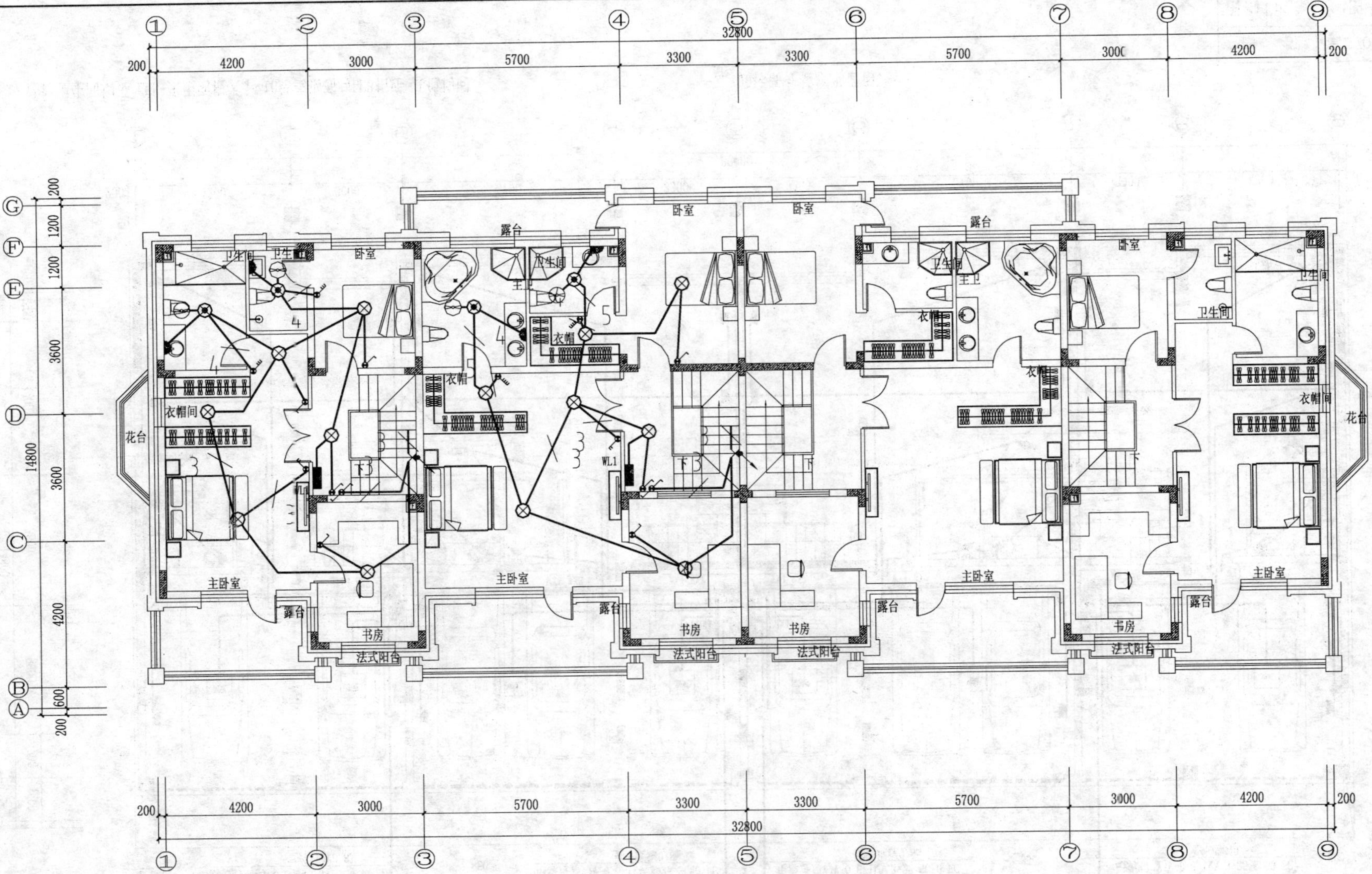

三层照明平面图

图　名	三层照明平面图		
图别	电施	图号	7

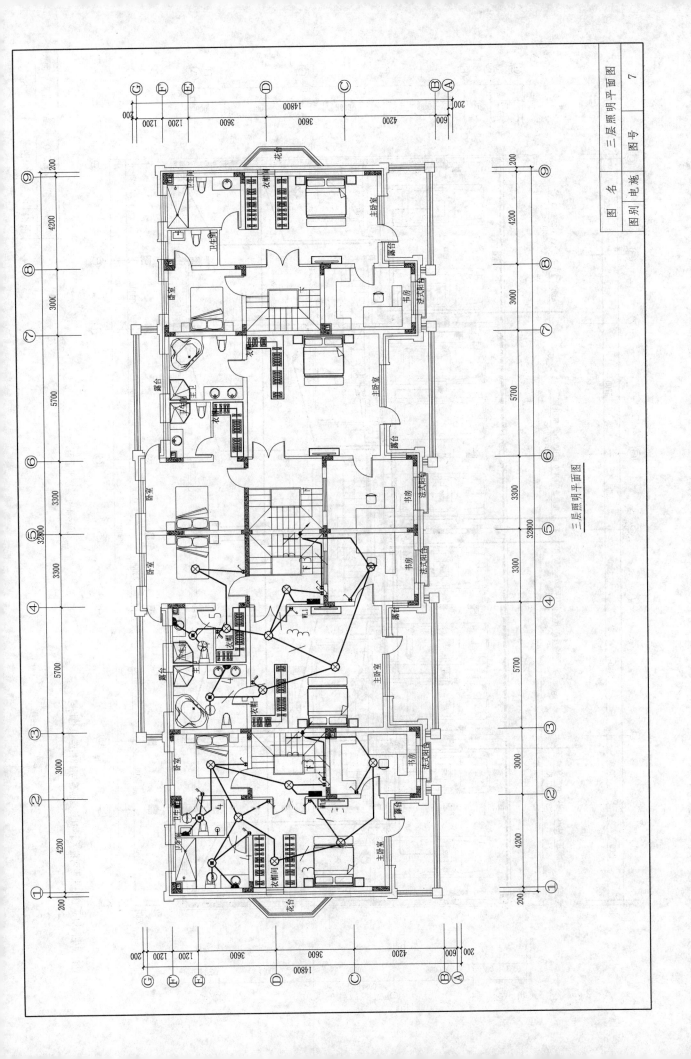

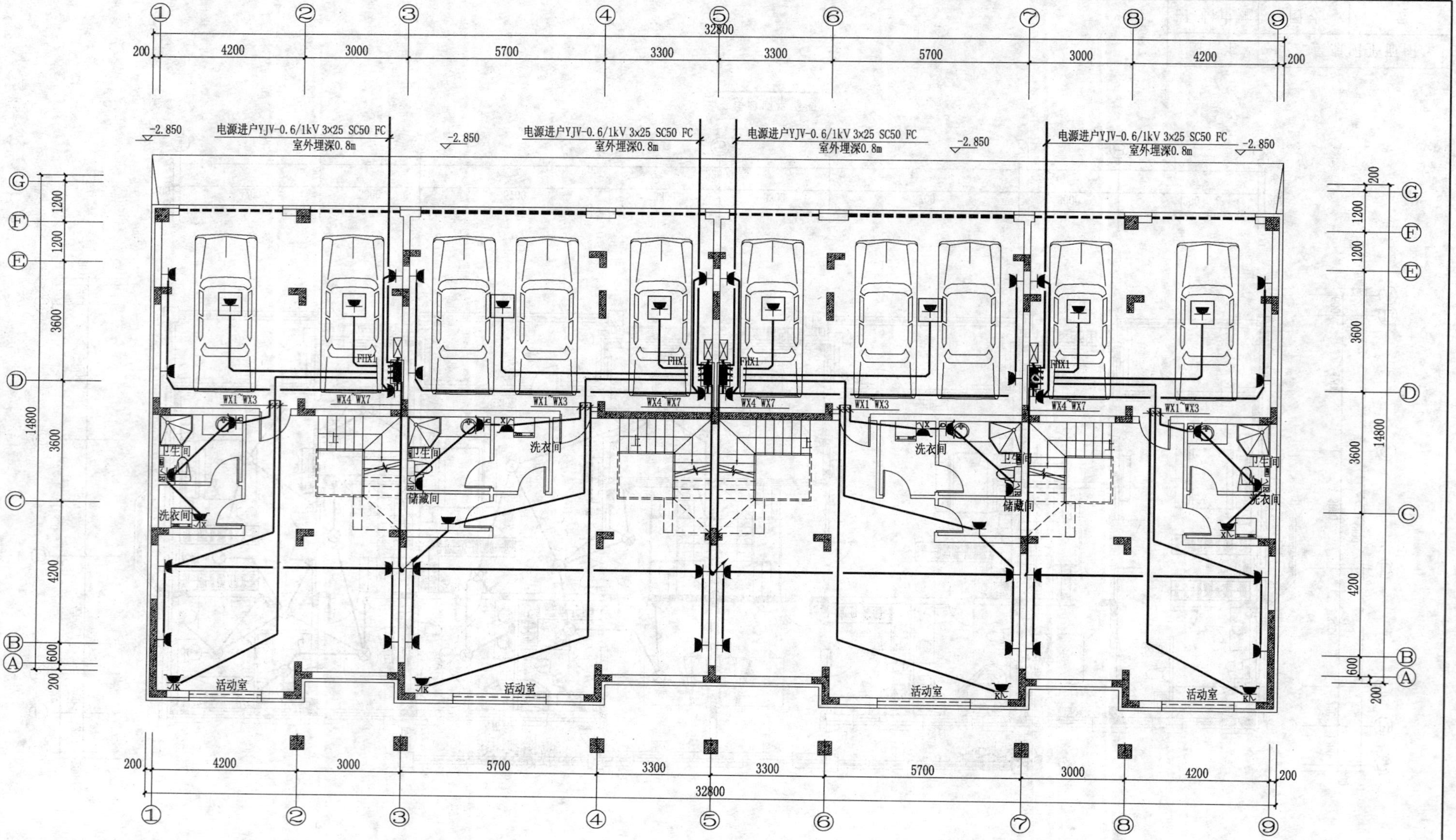

注：卫生间均设 LEB 采用两根大于⌀16结构钢筋与LEB相连 其他均同

-2.700标高处插座平面图

图名		−2.700 标高处插座平面图	
图别	电施	图号	8

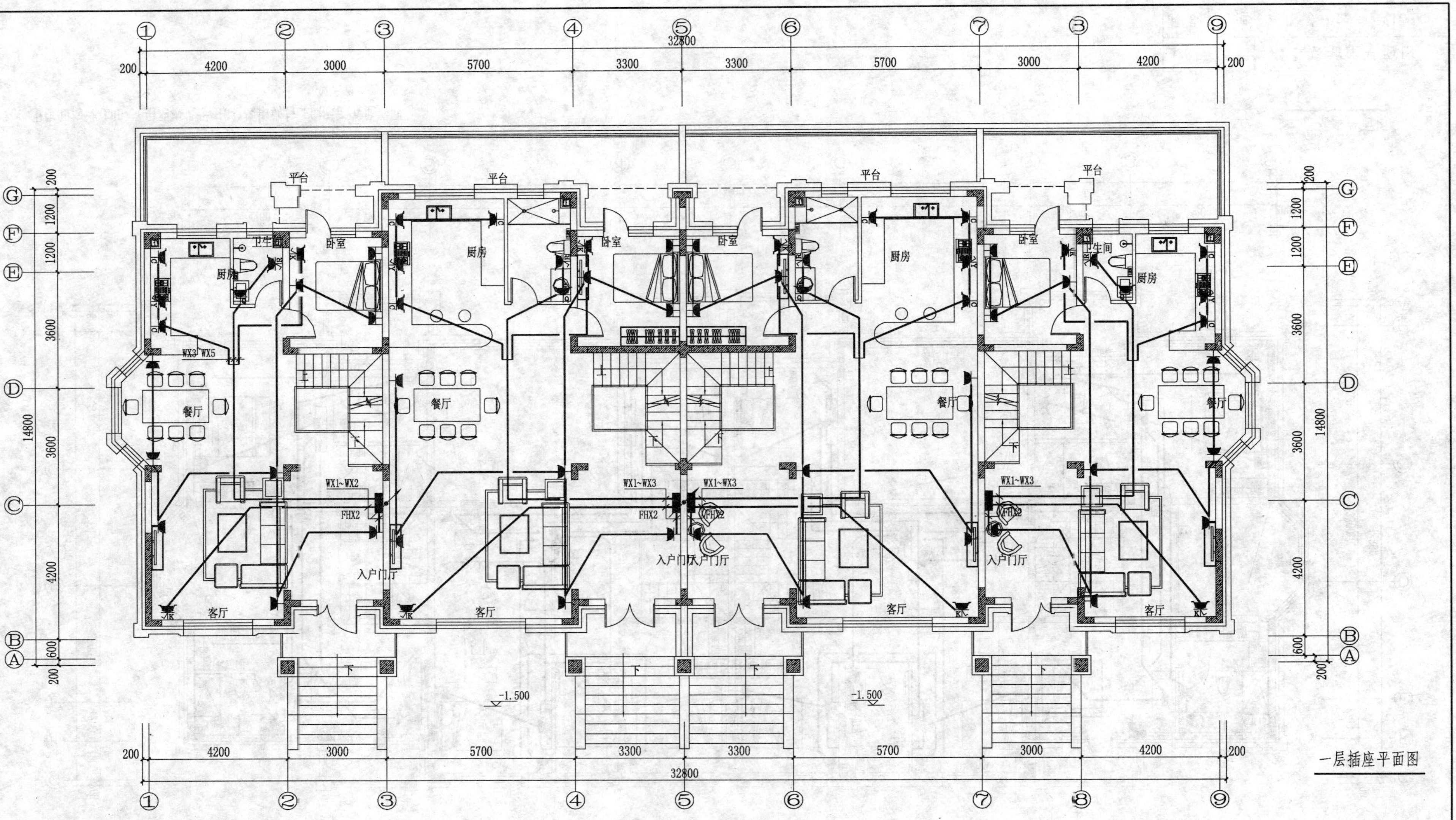

一层插座平面图

注：卫生间均设 LEB 采用两根大于ø16结构钢筋与LEB相连 其他均同

图　名		一层插座平面图	
图别	电施	图号	9

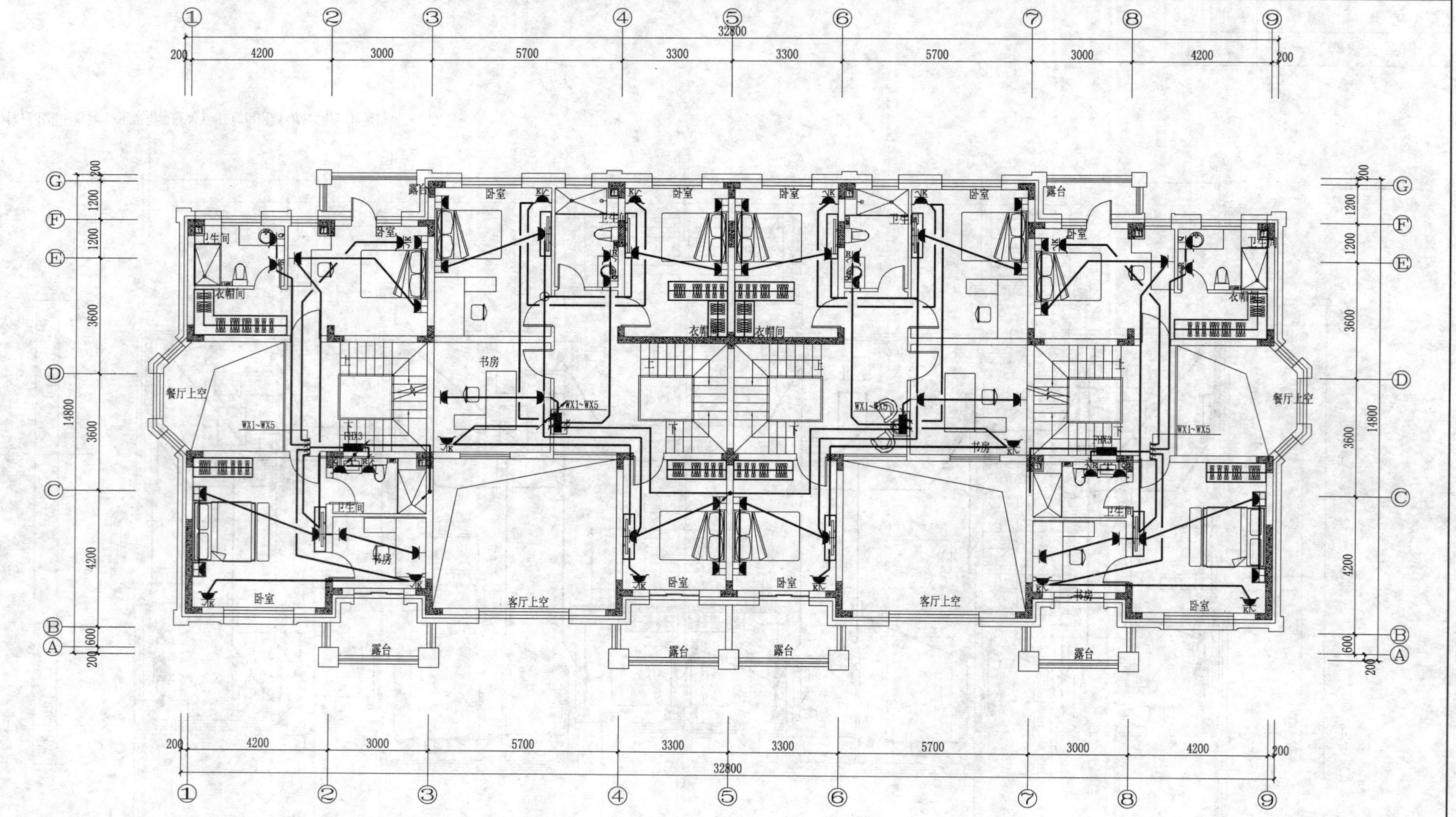

注：卫生间均设 LEB 采用两根大于⌀16结构钢筋与LEB相连 其他均同

二层插座平面图

图　名		二层插座平面图	
图别	电施	图号	10

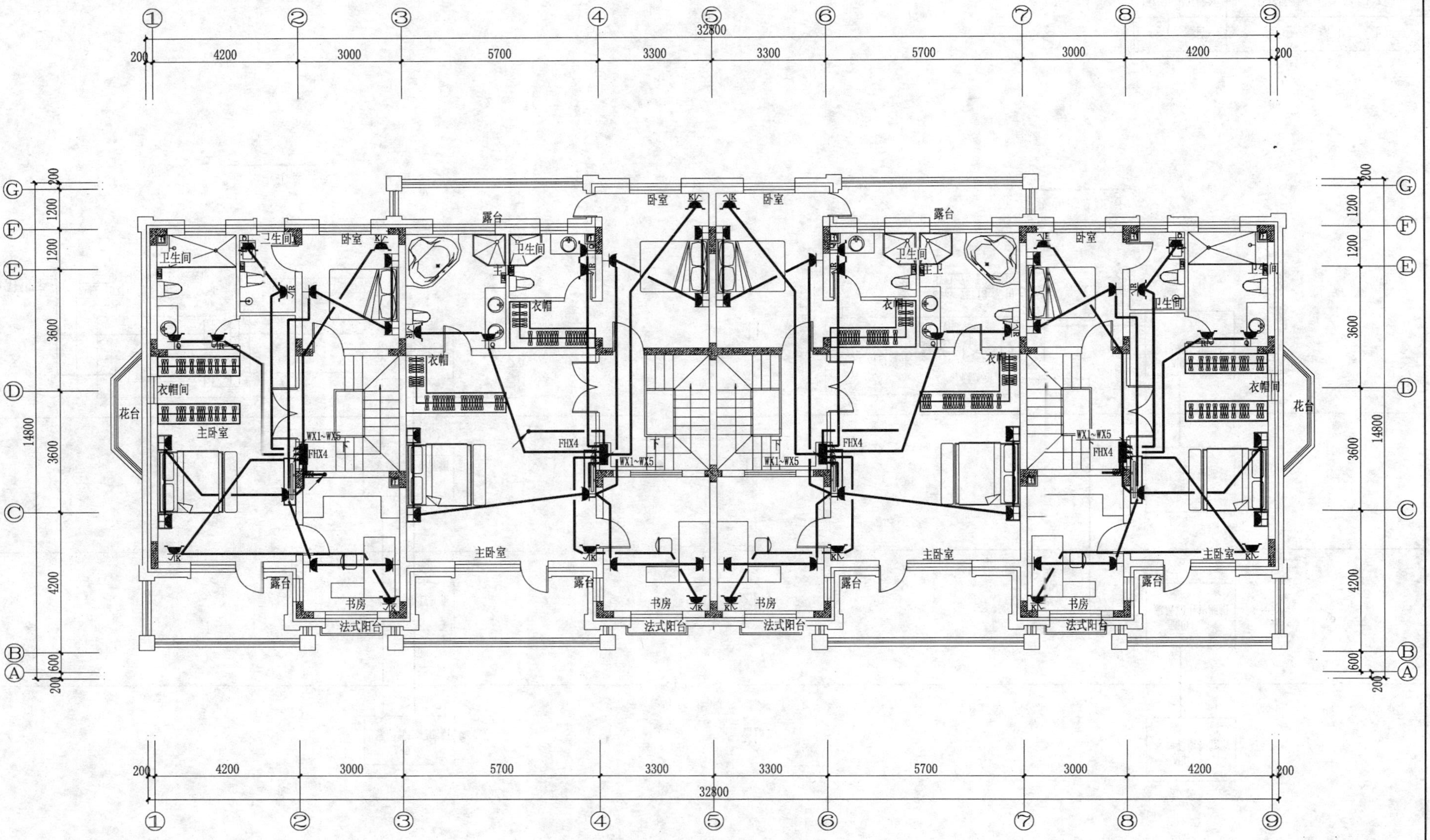

注：卫生间均设 LEB 采用两根大于⌀16结构钢筋与LEB相连 其他均同

三层插座平面图

图　名		三层插座平面图	
图别	电施	图号	11

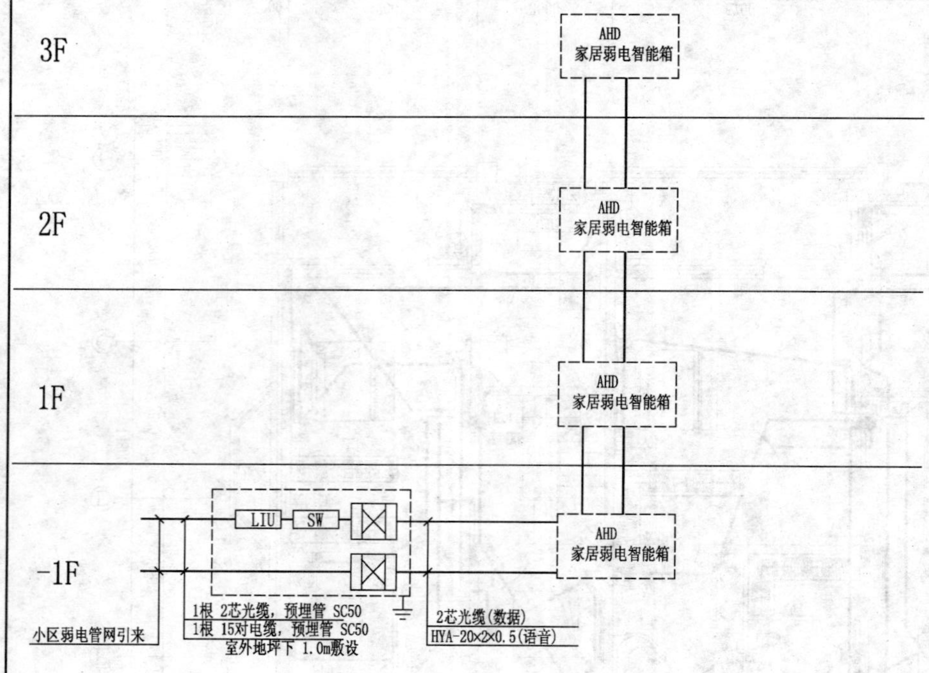

综合布线系统图

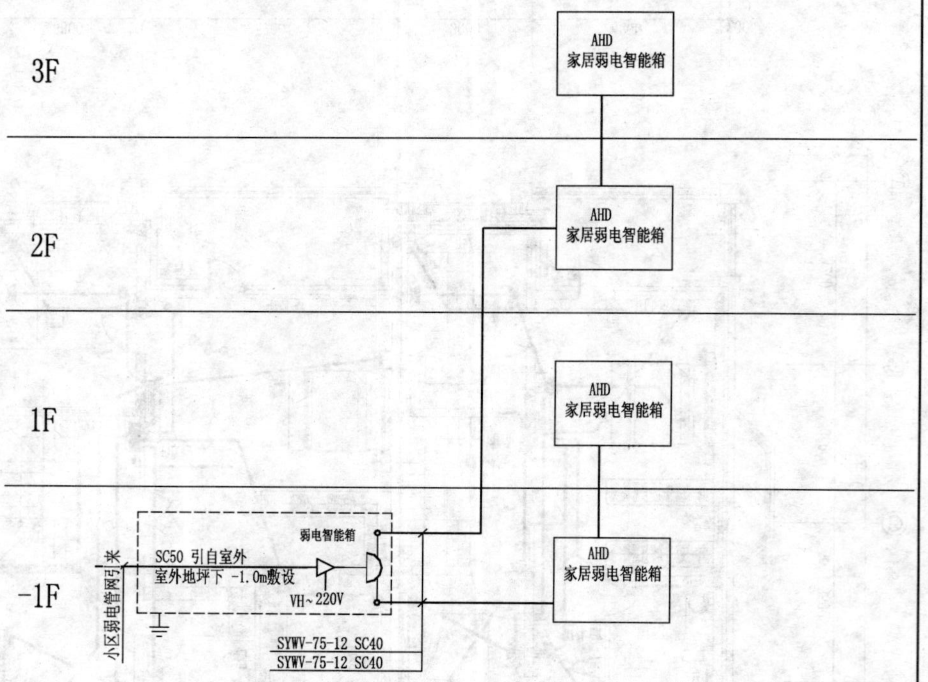

有线电视系统图

图 名		弱电系统图（1）	
图别	电施	图号	12

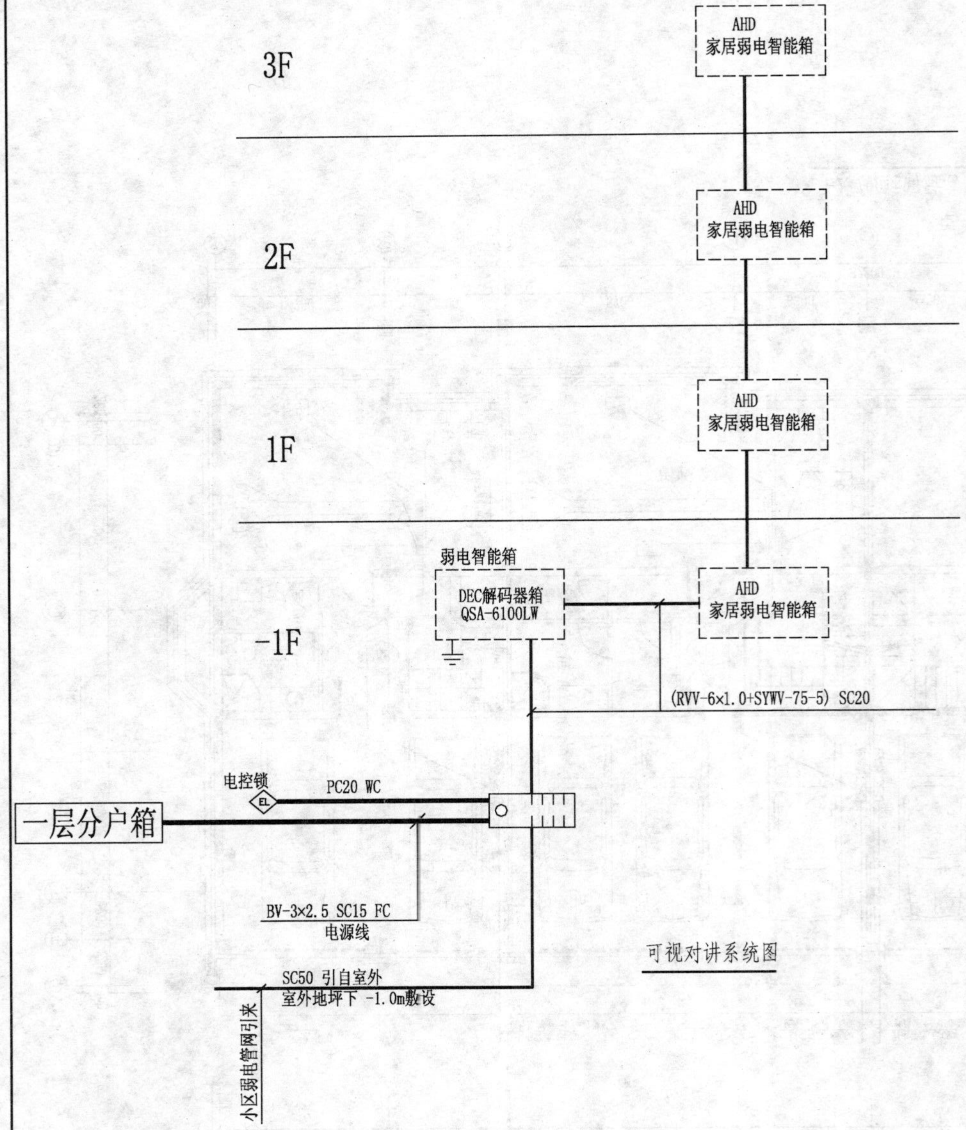
3F
2F
1F
-1F
AHD
家居弱电智能箱
弱电智能箱
DEC解码器箱
QSA-6100LW
(RVV-6×1.0+SYWV-75-5) SC20
电控锁
PC20 WC
一层分户箱
BV-3×2.5 SC15 FC
电源线
SC50 引自室外
室外地坪下 -1.0m敷设
小区弱电管网引来

可视对讲系统图

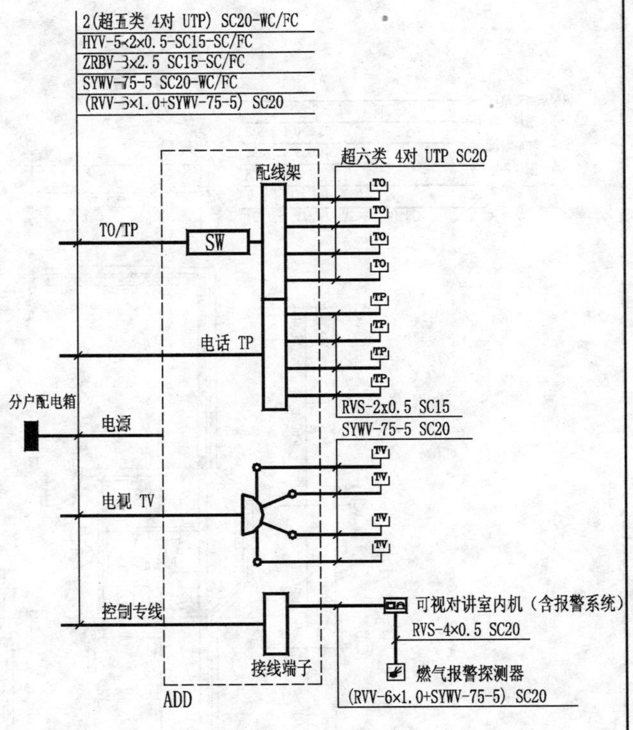
2(超五类 4对 UTP) SC20-WC/FC
HYV-5×2×0.5-SC15-SC/FC
ZRBV-3×2.5 SC15-SC/FC
SYWV-75-5 SC20-WC/FC
(RVV-3×1.0+SYWV-75-5) SC20
超六类 4对 UTP SC20
配线架
TO/TP
SW
电话 TP
分户配电箱
电源
RVS-2x0.5 SC15
SYWV-75-5 SC20
电视 TV
控制专线
可视对讲室内机（含报警系统）
RVS-4×0.5 SC20
接线端子
燃气报警探测器
ADD
(RVV-6×1.0+SYWV-75-5) SC20

家居弱电智能箱

图名		弱电系统图（2）	
图别	电施	图号	13

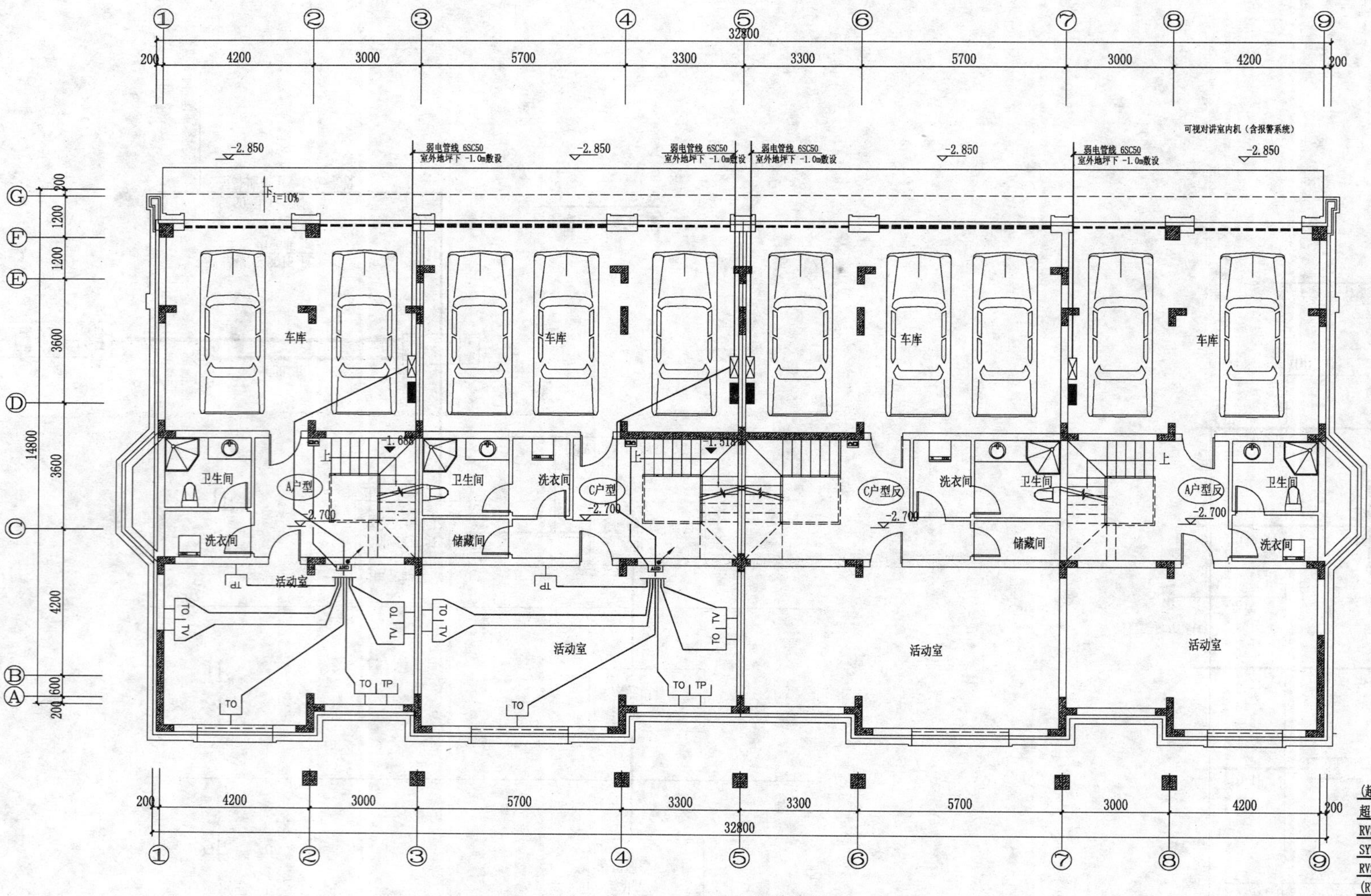

-2.700标高弱电平面图

线路	图例
(超五类 4对UTP+RVS-2×0.5) SC20	语音、数据插座
超五类 4对 UTP SC20	数据插座
RVS-2×0.5 SC15	语音插座
SYWV-75-5 SC20	电视插座
RVS-4×1.0 SC20	燃气报警
(RVV-6×1.0+SYV-75-5) SC25	对讲系统室内机

图　名	-2.700标高弱电平面图		
图别	电施	图号	14

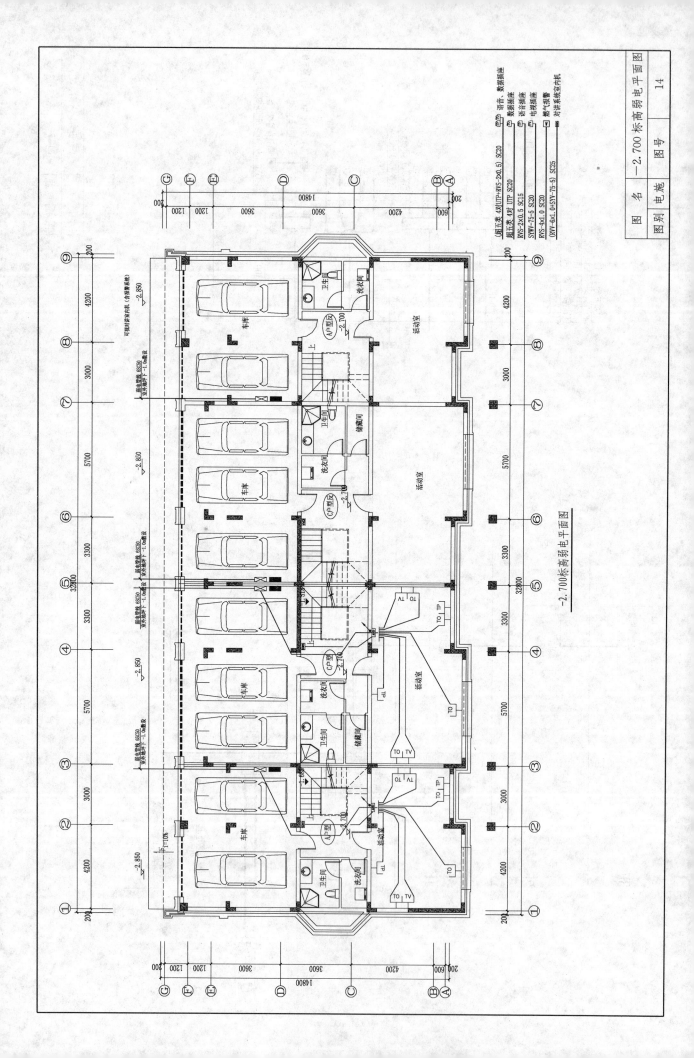

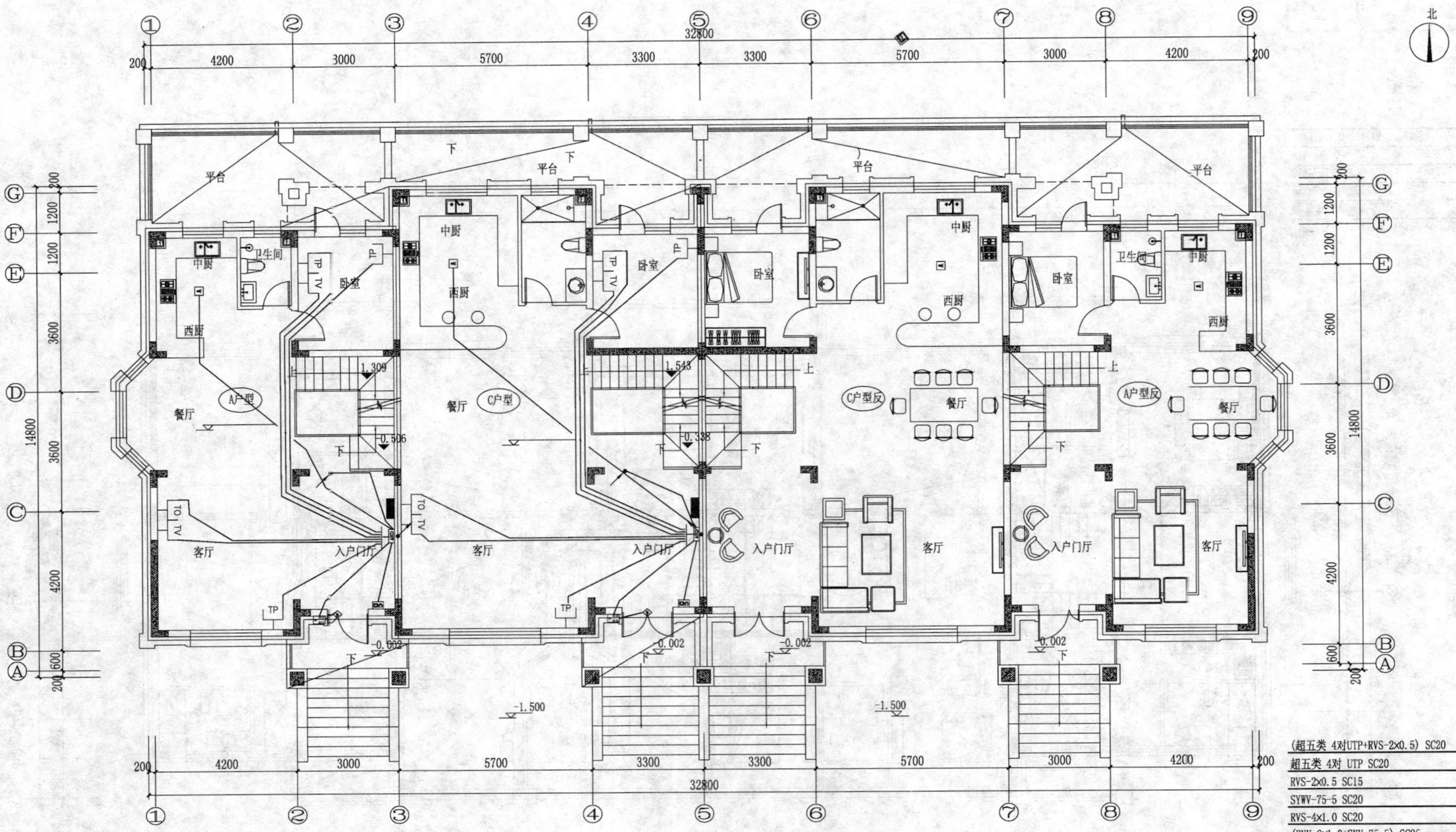

线路	图例说明
(超五类 4对UTP+RVS-2×0.5) SC20	语音、数据插座
超五类 4对 UTP SC20	数据插座
RVS-2×0.5 SC15	语音插座
SYWV-75-5 SC20	电视插座
RVS-4×1.0 SC20	燃气报警
(RVV-6×1.0+SYV-75-5) SC25	对讲系统室内机

一层弱电平面图

图名		一层弱电平面图	
图别	电施	图号	15

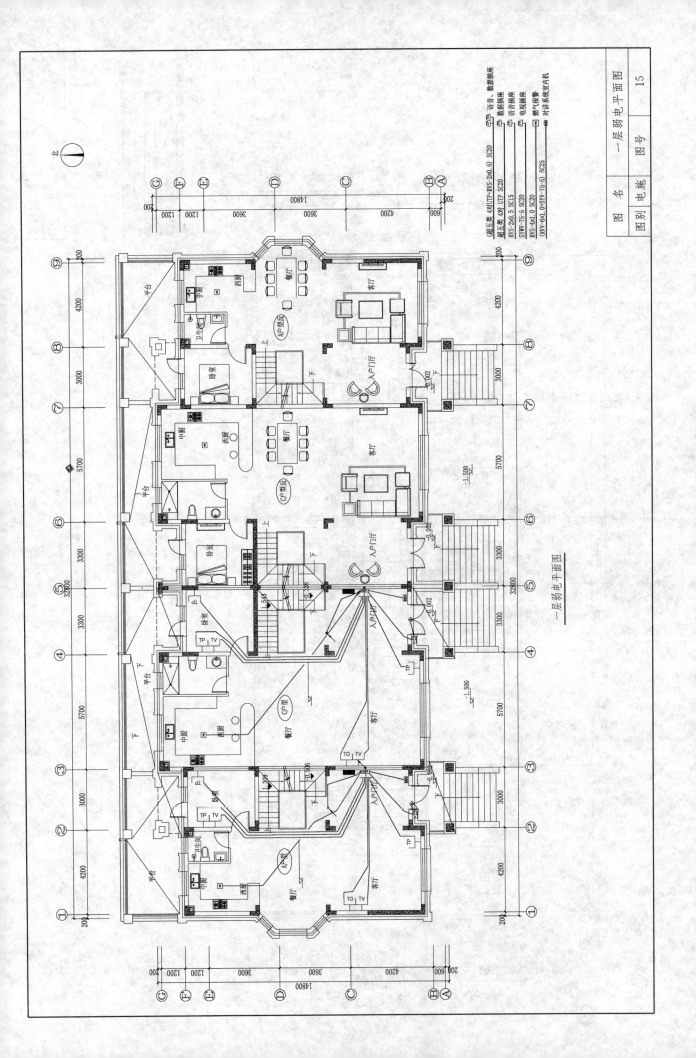

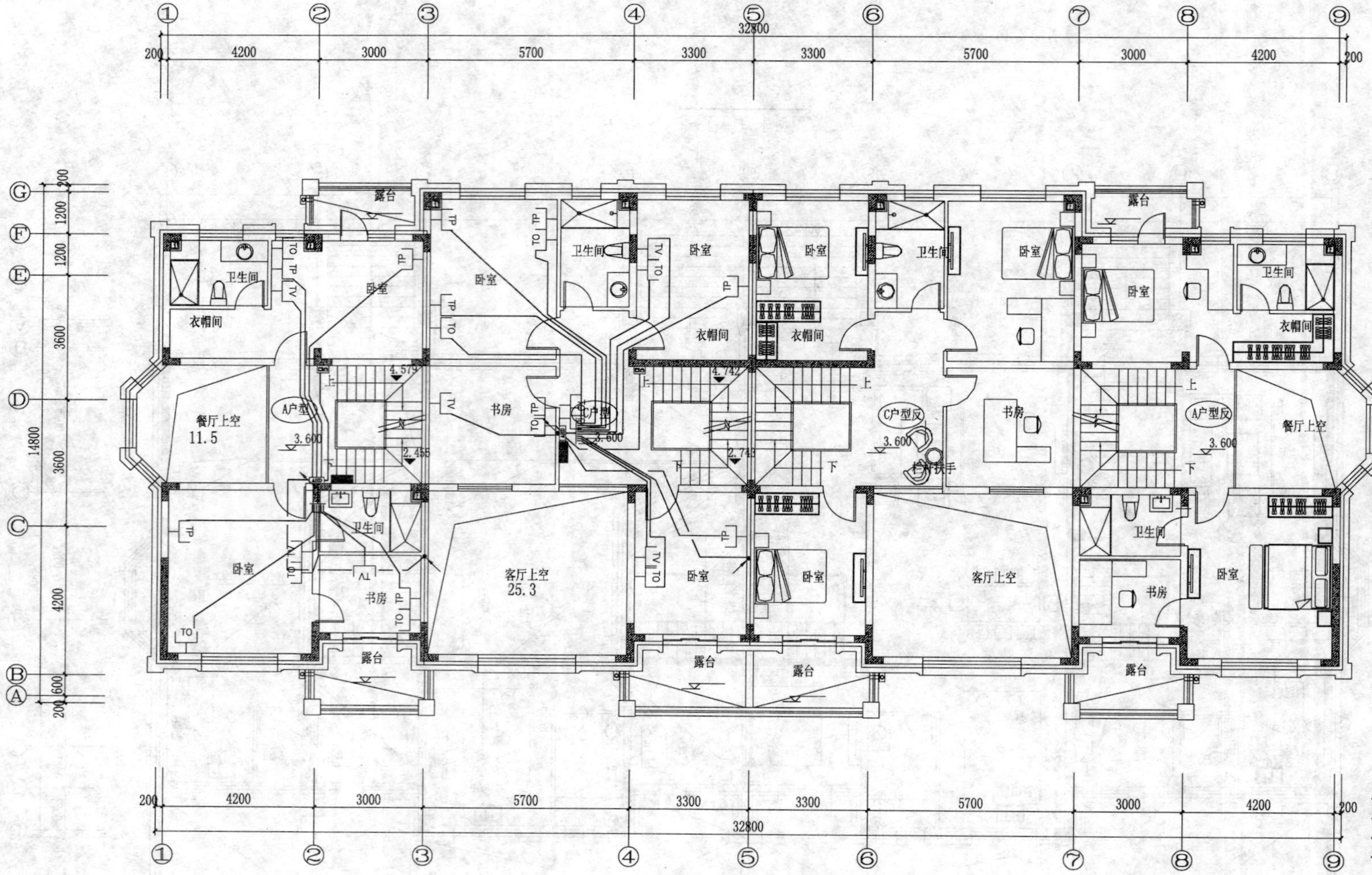

二层弱电平面图

线缆	图例
(超五类 4对UTP+RVS-2×0.5) SC20	语音、数据插座
超五类 4对 UTP SC20	数据插座
RVS-2×0.5 SC15	语音插座
SYWV-75-5 SC20	电视插座
RVS-4×1.0 SC20	燃气报警
(RVV-6×1.0+SYV-75-5) SC25	对讲系统室内机

图 名		二层弱电平面图	
图别	电施	图号	16

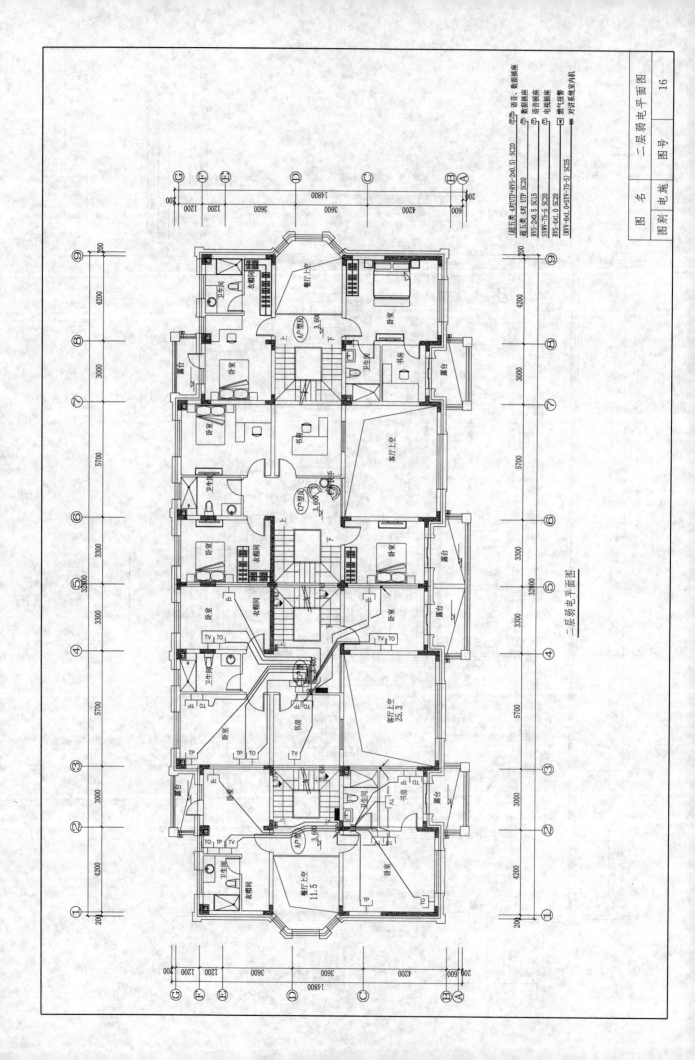

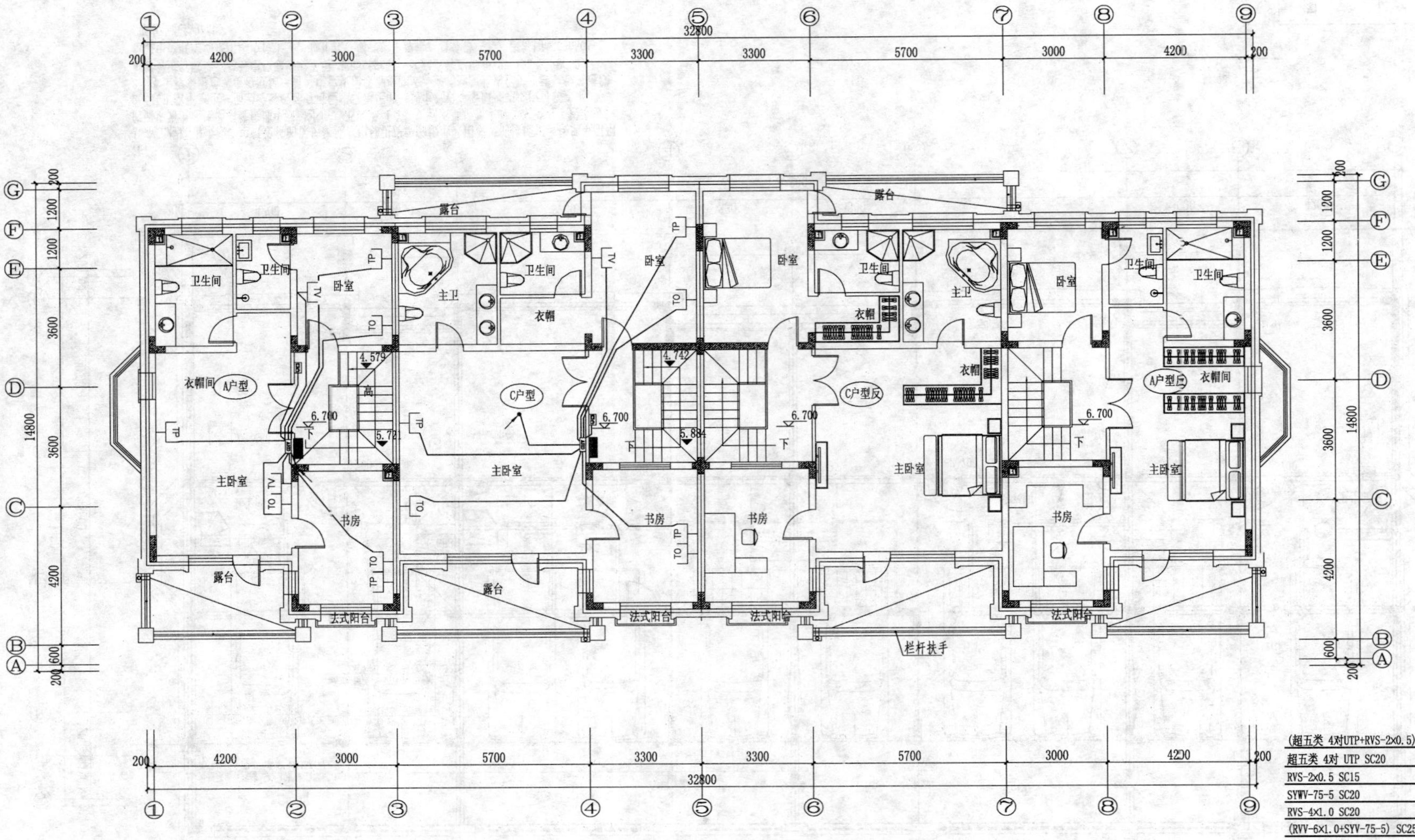

三层弱电平面图

(超五类 4对UTP+RVS-2×0.5) SC20	语音、数据插座
超五类 4对 UTP SC20	数据插座
RVS-2×0.5 SC15	语音插座
SYWV-75-5 SC20	电视插座
RVS-4×1.0 SC20	燃气报警
(RVV-6×1.0+SYV-75-5) SC25	对讲系统室内机

图 名		三层弱电平面图	
图别	电施	图号	17

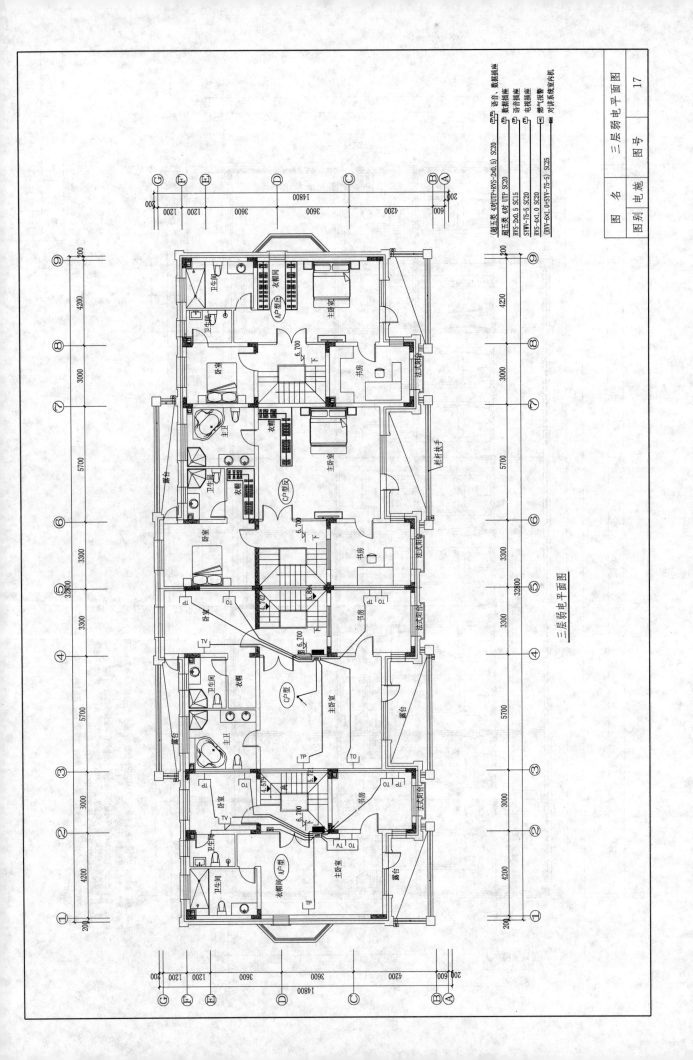

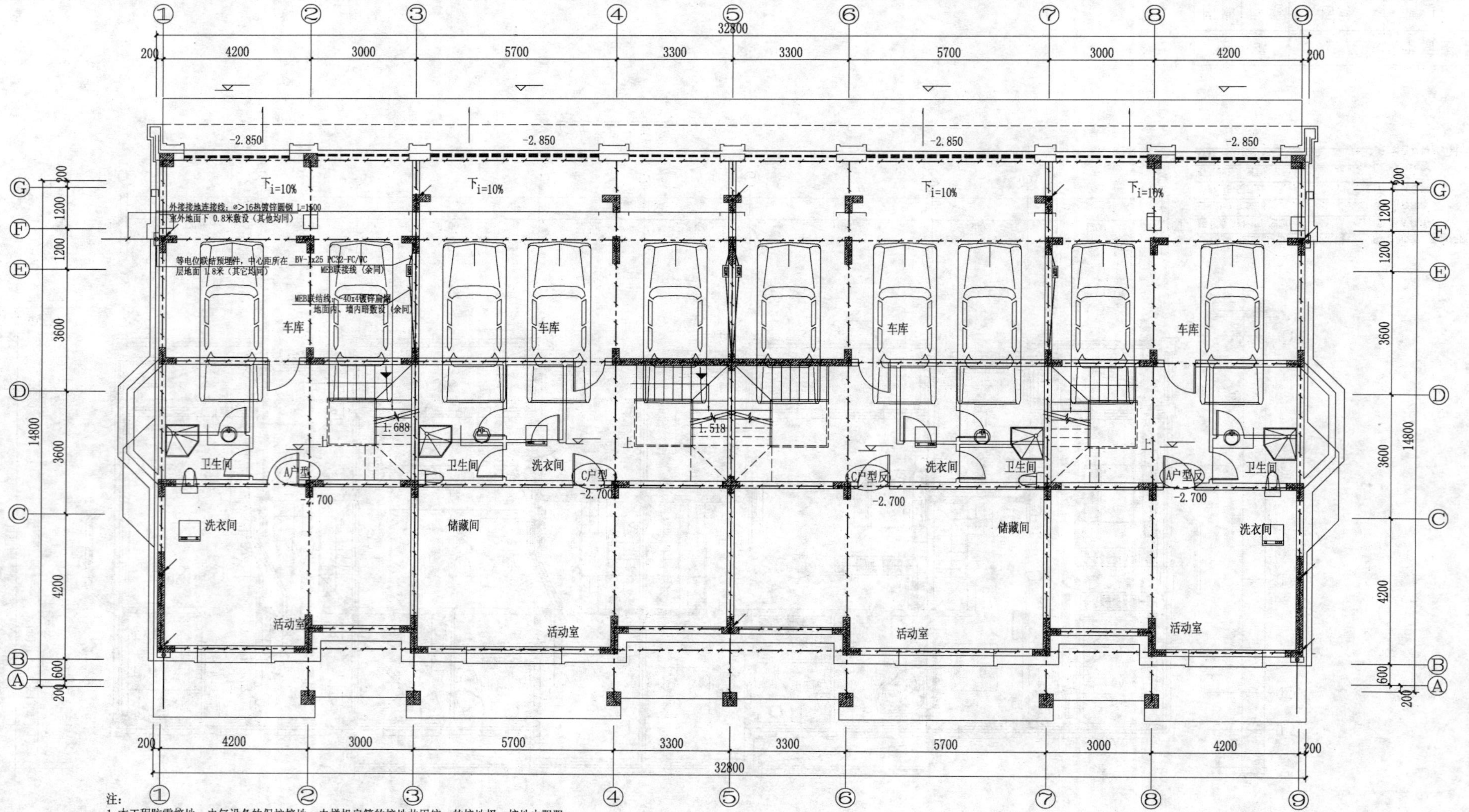

注：

1. 本工程防雷接地、电气设备的保护接地、电梯机房等的接地共用统一的接地极，接地电阻阻值要求为上述接地系统接地电阻最小值，不大于 1Ω，实测不满足要求时，增设人工接地极。
2. 凡正常不带电，而当绝缘破坏有可能呈现电压的一切电气设备金属外壳均应可靠接地。
3. 本工程采用总等电位联结，总等电位板由紫铜板制成，应将建筑物内保护干线、设备进线总管等进行联结，总等电位联结线采用 MEB联结线：-40x4镀锌扁钢和 BV-1x25mm²PC32。总等电位联结均采用等电位卡子，禁止在金属管道上焊接。具体做法参见国标图集02D501-2《等电位联结安装》

接地平面图

图　名		接地平面图	
图别	电施	图号	18

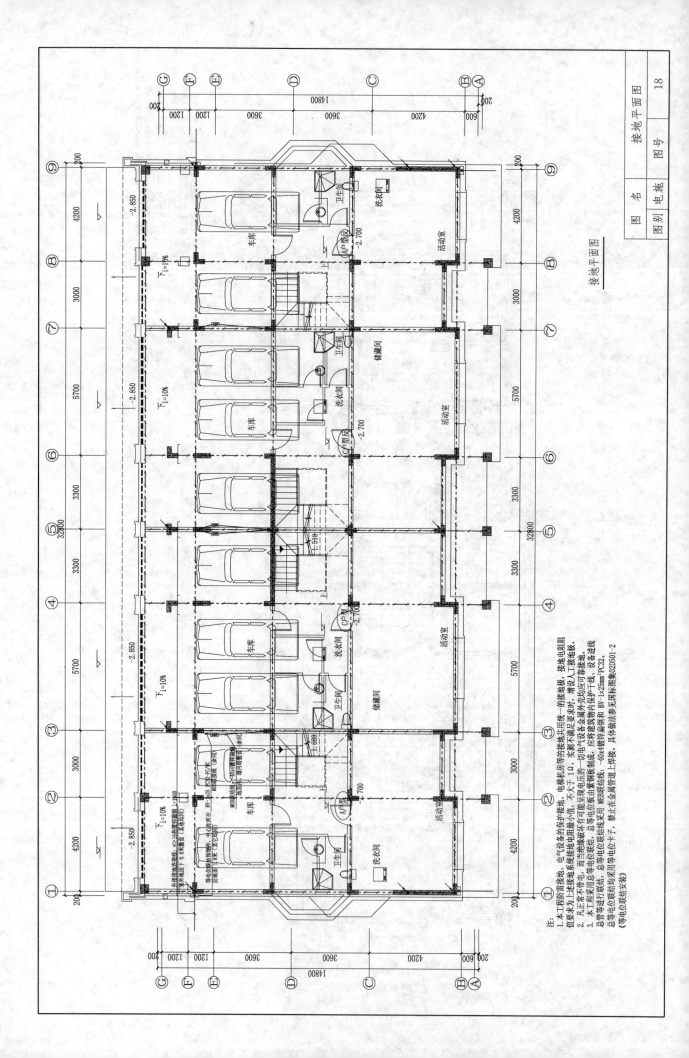

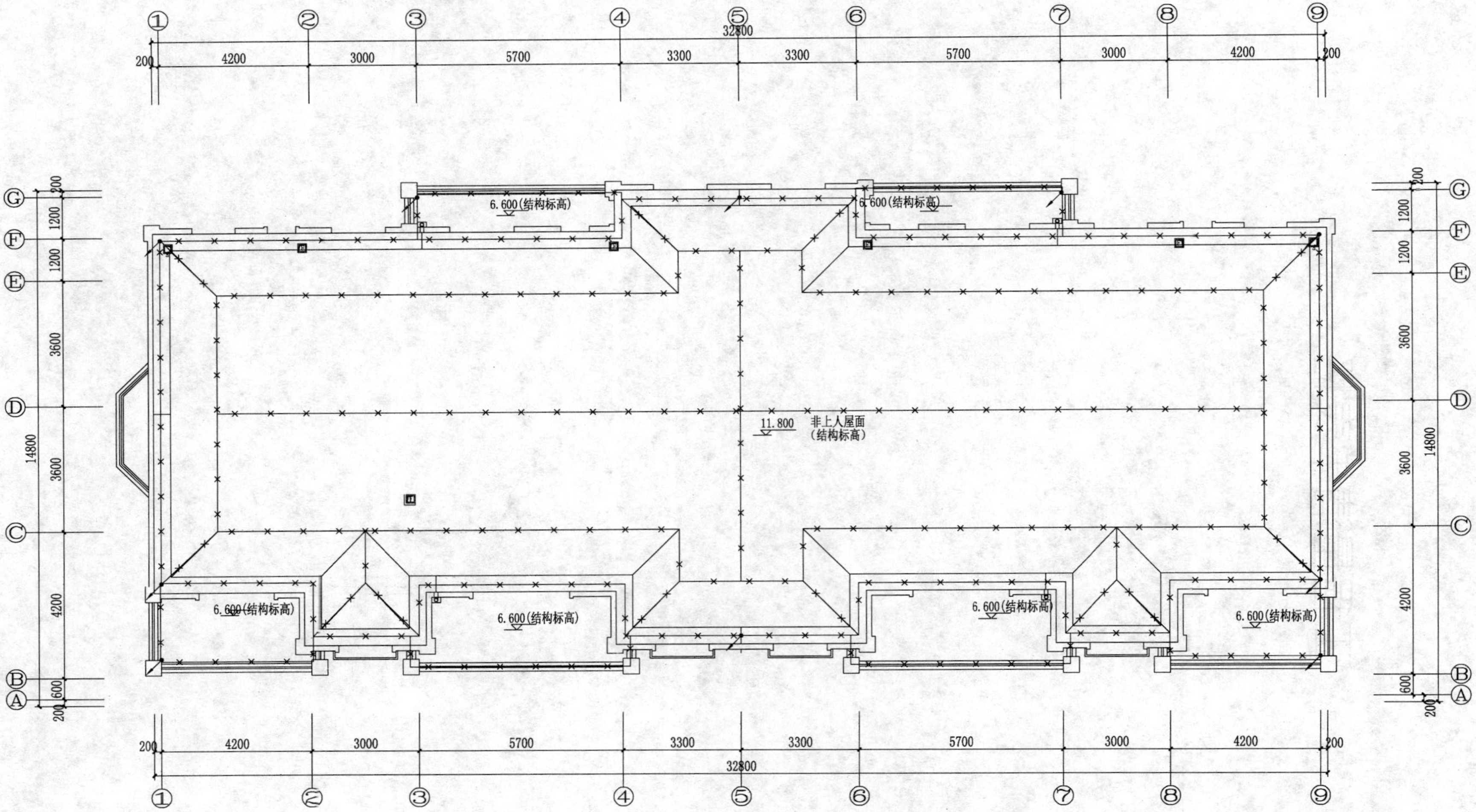

设计说明

1. 本建筑按三类防雷设计，预计雷击次数 (0.0298次/a)。
2. 在屋脊上设置避雷带，避雷带支架水平间距1.0m，转角处0.5m，避雷带采用 ⌀12镀锌圆钢。
3. 引下线：利用建筑物钢柱作为防雷引下线，该钢筋在屋顶引出屋面 20cm与屋顶避雷带焊接。
4. 屋面所有金属构件、金属栏杆等均与防雷设施可靠连接

防雷平面图

图名		防雷平面图	
图别	电施	图号	19

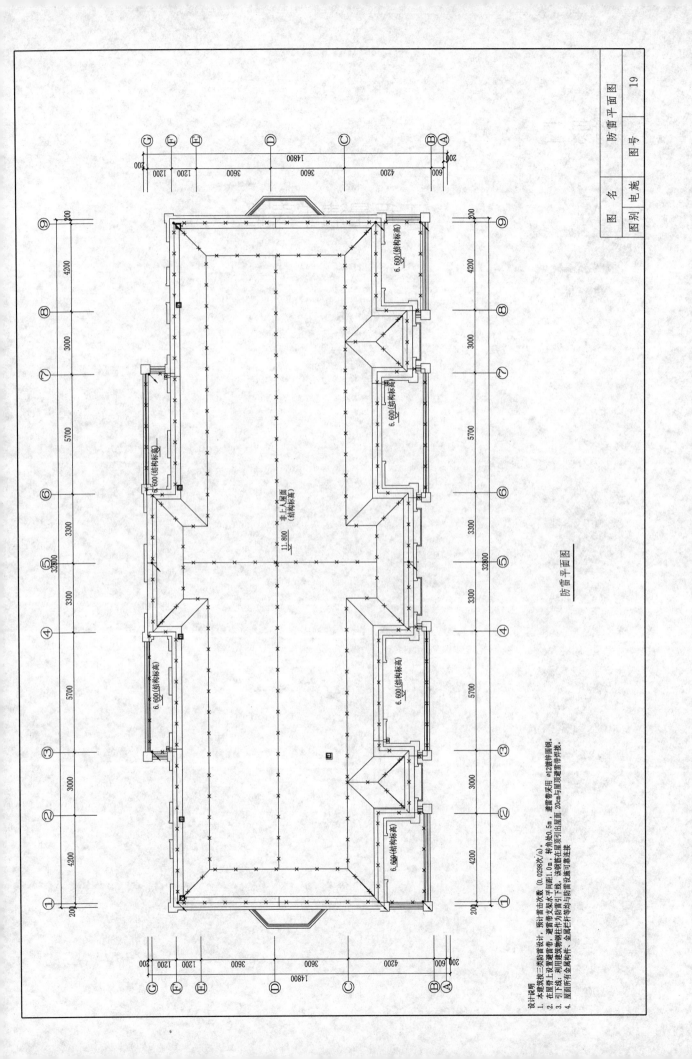

附录三

工程量清单表格

________________工程

工 程 量 清 单

招　标　人：________________
（单位盖章）

工 程 造 价
咨　询　人：________________
（单位资质专用章）

法定代表人
或其授权人：________________
（签字或盖章）

法定代表人
或其授权人：________________
（签字或盖章）

编　制　人：________________
（造价人员签字专用章）

复　核　人：________________
（造价工程师签字专用章）

编制时间：　年　月　日　　　复核时间：　年　月　日

总 说 明

工程名称：　　　　　　　　　　　　　　　　　　　　　　　　　　　　第 页 共 页

一、工程概况

1. 建设规模

2. 工程特征

3. 计划工期

4. 施工现场实际情况

5. 自然条件

6. 环境保护要求

二、工程招标和分包范围

三、工程量清单编制依据

四、工程质量、材料、施工等的特殊要求

五、其他需要说明的问题

表-01

分部分项工程量清单计价表

工程名称：　　　　　　　　　　　　　　　　　　　　　　　　　　第　页　共　页

序号	项目编码	项目名称	项目特征描述	计量单位	工程量	金额（元）		
						综合单价	合价	其中：暂估价
本页小计								
合计								

注：根据建设部、财政部发布的《建筑安装工程费用组成》（建标【2003】206号）的规定，为计取规费等的使用，可在表中增设其中："直接费"、"人工费"或"人工费＋机械费"。

表-08

措施项目清单计价表（一）

工程名称：　　　　　　　　　　　　　　　　标段：　　　　　　　　　　　　　　　　第　页共　页

序号	项目名称	计算基数	费率（%）	金额（元）
1	安全文明施工费			
2	夜间施工费			
3	二次搬运费			
4	冬雨期施工费			
5	大型机械设备进出场及安拆费			
6	施工排水			
7	施工降水			
8	地上、地下设施、建筑物的临时保护设施			
9	已完工程及设备保护费			
10	各专业工程的措施项目			
11				
12				
合计				

注：1. 本表适用于以“项”计价的措施项目。

2. 根据建设部、财政部发布的《建筑安装工程费用组成》（建标【2003】206 号）的规定，“计算基数”可为“直接费”、“人工费”或“人工费＋机械费”。

表-10

措施项目清单计价表（二）

工程名称：　　　　　　　　　　　　　　　　标段：　　　　　　　　　　　　　　　　第　页　共　页

序号	项目编码	项目名称	项目特征描述	计量单位	工程量	金额（元）	
						综合单价	合　价
本页小计							
合　计							

注：本表适用于以综合单价形式计价的措施项目。

表-11

其他项目清单与计价汇总表

工程名称：　　　　　　　　　　　　　标段：　　　　　　　　　　　　　　　　　第　页　共　页

序号	项目名称	计量单位	金额（元）	备注
1	暂列金额			明细详见表-12-1
2	暂估价			
2.1	材料（工程设备）暂估价			明细详见表-12-2
2.2	专业工程暂估价			明细详见表-12-3
3	计日工			明细详见表-12-4
4	总承包服务费			明细详见表-12-5
5				
合　计				

注：材料暂估单价进入清单项目综合单价，此处不汇总。

表-12

暂列金额明细表

工程名称：　　　　　　　　　　　　　　　　标段：　　　　　　　　　　　　　　　　第　页　共　页

序号	项目名称	计量单位	暂定金额（元）	备注
1				
2				
3				
4				
5				
6				
7				
8				
9				
10				
11				
合计				

注：此表由招标人填写，如不能详列，也可只列暂定金额总额，投标人应将上述暂列金额计入投标总价中。

表-12-1

材料（工程设备）暂估单价表

工程名称：　　　　　　　　　　　　　标段：　　　　　　　　　　　　　第　页　共　页

序号	材料（工程设备）名称、规格、型号	计量单位	单价（元）	备注

注：1. 此表由招标人填写，并在备注栏说明暂估价的材料拟用在哪些清单项目上，投标人应将上述材料暂估单价计入工程量清单综合单价报价中。

2. 材料包括原材料、燃料、构配件以及按规定应计入建筑安装工程造价的设备。

表-12-2

专业工程暂估价表

工程名称：　　　　　　　　　　　　　　　　标段：　　　　　　　　　　　　　　第　页　共　页

序号	工程名称	工程内容	金额（元）	备注
合计				—

注：此表由招标人填写，投标人应将上述专业工程暂估价计入投标总价中。

表-12-3

计 日 工 表

工程名称：　　　　　　　　　　　　　标段：　　　　　　　　　　　　　第　页　共　页

编号	项目名称	单位	暂定数量	综合单价	合价
一	人工				
1					
2					
3					
4					
5					
人工小计					
二	材料				
1					
2					
3					
4					
5					
材料小计					
三	施工机械				
1					
2					
3					
施工机械小计					
总　计					

注：此表项目名称、数量由招标人填写，编制招标控制价时，单价由招标人按有关计价规定确定；投标时，单价由投标人自主报价，计入投标总价中。

表-12-4

附录四

工程量清单报价表格

投 标 总 价

招 标 人：____________________

工 程 名 称：____________________

投 标 总 价(小写)：____________________

(大写)：____________________

投 标 人：____________________
(单位盖章)

法定代表人
或其授权人：____________________
(签字或盖章)

编 制 人：____________________
(造价人员签字盖专用章)

编制时间：　年　月　日

封-3

总 说 明

工程名称：　　　　　　　　　　　　　　　　　　　　　　　　　　　　第 页 共 页

一、工程概况

1. 建设规模

2. 工程特征

3. 计划工期

4. 施工现场实际情况

5. 自然条件

6. 环境保护要求

二、工程招标和分包范围

三、工程量清单编制依据

四、工程质量、材料、施工等的特殊要求

五、其他需要说明的问题

表-01

工程项目招标控制价（投标报价）汇总表

工程名称：　　　　　　　　　　　　　　　　　　　　　　　　　　　　第　页　共　页

序号	单项工程名称	金额（元）	其中		
			暂估价（元）	安全文明施工费（元）	规费（元）
	合计				

注：本表适用于工程项目招标控制价或投标报价的汇总。

表-02

单项工程招标控制价(投标报价)汇总表

工程名称：　　　　　　　　　　　　　　　　　　　　　　　　　　　　　第　页　共　页

序号	单项工程名称	金额（元）	其　中		
			暂估价（元）	安全文明施工费（元）	规费（元）
合计					

注：本表适用于工程项目招标控制价或投标报价的汇总。

表-03

单位工程招标控制价（投标报价）汇总表

工程名称：　　　　　　　　　　　　　　　　　标段：　　　　　　　　　　　　　　　第　页　共　页

序号	汇总内容	金额（元）	其中：暂估价（元）
1	分部分项工程		
1.1			
1.2			
1.3			
1.4			
1.5			
2	措施项目		
2.1	安全文明施工费		
3	其他项目		
3.1	暂列金额		
3.2	专业工程暂估价		
3.3	计日工		
3.4	总承包服务费		
4	规费		
5	税金		
招标控制价合计=1+2+3+4+5			

注：本表适用于单位工程招标控制价或投标报价的汇总，如无单位工程划分，单项工程也适用本表汇总。

表-04

分部分项工程量清单计价表

工程名称：　　　　　　　　　　　　　　标段：　　　　　　　　　　　　　　第　页　共　页

序号	项目编码	项目名称	项目特征描述	计量单位	工程量	金额（元）		
						综合单价	合　价	其中：暂估价
本页小计								
合　计								

注：根据建设部、财政部发布的《建筑安装工程费用组成》（建标【2003】206号）的规定，为计取规费等的使用，可在表中增设其中："直接费"、"人工费"或"人工费＋机械费"。

表-08

工程量清单综合单价分析表

工程名称：　　　　　　　　　　　　　　　　标段：　　　　　　　　　　　　　　第　页　共　页

<table>
<tr><td colspan="2">项目编码</td><td colspan="2"></td><td colspan="2">项目名称</td><td colspan="4"></td><td>计量单位</td><td></td></tr>
<tr><td colspan="12">清单综合单价组成明细</td></tr>
<tr><td rowspan="2">定额编号</td><td rowspan="2">定额名称</td><td rowspan="2">定额单位</td><td rowspan="2">数量</td><td colspan="4">单　价</td><td colspan="4">合　价</td></tr>
<tr><td>人工费</td><td>材料费</td><td>机械费</td><td>管理费和利润</td><td>人工费</td><td>材料费</td><td>机械费</td><td>管理费和利润</td></tr>
<tr><td></td><td></td><td></td><td></td><td></td><td></td><td></td><td></td><td></td><td></td><td></td><td></td></tr>
<tr><td></td><td></td><td></td><td></td><td></td><td></td><td></td><td></td><td></td><td></td><td></td><td></td></tr>
<tr><td colspan="4">人工单价</td><td colspan="4">小 计</td><td></td><td></td><td></td><td></td></tr>
<tr><td colspan="4">元/工日</td><td colspan="4">未计价材料费</td><td colspan="4"></td></tr>
<tr><td colspan="8">清单项目综合单价</td><td colspan="4"></td></tr>
<tr><td rowspan="10">材料费明细</td><td colspan="5">主要材料名称、规格、型号</td><td>单位</td><td>数量</td><td>单价（元）</td><td>合价（元）</td><td>暂估单价（元）</td><td>暂估合价（元）</td></tr>
<tr><td colspan="5"></td><td></td><td></td><td></td><td></td><td></td><td></td></tr>
<tr><td colspan="5"></td><td></td><td></td><td></td><td></td><td></td><td></td></tr>
<tr><td colspan="5"></td><td></td><td></td><td></td><td></td><td></td><td></td></tr>
<tr><td colspan="5"></td><td></td><td></td><td></td><td></td><td></td><td></td></tr>
<tr><td colspan="5"></td><td></td><td></td><td></td><td></td><td></td><td></td></tr>
<tr><td colspan="5"></td><td></td><td></td><td></td><td></td><td></td><td></td></tr>
<tr><td colspan="5"></td><td></td><td></td><td></td><td></td><td></td><td></td></tr>
<tr><td colspan="7">其他材料费</td><td>—</td><td></td><td colspan="2"></td></tr>
<tr><td colspan="7">材料费小计</td><td>—</td><td></td><td>—</td><td></td></tr>
</table>

注：1. 如不使用省级或行业建设主管部门发布的计价依据，可不填定额项目、编号等。

2. 招标文件提供了暂估单价的材料，按暂估的单价填入表内“暂估单价”栏及“暂估合价”栏。

表-09

措施项目清单计价表（一）

工程名称：　　　　　　　　　　　　　　标段：　　　　　　　　　　　　　　第　页　共　页

序号	项目名称	计算基数	费率（%）	金额（元）
1	安全文明施工费			
2	夜间施工费			
3	二次搬运费			
4	冬雨季施工费			
5	大型机械设备进出场及安拆费			
6	施工排水			
7	施工降水			
8	地上、地下设施、建筑物的临时保护设施			
9	已完工程及设备保护费			
10	各专业工程的措施项目			
11				
12				
合计				

注：1. 本表适用于以“项”计价的措施项目。

2. 根据建设部、财政部发布的《建筑安装工程费用组成》（建标【2003】206号）的规定，“计算基数”可为“直接费”、“人工费”或“人工费＋机械费”。

表-10

措施项目清单计价表（二）

工程名称：　　　　　　　　　　　　　　　　　标段：　　　　　　　　　　　　　　　第　页　共　页

序号	项目编码	项目名称	项目特征描述	计量单位	工程量	金额（元）	
						综合单价	合价
本页小计							
合　计							

注：本表适用于以综合单价形式计价的措施项目。

表-11

其他项目清单与计价汇总表

工程名称： 标段： 第 页 共 页

序号	项目名称	计量单位	金额（元）	备注
1	暂列金额	项		明细详见表-12-1
2	暂估价			
2.1	材料（工程设备）暂估价			明细详见表-12-2
2.2	专业工程暂估价			明细详见表-12-3
3	计日工			明细详见表-12-4
4	总承包服务费			明细详见表-12-5
5				
合　计				

注：材料暂估单价进入清单项目综合单价，此处不汇总。

表-12

暂列金额明细表

工程名称：　　　　　　　　　　　　　　　　标段：　　　　　　　　　　　　　　　　第　页　共　页

序号	项目名称	计量单位	暂定金额（元）	备注
1				
2				
3				
4				
5				
6				
7				
8				
9				
10				
11				
合　计				

注：此表由招标人填写，如不能详列，也可只列暂定金额总额，投标人应将上述暂列金额计入投标总价中。

表-12-1

材料（工程设备）暂估单价表

工程名称：　　　　　　　　　　　　　　标段：　　　　　　　　　　　　　　第　页　共　页

序号	材料（工程设备）名称、规格、型号	计量单位	单价（元）	备注

注：1. 此表由招标人填写，并在备注栏说明暂估价的材料拟用在哪些清单项目上，投标人应将上述材料暂估单价计入工程量清单综合单价报价中。

2. 材料包括原材料、燃料、构配件以及按规定应计入建筑安装工程造价的设备。

表-12-2

专业工程暂估价表

工程名称：　　　　　　　　　　　　　　标段：　　　　　　　　　　　　　　第　页　共　页

序号	工程名称	工程内容	金额（元）	备注
合　计				—

注：此表由招标人填写，投标人应将上述专业工程暂估价计入投标总价中。

表-12-3

计 日 工 表

工程名称：　　　　　　　　　　　　　　标段：　　　　　　　　　　　　　　第　页　共　页

编号	项目名称	单位	暂定数量	综合单价	合价
一	人工				
1					
2					
3					
4					
人工小计					
二	材料				
1					
2					
3					
4					
5					
材料小计					
三	施工机械				
1					
2					
3					
4					
施工机械小计					
总　计					

注：此表项目名称、数量由招标人填写，编制招标控制价时，单价由招标人按有关计价规定确定；投标时，单价由投标人自主报价，计入投标总价中。

表-12-4

总承包服务费计价表

工程名称：　　　　　　　　　　　　　　　标段：　　　　　　　　　　　　　　　第　页　共　页

编号	项目名称	项目价值（元）	服务内容	费率（%）	金额（元）
1	发包人发包专业工程				
2	发包人供应材料				
		总　计			

表-12-5

规费、税金项目清单与计价表

工程名称：　　　　　　　　　　　　　　标段：　　　　　　　　　　　　　　第　页　共　页

序号	项目名称	计算基础	费率（%）	金额（元）
1	规费			
1.1	工程排污费			
1.2	社会保障费			
(1)	养老保险费			
(2)	失业保险费			
(3)	医疗保险费			
1.3	住房公积金			
1.4	工伤保险			
2	税金	分部分项工程费＋措施项目费＋其他项目费＋规费		
合　计				

注：根据建设部、财政部发布的《建筑安装工程费用组成》（建标【2003】206号）的规定，“计算基础”可为“直接费”、“人工费”或“人工费＋机械费”。

表-13

附录五

工程预算书表格

封　面

建设单位：

工程名称：

建筑面积：

工程造价：

建设单位（盖　章）　　　　施工单位（盖　章）

编制日期：

编 制 说 明

一、编制依据：

1. 设计施工图及有关说明。

2. 采用现行的标准图集、规范、工艺标准、材料做法。

3. 使用现行的定额，单位估价表，材料价格及有关的补充说明解释等。

4. 根据现场施工条件、实际情况。

二、(地区/专业) 工程竣工调价系数（　　）。

三、补充单位估价项目（　　）项，换算定额单位（　　）项。

四、暂估单价（　　）项。

五、工程概况：

六、设备及主要材料来源：

七、其他：施工时发生图纸变更或赔偿双方协商解决。

单位工程费用表（各专业取费）

项目名称：　　　　　　　　　　　　　　　　　　　　　　　　　　　　　　　　第　页　共　页

序号	费用名称	取费说明	费率（%）	费用金额
1	建筑工程	建筑工程		
2	土石方工程	土石方工程		
3	装饰装修工程	装饰装修工程		
4	……			
5	……			
	工程造价	专业造价总合计		

单位工程费用表（各专业取费综合报价）

项目名称：　　　　　　　　　　　　　　　　　　　　　　　　　　　　　　　　第　页　共　页

序号	费用名称	取费说明	费率（%）	金额
A	分部分项工程费合计	直接费＋主材费		
A1	其中：人工费＋机械费	人工费＋机械费－燃料动力价差		
B	企业管理费	其中：人工费＋机械费		
C	利润	其中：人工费＋机械费		
D	措施项目费	安全文明施工措施费＋夜间施工增加费＋二次搬运费＋已完工程及设备保护费＋冬雨季施工费＋市政工程干扰费＋其他措施项目费		
D1	安全文明施工措施费	其中：人工费＋机械费		
D2	夜间施工增加费			
D3	二次搬运费			
D4	已完工程及设备保护费			
D5	冬雨期施工费	其中：人工费＋机械费		
D6	市政工程干扰费	其中：人工费＋机械费		
D7	其他措施项目费			
E	其他项目费			
F	税费前工程造价合计	分部分项工程费合计＋企业管理费＋利润＋措施项目费＋其他项目费		
G	规费	工程排污费＋社会保障费＋住房公积金＋危险作业意外伤害保险		
G1	工程排污费			
G2	社会保障费	养老保险＋失业保险＋医疗保险＋生育保险＋工伤保险		
G21	养老保险	其中：人工费＋机械费		
G22	失业保险	其中：人工费＋机械费		
G23	医疗保险	其中：人工费＋机械费		
G24	生育保险	其中：人工费＋机械费		
G25	工伤保险	其中：人工费＋机械费		
G3	住房公积金	其中：人工费＋机械费		
G4	危险作业意外伤害保险	税费前工程造价合计		
H	税金	税费前工程造价合计＋规费		
I	工程造价	税费前工程造价合计＋规费＋税金		

单位工程预算表

项目名称： 第 页 共 页

序号	编码	子目名称	工程量		价值（元）		其中（元）		
			单位	数量	单价	合价	人工费	材料费	机械费
		分部小计							
		合　计							

分部工程人材机汇总表

项目名称： 第 页 共 页

序号	编号	名称及规格	单位	数量	单价	合价

单位工程工程量计算书

项目名称：　　　　　　　　　　　　　　　　　　　　　　　　　　　　　　　　第　页　共　页

序号	定额编号	工程量		名称及工程量表达式
		单位	数量	

单位工程人材机价差表

项目名称：　　　　　　　　　　　　　　　　　　　　　　　　　　　　　　　　第　页　共　页

序号	名称	单位	数量	预算价	市场价	价差	价差合计

主要材料表

序号	名称规格	单位	材料量	市场价	市场价合计	厂家	产地

参 考 文 献

[1] 建设工程工程量清单计价规范（GB 50500－2013）. 北京：中国计划出版社，2013.

[2] 王建茹，徐秀香. 工程量清单计价. 北京：化学工业出版社，2012.

[3] 袁建新，许元，迟晓明. 建筑工程计量与计价. 北京：人民交通出版社，2009.

[4] 何辉. 工程算量技能实训. 北京：中国建筑工业出版社，2011.

[5] 张凌云. 工程造价控制. 北京：中国建筑工业出版社，2011.

[6] 辽宁省建设厅，辽宁省财政厅. 建设工程费用标准. 沈阳：辽宁人民出版社，2008.